单片微型计算机
原理、接口及应用

（第3版）

徐惠民　安德宁　丁玉珍　编著

北京邮电大学出版社
·北京·

内 容 简 介

本书以 MCS-51 单片机为中心介绍微机原理和接口技术,便于将微机原理的学习和具体的计算机应用实践密切结合。本书从计算机基础知识入手,全面介绍微型计算机的组成、汇编语言程序设计和接口,重点叙述了 MCS-51 单片机的结构、指令系统、程序设计以及对外的接口,包括一些常用接口芯片的使用。相对于第 2 版增加了一章对于 8086 系统的介绍,使得对于微型计算机系统的学习更加完整。

本书可以作为高等院校微机原理或者单片机原理课程的教材,也可以供工程技术人员参考或者作为培训教材。

图书在版编目(CIP)数据

单片微型计算机原理、接口及应用/徐惠民,安德宁,丁玉珍编著. —3 版. —北京:北京邮电大学出版社,2007(2020.10 重印)

ISBN 978-7-5635-1479-3

Ⅰ. 单… Ⅱ.①徐…②安…③丁… Ⅲ. 单片微型计算机—高等学校—教材 Ⅳ. TP368.1

中国版本图书馆 CIP 数据核字(2007)第 120331 号

书　　　名:单片微型计算机原理、接口及应用(第 3 版)
作　　　者:徐惠民　安德宁　丁玉珍
责任编辑:郭家宇
出版发行:北京邮电大学出版社
社　　　址:北京市海淀区西土城路 10 号(邮编:100876)
发 行 部:电话:010-62282185　传真:010-62283578
E-mail:publish@bupt.edu.cn
经　　　销:各地新华书店
印　　　刷:北京鑫丰华彩印有限公司
开　　　本:787 mm×1 092 mm　1/16
印　　　张:22.75
字　　　数:536 千字
版　　　次:2007 年 8 月第 3 版　2020 年 10 月第 11 次印刷

ISBN 978-7-5635-1479-3　　　　　　　　　　　　　　定　价:45.00 元
· 如有印装质量问题,请与北京邮电大学出版社营销中心联系 ·

前　言

《微机原理》是大学工科各专业的一门计算机硬件技术基础课,特别是通信、电子、控制等专业的重要专业基础课。目的在于加强学生对于微型计算机硬件组成的理解,提高对于计算机硬件的应用能力,甚至硬件开发的能力。它的基本内容包括 3 个部分:微型计算机组成和工作原理、指令系统和汇编语言程序设计及接口技术。

本书第 1 版出版于 1990 年,提出以单片机为基础进行微机原理的课程教学。后来,许多学校的微机原理教学改为以 16 位处理器为主要内容。但是,仍然有不少学校在使用本书。对于大家的支持与厚爱,我们深表谢意。

十几年来,以 MCS-51 为核心的单片机芯片一直在各行各业中普遍使用。那种关于 8 位单片机会很快退出市场的预测并没有被证实。事实表明,在一定的应用领域中,8 位单片机的优势还将继续保持下去。

对于微机原理的教学,选择什么样的芯片其实都是可以的,并不一定要限制在一两种处理器中,能够达到教学的要求和培养学生的目的就可以。

使用单片机进行微机原理的教学,比较明显的优点就是比较容易和实践结合起来。学习了单片机的原理和应用后,无论是从课程实验、课程设计,还是学生的创新实践,都很容易找到适当的题目,进行理论和实际结合的训练,从而提高学生的实际应用能力。

但是,8 位单片机终究还是有技术上的局限性。为了更加全面地了解微型计算机的发展,学习微型计算机技术,这次修订时增加了关于 x86 处理器的内容。在这里增加关于 x86 处理器的内容,主要目的不是要再学习一种微处理器芯片,而是要通过 x86 处理器补充学习 8 位单片机还不能覆盖的微型计算机技术,如 DMA 技术、总线技术等,使得学生有一个更加完整的微型计算机的知识结构。

本次修订中具体增加的内容是仔细选择过的。例如,没有加入 8086 的指令系统,因为如果没有应用上的需求,没有必要同时学习两种指令系统。但是详细介绍了 8086 的中断系统,因为它和 MCS-51 的中断系统刚好在技术上构成互补。

这样的修改,也是和某些学校老师们讨论的结果。感谢这些老师提出的意见和建议。特别感谢成都信息工程学院的杨明欣老师对这本书的修改所作出的建议。也希望听到关于这样修改的更多的反馈。

参加本书编写工作的还有李春宜、邵京婷、龚乃绪、徐晶、葛顺明等。

同时感谢为本书的出版付出辛苦劳动的北京邮电大学出版社的编辑及工作人员。

本书可以作为大学工科各专业计算机硬件技术基础的教材,也可以作为学习计算机硬件基础的培训教材和自学参考书。

书中存在的不足之处,欢迎广大师生和读者批评指正。作者的邮箱地址是 huimin@ hupt.edu.cn。

作 者

目　　录

第 3 章 MCS-51 单片机的结构和原理

第 4 章 MCS-51 单片机的指令系统

第 6 章　微型计算机的输入/输出及中断

第 9 章　MCS-51 系统的串行接口

第 1 章 微型计算机基础知识

这一章介绍微型计算机的基础知识。在内容上与《计算机文化基础》已经介绍过的知识有较大的区别。主要涉及负数在计算机中的表示和运算,微型计算机的基本结构等最基本的知识。

1.1 计算机中负数的表示和运算

在计算机的设计与使用上常使用的数制是二进制、十进制、八进制和十六进制。十进制是人们习惯的数制,但在计算机内部无一例外地都采用二进制。八进制和十六进制只是为了将二进制数表示得更简略时才用到,例如,在汇编语言编程时,经常用十六进制数来表示二进制数。这些关于计算机中数和数值变换的知识是必须掌握的。一般在关于计算机基础的课程中都会介绍,这里不再重复。

但以前所讨论的都是正数的表示和转换。在这一节中则将着重讨论负数在计算机中的表示和运算。

1.1.1 机器数和真值

在计算机中用符号 0、1 表示的数都称为机器数。一个机器数的数值称为它的真值。真值一般用十进制数来表示。

由相同的 0、1 符号构成的机器数并不是只有一种数值。机器数的数值取决于它的构成规则。相同的机器数在不同的规则下,可以有不同的数值。

1. 机器数可以只是正数,也就是无符号数

如果机器数的每一位都是数值位,这样的机器数就只能表示正数,也称为无符号数。

实际上,在计算机基础课程中接触的二进制数只有正数。如 8 位二进制数 10001000 就相当于十进制数 136,而二进制数 01001000 相当于十进制数 72。在这种情况下,所有的二进制数位都有一定的“权”,写出这样的二进制数的“按权展开式”,就可以计算它的真值。

无符号数就是高级语言中的无符号整数(unsigned int)。

可以通过增加无符号数的位数,来扩大无符号数的数值范围。用一个字节表示的无符号数最大的数值是 255;用两个字节表示,最大的数值就是 65 535。

2. 机器数可以用符号位来表示数的正负,就是有符号数

如果机器数要表示正数和负数,则应将数的最高位作为符号位来区分数的正负:最高位为 0 表示正数,最高位为 1 表示负数。这样的机器数也叫有符号数。

有符号数就是高级语言中所定义的整数。

例如,+105 的 8 位机器数应该是 01101001,而−105 的 8 位机器数则是 11101001。

由于有符号数要用最高位来表示数的正负,使得可以表示的数的范围有所变化:8 位有符号正数的最大值是 01111111,相当于十进制数的 127。

有符号数也可以用两个或多个字节来表示一个有符号数,此时,不论数的字节数有多少,符号位仍定为整个机器数的最高位。

3. 机器数可以用来表示带小数点的数

用机器数来表示带小数点的数通常有两种方法:定点表示法和浮点表示法。在定点表示法中,小数点在数中的位置是固定不变的。对于任意一个二进制数 N 总可以表示为纯整数(或纯小数)和一个 2 的整数次幂的乘积:$N=2^P \times S$。其中 S 称为 N 的尾数,P 称为 N 的阶码,2 称为阶码的底。通常定点表示法中 P 的值是固定的,而在浮点表示法中,P 的值在一定的范围内是可变的。

阶码和尾数都可以是正数,也可以是负数,从而可以表示正的小数或者负的小数。

一般为了扩大数的表示范围,在机器中都采用浮点表示法。这时阶码和尾数要分别表示,并且各自都有自己的符号位,如图 1.1 所示。

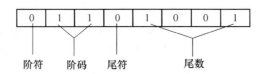

图 1.1　浮点数在机器中的表示

为了尽可能精确地表示一个数,要对尾数进行规格化,就是使尾数是小数点后第一位为 1 的纯小数。然后再来确定阶码的值。

假定用 4 个字节来表示一个浮点数:其中阶码和阶符为一个字节,尾数和尾符为 3 个字节。当然,阶符和尾符各占 1 位。下面用这个浮点数来表示十进制数 256.812 5:

256.812 5 直接表示为二进制数结果是 100000000.1101(注意十进制整数和小数分别转换为二进制数)。尾数规格化的结果是 0.1000000001101。0.1000000001101 × 2^9(实际是乘 2^{1001})才得 100000000.1101。由此可以确定阶码值应该是 9,即二进制数 1001。所以 256.812 5 表示为 4 字节浮点数是 00001001 01000000 00110100 00000000。

现在普遍采用的浮点数格式是 IEEE 制订的浮点数标准。对于单精度浮点数采用 4 个字节,其中,数符占 1 位,指数占 8 位,尾数占 23 位,如图 1.2 所示。

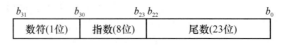

图 1.2　IEEE 浮点数格式

这个标准和上面介绍的浮点数格式主要有两点区别。

（1）将带小数点的二进制数进行尾数规格化时，应保证在小数点前面有一位整数"1"，但是，写尾数的时候这个"1"是隐含的，不在尾数中出现。例如，256.812 5 对应的二进制数是 100000000.1101，尾数规格化的结果是 1.000000001101，尾数是 000000001101。

（2）8 位指数是无符号数的形式，对应的十进制数是 0～255，表示阶码−127～＋128。一个具体的阶码，要加 127 后才是 IEEE 浮点数的指数值。例如，100000000.1101 表示为 IEEE 浮点数时，阶码是 8，加 127 后等于 135，即指数是 10000111。

所以，256.812 5 表示为 IEEE 浮点数是：01000011100000000110100000000000。而 11000011100000000110100000000000（C3806800H）的数值就是−256.812 5。

4. 可以通过增加字节数扩大机器数所能表示的数的范围

机器数的数值取决于它表示的是哪一种数。同样是机器数 C3806800H，作为无符号数时的真值是 3 279 972 352；如果是最高位为 1 的有符号数，真值是−1 132 488 704；而作为浮点数时，就是−256.812 5。

所以，不能笼统地说机器数的范围是多少，而是要说机器数所代表的某一种数的范围是多少。4 个字节的机器数，作为无符号数、有符号数和浮点数，所表示的数值的范围是相差很大的。

为了扩大机器数表示的范围，可以增加机器数的字节数。例如，对于 8 位机来说，若用两个字来表示一个无符号数，其数值范围就可以扩大到 65 535。在高级语言程序设计中，某一种数据类型的字节数是固定的。在汇编语言编程时，程序员可以根据需要确定机器数的字节数。例如，可以将有符号数（整数）的长度确定为 8 个字节。

5. 机器数所表示的数值称为机器数的真值

机器数的真值可以用二进制数表示，也可以用十进制数表示。但根据一般的习惯，常用十进制数表示。例如，有符号数 10110110 的真值为−54。

1.1.2　负数的 3 种表示

有符号数在计算机中有若干种表示方法，即为原码、反码和补码。它们共同的特点是都通过符号位来表示数的正负，但是数的大小的表示方法是不同的。

1. 原码

原码的数值部分是用二进制数表示数的绝对值，再在数的前面加一位符号位，符号位为 0 表示正数，符号位为 1 表示负数。

如：$X_1 = 67$　　　　　　　　$[X_1]_原 = 01000011$

　　$X_2 = -67$　　　　　　　　$[X_2]_原 = 11000011$

在原码表示法中 0 有两种表示法，即

$$[+0]_原 = 00000000, \quad [-0]_原 = 10000000$$

原码表示简单易懂，而且与真值的转换方便。但用原码表示的数不便于计算机运算，因为在两个原码数作加法运算时，首先要判断它们的符号，然后再决定用加法还是用减法。若是采用反码或补码表示法，则在两个数的运算中不需要判断数的正负，直接作加法或减法即可，指令的运算比较简单。

2. 反码

一个数的反码很容易求得。如果是正数,它的反码与原码相同;如果是负数,则是它的绝对值连符号位在内按位取反而得到的,即所有的"1"都换成"0",所有的"0"都换成"1"。也就是说:

若 $X= +x_1 x_2 \cdots x_n$,则$[X]_反=0.x_1 x_2 \cdots x_n$;

若 $X= -x_1 x_2 \cdots x_n$,则$[X]_反=1\ \overline{x_1}\ \overline{x_2} \cdots \overline{x_n}$。

如:$X_1=67=[1000011]_2$ $[X_1]_反=01000011$

$X_2=-67=[-1000011]_2$ $[X_2]_反=10111100$

如果已知一个数的反码,要求它所表示的真值,若是正数则可直接求解,若是负数则可将符号位以外的数值部分按位取反得到负数的原码,然后再求真值。例如:

$$[X]_反=01010011, \quad [X]_原=01010011, \quad X=+83$$
$$[Y]_反=10110011, \quad [Y]_原=11001100, \quad Y=-76$$

在反码表示法中,零也有两种形式。对 8 位反码来说:

$$[+0]_反 = 00000000, \quad [-0]_反 =11111111$$

在微型计算机中,反码表示法用得较少,因此对于反码的运算也就不作介绍了。

3. 补码

补码是由补数的概念引出来的。一个计量系统所能表示的最大量程被称为模。若模用 K 表示,则当满足

$$Z = nK + Y$$

时,称 Z 和 Y 互为补数。通常 n 取 0,也可以取其他整数。两个互为补数的数,实际上是代表同一个事物。例如,一个圆周角是 $360°$,在这个圆周系统中,$270°$和$-30°$互为补数,因为

$$270°=360°+(-30°)$$

从物理上讲,$270°$和$-30°$代表同一个角度。

一个 n 位二进制数 X 的模值为 2^n,因此,X 的补码应为

$$[X]_补 = 2^n+X$$

由于字长 n 位的机器只能表示 n 位数,因此,2^n(它是一个 $n+1$ 位的数"$100 \cdots 0$")在机器中仅能以 n 个 0 来表示。或者说,2^n 和 0 在机器中的表示形式是一样的。

如果将 n 位字长的存数单元的最高位留作符号位,对于正数和负数的补码的求法如下。

当$X= +x_{n-2} x_{n-3} \cdots x_1 x_0$ 时,有

$$[X]_补 = 2^n+X=0x_{n-2} x_{n-3} \cdots x_1 x_0$$

可见正数的补码也与原码相同。

当$X= -x_{n-2} x_{n-3} \cdots x_1 x_0$ 时,有

$$[X]_补 = 2^n + X$$
$$=2^n-x_{n-2} x_{n-3} \cdots x_1 x_0$$
$$=2^{n-1}+2^{n-1}-x_{n-2} x_{n-3} \cdots x_1 x_0$$
$$=2^{n-1}+(2^{n-1}-1) + 1-x_{n-2} x_{n-3} \cdots x_1 x_0$$

$$= 2^{n-1} + (11\cdots1 - x_{n-2}x_{n-3}\cdots x_1 x_0) + 1$$
$$= 2^{n-1} + \overline{x_{n-2}}\ \overline{x_{n-3}}\cdots\overline{x_1}\ \overline{x_0} + 1$$
$$= \overline{0}\ \overline{x_{n-2}}\ \overline{x_{n-3}}\cdots\overline{x_1}\ \overline{x_0} + 1$$

所以,负二进制数的补码等于它的绝对值按位取反后加 1,即

$$[X]_{补} = \begin{cases} X & 若\ 2^{n-1} > X \geqslant 0 \\ |\overline{X}| + 1 & 若\ 0 > X \geqslant -2^{n-1} \end{cases}$$

例如,要求 $X = -87$ 的补码,即$[X]_2 = -01010111$,则

$$[X]_{补} = \overline{01010111} + 1 = 10101000 + 1 = 10101001$$

"求反加 1"需要作两步运算:先对各位求反,再在末位加 1。这个过程也可以简化为一步,即只对负二进制数的各位中最低一位 1 以左的各位求反,而最低一位 1 和右边各位都不变,即可得到负数的补码。例如,要求$[X]_2 = -00001000$ 的补码(对应十进制数为 -8),则只需对前面 4 个 0 求反,低 4 位不变,就可以得到补码,即$[X]_{补} = 11111000$。读者可以自己思考,为什么这个规则是正确的。

补码再次求补以后就可得原数,即真值。对于正数当然没有这样做的必要。对负数的补码经过再次求补并加上负号后,就为原值。例如,对$[X]_{补} = 10110110$,则

$$X = -[[X]_{补}]_{补} = -01001010$$

在补码表示法中,0 只有一种表示形式,$[0]_{补} = 00\cdots0$。

对于 8 位二进制数来说,用补码所表示的数的范围为 $-128 \sim +127$。

1.1.3　补码运算

在微型计算机中,有符号数一般都以补码的形式在机器中存放和进行运算。用补码对操作数进行运算时不需要先判断操作数的正负,直接做相应的运算就可以,即是加法就做加法运算,是减法就做减法运算。符号位和数值部分一起参加运算,同时也获得结果的符号位和数值部分。

1. 补码加法

不论 X 和 Y 是正数还是负数,可以证明这两个数的和的补码等于两个数补码的和。

$$[X+Y]_{补} = 2^n + (X+Y)$$
$$= (2^n + X) + (2^n + Y)$$
$$= [X]_{补} + [Y]_{补}$$

因此,两个数的补码的加法运算可以按以下步骤进行:

- 将两个数先变成补码;
- 对两个补码进行加法运算,若最高位上有进位则舍弃不要;
- 判断结果是否溢出;
- 若结果溢出,则这次运算结果不正确;若没有溢出,对结果再次求补码,得到结果的真值。

所谓溢出是指运算的结果超过了给定长度二进制数可以表示的范围。在加法的情况下,只有两个正数相加或者两个负数相加才有可能出现溢出。判断是否溢出的方法是:若

两个正数补码和的符号位为 1,或者两个负数补码和的符号位为 0,都表明结果出现了溢出。

例 1.1　用补码运算求 64+(-10)。

解　(1) 将两个数先变成补码:$[64]_补$ =01000000,$[-10]_补$ =11110110。

(2) 作补码加法:01000000 + 11110110 = 00110110。

(3) 正数加负数不可能溢出。现在结果为正数,可直接求真值:

$$(00110110)_2 = 54$$

即 64+(-10)的结果是 54,补码加法的结果显然没有问题。

例 1.2　用补码运算求 64+(-65)。

解　(1) 将两个数先变成补码:$[64]_补$ =01000000,$[-65]_补$ =10111111。

(2) 作补码加法:01000000 + 10111111 = 11111111。

(3) 正数加负数不可能溢出,但现在结果为负数,要通过求反加 1,再加上负号来求真值:

$$(11111111)_补 = -(00000001)_2 = -1$$

例 1.3　用补码运算求 64+65。

解　(1) 将两个数先变成补码:$[64]_补$ =01000000,$[65]_补$ =01000001。

(2) 作补码加法:01000000 + 01000001 = 10000001。

(3) 此时,两个正数相加的结果符号位是 1,而两个正数相加正确结果是不可能出现负值的,这是因为加法的和出现了溢出。

在这种情况下只要说明结果出现溢出就是答案。

结果出现溢出是因为二进制数的长度不够所造成的。如果用 16 位二进制数来表示这两个数再进行加法,就不会有溢出,而得到正确的答案。

例 1.4　用 16 位补码运算求 64+65。

解　
$$[64]_补 = 0000000001000000$$
$$[65]_补 = 0000000001000001$$
$$[64+65]_补 = 0000000100000001$$

其相应的真值是 129。显然是正确的。

2. 补码减法

同样可以证明,两个补码数的差等于两个数的补码的差。

$$
\begin{aligned}
[X-Y]_补 &= 2^n+(X-Y)\\
&= (2^n+X)-(2^n+Y)\\
&= [X]_补-[Y]_补
\end{aligned}
$$

由此而得到的补码减法的步骤和补码加法十分相似,读者可以自行写出。

不过,真正计算机中的减法运算仍然是通过补码的加法来完成的。因为计算机的运算器中可以只有一个加法器,当然操作数都是补码表示的。当需要作减法时,只需将减数再次求补,然后再作加法就可以,即

$$[X-Y]_补 = [X]_补-[Y]_补 = [X]_补+(-[Y]_补) = [X]_补+([Y]_补)_补$$

注意:这里对于 $-[Y]_补 = ([Y]_补)_补$ 的计算是对于一个负数的求补,不论原来 Y 是正

数还是负数,都要经过"求反加一"的操作来完成取补。

例 1.5　用加法来完成补码减法运算:$8-4$ 和 $8-(-4)$。

解

$$8-4 = 00001000-00000100 = 00001000+11111100$$
$$= 00000100 = 4$$
$$8-(-4) = 00001000-11111100 = 00001000+00000100$$
$$= 00001100 = 12$$

计算机中完成加、减运算的是同一个部件——可控加法/减法器,示意图如图 1.3 所示。

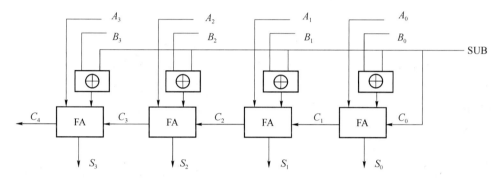

图 1.3　可控加法/减法器

图中的 FA 是一位全加器,SUB 是加减控制信号:SUB$=0$ 作加法,SUB$=1$ 作减法。

当执行加法操作指令时 SUB$=0$,此时,异或门的输出为

$$B_i \oplus 0 = B_i$$

通过全加器,电路完成加法操作 $A+B$。

当执行减法操作指令时 SUB$=1$,异或门实际完成反相器的功能,输出为

$$B_i \oplus 1 = \overline{B_i}$$

但要注意,此时最低位全加器的进位输入 C_0 等于 SUB,而现在 SUB$=1$,所以 $C_0=1$。此时全加器的输出为

$$S = A_3 A_2 A_1 A_0 + \overline{B_3}\,\overline{B_2}\,\overline{B_1}\,\overline{B_0} + 1$$
$$= A + (\overline{B}+1) = A + [B]_{\text{补}}$$
$$= A - B$$

亦即此时通过补码加法完成了减法运算。当然,这里的 A 和 B 本身也是补码。

1.1.4　原码的乘、除运算

在计算机中作乘、除运算一般都是通过原码来实现的。实现原码的乘、除运算时,要分别确定积或商的符号及数值部分。

两个用原码表示的数相乘(或相除)时,乘积(或商)的符号按同号乘、除结果为正,异号乘、除结果为负。这就是说,积或商的符号位正好就是两个操作数原码的符号位的异或运算的结果。

积或商的数值部分可按二进制数的乘、除法则来获得。由于符号位是分别处理决定的,因此,在求积或商的数值部分时,可把两数都当做正数来处理,也可以用类似方法求

两个无符号数的积或商。设有两个无符号数 1001 和 0101 相乘,按一般习惯,两者相乘可按以下方式进行:

$$
\begin{array}{r}
1001 \\
\times\quad 0101 \\
\hline
1001 \\
0000 \\
1001 \\
+\quad 0000 \\
\hline
0101101
\end{array}
$$

但是,在计算机中,一般不按这种方法来求积,因为它要一次求出 n 组二进制数的和,即相当于要求有一个 n 位并行加法器。这对于硬件的要求太高,一般微型计算机中不配备这样的并行乘法器。在计算机中实现乘、除运算有许多种算法,这里介绍一种乘法算法和一种除法算法。

1. 部分积右移乘法算法

设两数相乘:$a \times b = (a_n a_{n-1} \cdots a_1) \times (b_n b_{n-1} \cdots b_1)$,部分积右移的乘法算法可描述如下:

- 设部分积 $P=0$,$i=1$;
- 若 $b_i=1$,则令 $P=P+a$,否则不加;
- 部分积 P 右移一位;
- $i=i+1$,若 $i<n$,则回到第二步继续,否则到下一步;
- 结束,P 即为所求的积。

按这个算法完成上面的乘法示例,其计算过程如下:

$$
\begin{array}{ll}
\begin{array}{r}
0000 \\
+\quad 1001 \\
\hline
1001 \\
0100 \quad| \quad 1 \\
0010 \quad| \quad 01 \\
+\quad 1001 \\
\hline
1011 \quad| \quad 01 \\
0101 \quad| \quad 101 \\
0010 \quad| \quad 1101
\end{array}
&
\begin{array}{l}
\text{部分积初值} \\
b_1=1,\ \text{加}a \\
\\
\text{部分积右移1位} \\
b_2=0,\ \text{只右移1位} \\
b_3=1,\ \text{加}a \\
\\
\text{部分积右移1位} \\
b_4=0,\ \text{部分积右移1位}
\end{array}
\end{array}
$$

结果就是 00101101。在这里,两个 n 位无符号数的积一定是 $2n$ 位。

2. 除法算法

无符号数相除的过程也可以按一般十进制数相除的过程来进行。同样也是为了适应计算机的操作,提出了多种计算机除法算法。在除法运算过程中,需存储和处理 4 个数据:被除数、除数、商及余数。为了节省存储单元和便于操作,可将被除数和商合用一个存储单元,即在运算的开始,这个单元先存入被除数。随着除法的进行,被除数的高位逐渐失去作用,就将被除数左移,空出右面的位置来存放所得的商。除法结束时,这个单元存放的就是商。

设除数和被除数都为 n 位,则商和余数亦分别为 n 位。除法算法如下。

- 设余数为 $0, i = 1$。
- 被除数和余数分别左移一位, 并使被除数的最高位移入余数的最低位。
- 求余数与除数之差。
- 若差为正, 则令差代替余数, 并让商为 1, 亦即使被除数最低位加 1; 若差为负, 则不作任何操作。
- $i = i + 1$, 若 $i \leqslant n$, 则回到第二步, 否则到下一步。
- 结束。若最后一次减法的差是负数, 要在余数中加上除数, 使余数得以恢复。余数寄存器中为余数, 被除数寄存器中为商。

例 1.6　设被除数为无符号数 1101, 除数为无符号数 0010, 求商及余数。

解

```
              余数 │ 被除数及商
              0000 │   1101
              0001 │   1010          左移一位
减除数 －      0010 │
              ──────
              1111 │
              0011 │   0100          左移一位
减除数 －      0010 │
              ──────
              0001 │
                   │ ＋    1         商为1
                   │ ──────
              0001 │   0101
              0010 │   1010          左移一位
减除数 －      0010 │
              ──────
              0000 │ ＋    1         商为1
                   │ ──────
              0000 │   1011
              0001 │   0110          左移一位
减除数 －      0010 │
              ──────
              1111 │
加除数 ＋      0010 │                恢复余数
              ──────
              0001 │   0110
```

由于最后一次减除数的差小于零, 故要再加一次除数, 以恢复余数。结果为商等于 0110, 余数等于 0001。

1.2　数字电子计算机中的常用编码

计算机中要用二进制代码来表示各种字符和符号。另外, 有时也希望计算机能用二进制的方式直接进行十进制的运算, 这时就要用 BCD 码来表示十进制数。这一节介绍有关这些编码的基本知识。

1.2.1　BCD 码及十进制调整

BCD 码就是用二进制代码表示的十进制数, 有时也称为 BCD 数。它是采用二进制代码 0000 ～ 1001 来代表 10 个十进制数 0 ～ 9。准确地说，这种代码应该称为 8421BCD 码，但一般直接称为 BCD 码。

若是两位十进制数则要用两个相应的 BCD 码的组合来表示。如十进制数 39 写成 BCD 数为 00111001。十进数的位数越多，所用的 BCD 码的位数也越多。

当希望计算机直接按十进制数的规律进行运算时，应将操作数用 BCD 码来存储和运算。例如，4＋3 就应是 0100 ＋ 0011＝0111。但若是计算 4＋8 直接按二进制加法的运算结果为 0100 ＋ 1000＝1100，但从 BCD 数的运算来说应为 00010010，亦即十进制数 12。因此，在这种情况下就要对二进制运算结果(1100)进行调整，使之符合十进制数的运算和进位规律。这种调整称为十进制调整。调整的内容有两条：

- 若两个 BCD 数相加结果大于 1001，亦即大于十进制数 9，则应作加 0110((即加 6) 调整；
- 若两个 BCD 数相加结果在本位上并不大于 1001，但却产生了进位；相当于十进制运算大于等于 10，则也要作加 0110(加 6)调整。

如上面提到的 4＋8，直接运算结果为 0100＋1000＝1100，结果大于 1001，要作加 6 调整：
$$1100 ＋ 0110＝00010010$$
相应于十进制数 12，结果正确。因此，BCD 数运算一定要作十进制调整。

例 1.7 用 BCD 数完成 54＋48 的运算。

解

```
        01010100
  ＋     01001000
  ─────────────────
        10011100
  ＋         0110        加 6 调整
  ─────────────────
        10100010
  ＋         0110        高 4 位加 6 调整
  ─────────────────
      000100000010
```

此时，作了两次加 6 调整：低 4 位之和为 1100，应作加 6 调整，调整后高 4 位又为 1010，还应再作一次加 6 调整，故最后结果为 000100000010，即 102。

若是两个 BCD 数相减，则也要进行十进制调整，其规律是：在相减时，若低 4 位向高 4 位有借位，低 4 位就要作减 0110(减 6)调整。

1.2.2 ASCII 码及国内通用字符编码

计算机系统中除了数字 0～9 之外，还经常用到其他字符，如字母 a～z，各种标点符号，以及其他的控制符号，如空格、换行等。ASCII 码本是美国的一种标准，全称为"美国信息交换标准代码(American Standard Code for Information Interchange)"，简称为 ASCII 码。美国的这个标准制订于 1963 年。后来，国际标准化组织(ISO)和国际电报电话咨询委员会(CCITT)以它为基础制订了相应的国际标准。现在微型计算机的字符编码都采用 ASCII 码。这种编码在数据传输中也有广泛的应用。

ASCII 码是一种 7 位代码，共有 128 个字符和控制符。一般使用时仍然用一个字节表示,最高位用 0,或者用于奇偶校验,也可以将最高位固定为 1,构成扩展的 ASCII 码来表示一些图形符号。但扩展的 ASCII 码还没有形成完全统一的标准。

128 个 ASCII 代码中,前 32 个和最后一个代码都是控制字符,共 33 个。其余 95 个是各种字符和符号。ASCII 码表见表 1.1。在表中,最高一位未列出,一般表示时都以 0 来代替而暂不考虑其奇偶校验位的功能。

表 1.1　ASCII 码字符表

$b_7 b_6 b_5$ / $b_4 b_3 b_2 b_1$	000	001	010	011	100	101	110	111
0000	NUL	DLE	SP	0	@	P	`	p
0001	SOH	DC1	!	1	A	Q	a	q
0010	STX	DC2	"	2	B	R	b	r
0011	ETX	DC3	#	3	C	S	c	s
0100	EOT	DC4	$	4	D	T	d	t
0101	ENQ	NAK	%	5	E	U	e	u
0110	ACK	SYN	&	6	F	V	f	v
0111	BEL	ETB	'	7	G	W	g	w
1000	BS	CAN	(	8	H	X	h	x
1001	HT	EM	)	9	I	Y	i	y
1010	LF	SUB	*	:	J	Z	j	z
1011	VT	ESC	+	;	K	[	k	{
1100	FF	FS	,	<	L	\	l	|
1101	CR	GS	—	=	M	]	m	}
1110	SO	RS	.	>	N	^	n	~
1111	SI	US	/	?	O	_	o	DEL

如数字 0~9 的 ASCII 码为 00110000~00111001,可表示为十六进制数 30H~39H。字母 A~Z 的 ASCII 码用十六进制数表示为 41H~5AH。字母 a~z 的 ASCII 码用十六进制数表示为 61H~7AH 等。

常用的控制符如回车键的 ASCII 码是 0DH(表中用 CR 表示),换行键的 ASCII 码是 0AH(表中用 LF 表示)。

我国于 1980 年制订了"信息处理交换用的 7 位编码字符集",即国家标准 GB 1988—80。除了用人民币符号¥代替美元符号 $ 外(ASCII 代码都是 24H),其余代码与所表示的内容都和 ASCII 码相同。在使用中有时可能出现在键盘上输入的 $ 符号,在打印机上显示变成了¥符号。其原因就在于两者使用了不同的编码标准。

33 个控制字符可以分为 5 组，即：传输控制字符、格式控制字符、设备控制字符、信息分隔控制字符、其他控制字符。各组控制符的名称及功能见表 1.2～表 1.6。

表 1.2 传输控制符

字 符	代 码	名 称	功 能
SOH	01	标题开始	文电标题的开始
STX	02	正文开始	正文传输的开始
ETX	03	正文结束	正文传输的结束
EOT	04	传输结束	一次传输的结束
ENQ	05	询问	向已建立联系的站要求回答
ACK	06	应答	对询问作肯定的回答
DLE	10	数据转义	使后面的字符代码改变含义
NAK	15	否认	对询问作否定的回答
SYN	16	同步	同步传输系统的收发同步
ETB	17	组传输结束	一组数据传输的结束

表 1.3 设备控制符

字 符	代 码	名 称	功 能
DC1	11	设备控制符 1	使辅助设备接通或启动
DC2	12	设备控制符 2	使辅助设备接通或启动
DC3	13	设备控制符 3	使辅助设备断开或停止
DC4	14	设备控制符 4	使辅助设备断开、停止或中断

表 1.4 格式控制符

字 符	代 码	名 称	功 能
BS	08	退格	使打印或显示位置在同一行中退回一格
HT	09	横向制表	使打印或显示位置在同一行中进至下一格位
LF	0A	换行	使打印或显示位置进到下一行同一格位
VT	0B	纵向制表	使打印或显示位置在同一列中进至下一行
FF	0C	换页	使打印或显示位置进至下一页第一行第一格
CR	0D	回车	使打印或显示位置回到同一行的第一个格位

表 1.5 信息分割控制符

字 符	代 码	名 称	功 能
US	1F	单元分割符	用于逻辑上分隔逻辑单元
RS	1E	记录分割符	用于逻辑上分隔数据记录
GS	1D	群分割符	用于逻辑上分隔数据群
FS	1C	文件分割符	用于逻辑上分隔数据文件

表 1.6　其他控制符

字　符	代　码	名　称	功　能
NUL	00	空白	在字符串中插入空白,表示字符串结束
BEL	07	告警符	控制警铃发出声音
SO	0E	移出符	使此字符以后的各字符改变含义
SI	0F	移入符	由 SO 开始的字符转义到此结束
CAN	18	作废符	表明字符或数据是错误的或者可略去
EM	19	媒体尽头	用于识别数据媒体的物理末端
SUB	1A	取代符	用于取代无效或错误的字符
ESC	1B	换码符	结束前一个代码的作用
DEL	7F	作废符	清除错误或不要的字符

1.3　微型计算机概述

现在的绝大多数计算机仍然是冯·诺依曼的结构,也就是由运算器、控制器、存储器、输入设备和输出设备 5 个部分组成。微型计算机也不例外,也是由这 5 个部分组成。只是由于大规模集成电路技术的发展,计算机中的一些主要部件可以集成在一片或几片大规模或超大规模芯片上,从而使计算机越来越小,产生了微型计算机这样一个庞大的家族。

1.3.1　微处理器、微型计算机和微型计算机系统

微处理器就是集成在一片大规模集成电路上的运算器和控制器。所以从功能上讲,微处理器就是 CPU,它与其他计算机 CPU 的最显著区别就是它是一块 LSI 或 VLSI 芯片。微处理器是微型计算机的核心部件,但它本身还不能当计算机用。

从计算机的体系结构来看,微处理器有两种基本的体系结构。一种是复杂指令集计算机(Complex Instruction Set Computer,CISC)。以 Intel 为代表的微处理器就是这种体系结构。CISC 结构的特点是指令比较复杂,每条指令的字节长度不一定相同,指令的种类也比较多。由于指令集比较复杂,相应的微处理器的硬件结构也会比较复杂。因为微处理器最基本的功能就是实现和执行所设计的指令集合。

另一种是精简指令集计算机体系结构,即 RISC(Reduced Instruction Set Computer)结构。这种体系结构的特点是指令集比较简单,指令的长度相同,指令的种类也比较少,往往通过几条简单的指令来实现复杂的功能,从而避免了采用复杂指令。由于指令集比较简单,从理论上说,这种计算机的结构可以比较简单,也可以得到较好的性能。这种体系结构的微处理器的典型代表是由 IBM、Motorola、Apple 公司联合开发生产的 POWER PC 芯片。

微型计算机的 CPU 一定是微处理器,或者说采用微处理器作 CPU 的计算机就是微型计算机。但它还必须配有一定容量的半导体存储器、输入/输出设备的接口电路,以及

系统总线,才能组成一台计算机。

微处理器芯片不仅在微型计算机中有所使用,还在一些大型,甚至巨型计算机中使用。在巨型计算机中要使用成百上千片微处理器,构成并行计算机体系结构,达到高速运算的效果。

微型计算机系统是指以微型计算机为中心,再配上所需的外设(如键盘、打印机、屏幕显示器、磁盘驱动器等)、电源以及足够的软件而构成的系统。

把微处理器、存储器和 I/O 接口电路等大规模集成电路芯片及必要的外围电路组装在一块印刷电路板上的微型计算机称为单板微型计算机(Single Board Microcomputer),简称为单板机。也可以说是一种极为简单价廉的计算机。单板机上一般配有小型键盘作为输入设备,用数码管显示作为输出装置,并且还具有和其他外设的接口能力。单板机比较适合于做工业控制。

1.3.2 微型计算机结构

一般微型计算机的组成框图如图 1.4 所示。它和一般计算机组成框图有两点主要区别:

- 采用了集成在 LSI 或 VLSI 芯片上的微处理器作为 CPU,因此,不再分别画出控制器和运算器;
- 整个计算机采用了总线结构,所有的部件都连接在 3 条总线上面,各部件之间的数据和信号传送亦都通过总线传送。

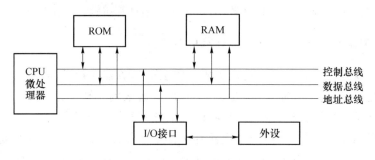

图 1.4 微型计算机结构图

将多个装置或部件连接起来并传送信息的公共通道称为总线(Bus)。总线实际上是一组传输特定信号的传输线路,这一组线路的数目则取决于微处理器本身的结构。总线有 3 种类型。

- 数据总线(Data Bus,DB):用来在微处理器和存储器之间以及微处理器和 I/O 接口之间传送数据。如从存储器中取数据到 CPU,或者把运算结果从 CPU 送到外部输出设备等。数据总线是双向的,数据既可从 CPU 传出,也可以从外部送入CPU。一般来说,微处理器的位数和数据总线的位数一致。
- 地址总线(Address Bus,AB):在计算机中,不论是访问存储器还是访问外设都是通过地址来进行的。地址总线用来传输 CPU 发出的地址信息,以便选择需要访问的存储单元和 I/O 接口电路。地址总线是单向的,即只能由 CPU 向外传送地址信息。地址总线的数目决定了可以直接访问的内存储器的单元数目。具有 n 位地址总线的 CPU 可以访问的存储器容量是 2^n。如 16 位地址总线的 CPU 可以访问的存储器容量是 $2^{16} = 64$ KB。

- 控制总线(Control Bus,CB):控制总线可以传送 CPU 送出的控制信号,也可以传送其他外设输入到微处理器的信号。对于每一条具体的控制线,信号的传送方向是固定的,不是输入到 CPU,就是从 CPU 输出。控制总线的数目与微处理器的位数没有直接关系,一般受引脚的限制,控制总线的数目不会太多。

微型计算机采用总线结构,使之在系统结构上简单,规则,易于扩展。其他的功能部件只要符合总线的规范,就可以接入到系统,从而扩展系统的功能。但采用总线结构后,在每一时刻,一种总线上只能有一组信号,不能同时完成几个不同的操作,如不能同时向存储器和外设传送数据。这对提高计算机的运行速度不利。

实际上,不仅微型计算机采用总线结构,微处理器内部和单片机内部也都是采用总线结构。而在几台微型计算机互连时,往往也是采用总线结构。

整个微型计算机所需要的时钟信号由晶体振荡器提供,它一般放在 CPU 之外。

1.3.3 微处理器的基本结构

微处理器是微型计算机的核心。不同型号的微型计算机性能的差别,首先在于其微处理器性能的不同。微处理器性能又与它的内部结构、硬件设置有关。但无论哪种微处理器,一些基本的部件总是相同的。如运算器部分总是包括算术逻辑单元 ALU、累加器 ACC、标志寄存器 FR、寄存器组等。而控制器部分总是会有程序计数器 PC、指令寄存器 IR、指令译码器 ID,控制信号发生器等。图 1.5 为一般微处理器的结构框图。

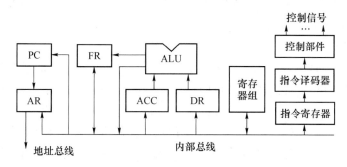

图 1.5 微处理器基本结构

1. 算术逻辑部件 ALU(Arithmetic Logic Unit)

ALU 是运算器的核心部件。它在控制器发出的控制信号作用下,能对两个二进制数进行算术运算和逻辑运算。算术运算一般包括加、减、比较、加 1、减 1 等,也有可以直接进行乘法和除法运算的。逻辑运算则一般包括与、或、异或、取反、取补等。在 ALU 中还可以实现数据的向左或向右移位。此外,一般微处理器的 ALU 还能实现 BCD 数的算术运算,即可以按需要进行十进制调整运算,并可对二进制数的某一位进行置位、复位等位操作。

ALU 中最基本的组成部分是一个可控加法/减法器,在前面(见图 1.3)已经作了介绍。

2. 累加器 A 或 ACC(Accumulator)

累加器的英文原义是积累、积聚的意思。翻译成累加器对于初学者可能误认为它是一种加法运算器。实际上,累加器只是一个寄存器。送入 ALU 进行运算的两个操作数中的一个一般存放在累加器之中。例如,作加法时的被加数,作减法时的被减数都可以存放在累加器中。此外,运算后的结果,还送回到累加器进行保存,如加法的和,减法的差,都可以保存在累加器中。这时,原来在累加器中的操作数当然就被运算结果取代了。参加运算的另一个操作数,可以是来自寄存器组中的某一寄存器,或者是从存储器取来的数据,这个数据要暂存在数据寄存器 DR(Data Register)中,然后再送入 ALU 去运算。累加器中的数据还可以根据需要进行左、右移位。因此,更准确地说,累加器是一个移位寄存器。大家在学习了指令系统以后就会知道,和累加器打交道的机会是非常多的。有的微处理器(如 6800)的累加器还不止一个,使用就更灵活了。

3. 标志寄存器 FR(Flag Register)

标志寄存器是用来存放 ALU 运算结果的各种特征的,是所有微处理器中的一个重要部件。

例如,在加法运算后最高位可能产生进位,而这个进位在操作数中是无法反映的,必须通过标志寄存器来保存。运算后也可能出现溢出,产生溢出的结果是没有意义的,所以也必须用标志来标记运算结果是否溢出。另外,也可以对结果是否等于零,结果是正数还是负数等情况设置相应的标志。

在程序执行中要经常检查这些标志以决定下一步应当如何做。如运算结果有溢出是一种处理方法,没有溢出则是另一种处理方法等。这就是以后将会见到的分支条件转移。

不同型号的微处理器的标志数目及具体规定都不完全相同。在学习、使用不同的微处理器时,它的标志寄存器的内容和规定都是要重新学习、重新认识的。常见的微处理器的标志有以下几种。

- 进位标志 C 或 Cy(Carry Flag):两个数(如 8 位数)进行加法或减法运算时,其最高位(第 7 位)可能产生向高位的进位或借位,这个进位或借位被保存在进位标志 C 中,即如运算后有进位或借位,则 C 被置为 1,否则 C 被置为 0。

- 辅助进位标志 AC(Auxiliary Carry Flag):辅助进位标志又叫半进位标志 H。当两个 8 位数进行加法或减法运算时,如果产生由第 3 位向第 4 位的进位或借位时(8 位数的一半的位置),这个进位或借位保存在辅助进位标志 AC 中。这个标志的用途是用来进行 BCD 数运算时的十进制调整。即在 AC 被置位成 1 时,在 BCD 数运算后,要对结果作加 6 或者减 6 的调整。这个标志是供计算机本身使用的,亦即计算机将根据 AC 的状态来决定是否要作加 6 或减 6 调整.用户则不直接使用这个标志。

- 溢出标志 OV(Overflow Flag):在算术运算中,若有符号数的运算结果超过了机器数的表示范围,即对 8 位有符号数来说,运算结果大于 127 或小于 −128 时,就要使溢出标志置位。溢出标志只有在有符号数运算时才有意义。若只是正数运算,则不能通过检测溢出标志来确定结果是否溢出。

- 零标志 Z(Zero Flag)：当运算结果为零时，Z 标志就置 1，否则，Z 就被置零。运算结果有时就是累加器的内容（如加、减运算等），有时也可以不是累加器的内容（如移位等）。零标志可用于比较两数是否相等：当两个操作数相减后零标志为 1 时，则两个操作数相等。
- 符号标志 S(Sign Flag)：符号标志总是和运算结果中最高一位的值一致，即最高位为 1 时，S 也为 1，最高位为 0 时，S 也为 0。在有符号数运算时，这个标志可表示运算结果是正数还是负数。在只是正数运算时，S 标志虽然也随运算结果置位或复零，但没有实际意义。即只对有符号数运算，S 标志才有用。
- 奇偶标志 P(Parity Flag)：奇偶标志用来标记运算结果中 1 的个数的奇偶性，可用于检查在数据传输中是否发生错误。但究竟是 1 的个数为偶数时 P 为 1，还是 1 的个数为奇数时 P 为 1，不同型号微处理器有不同的规定，不能一概而论。

并不一定每种微处理器都有以上各种标志，但肯定会有其中若干种。有的微处理器可能还有其他的标志。

4. 寄存器组

微处理器中的寄存器组是使用者应该十分重视的部件。其原因有两点：一是在将来学习指令系统和程序设计中将经常接触它们、使用它们；二是每台微处理器的寄存器组的构成都不相同。微处理器的使用者可以不必关心 ALU 的具体构成，但对于这台微处理器的寄存器组的结构用途必须十分清楚。

一般来讲，寄存器组包括两类，即通用寄存器组或称数据寄存器组，以及专用寄存器组。通用寄存器相当于 CPU 内部的小容量存储器，用来暂时存放参加运算的数据、中间结果或者地址。累加器就是属于通用寄存器。由于寄存器组就在 CPU 内部，数据在寄存器和运算器之间的传送比在存储器和运算器之间的传送要快得多。因此，充分利用通用寄存器的作用，可以提高运算速度，另外，对简化程序或程序设计也有好处。

专用寄存器组中的每一种寄存器都有专门的用途。如上面提到的标志寄存器，就是属于专用寄存器。专用寄存器组中通常会包括堆栈指示器(Stack Pointer)、变址寄存器(Index Register)等，也可能还有其他一些带有专门用途的寄存器。下面要谈到的程序计数器也是一种专用寄存器。

5. 程序计数器 PC(Program Counter)

程序计数器是用来存放下一条要执行的指令地址。程序中的各条指令，都是存放在存储器的某一个区域，每条指令都有自己的存放地址。需要执行哪条指令，就把哪条指令的地址送上地址总线。由于程序一般是顺序执行的，因此，当程序计数器中的地址送到地址总线后，程序计数器的内容自动加 1，从而又指向下一条要执行的指令地址。所以，程序计数器是维持微处理器有秩序地执行程序的关键性寄存器，是任何一个微处理器中都不可缺少的。

当然，有的微处理器中存放下一条地址的寄存器不一定称为 PC，可以使用其他的名称。但这个部件是不能少的。

PC 的内容除了通过加 1 操作自动改变之外，也可以通过接收地址信息（相当于并行输入）进行大范围的跳变，这时，程序就不是顺序执行，而是发生了转移或者分支了。

6. 指令寄存器、指令译码器、控制信号发生器

这 3 个部件是微处理器中控制器的主要部分。控制器是微处理器的大脑中枢。

指令寄存器 IR(Instruction Register)接收从存储器取来的指令操作码,并在整个指令执行过程中一直保存。指令操作码用来指明这条指令完成何种操作。

指令译码器 ID(Instruction Decoder)对指令寄存器送来的指令操作码进行译码,产生各种组合逻辑电平控制信号,送到控制信号发生器。

由指令译码器送出的电平信号与外部时钟脉冲在控制信号产生电路中组合,形成各种按一定节拍变化的电平和脉冲,即各种控制信号。它们可以送到运算器,也可以送到存储器或 I/O 接口电路。

这部分电路的定时功能是由晶体振荡器产生的时钟脉冲控制的。这个脉冲的周期称为时钟周期。一般每执行一条指令所需要的时间为几个甚至几十个时钟周期。

1.3.4 指令执行过程

在程序执行之前,先要把程序中的指令机器码送到存储器中,这样每条指令都有了自己的地址。

开始执行程序前,先把程序中第一条指令的地址送到程序计数器 PC 中。程序执行过程就是按照一定顺序执行各条指令的过程。

一条指令的执行过程一般包括取指阶段和执行阶段。即首先将指令从存储器中取出送到微处理器的指令寄存器。然后在指令译码器中对指令进行译码,并根据译码结果来执行这条指令。

再具体一些的过程如下。

（1）控制器将 PC 内容送到地址寄存器,即送出指令的地址,然后,PC 内容自动加 1,即 PC←PC+1。

（2）指令地址通过地址总线送到存储器,选中存放相应指令的存储单元。

（3）CPU 发出读指令的控制命令,存储器收到读命令后,将选中的存储单元内容,亦即指令机器码送到数据总线。

（4）取出的指令传送到指令寄存器,再由指令译码器译码,然后经控制信号产生器发出各种控制信号,也叫做操作信号。

（5）执行指令。对于简单的一字节指令,指令译码后就可以具体执行指令,如某些加、减运算。有些指令是不止一个字节的机器码,那么,在取出指令的第一个字节之后,控制器将根据译码的结果,再去取出其余的指令字节,然后再决定如何执行这条指令。

1.4 单片微型计算机

所谓单片微型计算机,就是将 CPU、RAM、ROM、定时/计数器和多种 I/O 接口电路都集成在一块集成电路芯片上的微型计算机,又简称为单片机或微控制器(Microcontroller)。

单片机控制功能强、体积小、成本低、功耗小,在工业控制、智能仪器、节能技术改造、通信系统、信号处理及家用电器产品中得到了广泛的应用。需要特别指出的是,随着数字技术的发展及单片机在电子系统中的广泛应用,很大程度上改变了传统的设计方法。以往采用模拟电路、数字电路实现的电路系统,大部分功能单元都可以通过对单片机硬件功能的扩展及专用程序的开发,来实现系统提出的要求。这意味着许多电路设计问题将转化为程序设计问题。这种用模拟技术、数字技术的综合设计系统,用软件取代硬件实现和提高系统性能的新的设计思想体系,一般称之为微控制技术。微控制技术最基本的研究对象是单片机。在微控制系统的设计中,系统设计和软件设计起着关键作用。

正是由于单片机在无线电技术、通信系统及信号处理方面的应用逐渐广泛,并已深入到一个新的层次,因此,即使在微型计算机快速发展的今天,单片机技术的学习和应用仍然有很大的意义。

1.4.1　单片机的特点

单片机在一块 LSI 或 VLSI 芯片上集成了一台具有一定规模的微型计算机,它在硬件结构、指令设置上均有其独到之处。其主要特点如下。

1. 存储器有片内存储器和片外存储器之分

单片机内集成有存储器,存储器的容量和它所占用的芯片面积成比例。由于集成度的限制,单片机片内存储器容量不会很大,但可以根据需要在片外扩展存储器。片内和片外的存储器的访问方式上是有区别的。这是掌握单片机的一个重要关键。

2. 内部的 ROM 和 RAM 分工严格

单片机内的存储器分为程序存储器 ROM 和数据存储器 RAM。程序存储器中只存放程序指令、常数及数据表格,而 RAM 则为随机的数据存储器。

3. 位处理功能很强

由于单片机主要用于控制系统,有很强的逻辑控制功能,突出表现在有很强的位处理功能。其他的 CPU 逻辑控制功能,在许多方面也都优于现在流行的 8 位微处理器,单片机的运行速度也较高。

4. 引脚出线一般都是多功能的

8 位微处理器的引线功能,一般都是固定的,如有的作为地址总线,有的则作为数据总线或控制总线。单片机芯片上带有接口电路,需要的引脚就较多,但由于工艺和成品率的关系,芯片上的引脚不能太多,如 8 位单片机的芯片引脚为 40 条。为了解决实际引脚数和需要的出线数的矛盾,单片机的引脚出线一般都是多功能的。每条引线在一定时刻起什么作用,由指令及机器状态来区分。

5. 系列齐全,功能扩展性强

单片机有外接 ROM、内部掩膜 ROM 和内部 EPROM 3 种供应状态,便于从产品设计,小批量生产到大批量生产定型产品的转化,并可从外部对 ROM、RAM 及 I/O 接口进行扩充,与许多微机通用接口芯片兼容。

单片机把微型计算机的各个部分集成在一块芯片上,大大缩短了系统内信号传送距离,从而提高了系统的可靠性及运行速度。因而,在工业测控领域中,单片机系统是最理想的控制系统。

1.4.2 单片机的主要品种系列

单片机分为通用型单片机和专用型单片机两大类。人们通常所说的单片机即指通用型单片机。

通用型单片机是把可开发资源(如 ROM、I/O 接口等)全部提供给应用者的微型控制器。专用单片机则是为过程控制、参数监测、信号处理等方面的特殊需要而设计的单片机。

从 1976 年 Intel 公司推出 8 位单片机 MCS-48 系列以来,单片机的发展非常迅速。就通用型单片机而言,目前世界上一些著名的半导体器件厂家已投放市场的产品至少有50 个系列,三百多个品种。从基本操作处理的数据位数来看,有 1 位单片机,4 位单片机,8 位单片机(如 Intel 公司的 MCS-48、MCS-51 系列, Zilog 公司的 Z8 系列,Motorola 公司的 6802 单片机等),16 位单片机(如 Intel 公司的 MCS-96 系列, TI 公司的 TMS-9900系列等),以及 32 位单片机(Inmos 公司的 IMST414 系列)。

各种系列的单片机由于其内部功能单元组成及指令系统的不尽相同,表现出各种不同的特点。如有些单片机在片内固化了 BASIC 解释程序,因而可以理解这种高级语言,如 MCS-51 系列中的 8052、Z8 系列中的 28671 等单片机。英国 Inmos 公司的单片机IMST414 是一种 32 位单片机。

专用单片机的类型也不少,最典型的有 Intel 公司推出的具有串行通信控制器的RUP-44 系列单片机、TI 公司推出的 TMS-320 系列信号处理单片机等。TMS-320 系列单片机以高速、高精度的实时处理为其重要特征。它主要用于数字滤波、语言处理、图像处理、高速控制、频谱分析等数字信号的实时处理中。

尽管单片机的种类繁多,但 Intel 8051 系列及其变形仍然是单片机的主要品种。特别是许多厂家都以 MCS-51 单片机作为标准,再根据自己的产品的需要,推出了各种和MCS-51 兼容的单片机品种。这些芯片虽然性能上有不少的差异,但核心的指令系统都是兼容的。或者说,学好了 MCS-51 单片机,就可以很容易地掌握这些特性不同的单片机。

这样的单片机品种有很多,如:

Atmel 公司的 ATMEL 89c1051。这是一种最小型的单片机芯片,只有 20 条引脚,有两个定时器、串行口,还有 Flash 存储器。

Dallas Soft Microcontrollers 公司的 DS80c320、DS87c520、DS87c530。这是一种高速的单片机芯片。时钟可以高达 33 MHz。CPU 速度可为 10 MIPS,即每秒 1 000 万条指令。它重新设计了 8051 指令的时序,使得指令执行速度比原来的指令快了 3 倍(时钟不变情况下)。有两个全双工的串行口,外部中断源可为 6 个(一般只有两个)。

Philips 公司有许多 8051 的变型芯片。有的时钟可以高达 40 MHz,有的则十分便宜,如 83c750,在有一定的批量时,只要 1 美元一片。

Siemens 公司的 sab80c517a 芯片,这也是一种高档的单片机芯片。时钟可达 40MHz,具有 32 位的 ALU、两个串行口、2 KB RAM 等。

Standard Microsystems Corporation 公司的 COM20051 芯片,性能高,成本低,而且

具有较强的网络功能。

Silicon Systems 公司的 73M2910/2910A 也是一种高性能的单片机芯片,外部 RAM 可达 128 KB。

以上只是 8051 芯片变型的一部分。由此,也可以说明学习 MCS-51 单片机的普遍意义。

1.4.3　单片机的供应状态

用户在使用通用单片机时,必须了解单片机的供应状态。单片机的供应状态决定于片内 ROM 的配置状态,通常有 5 种。

1. 片内 ROM 状态

亦即单片机内带有的是掩膜 ROM。掩膜 ROM 必须由厂家才能写入固定的程序,用户自己一般是不能写入的。由于用户无法自己将程序写入片内 ROM,故这种单片机(如 MCS-51 中的 8051)只是在用于某种大批量产品时使用,此时,用户可将调测好的应用程序由厂家固化到片内的 ROM 中去。当然,其前提是片内 ROM 的容量必须满足用户程序的要求。

2. 片内 EPROM 状态

EPROM 是用户自己可以改写的只读存储器。用户可以自己通过写入器将用户程序写入片内的 EPROM 中去。当用户开发的程序量不大时(即不需要外扩展 EPROM 时),使用这类单片机可以简化整个系统的组成。它也可作为开发片内 ROM 单片机的代用芯片,开发成功以后,再改用带片内 ROM 的芯片。MCS-51 系列的 8751 即属于这种单片机。这种单片机价格比较高。

3. 片内无 ROM 状态

这时,单片机内部没有程序存储器。使用这种单片机时,必须在外部配置程序存储器 EPROM,其容量可视需要灵活配置。这是目前使用最广泛的一种单片机形式,因为使用第一种形式一般不可能,使用第二种形式成本很高,即芯片的价格很高,故一般就转向第三种方式。

MCS-51 系列中的 8031 即属这种单片机。

除了以上 3 种经典的存储器配置状态外,还有以下两种比较新的供应状态。

4. 一次性可编程 ROM

一次性可编程 ROM(OTP),也称现场可编程 ROM(PROM)。这种 ROM 的内容也可以由用户写入,但只能写入一次。这种单片机芯片的价格比片内 EPROM 的配置要低得多。如 Microchip 公司的 PIC 系列芯片就都有一定容量的一次性可编程 ROM。容量可以从 0.5 KB 到 2 KB 不等。

5. 片内 Flash 存储器配置

一些新的单片机芯片,已经开始有片内 Flash 存储器的配置。Flash 存储器也是一种可擦除、可改写的 ROM。单片的 Flash 存储器有许多 EPROM 无法相比的优点。以后在介绍存储器的章节中还会作介绍。

配置 Flash 存储器的单片机,它的存储器的编程速度快,可以反复改写,但价格比片内EPROM 的单片机便宜很多。Atmel 公司的 89C51 系列单片机都带有片内的 Flash 存储器。存储器的容量可以从 1 KB 到 8 KB。

虽然 MCS-51 系列芯片本身没有片内 OTP 存储器和片内 Flash 存储器的配置。但由于这些单片机芯片和 MCS-51 芯片的相似性,掌握和使用这些新型的芯片也不是很困难的事情。

习题和思考题

1.1 计算机经过了哪些主要发展阶段?

1.2 写出下列机器数的真值:

(1) 01101110   (2) 10001101

(3) 01011001   (4) 11001110

1.3 假定在计算机中用 10 位二进制数来表示数,对定点数用 1 位(最高位)表示数符,9 位表示数;对浮点数用 4 位表示阶码(其中 1 位为阶符),6 位表示尾数(其中 1 位表示数符)。问这样定义的定点数和浮点数所能表示的数的范围。

1.4 写出下列二进制数的原码、反码和补码(设字长为 8 位)。

(1) 010111   (2) 101011

(3) -101000 (4) -111111

1.5 已知 $X=10110110, Y=11001111$,求 X 和 Y 的逻辑与、逻辑或和逻辑异或。

1.6 已知 X 和 Y,试计算下列各题的 $[X+Y]_\text{补}$ 和 $[X-Y]_\text{补}$。

(1) $X=1011$ $Y=0011$

(2) $X=1011$ $Y=0101$

(3) $X=1001$ $Y=-0100$

(4) $X=-1000$ $Y=0101$

(5) $X=-1100$ $Y=-0100$

1.7 用补码运算来完成以下运算,并判断有无溢出产生。

(1) $85+60$ (2) $-85+60$

(3) $85-60$ (4) $-85-60$

1.8 微型计算机中存有两个补码数,试用补码加法来完成以下运算,并判断有无溢出产生。

(1) $[X]_\text{补}+[Y]_\text{补}=01001010+01100001$

(2) $[X]_\text{补}+[Y]_\text{补}=01001010+11100001$

(3) $[X]_\text{补}-[Y]_\text{补}=01101100-01010110$

(4) $[X]_\text{补}-[Y]_\text{补}=10001000-01001011$

1.9 已知两无符号数 X 和 Y,试用部分积右移的方法,求这两数之积。

(1) $X=11011$ $Y=11111$

（2）$X = 10101$　　$Y = 10100$

（3）$X = 01010$　　$Y = 10011$

1.10　设 X 为被除数，Y 为除数，试用除法算法，求出商和余数。设 X、Y 都是无符号数。

（1）$X = 11010$　　$Y = 01001$

（2）$X = 10110$　　$Y = 10101$

（3）$X = 10010$　　$Y = 10011$

1.11　计算机是由哪几部分组成的？

1.12　什么叫微处理器？什么叫微型计算机？什么叫微型计算机系统？

1.13　ALU 是什么部件？它能完成什么运算功能？若两个操作数分别来自累加器 A 和数据寄存器 DR，画一简图表示出 ALU、A 和 DR 之间的连接关系。

1.14　程序计数器 PC 的内容代表什么意义？

1.15　什么叫单片微型计算机？和一般微型计算机相比，单片机有何特点？

1.16　通用单片机的供应状态有几种？用户选用单片机供应状态的原则是什么？

第2章 微型计算机的存储器

在微型计算机中,存储器是用来存储指令和数据的重要部件。指令和数据预先通过输入设备送到存储器中,在程序执行的过程中再从存储器中取出指令和数据送到 CPU 中进行信息加工和处理。

存储器可以分为内存储器和外存储器两种。正在运行的程序和相应的数据都要存放在内存储器中。外存储器则是相当于程序和数据的仓库,用来长期保存程序和数据。

常见的外存储器有磁盘、磁带、光盘和 U 盘。微型计算机的内存储器则都是使用半导体存储器。

半导体存储器从工艺上分有双极型和 MOS 型两种。双极型存储器的工作速度较快,但集成度较差,而 MOS 存储器的集成度较高,价格便宜。现在一般用的半导体存储器都是 MOS 存储器。

存储器是由许多具有记忆功能的存储电路组成的。每个存储电路称为存储器的一位,并可存储 1 位二进制信息。一般是将 8 位存储电路组织在一起作为存储器中最基本的存储单元,称为一个字节(B),存储信息的写入或读出都是以字节作为最基本的单位。有的微型计算机中字长就是 8 位,则一个字节就相当于一个字(Word),有的机器字长是 16 位或更多,一个字就要由两个或多个字节组成,但即使在这种情况下,计算机往往也能以字节为单位来进行操作。

每个存储单元都有一个固定的地址。当 CPU 的地址线为 n 条时,则可使用的地址有 2^n 个。因此,有 n 条地址线的存储器,可以有 2^n 个基本存储单元,或者说是 2^n 个字节。

对于微型计算机来讲,它的地址总线的数目,决定了它可以寻找的存储器地址的多少,对于 16 条地址总线的 CPU,寻址范围就是 2^{16}。

但对于有些机器来说,由于采用了某些技术,它的实际寻址范围大于这个数。例如,在 MCS-51 系统中,也是有 16 条地址线。由于利用了不同的控制信号来分别控制外部 ROM 和外部 RAM,使它能对两组存储器分别寻址,每组的地址可达 2^{16} 个,故实际的寻址范围为 2×2^{16}。

当然,机器的寻址范围和实际装备的存储器容量并不一定一致,实际装备的存储器容量可按需要来确定,但不可以超过最大的寻址范围。

存储器的读写是以字节(B)作单位,但存储器芯片的容量则是以位(bit)作为单位。一片存储器芯片的容量定义为

芯片容量＝存储单元数×每单元位数

由于存储器的容量一般都比较大，现在习惯上常以 $2^{10}＝1\,024＝1\,K$ 来作为计算单位。例如，2716 存储器的容量是 2 KB，即 2 K 字节，或者说 2716 芯片的容量是 $2\,K×8＝16\,K$ 位。对于有些存储器，它的每个存储单元不是正好 8 位，则在说明它的存储容量时，就要说明每一个单元的位数，以便于使用。例如，1 K×4 的存储器表示它有 1 K 个单元（即 1 K 个地址），但每个单元只有 4 位，总容量为 4 K 位。若要用它组成一个 1 K×8 位的存储器，就要用两块这样的芯片，具体组成办法，将在本章中讨论。

半导体存储器，特别是 MOS 存储器，具有体积小、功耗低、价格便宜的优点。MOS 存储器的普遍使用，是微型计算机得以推广使用的一个必不可少的条件。若微型计算机中仍是应用原来计算机中采用的磁芯存储器，则无论是价格还是体积都不会是今天这样的水平，它的推广应用也肯定会大受影响。

半导体存储器根据其基本功能的不同可分为只读存储器（ROM）和随机存取存储器（RAM）两大类。下面就对存储器的结构，读、写过程以及存储器容量的扩展等问题进行讨论。

2.1　只读存储器

只读存储器（Read Only Memory）简称为 ROM。ROM 中的信息，一旦写入以后，就不能随意更改，特别是不能在程序运行的过程中再写入新的内容，而只能在程序执行过程中读出其中的内容，故称为只读存储器。

ROM 中信息的写入通常是在脱机状态下或在计算机处于写 ROM 状态下进行的。只读存储器的特点之一是它所存储的内容在关断电源时也不会消失。因此，通常采用 ROM 作为存放固定程序的存储器。只要接上电源，计算机就可以调用 ROM 中的程序，即使在程序的运行过程中发生掉电也不会破坏存储器的内容。微型计算机系统中的监控程序就是固定存放在 ROM 中的。

2.1.1　只读存储器的结构及分类

图 2.1 所示为 ROM 的结构框图，它由地址译码器、存储矩阵和输出缓冲器组成。

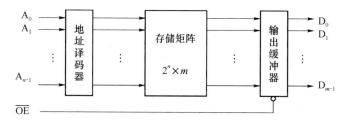

图 2.1　ROM 的基本结构框图

地址译码器根据地址总线送来的地址信号，选中相应的存储单元。译码器有 n 条地址输入线，可以寻址 2^n 个存储器单元。

存储矩阵由 2^n 个存储单元组成，每个存储单元为 m 位。每一位可以是一个二极管，也可以是一个三极管，或者是一个 MOS 管。存储器的容量是 $2^n \times m$ 位。

输出缓冲器是三态门或集电极开路门的结构，现在一般都用三态门，其中 $\overline{OE}$ 为三态门的控制信号，当 $\overline{OE}$ 为 1 时（高电平），输出呈高阻状态，只有当 $\overline{OE}$ 为 0 时，才将存储单元的内容输出到数据总线。当 ROM 和 CPU 连接的时候，$\overline{OE}$ 应该和 CPU 的读控制信号相连接。

图 2.2 为一个 4×4 ROM 存储矩阵。由图可见，存储矩阵的每一位对应一个 MOS 管，ROM 中存储的信息就反映在各个 MOS 管栅极的连接方式上。$W_0 \sim W_3$ 是译码器的输出，一般称为字线。当某条字线为 1 时，就选中了相应的存储单元。MOS 管栅极接到字线上时，这个存储单元所存储的信息为 0，MOS 管栅极悬空时，该位所存的信息则为 1。当某一条字线为 1 时，相应单元的内容就从 $D_3 \sim D_0$ 上读出到输出缓冲器，一般称 $D_3 \sim D_0$ 为位线。例如，当 $W_2 = 1$ 时，读出的信息为 0010。从图 2.2 可以很容易理解为什么 ROM 的内容一旦写入（即确定了各 MOS 管栅极连接）之后，就不能更改，也不会被破坏。

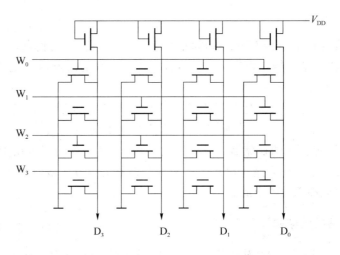

图 2.2　4×4 ROM 的存储矩阵

图 2.1 的 ROM 结构只在地址输入线数目较少时使用。当地址线数 n 增大时，译码器的输出线数 2^n 将变得很大，所需译码器中器件的数目及连线数目也将很大。在这种情况下，往往采用 X、Y 两个方向译码的结构，如图 2.3 所示。图中 10 条地址输入线分为两组：$A_0 \sim A_5$ 加到 X 地址译码器，共有 $2^6 = 64$ 条译码输出线，而 $A_6 \sim A_9$ 加到 Y 地址译码器，其输出数为 16 条，总计为 $64 + 16 = 80$ 条译码器输出线。这比只用一级译码器共有 $2^{10} = 1\,024$ 条输出线要少很多。

图 2.4 是一个 16×1 位的 ROM 存储矩阵，同时也画出了 X、Y 两个方向的译码器。4 条地址输入线分成两组，分别加到行、列译码器，行译码器用以选择存储单元，列译码器

产生的信号用以控制各列的位线控制门。矩阵中的每一个单元能否被选中,应由行地址译码信号和列地址译码信号复合决定。当 4 位地址为 0000 时,行译码信号选中了 0、4、8 和 12 共 4 个单元,但这些单元的内容能否读出,还取决于列译码信号,现在由于 $A_2 A_3 =$ 10,列译码信号打开了左边的一个列读出放大器,故只有 0 号单元的内容可以读出到数据输出线。

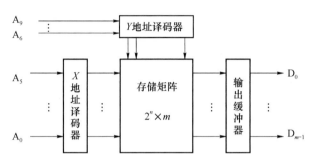

图 2.3　双译码 ROM 结构图

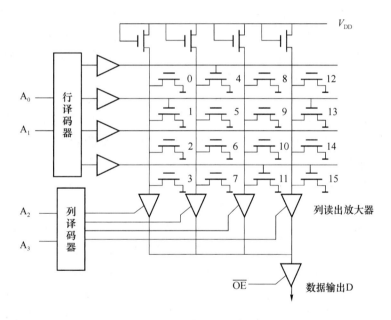

图 2.4　16×1 位 ROM 存储矩阵

由此可以看出,ROM 存储矩阵的各基本存储单元中信息的存储是用 MOS 管的接通或断开状态来实现的。在制造 ROM 器件时,每个 MOS 究竟如何连接,由 ROM 的使用者提出要求。根据这些要求来确定 ROM 中各个管子状态的过程叫做对 ROM 编程。根据编程方式的不同,ROM 常分为以下 3 种。

1. 掩膜编程的 ROM

掩膜编程的 ROM 简称为 ROM,它的编程是由半导体制造厂家完成的。它是厂家在生产过程的最后一道掩膜工艺时,根据用户提出的存储内容制作一块决定 MOS 管连接方式的掩膜,然后把存储内容制作在芯片上,因而制造完毕后用户不能更改所存入的信息。

掩膜型 ROM 适合于大批量生产的产品。这种 ROM 的结构简单,集成度高,但制作掩膜的成本也很高,只有在大量生产某种定型的 ROM 产品时,经济上才是合算的。

掩膜型 ROM 可用来存储微型计算机用的某些标准程序,如监控程序、汇编程序、BASIC 语言的解释程序等;也可以用来存储数学用表(如正弦函数表、平方根表等)、代码转换表、函数表等。

2. 现场编程 ROM

现场编程 ROM 也称可编程 ROM,简称 PROM(Programmable Read Only Memory),其含义是这种 ROM 的编程可以在工作现场一次完成。PROM 在出厂时并未存储任何信息。用户要用专门的 PROM 编程器,根据自己的需要把信息(程序或数据)写入到 PROM 中去,才可以在计算机系统中使用。但是,这种只读存储器的存储内容一旦写入,不能再行更改,即用户只能写入一次。

3. 可改写可编程 ROM

可改写的现场编程 ROM 简称为 EPROM(Erasable Programmable Read Only Memory)。用户既可以采取某种方法对这种只读存储器自行写入信息,也可以采用某种方法将信息全部擦去,而且擦去以后还可以重新写入新的信息。根据擦去信息所用的方法,EPROM 又可分为两种,即“用紫外线擦洗的 EPROM”,简称为 UVEPROM,另一种为“电擦洗的 EPROM”,简称为 EEPROM。

UVEPROM 是用电信号编程,但是用紫外线来擦除已存入的信息的 EPROM。这种 EPROM 的外壳上方的中央有一个圆形的“窗口”,紫外光可以从这个窗口照进器件的内部以实现擦除的功能。这种 UVEPROM 在擦除时要从系统上拆除下来,放进 EPROM 擦除器用紫外光进行擦除。由于阳光中有紫外光的成分,为了避免这种 ROM 的内容在阳光照射下逐渐自动擦除,应用一种不透明的标签贴在 UVEPROM 的窗口上,以避免无意识的擦除。

EEPROM 是一种用电信号编程,也用电信号进行内容擦除的 EPROM。EEPROM 在擦除或写入时不必将它从系统中拆除下来,直接在电系统中就可以擦除或写入一个字节以至整个芯片。EEPROM 的功能适用于保存已存入的数据,既不易丢失数据,又允许内部电路重新编程。这样在制造时就可以把 EEPROM 和 CPU 装在同一芯片中,在使用时还可以随时对 EEPROM 的内容进行更新,以装入新的、更高效的程序。但这种 EEPROM 写入数据的次数也是有限的,约为几百到几万次不等。

2.1.2 只读存储器典型产品举例

1. Intel 2716 UVEPROM

Intel 2716 是一种用紫外线擦除,用电信号编程的只读存储器。它在平时工作时用 5 V 电源,而在编程时(写入)要用 25 V 的电源电压(根据经验,这个电压稍微低一些比较安全)。2716 的存储容量为 2 K×8 位,即 16 K 位。这个系列的产品还有 2732、2764、27128 等,前两位是系列号,后几位就是表示其存储容量的(以 K 位为单位)。

这些芯片有两种封装:24 引脚和 28 引脚。图 2.5 是这个系列芯片的引脚排列。

27256 32K×8	27128 16K×8	2764 8K×8	2732 4K×8	2716 2K×8
V_{pp}	V_{pp}	V_{pp}		
A_{12}	A_{12}	A_{12}		
A_7	A_7	A_7	A_7	A_7
A_6	A_6	A_6	A_6	A_6
A_5	A_5	A_5	A_5	A_5
A_4	A_4	A_4	A_4	A_4
A_3	A_3	A_3	A_3	A_3
A_2	A_2	A_2	A_2	A_2
A_1	A_1	A_1	A_1	A_1
A_0	A_0	A_0	A_0	A_0
O_0	O_0	O_0	O_0	O_0
O_1	O_1	O_1	O_1	O_1
O_2	O_2	O_2	O_2	O_2
GND	GND	GND	GND	GND

左引脚	右引脚
1	28
2	27
3(1)	(24)26
4(2)	(23)25
5(3)	(22)24
6(4)	(21)23
7(5)	(20)22
8(6)	(19)21
9(7)	(18)20
10(8)	(17)19
11(9)	(16)18
12(10)	(15)17
13(11)	(14)16
14(12)	(13)15

2716 2K×8	2732 4K×8	2764 8K×8	27128 16K×8	27256 32K×8
		V_{cc}	V_{cc}	V_{cc}
		$\overline{PGM}$	$\overline{PGM}$	A_{14}
V_{cc}	V_{cc}	NC	A_{13}	A_{13}
A_8	A_8	A_8	A_8	A_8
A_9	A_9	A_9	A_9	A_9
V_{pp}	A_{11}	A_{11}	A_{11}	A_{11}
$\overline{OE}$	$\overline{OE}/V_{pp}$	$\overline{OE}$	$\overline{OE}$	$\overline{OE}$
A_{10}	A_{10}	A_{10}	A_{10}	A_{10}
$\overline{CE}$	$\overline{CE}$	$\overline{CE}$	$\overline{CE}$	$\overline{CE}$
O_7	O_7	O_7	O_7	O_7
O_6	O_6	O_6	O_6	O_6
O_5	O_5	O_5	O_5	O_5
O_4	O_4	O_4	O_4	O_4
O_3	O_3	O_3	O_3	O_3

图 2.5　Intel 系列 UVEPROM 引脚排列

2716 使用 24 条引脚的封装。由于有 2 K 个存储单元,所以有 2 K 个地址,故要有 11 条地址线($2^{11}=2\,048=2$ K),在图 2.5 中为 $A_0 \sim A_{10}$,另外有 8 条数据输出线 $O_0 \sim O_7$。这两组引线的多少应和存储器容量 2 K×8 位相一致。V_{cc} 接 5 V 工作电源,V_{pp} 为编程电源,在编程时为 25 V,其余时间保持在 5 V。GND 为地。另外还有两个控制端:$\overline{CE}/PGM$(注:在图 2.5 中就写为 $\overline{CE}$)和 $\overline{OE}$。

对于一般的 EPROM 芯片有 3 条控制线:包括片选输入 $\overline{CE}$,当 $\overline{CE}=0$ 时,芯片才被选中并能够正常地读出信息;输出允许 $\overline{OE}$,当 $\overline{OE}=0$ 时,EPROM 的输出缓冲器打开,片内的信息才能读出,当 $\overline{OE}=1$ 时,输出呈高阻状态;另一个控制端是编程控制 PGM,在 EPROM 编程时,PGM 线上加编程脉冲。对于 2716 来说,由于封装出线的限制(24 引脚),所以将 $\overline{CE}$ 和 PGM 合并在一个端口使用。2716 的工作方式由 $\overline{OE}$、$\overline{CE}/PGM$ 和 V_{pp} 上所加的电压的配合来决定。2716 的 5 种工作方式选择列于表 2.1。

表 2.1　2716 的工作方式

状态　　引脚 方式	$\overline{CE}/PGM$	$\overline{OE}$	V_{pp}/V	V_{cc}/V	输出值
读出	低	低	+5	+5	数据输出
维持	高	无关	+5	+5	高阻抗
编程	脉冲	高	+25	+5	数据输入
程序检验	低	低	+25	+5	数据输出
编程禁止	低	高	+25	+5	高阻抗

(1) 读方式。当 $\overline{CE}$ 和 $\overline{OE}$ 均为低电平有效时(<0.4 V),若 $V_{pp}=+5$ V,则 2716 处于读出工

作方式,这时,由给定地址信号决定的被选中存储单元的信息被读出到数据输出端 $O_0\sim O_7$ 上。

（2）维持方式。当 $\overline{CE}$ 为高电平（$>2.4\ V$），$V_{pp}=+5\ V$ 时，2716 处于低功耗维持方式。此时,2716 的功耗可以大大减少,从正常工作时的 $525\ mW$ 降低到 $132\ mW$,减少近 75%,处于维持方式时,输出端均处于高阻状态,并且与 $\overline{OE}$ 无关。

（3）编程方式。当 V_{pp} 加上 $+25\ V$ 编程电源,编程控制输入 PGM 上加 $50\ ms$ 宽的正脉冲时,2716 处于编程方式。这时 $\overline{OE}$ 上应加高电位,输出端 $O_0\sim O_7$ 被用于数据输入,出现在这几个端口上的数据将被写入到 EPROM 中,地址线上出现的地址则决定信息写入到哪个存储单元中去。

（4）程序检验。程序检验一般在编程之后进行,以检查信息写入是否正确。当 $V_{pp}=+25\ V$,$\overline{CE}$ 及 $\overline{OE}$ 均为低电平时,可对被写入的信息进行核实,以确定其是否正确。

（5）编程禁止。用不同的数据对几个并联的 2716 编程也很容易实现。这时,可把几个并联的 2716 的各个地址端以及 $\overline{OE}$ 端都连起来,只将各个 2716 的 $\overline{CE}$ 端分别接到分配器的输出端,对暂时不进行编程的 2716 的 $\overline{CE}$ 端都接低电平,这样就能使除了正在编程的芯片之外的各个 2716 都被禁止编程。

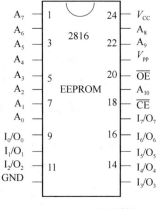

图 2.6　2816 的引脚排列

2. Intel 2816 EEPROM

Intel 2816 是一种 16 K 位的,可用电擦除和编程的只读存储器。2816 可以很容易地按字节进行擦除和再编程,并具有整片擦除的功能。而对 UVEP-ROM 来讲,只能整片擦除。在读方式时,器件工作于 $+5\ V$ 电源,写入和擦除时则用一个 21 V 单脉冲来实现。

2816 的引脚排列如图 2.6 所示。图中 $A_0\sim A_{10}$ 为地址输入端。$I_0\sim I_7$ 是数据输入,$O_0\sim O_7$ 为数据输出,并且这两组信号是复用在一组引脚上的。$\overline{OE}$ 是输出允许控制端,$\overline{CE}$ 是片选输入控制,V_{pp} 为编程电源。

2816 有 6 种工作方式,列于表 2.2。

表 2.2　2816 的工作方式

方式　状态　引脚	$\overline{CE}/PGM$	$\overline{OE}$	V_{pp}/V	V_{CC}/V	输出值
读　出	低	低	$+4\sim+6$	$+5$	数据输出
维　持	高	无关	$+4\sim+6$	$+5$	高阻抗
字节擦除	低	高	$+21$	$+5$	高阻抗
字节写入	低	高	$+21$	$+5$	数据输入
片擦除	低	$+9\sim+15\ V$	$+21$	$+5$	高阻抗
禁止擦/写	高	任意	$+4\sim+6$	$+5$	高阻抗

当要向 2816 的一个指定单元写入信息时,该字节必须在数据写入之前予以擦除。

EEPROM 擦除以后,各个存储位的信息都为 1,写入时只将需要改为 0 的各位改成 0 即可。而对于 UVEPROM 来说,不可能通过写入将 0 状态改为 1,对于电擦除的 EEPROM,则可以将 0 改写为 1。所以,对于 EEPROM 来说,擦除操作和写入操作实际是极为相似的,只是在擦除时,各数据输入端都加上高电平,而在写入时,则根据信息的需要可高可低。在擦除和写入时,都应使 $\overline{CE}$ 保持有效(低电平),而编程电源 V_{pp} 上加一个 21 V 的编程脉冲信号,编程脉冲的宽度应为 9～15 ms。

上述的擦除操作适合于按字节擦除,若整片擦除也按这种方式进行则很不方便。为此,2816 提供了一种片擦除功能,执行这种功能时,可使所有 2 KB 都复原到逻辑"1"状态,而不必逐一地改变地址信号。片擦除时,只需在字节擦除的连接方式基础上,将 $\overline{OE}$ 的电压加高到＋9～＋15 V 即可实现,片擦除功能的执行大概需要 10 ms,在此期间,数据输入引脚必须保持在高电平(＞2.4 V)。

在维持方式时,也应使片选输入无效(高电平),这时也能减少近 50% 的功耗,输出端上呈高阻状态,但与 $\overline{OE}$ 输入无关。这种工作状态和 2716 的维持状态极为相似。

2.2　随机存取存储器

随机存取存储器(Random Access Memory)简称为 RAM。它和 ROM 的区别在于这种存储器不但能随时读取已存放在其各个存储单元中的数据,而且还能够随时写入新的信息。在写入信息时,不需要像 EEPROM 那样,必须先将原有内容擦除,而是可以直接写入。它和 ROM 的另一个重要区别是半导体 RAM 是易失性存储器,关掉电源甚至暂时的电源掉电都会使所存的信息全部消失。因此,在重要的应用场合应该有备用电源或者不间断电源。

RAM 有双极型和 MOS 型两种,MOS 存储器因其集成度高,功耗较低,价格便宜而得到广泛应用。故这里只介绍 MOS 存储器。

MOS 型的 RAM 也有许多类型,按其工作方式的不同可分为静态和动态两大类。按存储元件所包含的 MOS 管的多少,又可分为六管、四管、三管和单管等几种形式。

2.2.1　随机存取存储器的基本结构

随机存取存储器的结构除了地址译码器、存储矩阵、三态输出缓冲器之外,还包括有读写控制逻辑电路,其结构框图示于图 2.7。由图可以看出,从结构上看,RAM 和 ROM 很相似,只是 RAM 的数据线 D_i 既可读出又可写入,故输出缓冲器也应该是双向的。图中的 $R/\overline{W}$ 为读写控制线,用来决定被选中的随机存储器是要进行读操作,还是进行写操作,通常规定该控制线为低电平时对存储器进行写操作,高电平时则进行读操作,在这样的规定之下,也可以表示成 $R/\overline{W}$,以表明对于每种操作是哪种电平有效。$\overline{CE}$、$\overline{OE}$ 的含义和 ROM 中的含义相同,不再多作解释。只是现在的输出缓冲器是双向的,具体电路的输出控制方式可能比 ROM 复杂一些。

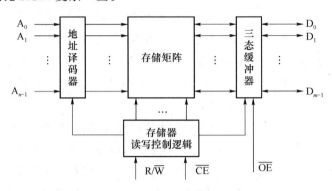

图 2.7　RAM 的结构框图

CPU 和随机存取存储器之间要交换信息时,应先把地址码通过地址总线送到存储器的地址输入端,这个信号由 CPU 的地址寄存器来维持。然后 CPU 通过控制总线向 RAM 发出选通信号和读写控制信号,由选通信号使 $\overline{CE}=0$,从而芯片被选中,然后根据 $R/\overline{W}$ 信号的电平来确定是进行读操作还是写操作。若是不对 RAM 芯片进行读写操作,$\overline{CE}$ 和 $\overline{OE}$ 都无效,从而使三态输出缓冲器对系统的数据总线呈高阻状态,使得该存储器芯片实际上与系统的数据总线完全隔离。

2.2.2　静态基本存储电路

静态 RAM 是用 MOS 触发器作为基本记忆元件。触发器的工作必须要有电源,故只有在有电源的条件下,存入的数据才可以保留和读出。掉电之后,存入的信息全部消失。

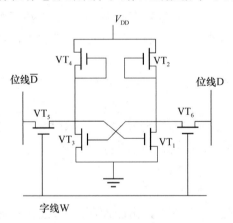

图 2.8　六管静态基本存储电路

图 2.8 是一个 NMOS 六管静态基本存储电路。其中 $VT_1 \sim VT_4$ 组成静态触发器。触发器有两个稳定状态:VT_1 截止 VT_3 导通时 $Q=1$ 的状态称为"1"状态;VT_1 导通 VT_3 截止时 $Q=0$ 的状态称为"0"状态。这两种状态反映了存入存储电路的信息是"0"还是"1"。VT_5、VT_6 是由地址译码器的输出字线信号控制的两个选择门,只有当来自译码器输出的字线 W 处于高电平(有效)时,这个基本存储电路才被选中。该存储电路有两个数据输出端,称为位线或数据线。

当字线 W 为高电平时,VT_5、VT_6 导通,该电路进入工作状态,可以实现数据的输入或读出。其过程如下。

写入时,要写入到基本存储电路的数据从位线 D 和 $\overline{D}$ 送入。此时,字线 W 已经有效,VT_5 和 VT_6 是两个导通的 MOS 传输门,因此,位线上的信号就通过传输门送入静态触发器。若要写入的信号为"1",即 $D=1$,$\overline{D}=0$。则 $\overline{D}$ 线上的低电平通过 VT_5 传送到了 VT_1 的栅极,使 VT_1 截止。不论这个存储电路原来处于什么状态,VT_1 截止后,都使

$Q=1$。同样,D 线上的高电平通过 VT_6 送到 VT_3 的栅极,使 VT_3 导通,$\overline{Q}=0$。这样就使"1"信号写进了存储电路,并且写进的"1"能依靠静态触发器内部反馈保持下去。若要写入"0",则送入的 $D=0$,$\overline{D}=1$,结果能使 VT_3 截止,VT_1 导通,达到写"0"的目的。

读出时,若收到地址信号,使字线处于高电平,VT_5、VT_6 导通,亦即传输门导通,触发器的状态通过传输门传送给位线 D 和 $\overline{D}$。存储电路若原存储的数据为"1",则使 $D=Q=1$,以及 $\overline{D}=\overline{Q}=0$;若原存储的数据为"0",则 $D=Q=0$,$\overline{D}=\overline{Q}=1$。信息读出以后并不影响触发器中所存储的信息,故称为非破坏性读出。

当字线为低电平时,VT_5、VT_6 截止,使触发器与位线 D 和 $\overline{D}$ 隔离。这时,基本存储电路内的信息既不能读出,也不能写入,只是保持原存储信息不变,故称此时为维持状态。

一个基本存储电路只能存放一位二进制数,实际上一条位线要接到好几个存储电路的传输门,从而构成一个存储单元。再由许多个存储单元按阵列的形式排列成存储体,才能够存放所需存储容量的信息。

2.2.3 动态基本存储电路

静态基本存储电路在没有新的写入信号到来时,触发器的状态不会改变,所存信息将长时间保存不变,条件是不能断电。但静态存储电路需要的元件数较多,并且一个基本电路中至少有一组 MOS 管导通,因而功耗较大。而动态存储电路则具有元件少、功耗低的优点,在大容量存储器中得到广泛使用。

动态基本存储电路是利用 MOS 管栅极和源极之间的极间电容 C_g 来存储信息的。C_g 上存有电荷,表示存有信息"1",否则就表示存有信息"0"。由于 MOS 管的栅极时间常数很大,所以 C_g 上的信号可以保留一段时间,但不能长时间的保留,经过电容的放电,C_g 上的电荷会逐渐泄漏掉。这样,经过一段时间后,原来存入的信息就会自动消失,而对于存储器来说,这是不允许的。为了使动态存储器也能长期保存信息,必须在信息消失之前使信息再生。这种操作称为动态存储器的刷新。刷新要经常地、周期性地进行,一般应在 2 ms 左右进行一次。这是动态存储器使用时必须考虑和解决的问题。

目前使用的动态基本存储电路是单 MOS 管存储单元。图 2.9 所示是一个 NMOS 单管动态基本存储电路。其中 C_g 是存储电容,C_D 是位线电容,由于一条位线上接有许多个存储电路,所以 C_D 的值要比 C_g 大许多倍。字线 W 为高电平时,VT 导通,存储电路可以进行写入或读出操作,过程如下。

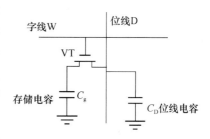

图 2.9 单管动态存储电路

写入时,字线上加高电平,使 VT 导通,就可将位线 D 上的信息经过 VT 而写入 C_g 储存,若数据线(即位线)上送入"1",C_g 被充电为高电平,若数据线上送入"0",C_g 被放电为低电平。

读出时,字线的高电平使 VT 导通,C_g 就和数据线连通。于是,原来存储在 C_g 上的电荷就在 C_g 和 C_D 之间重新分配。C_D 要比 C_g 大 10 倍以上,使得位线上获得的信号幅度只有几百毫伏,因此,读出的信息要经过放大以后才能输出,并且,对于读出放大器的要求也比较高。

由上述分析可知,动态存储电路具有集成度高、成本低、功耗低,特别是维持功耗低的优点,适合于做大容量存储器。但由于需要刷新,所以用它构成 RAM 时,外围控制电路比较复杂,使用不及静态 RAM 方便。

2.2.4 典型 RAM 芯片举例

1. Intel 2128 NMOS 静态 RAM

Intel 2128 是由 2 K×8 位组成的 16 K 位静态 RAM(SRAM),用单一的 5 V 电源。有 8 个数据输入/输出端 $D_0 \sim D_7$,一个片选端 $\overline{CE}$,用以控制芯片是否选中,一个输出允许端 $\overline{OE}$,用以控制输出缓冲器,一个写控制端 $\overline{WE}$,用以控制读、写,还有 11 个地址输入端。其引脚排列和逻辑符号如图 2.10 所示。可以看出,2128 的输出引脚是和 2716、2732 兼容的。

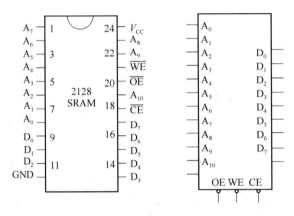

图 2.10 2128 RAM 的引脚排列及逻辑符号

2128 RAM 的功能表如表 2.3 所示。

表 2.3 2128 RAM 功能表

状态　方式 \ 引脚	$\overline{CE}$	$\overline{WE}$	$\overline{OE}$	$D_0 \sim D_7$
未选中	高	任意	任意	高阻抗
输出禁止	低	高	高	高阻抗
读出	低	高	低	数据输出
写入	低	低	任意	数据输入

当 $\overline{CE}$ 及 $\overline{WE}$ 为低电平有效时,不管 $\overline{OE}$ 为何值,信号都由外部数据总线写入存储器,即 $\overline{OE}$ 对写入操作没有影响。当 $\overline{CE}$ 低电平有效,而 $\overline{WE}$ 高电平、$\overline{OE}$ 低电平有效时,输出三态门打开,从存储器读出的信息送至外部数据总线。当 $\overline{CE}$ 低电平有效,而 $\overline{WE}$、$\overline{OE}$ 高电平有效时,输出为高阻抗,存储单元内容无法读出,称为输出禁止。当 $\overline{CE}$ 为高电平无效时,不管 $\overline{WE}$、$\overline{CE}$ 为何种状态,存储器都没有被选中,既不能读出也不能写入,而是处于一种维持状态,功耗自动降低到工作时的 1/4 左右。

2. Intel 2116 动态存储器

2116 是由单管存储电路组成的 16 K×1 位动态 RAM(DRAM)。它只用 16 个引脚的管座来封装。其引脚及逻辑符号见图 2.11。16 K×1 位存储容量需要有 14 条地址信号线(列地址和行地址各 7 条),但 2116 只采用 7 个地址信号引线端 $A_0 \sim A_6$,而另外采用了两个控制信号:列地址选通 $\overline{CAS}$ 和行地址选 $\overline{RAS}$。在工作时,$\overline{RAS}$ 信号先有效(低电平),输入行地址 $A_0 \sim A_6$,存入芯片内部的行地址锁存器,即使外部地址改变了,存入的地址也不会丢失;然后 $\overline{CAS}$ 再变为低电平有效,将随之而来的列地址 $A_7 \sim A_{13}$ 存入列地址锁存器。2116 动态存储器没有片选信号 $\overline{CE}$,行地址选择信号实际上也起着片选信号的作用,只要 $\overline{RAS}$ 信号有效,地址可以写入时,这片存储器也就被选中了。而三态数据输出端受 $\overline{CAS}$ 控制,与 $\overline{RAS}$ 无关。

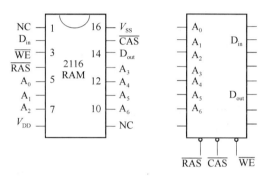

图 2.11 2116 DRAM 引脚排列及逻辑符号

动态 RAM 的数据线一般都只有一条。另外,地址线也采用分时复用。这样安排的结果使得每一片动态 RAM 的引脚数都很少,一般都只有 16 条左右,比静态 RAM 和 ROM 芯片的引脚都少,使得每一片动态 RAM 的成本很低。因为芯片的成本除了片芯成本外,还要加上封装的成本。芯片的引脚数少,可以降低芯片的封装成本。由于动态 RAM 只有一条数据线,所以在使用的时候总是将 8 片动态 RAM 装配在一个 RAM 条上出售。访问 RAM 条上的一个单元,也同样是访问一个字节。

当 $\overline{RAS}$ 和 $\overline{CAS}$ 都是低电平有效,$\overline{WE}$ 保持高电平时,所选中的存储单元信息送到数据输出总线,执行读操作。

当 $\overline{RAS}$ 和 $\overline{CAS}$ 都是低电平有效,而 $\overline{WE}$ 保持低电平时,执行写入操作,即将数据输入线的信息,写入到 RAM 的指定单元。

除了读/写操作之外,动态存储器还要定时进行刷新。刷新是按行进行的,因此,要在 2 ms 的时间里对 $A_0 \sim A_6$ 的 128 个地址组合轮流刷新一遍。刷新操作只需使 $\overline{RAS}$ 为低电平(读入行地址),而 $\overline{CAS}$ 为高电平(不必送列地址)就可以对行地址所规定的存储单元进行刷新。为了周期地进行刷新,在动态存储器外部需要一个 8 位的刷新计数器,用来提供刷新地址。由于在 $A_0 \sim A_6$ 7 个端子上,要轮流加上行地址、列地址、刷新地址,因此,还需要有必要的硬件电路才能保证正常工作。另外 $\overline{RAS}$ 和 $\overline{CAS}$ 信号也要由硬件电路来产生。

2.2.5 Flash 存储器

Flash 存储器也是一种可擦除、可改写的只读存储器。但是,现在已经把它当做一种单独的存储器品种来对待,因为,它具有一般的只读存储器所没有的良好性能。

1. Flash 存储器的发展

自从 EPROM 问世以来,增加 EPROM 容量一直是一个不能令人满意的问题。EPROM 的容量一般都只有 64 KB,很难满足实际应用的需要。

1987 年,一种利用单个晶体管的 EEPROM 单元,加上高速高灵敏放大器等技术的新型只读存储器出现了,其存储器的容量有 256 KB,擦除和编程写入的速度也比一般的 EEPROM 快了 10 倍。因而称为 Flash 存储器,也可翻译为闪速存储器。表 2.4 是 EPROM、EEPROM 和第一块闪速存储器主要性能的对比。

表 2.4 UVEPROM、EEPROM 与第一块 Flash 存储器的性能比较

性 能	UVEPROM	EEPROM	Flash 存储器
擦除时间	20 min	1 ms	100 μs
编程时间	<1 ms	<1 ms	100 μs
单元面积/μm^2(2 μm 工艺)	64	270	64
芯片面积/mm^2(32 KB)	32.9	98	32.9
擦除方法	紫外线	电擦除	电擦除

Flash 存储器问世后,得到了广泛的重视和好评,技术上和性能上也一直在不断发展。到 1998 年时,存储容量就从开始时的 256 KB 发展到 128 MB,提高了 500 倍。制造工艺也从开始时的 2 μm 进步为 0.25 μm,单元面积从 64 μm^2 缩小到 0.4 μm^2。更可贵的是这样性能的存储器的价格并不是很高。所以,Flash 存储器在计算机、通信、工业自动化,以及各种家用电器设备中都得到了广泛的应用,是在 MOS 存储器市场中增长最快的一个品种。

上面已经提到,在单片机中现在也有在片内集成有 Flash 存储器的品种。预计这样的单片机芯片还会不断地出现。

2. Flash 存储器的类型

Flash 存储器(简称"闪存")的分类可以从两个方面来划分。

首先是可以从存储器的擦除和编程所用的技术来划分。Flash 存储器的擦除都是采用沟道热电子注入(CHE)技术。而在 Flash 存储器的编程时,除了可以采用 CHE 技术,也可以采用 Fowler-Nordheim 隧道效应(FN 隧道效应)。一般来说,CHE 注入技术的可靠性较高,但编程的效率较低。而 FN 隧道效应用低电流进行编程,可以高效率和低功耗地编程。

另外,可以从 Flash 存储器的接口种类来分类。现在 Flash 存储器的接口可以分为 3 种类型。

(1) 标准的并行接口。这种芯片具有独立的地址线和数据线,和 CPU 的接口时,基本上和一般的存储器接口相似,只要 3 类总线分别连接就可以。这种类型的芯片种类最

多,如 Intel 公司的 A28F 系列,AMD 公司的 Am28F 和 Am29F 系列,等等。

(2) NAND(与非)型闪存。它也是一种并行接口的芯片,但在接口时采用了引脚分时复用的方法,使得数据、地址和命令线分时复用 I/O 总线。从而使得接口的引脚数可以减少很多。当然,要特别注意这种芯片的接口时序,以保证和 CPU 有正确的连接。三星公司和日立公司都有 NAND 型 Flash 存储器的产品。

(3) 串行接口的 Flash 存储器。这种产品只通过一个串行数据输入和一个串行数据输出来和 CPU 接口,因此和 CPU 的连接非常简单。但由于数据和地址都是由同一条线来传输,要用不同的命令来区分是地址操作还是数据操作。美国的 National Semiconductor 公司有串行接口的 Flash 产品。

3. 典型产品介绍

(1) 并行 Flash 芯片 Am29F016B

Am29F016B 是 AMD 公司产生的 16 Mbit Flash 存储器。它采用单一的 5 V 电源,无论是编程还是擦除都使用同样的电源供电。

Am29F016B 的访问速度有 70 ns、90 ns、120 ns 和 150 ns 等几种级别。

Am29F016B 有独立的数据线和地址线,也有若干控制线,用来控制芯片的读/写操作。这些 I/O 接口线包括以下几种。

- $DQ_0 \sim DQ_7$:8 条数据线,双向读写,在芯片没有被选中时,将处于高阻状态。
- $A_0 \sim A_{20}$:21 条地址线,总共的寻找范围是 2 MB,所以还是以字节为单位进行寻址的。
- $\overline{CE}$:输入,片选信号,低电平有效时,选中芯片,使芯片进入工作状态。
- $\overline{OE}$:输入,输出控制信号,低电平有效时,允许从芯片读出数据。
- $\overline{WE}$:输入,写控制信号,低电平有效时,可以对芯片进行编程和擦除等写入操作。
- $\overline{RESET}$:输入,复位信号,低电平有效时,对芯片进行复位操作。
- $RY/\overline{DY}$:输出,状态信号,当 $RY/\overline{DY}$ 为高电平时,芯片处于"准备好"的状态,而当 $RY/\overline{DY}$ 为低电平时,芯片处于"忙"状态。

芯片的工作一方面受 CPU 送来的控制信号的控制,另一方面受写入到芯片的命令寄存器中的命令和命令系列的控制。

芯片中有一个命令寄存器,但这个命令寄存器不使用单独的 CPU 地址,由命令的内容决定将要进行的操作。Flash 芯片 Am29F016B 的功能如表 2.5 所示。

表 2.5　Flash 芯片 Am29F016B 的功能表

操作	$\overline{CE}$	$\overline{OE}$	$\overline{WE}$	$\overline{RESET}$	$A_0 \sim A_{20}$	$DQ_0 \sim DQ_7$
读	L	L	H	H	地址输入	数据输出
写	L	H	L	H	地址输入	数据输入
等待	H	×	×	H	×	高阻
输出禁止	L	H	H	H	×	高阻
复位	×	×	×	L	×	高阻

读操作:在片选信号$\overline{CE}$和输出控制信号$\overline{OE}$同时有效,即同时为低电平的情况下,可以对存储器进行数据读出操作。芯片在复位后,就处于读出数据的状态。因此,读出数据不需要写入任何的命令。只要控制信号的状态正常,就可以进行读出操作。读出时,由CPU提供单元地址,在数据线上获得输出的数据。

写操作:进行写操作时,输出控制信号必须不能有效,也就是CPU要给$\overline{OE}$一个高电平。在$\overline{CE}$有效的前提下,每当$\overline{WE}$有效时,就可以进行写入的操作。写操作可以是编程操作,也可以是擦除操作。擦除实际上也是写入,只不过是对每个单元都写入相同的内容——FFH。写操作,也可以写入命令或命令序列,以决定以后进行的是何种操作。

等待状态:当$\overline{CE}$无效时,芯片就没有被选中,不进入读写工作状态,数据线上呈现高阻抗,相当于没有和CPU相连。等待状态也是一种低功耗的状态。存储器不进行读写操作时,都应该进入等待状态,以节省芯片所消耗的功率。

复位操作:当CPU给$\overline{RESET}$输入低电平时,芯片将进行复位操作。低电平应至少维持一个读周期的时间。在复位期间,也就是$\overline{RESET}$为低电平期间,不能进行任何其他的读写操作。

除了控制信号外,芯片的操作还要由命令寄存器的内容决定,特别是在进行写入操作时。各种命令序列的详细内容可查看有关的器件手册。

如编程操作,有它自己的命令序列。编程操作要4个总线周期。前两个周期要向地址555H和2AAH单元分别写入AAH和55H。第3个周期写入地址仍为555H,命令数据是A0H。第4个周期就可以向指定的地址写入编程数据了。

芯片中已经嵌入了编程算法,可以自动产生编程脉冲,以及对编程的数据进行校验等。

(2) Atmel公司的Flash芯片

Atmel公司的Flash芯片的存储容量可以从256 K位到4 M位,采用单一的单元供电,并且可以选用几种不同的电源电压。

AT29C×××系列:5 V电源。

AT29L×××系列:即低电源系列,3.3 V电源。

AT29B×××系列:即电池供电系列,3 V电源。

Atmel公司的Flash芯片的控制和上面介绍的AMD公司的芯片十分相似。现以Atmel公司的4 M位Flash芯片AT29C040为例进行简单介绍。

AT29C040是4 M位的Flash存储器。它的引脚包括以下几种。

数据线:$D_7 \sim D_0$,共8条,所以读写数据仍然是按字节进行。

地址线:$A_{18} \sim A_0$,共19条,总共是512 K个存储单元。

控制线:$\overline{CE}$,片选信号,低电平有效。$\overline{CE}$为低电平时,可以对AT29C040进行读写操作。

控制线:$\overline{OE}$,输出控制信号,低电平有效。$\overline{OE}$为低电平时,可以对芯片进行读操作,既可以作为数据存储器的读出,也可以作为程序存储器的读出。

控制线:$\overline{WE}$,写控制信号,也是低电平有效。$\overline{WE}$为低电平时,可以对芯片进行写操作,相当于对于芯片进行擦除和改写操作。

从这些控制线来看,AT29C040 的控制以及和 CPU 的连接和 RAM 十分相似,比 AMD 的芯片的控制和连接要简单得多。

(3) 串行 Flash 芯片 NM29A040/080

NM29A040/080 是美国的 National Semiconductor 公司的产品,它们分别是 4 Mbit 和 8 Mbit 的串行 Flash 存储器。读、写、擦除都使用相同的＋5 V 电源。读、写、擦除的电流分别是 5 mA、15 mA、10 mA。可擦、写的次数为 10 万次。

芯片采用 28 引脚的封装,但实际使用的引脚只有 6 条,分别介绍如下。

DI:串行数据输入。输入命令和数据(地址也是作为一种数据)。DI 在时钟 SK 的上升沿被锁存。

DO:串行数据输出。输出数据和状态信息。在 SK 的下降沿改变输出的数据。

$\overline{CS}$:片选信号。低电平有效。$\overline{CS}$无效时,SK 不起作用。

SK:串行数据时钟,用来对数据传递进行同步。每一个 SK 周期将一位数据输入或输出 Flash 存储器。

另外两条引脚是电源和地线。

NM29A040/080 和单片机连接时,并不一定要和串行口相连,也可以直接和数据口如 P1 的某几位连接。只要能保持 NM29A040/080 所需要的时钟和数据之间的控制关系就可以工作。

NM29A040/080 也有自己的命令序列,对于不同的读写操作,总共有 12 条命令。具体的命令可查看有关的数据手册。

2.3　微型计算机存储器的组成与扩展

对于微型计算机的用户来说,往往会遇到用存储器芯片构成一个存储系统,或者是扩充存储容量的问题。也就是说,要通过系统总线把 RAM、ROM 芯片同 CPU 连接起来,并使之协调工作。微处理器和存储器之间交换信息,总是先给出地址,接着送出读写命令,然后才能通过数据总线进行信息交换。所以微处理器和存储器之间的连接,主要是地址线、数据线和必须的控制线如何连接的问题。至于具体的连接方式,还取决于选择什么样的存储器芯片,以及对连接方式的选择。

2.3.1　存储器芯片的选择

存储器芯片的选择包括选择存储器的类型,以及芯片的容量和芯片的读写速度等。

1. 存储器类型的选择

选择存储器类型就是要考虑选择 RAM 还是选择 ROM。若选择 RAM 要考虑是选择静态 RAM 还是动态 RAM。现在还多了一种选择:是否要选用 Flash 存储器。

如果存储器是用来存放系统程序或者应用程序，则应选用 ROM，以便于软件的保存使用。在批量不大时可选用 EPROM，批量大时可采用掩膜型 ROM。

RAM 也可以存放程序，但断电后不能维持。RAM 一般用来存放系统中经常变化的数据，如采集到的数据，输入的变量等。若系统较小，存储容量不大，功耗不是主要矛盾时，可选用静态 RAM；若系统较大，存储容量也较大，功耗和价格成为主要矛盾时，可选用动态 RAM。选择动态 RAM 时，还要考虑如何进行刷新的问题。

Flash 存储器则既可以作为程序存储器，也可以作为数据存储器。因为本质上讲，它还是属于 ROM 的一种，存储程序应该没有问题。但它又可以在线擦除和改写，因此，也可以存入数据，而且这种存入的数据不会因为断电而消失。但是要注意，Flash 存储器的改写速度比 RAM 的写入速度要慢得多。两者的使用场合还是有区别的，并不是在任何场合都可以用 Flash 存储器来代替 RAM。

2. 存储容量的选择

存储容量的大小取决于系统对存储器的要求。一般的原则是先根据基本要求确定容量大小，适当留有余地，并且要考虑系统便于扩充。

微机常用的存储器芯片有许多不同的规格，要根据所需容量来确定所需芯片的多少，这时，除了芯片总容量必须满足系统要求外，还必须考虑芯片输出端数也要满足系统要求。例如，要求采用 RAM 的容量为 8 K×8 位，若选用静态芯片 2128(2 K×8)，需要 4 片就可以；但若选用动态 RAM2116(16 K×1)，则需要 8 片。尽管 4 片 2116 的容量为 64 K 位，和要求的总容量一致，但必须采用 8 片才能真正够用，因为只有 8 片 2116 才能有 8 位输出。所以在这种情况下，选用 2116 就有点浪费，最好改选其他类型的芯片。

Flash 存储器的品种也非常多，前面已介绍了其中几个公司的产品。

3. 存储器芯片与 CPU 工作速度的匹配

存储器有一个反映工作速度的重要指标——存取时间。在选用存储器型号时必须尽量使它的存取时间应和 CPU 的工作速度相配合。

存取时间实际上应分别考虑为读取时间和写时间。存储器的读取时间是指从输入地址有效到读出的数据在数据线上稳定出现为止的一段时间间隔。读取时间反映了在读操作时存储器的工作延迟。在这个指标上，双极型存储器比 MOS 存储器优越得多，亦即双极型存储器的工作速度比 MOS 型的快 5～10 倍。

计算机对存储器访问的工作速度，反映在它送出有效地址到 CPU 采样数据总线而取得数据的这段时间。这段时间应大于存储器的读取时间，才能保证数据的有效读出。

存储器的写入时间是反映它写入操作时的速度。一般地，只要存储器的读取时间能和 CPU 速度相配合，写时间也就能满足匹配要求。

2.3.2　存储器芯片组的连接

存储器不论是 RAM 还是 ROM，都通过地址总线、数据总线以及若干条控制线与 CPU 连接。地址总线选择某一存储器芯片及芯片内的某一存储单元。数据总线实现 CPU 与存储器的双向数据传送。CPU 也通过控制总线向存储器发出存储器选择及读/

写等控制信号,以实现被选中单元的读出和写入。

存储器的容量和结构不同,扩充存储容量时,芯片组的连接方法也不一样。

1. 存储器位数的扩展

当采用 $2^n \times 1$ 位存储器芯片组成 $2^n \times m$ 位存储器时,需要 m 片 $2^n \times 1$ 位存储器芯片。这时,只需将 m 个芯片的地址线 $A_0 \sim A_{n-1}$ 分别连在一起,此外,各个芯片的片选信号 $\overline{CS}$ 以及读写控制信号 $\overline{WE}$ 也都各自连到一起,只有数据输出端 m 片各自独立,每片代表一位。若芯片的数据输入端 D_{in} 和数据输出端 D_{out} 是分开的,只需将这两个引脚合并在一起,连至 CPU 数据总线的相应位。这样,当 CPU 发出一组地址信号和片选信号后,这 m 个片子同时被选中,从而组成了一个完整的存储单元输出。

若选用 $2^n \times m_1$ 位芯片构成 $2^n \times m_2$ 位存储器,并且当 $m_1 < m_2$ 时,需采用 $m = m_2 / m_1$ 个存储器芯片,并将这 m 个芯片作为一组加以连接,以使 CPU 发出地址信号和片选信号以后能选中这一组芯片,以获得 $m_2 = m \times m_1$ 位的输出。

图 2.12 是用 8 片 2141(4 K×1 位)静态 RAM 芯片组成的 4 K×8 位存储器芯片组的示意图。

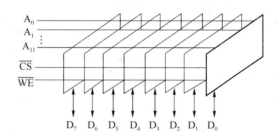

图 2.12　4 K×8 位 2141 芯片组

2. 存储器存储单元的扩展

当存储器的位数满足要求,而需要扩展存储容量时,也需要用若干芯片来构成芯片组。如用 2 K×8 位芯片扩展为 16 K×8 位,需要用 8 片这样的芯片。这时,这 8 片芯片就不应该同时被选中,而是应按 CPU 发出的地址信号来选中其中的一片,这就是所谓的片选。其实质是要按不同的地址来选中不同的芯片。通常有两种片选的方法,即"线选法"和"译码法",而译码法又可以分为"全译码"和"部分译码"。

(1) 线选法。线选法就是用低位地址线来对每片内的存储单元进行寻址,所需地址线数由每片的单元数决定。对于 2 K×8 位芯片需 11 条地址线,因 $2^{11} = 2\,048 = 2$ K,故用 $A_{10} \sim A_0$。然后用余下的高位地址线(或经过反相器)分别接到各存储器芯片的片选端来区别各个芯片的地址,即当哪根高位地址线为高电平就选中哪片芯片,这样在任何时候都只能选中一片而不会同时选中多片,条件是这些高位地址线不允许同时为高电平,而只允许轮流出现高电平。

图 2.13 是用 4 片 2 K×8 位芯片采用线选法构成的 8 K×8 位存储器芯片组。这时,用 $A_{10} \sim A_0$ 作片内寻址接到每块芯片上,并用 4 条高位地址线来作线选,即可确定各芯片的地址范围。

芯片	A_{15}	A_{14}	A_{13}	A_{12}	A_{11}	A_{10}	…	A_0	地址范围
#1	0	0	0	0	0	0	…	0	0800H～0FFFH
	0	0	0	0	0	1	…	1	
#2	0	0	0	0	1	0	…	0	1000H～17FFH
	0	0	0	0	1	1	…	1	
#3	0	0	0	1	0	0	…	0	2000H～27FFH
	0	0	0	1	0	1	…	1	
#4	0	0	0	1	1	0	…	0	4000H～47FFH
	0	0	0	1	1	1	…	1	

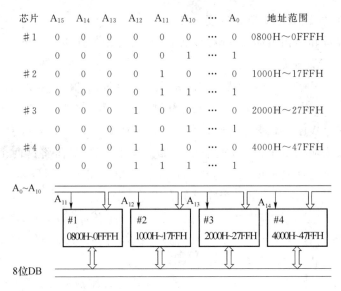

图 2.13　用线选法扩展存储单元数

可见,用线选法构成的存储器,有两个缺点。其一是各芯片的地址肯定是不连续的,从上面的例子可以看得很清楚:芯片 2、3、4 的地址都是不连续的。其二是有相当数量的地址是不准使用的,否则就会造成片选的混乱。原因是片选信号是不能同时有效的,因此,凡是片选信号同时有效的地址就都不能使用。例如,不能 A_{12} 和 A_{11} 同时有效,所以地址范围 1800H～1FFFH 就不能使用。读者可以自己写出其他不能使用的地址范围。

由于采用这种方法的芯片地址不可以任意安排,因此在使用这种方法时要注意所得到的地址范围是否能满足要求。例如,以上的地址范围不包括 0000H,这样的安排在有些系统中是不允许的。

这种连接方法的优点是硬件的连接简单,一般不需要附加其他的硬件(有时可以加反相器),适合于较小的存储器系统。

(2) 全译码。译码法仍用低位地址线对每片内的存储单元进行寻址,而高位地址线经过译码器译码以后作为各芯片的片选信号。

全译码是用所余的全部高位地址线作为译码器的输入,用这样的译码器输出来进行片选。例如,片内译码用去 A_{10}～A_0,将所余的 5 条地址线加到一个 32 选 1 的译码器,其输出用做片选。图 2.14 就是用全译码构成 8 K×8 位存储器的连接图。这时,只需使用译码器的 4 条输出线,各芯片的地址范围则取决于选用哪几条译码输出线。若如图中所示选用 00000～00011 四条输出线,则各片的地址范围为:

采用全译码时,每块芯片的地址范围是唯一的,不会出现片选混乱的情况。也没有不可以使用的地址,寻址范围得到充分利用。如在上例中扩展至 8 K×8 位后,仍有 56 K 地址可供进一步扩展。但全译码方法所需的译码电路比较复杂。若希望采用较简单的译码器,则可采用部分译码的连接方法。

芯片	A$_{15}$	A$_{14}$	A$_{13}$	A$_{12}$	A$_{11}$	A$_{10}$	…	A$_0$	地址范围
♯1	0	0	0	0	0	0	…	0	0000H~07FFH
	0	0	0	0	0	1	…	1	
♯2	0	0	0	0	1	0	…	0	0800H~0FFFH
	0	0	0	0	1	1	…	1	
♯3	0	0	0	1	0	0	…	0	1000H~17FFH
	0	0	0	1	0	1	…	1	
♯4	0	0	0	1	1	0	…	0	1800H~1FFFH
	0	0	0	1	1	1	…	1	

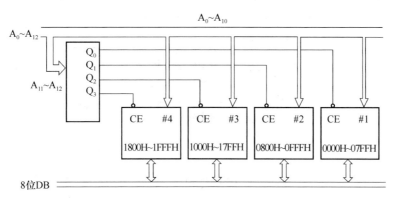

图 2.14　全译码法构成 8 K×8 位存储器

（3）部分译码。若只将片内寻址之外的高位地址线的一部分接到译码器的变量输入端,用这样的译码器输出接到各个存储器的片选输入,就是用部分译码的方法来组成存储器芯片组。假如还是要用 4 片 2 K×8 位芯片构成 8 K×8 位存储器,由于 4 片芯片需要 4 个片选信号,因此至少要采用具有 4 个输出的译码器,即 2-4 译码器。这种连接方案示于图 2.15。

图 2.15　采用部分译码的连接方案

图 2.15 中采用两条高位地址线 A$_{11}$、A$_{12}$ 加到一个 2-4 译码器的输入,4 条输出作为 4 块芯片的片选信号。这时,为了确定每片地址,没有用到的高位地址(在这里是 A$_{15}$ ~ A$_{13}$)可设为"0",这样确定的地址称为芯片的"基本地址",确定的方法不变。在图 2.15 中

给出了每块芯片的基本地址。

图中的基本地址和前面全译码连接的地址范围是相同的,但两者还是有区别的。区别在于全译码连接时各芯片的地址是唯一的,而部分译码连接时各芯片地址不是唯一的,也就是可以由若干个地址都选中同一芯片的同一单元,即所谓的地址重叠。因为这时有3个高位地址没有用,这些地址线上的信号不论怎么变,都不会影响译码器的输出和芯片选择。例如,若 $A_{15}A_{14}A_{13}$ 选为 100,则若用地址 8000H～87FFH 同样可以选到图 2.15 中的芯片"♯1"。由于 $A_{15}A_{14}A_{13}$ 有 8 种组合,因此,这样的地址重叠区对图中的每片都有8 个,总范围为 16 K。在部分译码的连接方案中,由于存在地址重叠,影响了地址区的有效使用,也限制了存储器的扩展。因此,在选用部分译码时,也要尽可能多选一些高位地址线来作为译码器的输入。

如果存储器芯片既要扩展位数,又要扩展存储单元,如用 1 K×4 位芯片构成 2 K×8 位的存储器,就要用 4 片拼装而成。每两片作为一组,产生 8 位输出,一组两片的$\overline{CS}$连在一起接到译码器的输出,或者直接用高位地址线来线选。读者可以自己选择连接方案并画出具体的连接图。

2.4 CPU 与存储器的接口

2.4.1 CPU 与 ROM 的接口

因为 ROM 不需要数据输入和读写控制输入,故接口简单一些。只需将 CPU 的地址输出线与 ROM 的地址输入线,CPU 的数据输入线与 ROM 的数据输出线相互连接即可。对于有的芯片,由于引脚不够用,CPU 的地址总线和数据总线是合并为一,并且分时使用的。此时,要先用"地址选通"信号将地址存入地址锁存器,再用"数据选通"信号启动数据驱动器,将 ROM 中的数据送到 CPU,其连接如图 2.16 所示。

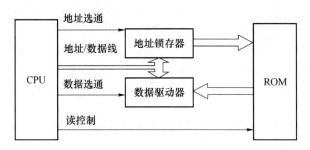

图 2.16　CPU 与 ROM 的接口连接

2.4.2 CPU 与 RAM 的接口

CPU 与 RAM 连接时,除了地址线互相连接之外,CPU 的双向数据总线通过发送驱动器和接收缓冲器与 RAM 的数据输入、数据输出线相连。CPU 发出的数据总线控制信号,在写周期使驱动器处于工作状态,以便发送数据给 RAM,在读周期内使接收缓冲器工作,以便接收由 RAM 读出的数据。如果是动态 RAM 同 CPU 相连,还要考虑行、列选通信号$\overline{RAS}$、$\overline{CAS}$的产生,存储器的刷新等问题。图 2.17 是 CPU 与 RAM 的接口连接图。

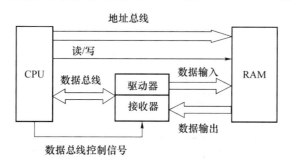

图 2.17　CPU 与 RAM 的接口连接

图中的读/写控制信号一般是从 CPU 的 $\overline{WR}$ 端接到 RAM 的 $\overline{WE}$ 端。但对于单片机 MCS-51 系列来说,它有专门控制读程序存储器的控制信号,应该用这个控制信号来连接到 RAM 的写控制输入 $\overline{WE}$。

习题和思考题

2.1　说明 EPROM、PROM、ROM 和 Flash 存储器之间的主要区别。

2.2　UVEPROM 和 EEPROM 都可以改写芯片的内容,说明在使用上它们有什么不同。

2.3　EPROM、PROM、动态 RAM、静态 RAM 等存储器中,哪几类是可以随时读写的?

2.4　某 ROM 芯片有 10 个地址输入端和 4 个数据输出端,该芯片的存储容量是多少位?

2.5　说明静态 RAM 和动态 RAM 的主要区别,使用时应如何选用。

2.6　现有 1 K×8 位的 RAM 芯片若干片,若用线选法组成存储器,有效的寻址范围最大是多少 KB? 若用 3-8 译码器来产生片选信号,则有效的寻址范围最大又是多少? 若要将寻址范围扩展到 64 KB,应选用什么样的译码器来产生片选信号?

2.7　什么是地址重叠区,它对存储器扩展有何影响;若有 1 K×8 位 RAM 采用 74LS138 译码器来产生片选信号,图 2.18 中的两种接法的寻址范围各是多少 KB? 地址重叠区有何差别? 图中 G_1、G_{2A}、G_{2B} 为译码器的使能端。

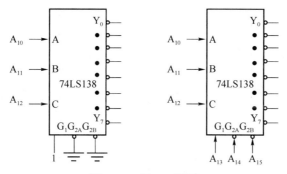

图 2.18　题 2.7 附图

2.8 某系统需要配置一个 4 K×8 位的静态 RAM。试问:用几片 2114(1 K×4 位)组成该存储器? 用线选法如何构成这个存储器? 试画出连接简图,并注明各芯片所占的存储空间。

2.9 某系统的存储器配置如图 2.19 所示.所用芯片为 1 K×8 位静态 RAM,试确定每块芯片的地址范围。图中 C 为译码器高位输入,A 为最低位输入;Y_0 对应于输入组合 000,Y_7 对应于输入组合 111。

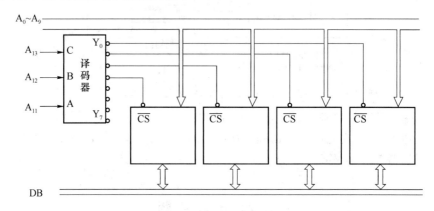

图 2.19　题 2.9 附图

2.10 用 4 片 1 K×8 位 RAM,一片 2-4 译码器,一片 4-16 译码器,请构成 4 K×8 位容量的存储器,画出连接图。并要求:

(1) 每一存储单元的地址范围是唯一确定的,不存在地址重叠区;

(2) 给出所画的连接图中每块芯片的寻址范围;

(3) 存储器应具有扩展能力,即能扩展到 64 K×8 位。若要扩展到最大容量,除了存储器芯片外,还要增添什么器件?

2.11 某系统的存储器中配备有两种芯片:容量为 2 K×8 位的 ROM 和容量为 1 K×8 位的 RAM。它采用 74LS138 译码器来产生片选信号:Y_0、Y_1 和 Y_2 直接接到 3 片 RAM(♯1、♯2 和♯3);Y_4 和 Y_5 则再通过一组门电路产生 4 个片选信号接到 4 片 RAM(♯4、♯5、♯6 和♯7),连接的简图如图 2.20 所示。试确定每一片存储器的寻址范围。各存储器芯片的片选信号都是低电平有效。

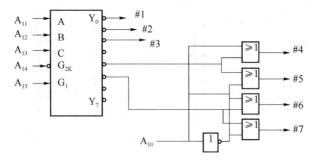

图 2.20　题 2.11 附图

第3章 MCS-51 单片机的结构和原理

前面几章介绍了一般微型机的原理和有关的概念。从这一章开始将具体介绍 MCS-51 单片机的硬件、软件和接口技术。

3.1 MCS-51 系列单片机的结构

MCS-51 是 Intel 公司的一种单片机系列的名称,属于这一系列的单片机芯片有许多种。后来,Intel 公司将 MCS-51 的核心技术授权给了很多公司,从而产生了许多以 MCS-51 为核心的单片机。所以,现在 MCS-51 已经不仅仅是一种单片机系列的名称,而是一种典型的单片机结构的名称。这些单片机的具体功能会有很多不同,但它们的基本组成和基本性能都是相同的。

3.1.1 MCS-51 单片机的基本组成

图 3.1 所示为 MCS-51 单片机的基本结构,每一片单片机包括:
- 中央处理器(CPU);
- 内部数据存储器(RAM),用以存放可以读写的数据,如运算的中间结果和最终结果等;
- 内部程序存储器(ROM),用以存放程序,也可存放一些原始数据和表格,但也有一些单片机内部不带 ROM;
- 4 个 8 位的并行输入/输出端口,每个端口可以用做输入,也可以用做输出;
- 2 个或者 3 个定时/计数器,可以用来对外部事物进行计数,也可以设置成定时器,并可以根据计数或定时的结果对计算机进行控制;
- 内部中断控制系统;
- 一个串行接口电路,使得数据可以一位一位串行地在计算机和外设之间传送;
- 内部时钟产生电路,但晶体和微调电容需要外接,最高的允许振荡频率为 12 MHz。

以上各个部分通过内部数据总线相连接。

在许多情况下,单片机还要和外设或者外部存储器相连接,这时的连接仍然是三总线方式:数据总线、地址总线和控制总线。但在 MCS-51 单片机中,没有单独的地址总线和数据总线,而是和 P0 口、P2 口公用的。P0 口分时地作为低 8 位地址线和 8 位数据线用,P2 口则作为高 8 位地址线用。所以也是 16 条地址线和 8 条数据线,但要注意,它们不是独立的总线,而是和 I/O 口合用的。这是 MCS-51 单片机结构上的一个特点。

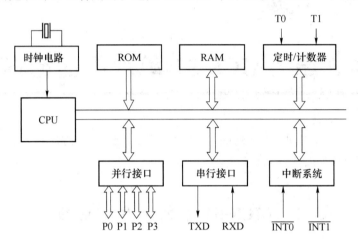

图 3.1　MCS-51 单片机的基本结构

另外一个特点则是程序存储器和数据存储器是分开的。用同样的 16 条地址线,加上不同的控制信号,可以分别寻址 64 K RAM 和 64 K ROM,这样,实际上扩大了单片机可以寻址的存储器容量:使用 16 条地址线,可以寻址两个 64 K 存储器地址,使实际的存储空间扩大了一倍。

这种程序存储器和数据存储器分开的 CPU 结构,称为"哈佛结构"。

3.1.2　MCS-51 单片机

Intel 公司 MCS-51 系列单片机有十多个产品,其性能如表 3.1 所示。

表中列出了 4 组性能上略有差异的单片机。前两组属于同一规格,都可称为"51 系列",带"C"则表示所用工艺为 CMOS,故具有低功耗的特点。如 8051 功耗约为 620 mW,而 80C51 的功耗只有 120 mW。后两组为"52 系列",性能要高于 51 系列,除了存储器配置等差别外,8052 片内 ROM 中还掩膜了 BASIC 解释程序,因而可以直接使用 BASIC 程序。此外,87C51 和 87C252 还具有两级程序保密系统。

表 3.1　MCS-51 系列单片机性能表

| ROM 形式 | | | 片内 ROM/KB | 片内 RAM/KB | 寻址范围 | I/O | | | 中断源 |
片内 ROM	片外 EPROM	外接 EPROM				计数器	并行口	串行口	
8051	8751	8031	4	128	2×64 KB	2×16	4×8	1	5
80C51	87C51	80C31	4	128	2×64 KB	2×16	4×8	1	5
8052	8752	8032	8	256	2×64 KB	3×16	4×8	1	6
80C252	87C252	80C232	8	256	2×64 KB	3×16	4×8	1	7

现在,51 单片机不仅仅是一个系列的名称,而是一类单片机的名称。这些 51 单片机都采用哈佛结构,具有和 8051 单片机相同的指令集、寄存器、标志位和其他 CPU 特性,仍然可以运行 8051 的程序代码,但是具有更好的性能。这些更好的性能包括以下几个方面。

（1）更快的速度

8051 单片机指向一条指令需要 12 个时钟周期,现在的 51 单片机有的只要 1 个或 2 个时钟周期。8051 CPU 的时钟频率可以到 12 MHz,现在的 51 单片机的时钟频率要高得多,有的运算速度可以达到 100 MIPS。

（2）更大、更灵活的存储器配置

8051 的片内存储器只有 128 B 的 RAM 和 4 KB 的 ROM,现在的 51 单片机的片内 RAM 可以在 1 KB 以上,片内 ROM 可以在 8 KB 以上,而且可以使用 Flash 存储器实现在线编程。片外扩展存储器的地址线可以扩大到 24 位,使得片外存储器的容量可以达到 16 MB。

（3）更丰富的接口

有的 51 单片机的 A/D 转换接口取样率达到每秒 100 万次,分辨率达到 16 位,甚至 24 位。其他接口还有 USB 接口、DMA 接口、"WatchDog（看门狗）"等。除了数字接口外,还会有各种模拟接口,可以通过模拟接口直接驱动电动机、发动机等。

但是,这些不同的 51 单片机的基本结构都是相同的,如 3.1.3 节所述。

3.1.3　8051 单片机的内部结构

8051 单片机内部结构框图如图 3.2 所示。和一般微处理机相比,除了增加了接口部分外,基本结构是相似的,有的只是部件名称不同。如图中的 PSW（程序状态字）就相当

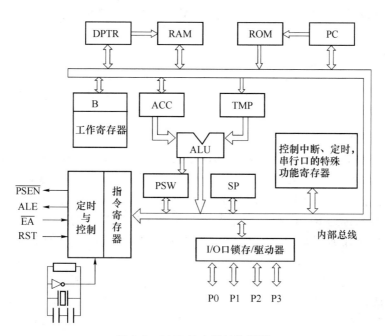

图 3.2　8051 的内部结构框图

于一般微处理器中的 FR(标志寄存器)。但也有明显不同的地方,如图中的 DPTR(数据指针)是专门为指示 RAM 地址而设置的寄存器。尤其值得提出的是图中各寄存器(除了暂存器 TMP)实际上都不是独立的寄存器,而是内部数据 RAM 的一部分。因此,要了解 8051 的内部结构,首先应了解其中的存储器结构,然后才能进一步了解 CPU 和其他接口部分。

1. 存储器结构

8051 片内有 256 B 的 RAM 和 4 KB 的 ROM。除此之外,还可以在片外扩展 RAM 和 ROM,并且各有 64 KB 的寻址范围。也就是最多可以在外部扩展 2×64 KB 存储器。8051 的存储器组织结构如图 3.3 所示。

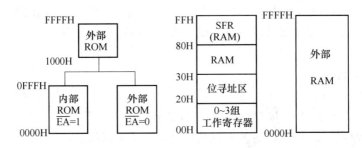

图 3.3　8051 存储器的组织结构

64 KB 的 ROM 空间中,有 4 KB 地址区(0000H～0FFFH)是片内 ROM 和片外 ROM 都可以使用的,而 1000H～FFFFH 地址区为外部 ROM 专用。也就是说 4 K 内部 ROM 的地址是 0000H～0FFFH;64 K 外部 ROM 的地址是 0000H～FFFFH 。

CPU 的控制器专门提供一个控制信号$\overline{EA}$用来区分内部 ROM 和外部 ROM 的公用地址区:当$\overline{EA}$接高电平时,单片机从片内 ROM 的 4 KB 存储区取指令,而当指令地址超过 0FFFH 后,就自动地转向片外 ROM 取指令。当$\overline{EA}$接低电平时,CPU 只从片外 ROM 取指令。

不论$\overline{EA}$是接低电平还是接高电平(有片内 ROM 还是没有片内 ROM),ROM 的地址范围总是 0000H～FFFFH,共 64 K。不会因为有片内的 ROM 而使可以使用的程序存储器的范围有所扩大。

程序存储器的某些单元是保留给系统使用的:0000H～0002H 单元是所有执行程序的入口地址,复位以后,CPU 总是从 0000H 单元开始执行程序。0003H～002AH 单元均匀地分为 5 段,用做 5 个中断服务程序的入口。用户程序不应进入上述区域。

数据存储器 RAM 也有 64 KB 寻址区,在地址上是和 ROM 重叠的。8051 通过不同的控制信号来选通 ROM 或 RAM:当从外部 ROM 取指令时用选通信号$\overline{PSEN}$,而从外部 RAM 读写数据时采用读写信号$\overline{RD}$或$\overline{WR}$来选通。因此不会因地址重叠而出现混乱。

8051 的片内 RAM 虽然字节数并不很多,但却起着十分重要的作用。256 个字节被分为两个区域:00H～7FH 是真正的 RAM 区,可以读写各种数据,而 80H～FFH 是专门用做特殊功能寄存器(SFR)的区域。对于 8051 安排了 21 个特殊功能寄存器,对于 8052 则安排了 26 个。每个寄存器为 8 位(1 个字节),所以实际上,128 个字节并没有全部利用。8051 特殊功能寄存器名称、地址和功能见表 3.2。

表 3.2　8051 特殊功能寄存器一览表

符　号	地　址	注　释
* ACC	E0H	累加器
* B	F0H	乘法寄存器
* PSW	D0H	程序状态字
* SP	81H	堆栈指针
DPL	82H	数据存储器指针(低 8 位)
DPH	83H	数据存储器指针(高 8 位)
* IE	A8H	中断允许控制器
* IP	D8H	中断优先级控制器
* P0	80H	通道 0
* P1	90H	通道 1
* P2	A0H	通道 2
* P3	B0H	通道 3
PCON	87H	电源控制和波特率选择
* SCON	98H	串行口控制器
SBUF	99H	串行数据缓冲器
* TCON	88H	定时器控制
TMOD	89H	定时方式选择
TL0	8AH	定时器 0 低 8 位
TL1	8BH	定时器 1 低 8 位
TH0	8CH	定时器 0 高 8 位
TH1	8DH	定时器 1 高 8 位

这 21 个寄存器分别用于单片机的以下各个功能单元。

- CPU：ACC、B、PSW、SP、DPTR(由两个 8 位寄存器 DPL 和 DPH 组成)。
- 并行口：P0、P1、P2、P3。
- 中断系统：IE、IP。
- 定时/计数器：TMOD、TCON、T0、T1(分别由两个 8 位寄存器 TL0 和 TH0，TL1 和 TH1 组成)。
- 串行口：SCON、SBUF、PCON。

对于片内 RAM 的低 128 字节(00H～7FH)还可以分为 3 个区域。从 00H～1FH 安排了 4 组工作寄存器，每组占用 8 个 RAM 字节，记为 R0～R7。在某一时刻，CPU 只能使用其中的一组工作寄存器，工作寄存器组的选择则由程序状态字寄存器 PSW 中的两位来确定。工作寄存器的作用就相当于一般微处理器中的通用寄存器。

第 2 个区域是位寻址区，占用地址 20H～2FH，共 16 个字节 128 位。这个区域除了可以作为一般 RAM 单元进行读/写之外,还可以对每个字节的每一位进行操作,并且对这些位都规定了固定的位地址——从 20H 单元的第 0 位起到 2FH 单元的第 7 位止共 128 位,用位地址 00H～FFH 分别与之对应。对于需要进行按位操作的数据,可以存放到这个区域。

特殊功能寄存器也有相当的一部分是可以位寻址的。在表 3.2 中名称左边带"＊"号的特殊功能寄存器都是可以位寻址的,并可用"寄存器名.位"来表示,如 ACC.0 表示 ACC 寄存器的第 0 位,B.7 表示 B 寄存器的第 7 位等。这些特殊功能寄存器的特征是地址可以被 8 整除。

第 3 个区域就是一般的 RAM,地址为 30H～7FH,共 80 个字节。所以真正可以直接给用户使用的 RAM 单元并不多。

对于 8052 芯片来说,片内多安排了 128 字节的 RAM 单元,地址也为 80H～FFH,与特殊功能寄存器区域地址重叠,但在使用时,可以通过指令来加以区别。

内部 RAM 的各个单元,包括特殊功能寄存器和低 128 单元,都可以通过直接地址来寻找。对于工作寄存器,直接地址是 00H～1FH,但一般都直接用 R0～R7 来表示。对特殊功能寄存器,也是直接使用其名字较为方便。

2. CPU

CPU 由运算器、控制器和若干个特殊功能寄存器组成。运算器可以完成加、减及各种逻辑运算,还可以直接完成乘、除运算,这是一般 8 位微处理器所不具备的。8051 的位操作功能也很强,包括传送、运算以及转移等多项功能。

8051 的控制器在单片机内部协调各功能部件之间的数据传送,数据运算等操作,并对单片机外发出若干控制信息。这些控制信息有的使用专门的控制线,如 $\overline{PSEN}$、ALE、$\overline{EA}$ 以及 RST,也有一些是和 P3 口的某些端子合用,如 $\overline{WR}$、$\overline{RD}$ 就是 P3.6 和 P3.7。它们的具体功能在介绍 8051 引脚时一起叙述。

CPU 中使用的特殊功能寄存器有 ACC、B、PSW、SP 和 DPTR。ACC 就是累加器,在指令中往往直接写 A。在乘、除运算时,B 寄存器用来存放一个操作数,也用来存放运算后的一部分结果;不作乘、除操作时,B 寄存器也可作为通用寄存器使用。

程序状态字 PSW 相当于一般的标志寄存器,PSW 的定义格式如图 3.4 所示。其中各位的含义如下。

	D_7	D_6	D_5	D_4	D_3	D_2	D_1	D_0
PSW	Cy	AC	F0	RS1	RS0	OV	…	P

图 3.4 PSW 的定义格式

- Cy:进位标志。有进位或借位时,Cy＝1,否则 Cy＝0。
- AC:辅助进位标志。当 D_3 向 D_4 有进位或借位时,AC＝1,否则 AC＝0。
- F0:用户标志。用户可以根据自己的需要对 F0 赋以一定的含义,并根据 F0＝0 或 1 来决定程序的执行方式。
- RS1 和 RS0:工作寄存器组选择控制。这两位的值决定选择哪一组工作寄存器,其对应关系如表 3.3 所示。

表 3.3　RS1、RS0 与工作寄存器组的关系

RS1	RS0	工作寄存器组
0	0	0 组(00H～07H)
0	1	1 组(08H～0FH)
1	0	2 组(10H～17H)
1	1	3 组(18H～1FH)

- OV:溢出标志。当有符号数运算结果超出 $-128\sim+127$ 的范围时,OV=1,否则就无溢出,OV=0。
- P:奇偶检验标志。每条指令执行完后,都按照累加器 A 中 1 的数目来决定 P 值,当 1 的数目为奇数时 P=1,否则 P=0。

PSW.1 位没有定义其含义。若用户要使用这一位时可直接用 PSW.1 位地址。对于其他各位当然也可以使用位地址,但显然不如直接使用所定义的名称来得方便。

另一个用于 CPU 的 SFR 是堆栈指针 SP。堆栈是在内存中专门开辟出来的按照"先进后出,后进先出"原则进行存取的区域。堆栈指示器 SP 就是用来指示堆栈位置的。在使用堆栈之前,先给 SP 赋值,以规定堆栈的起始位置,称为栈底。当数据存入堆栈后,堆栈指示器的值也随之而变化。

堆栈有两种类型:向上生长型和向下生长型,如图 3.5 所示。8051 的堆栈属于向上生长型,在数据压入堆栈时,SP 的内容自动加 1 作为本次进栈的地址指针,然后再存入信息。所以随着信息的存入,SP 的值越来越大。在信息从堆栈弹出之后,SP 的值随着减少。向下生长型的堆栈则相反,栈底占用较高地址,栈顶占用较低地址。

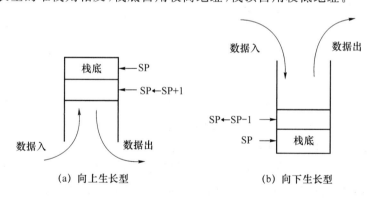

(a) 向上生长型　　　　　　　(b) 向下生长型

图 3.5　两种不同类型的堆栈

8051 单片机没有专用的堆栈空间,而是使用内部 RAM 区域作为堆栈。8051 单片机复位后,堆栈指针 SP 总是初始化到内部 RAM 地址 07H,从 08H 开始就是 8051 的堆栈。这个位置和工作寄存器组 1 的位置是相同的。当然,用户也可以根据需要通过指令改变 SP 的值,从而改变堆栈的位置。

数据指针 DPTR 是一个 16 位寄存器,由高位字节 DPH 和低位字节 DPI 组成,用来存放 16 位数据存储器的地址,以便对外部数据存储器 RAM 读写数据。DPTR 的值可通过指令设置和改变。

3. 并行 I/O 口

8051 有 4 个 8 位并行输入/输出端口,记作 P0、P1、P2 和 P3,共 32 条 I/O 线,实际它们就是特殊功能寄存器中的 4 个。它们都是双向通道,每一条 I/O 线都能独立地用做输入或输出。作输出时数据可以锁存;作输入时数据可以缓冲。但这 4 个通道的功能不完全相同。图 3.6 给出了 4 个通道中各个通道的各一位逻辑图。从图中可以看到,通道 0 和通道 2 内部各有一个 2 选 1 的选择器,受内部控制信号的控制,在如图位置是处在 I/O 口工作方式。

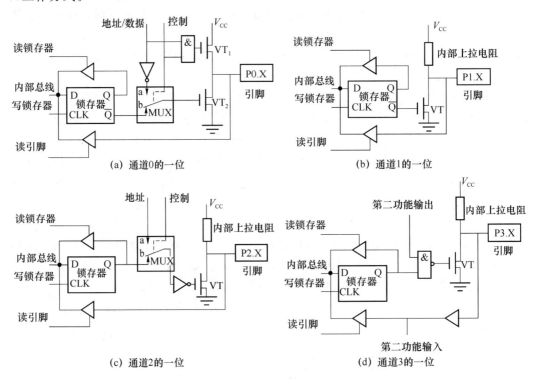

图 3.6 8051 各通道位的逻辑图

4 个通道在进行 I/O 方式时,特性基本相同,具体介绍如下。

- 作为输出口用时,内部带锁存器,故可以直接和外设相连,不必外加锁存器。
- 作为输入口用时,都有两种工作方式,即所谓读端口和读引脚。
- 读端口时实际上并不从外部读入数据,而只是把端口锁存器中的内容读入到内部总线,经过某种运算和变换后,再写回到端口锁存器。属于这类操作的指令很多,如对端口内容取反等。有时称为"读-改-写"指令。
- 读引脚时才真正地把从外部加到引脚上的数据读入到内部总线。每个端口逻辑图中各有两个输入缓冲器,CPU 根据不同的指令,分别发出"读端口"或"读引脚"信号,以完成两种不同的读操作。
- 注意在从外部读入数据,也就是读引脚时,要先通过指令,把端口锁存器置 1,然后再实行读引脚操作,否则就可能读入出错。若不先对端口置 1,端口锁存器中原来状态有可能为 0,加到输出驱动场效应管栅极的 $\overline{Q}$ 信号为 1,使得场效应管导通,对地呈现低阻抗。这时即使引脚上输入的是 1 信号,也会因端口的低阻抗而使信号变低,使得外加的 1 信号读入后不一定是 1。若先执行置 1 操作,则 $\overline{Q}=0$ 可以驱动场效应管截止,引脚信号直接加到三态缓冲器,实现正确的读入。由于在输入操作时还必须附加一个准备动作,所以这类 I/O 口被称为"准双向"口。

这 4 个通道特性上的差别主要是通道 0、通道 2 和通道 3 都还有第二功能,而通道 1 则只能用做 I/O 口。

通道 0 还可作为低 8 位地址总线和 8 位数据总线用,这时内部控制信号使 MUX 开关倒向上端,从而使地址/数据信号通过输出驱动器输出。当向外部存储器读写信号时,P0 口就用做低 8 位地址和数据总线用。这时 P0 口是一个真正的双向口,在输入操作时不需要先对端口写 1。

通道 2 的第二功能是作为高 8 位地址总线用,同样通过 MUX 开关的倒换来完成。P2 口在向外部寄存器读写时(地址大于 FFH)作高 8 位地址线用。

通道 3 的每一位都有各自的第二功能,详见表 3.4。

表 3.4　通道 3 的第二功能

通道位	第二功能	说　明
P3.0	RTD	串行口的输出
P3.1	TXD	串行口的输入
P3.2	$\overline{INT0}$	外部中断 0 的中断申请输入
P3.3	$\overline{INT1}$	外部中断 1 的中断申请输入
P3.4	T0	计数器 0 的计数输入
P3.5	T1	计数器 1 的计数输入
P3.6	$\overline{WR}$	外部数据存储器的写选通信号
P3.7	$\overline{RD}$	外部数据存储器的读选通信号

另外,因为 4 个通道的输出结构不完全相同,使得 4 个通道的负载能力也不相同。

通道 1、2、3 的输出结构相同,输出电路本身就有上拉电阻,它们都能驱动 3 个 LSTTL门,并且不需外加电阻就能直接驱动 MOS 电路。

通道 0 的结构类似于 TTL 的输出电路,也是一对串联的晶体管作为输出。这样的结构在驱动 TTL 电路时没有问题,在驱动 TTL 电路时能带 8 个 LSTTL 门。但在驱动 MOS 电路时需要注意:若作为地址/数据总线驱动 MOS 电路时,因为控制信号为"1",负载管和驱动管同时工作,就像一个正常的 MOS 反相器,可以直接驱动外接的 MOS 电路;而作为 I/O 口输出时,接到与门的控制信号为"0",使得负载管总是处于截止状态,输出电路实际变成了漏极开路的结构,这时必须外接上拉电阻(一个接 V_{CC} 的电阻),才能驱动外接的 MOS 电路正常工作。否则,当输出"0"时,没有问题,因为驱动管导通,输出低电平;但输出"1"时,就有问题,此时驱动管截止,而负载管也截止,其结果不是输出"1",而是使输出呈现高阻抗状态,工作不正常。此时,如果有外接的上拉电阻,就可以通过上拉电阻得到逻辑"1"的输出,工作就正常了。

通道 0 作为 I/O 输出时,上拉电阻的值在驱动 MOS 逻辑电路时,可选用 4.7 kΩ,如果驱动 LED 显示器,可接 470 Ω。

通道 0 在作为数据/地址线工作时,不需要加上拉电阻。对 8051 来说,这是最经常的应用状态,所以在一般的电路图上,也就没有看到 P0 输出有上拉电阻的连接。

4. 定时/计数器

8051 内部有两个 16 位可编程定时/计数器,记为定时器 T0 和 T1。16 位是指它们都由 16 个触发器构成,所以最大计数模值为 $2^{16}-1$。可编程是指它们的工作方式可以由指令来设定:或者当计数器用,或者当定时器用,并且计数(定时)的范围也可以由指令来设置。这种控制功能是通过定时器方式控制寄存器 TMOD 来完成的。

如果需要,定时器在到达规定的定时值时可以向 CPU 发出中断申请,从而完成某种定时的控制功能。在计数状态下同样也可以申请中断。定时器控制寄存器 TCON 用来负责定时器的启动,停止以及中断管理。

在定时工作时,时钟由单片机内部提供,即系统时钟经过 12 分频后作为定时器的时钟。

计数工作时,两个计数器的时钟脉冲(计数脉冲)由 T0 和 T1(即 P3.4 和 P3.5)输入。计数器是按加法计数进行工作。

5. 中断系统

8051 的中断系统允许接受 5 个独立的中断源,即两个外部中断申请,两个定时/计数器中断以及一个串行口中断。

外部中断申请通过 $\overline{INT0}$ 和 $\overline{INT1}$(即 P3.2 和 P3.3)输入,输入方式可以是电平触发(低电平有效),也可以是边沿触发(下降沿有效)。两个定时器中断申请是当定时器溢出时向 CPU 提出的,即当定时器由状态全 1 转为全 0 时发出的。第 5 个中断申请是由串行口发出的,串行口每发送完一个数据或接收完一组数据,就可提出一次中断申请。

MCS-51 单片机可以设置两个中断优先级,即高优先级和低优先级,由中断优先控制寄存器 IP 来控制。

在实际使用中,外部的中断源可能不止两个,要求的中断优先级别可能也不止两级。这些都需要另外采取措施来解决。详细的讨论在以后关于中断的章节中进行。

6. 串行口

8051 单片机内部有一个可编程的、全双工的串行接口。串行收发数据存储在特殊功能寄存器中的串行数据缓冲器 SBUF 中,占用内部 RAM 地址 99H。但在机器内部,实际上有两个数据缓冲器:发送缓冲器和接收缓冲器,因此,可以同时保留收/发数据,进行收/发操作,但收/发操作都是对同一个地址 99H 进行的。

串行口可以通过指令设置成 4 种不同工作方式中的一种,但主要用于异步通信,从功能上讲,并不能算很强。

3.2 8051 单片机的引脚及其功能

MCS-51 系列中各种芯片的引脚是互相兼容的,因此,只需介绍一种芯片的引脚分配。当然,不同芯片之间引脚功能也略有差异。

MCS-51 单片机是标准的 40 线双列直插式封装的集成电路芯片。图 3.7 是 8051 系列芯片的引脚分配图。由图中可见,有许多引脚具有双功能,其中有些第二功能是 8751 芯片所专有的。

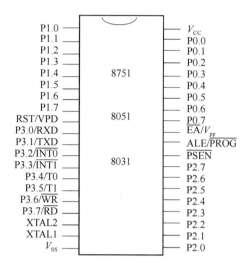

图 3.7　8051 系列芯片引脚图

各引脚功能简要说明如下。

V_{SS}:接地端。

V_{CC}:电源端。

P0.0～P0.7:通道 0,双向 I/O 口。第二功能是在访问外部存储器时可分时用做低 8 位地址线和 8 位数据线,在编程和检验时(对 8751)用于数据的输入和输出。

P1.0～P1.7:通道 1,双向 I/O 口,在编程和检验时,用于接收低位地址字节。

P2.0～P2.7:通道 2,双向 I/O 口,第二功能是在访问外部存储器时,输出高 8 位地址,在编程和检验时,用做高位地址字节和控制信号。

P3.0～P3.7:双向 I/O 口,每条线都有各自的第二功能,详见表 3.4。

ALE/$\overline{PROG}$:ALE 是地址锁存允许信号,在访问外部存储器时,用来锁存 P0 口送出的低 8 位地址信号。在不访问外部存储器时,ALE 也以振荡频率的 1/6 的固定速率输出,此时,它可用做外部时钟或外部定时。但若要访问外部存储器,则 ALE 不是连续周期脉冲,无法用做时钟信号。第二功能 $\overline{PROG}$ 是对 8751 的 EPROM 编程时的编程脉冲输入端。

$\overline{PSEN}$:外部程序存储器 ROM 的读选通信号。在执行访问外部 ROM 的时候,$\overline{PSEN}$ 信号会自动产生,而在访问外部数据 RAM 或内部程序 ROM 时,不会产生有效的(低电平)$\overline{PSEN}$ 信号。

$\overline{EA}/V_{pp}$:访问外部存储器控制信号。$\overline{EA}$ 无效(高电平)时,访问内部 ROM,$\overline{EA}$ 有效(低电平)时,访问外部 ROM。第二功能 V_{pp} 为对 8751 的 EPROM 的 21 V 编程电源输入。

RST/VPD:RST 是复位信号输入端。当此输入端保持两个机器周期(24 个振荡周期)的高电平时,就可以完成复位操作。第二功能是 VPD,即备用电源输入端。当主电源 V_{cc} 发生故障,降低到低电平规定值时,VPD 将为 RAM 提供备用电源,以保证存储在 RAM 中的信息不丢失。

XTAL1 和 XTAL2:在使用单片机内部振荡电路时,这两个端子用来外接石英晶体和微调电容(见图 3.8(a))。在使用外部时钟时,则用来输入时钟脉冲,但对 NMOS 和 CMOS 芯片的接法不同,分别如图 3.8(b)和图 3.8(c)所示。

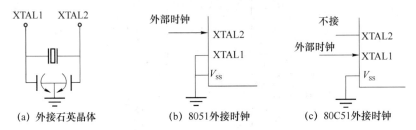

（a）外接石英晶体 （b）8051外接时钟 （c）80C51外接时钟

图 3.8 MCS-51 的时钟接法

对 8052 系列芯片,由于内部多一个定时器,还需要附加别的输入端,为此,又借用 P1.0 和 P1.1 作为定时器 2 的输入 T2 和 T2EX。

3.3 MCS-51 单片机的工作方式

单片机的工作方式包括:复位方式,程序执行方式,单步执行方式,掉电、节电方式以及 EPROM 编程和校验方式。

3.3.1 复位方式

RST 引脚是复位信号的输入端。复位信号是高电平有效。高电平有效的持续时间应为 24 个时钟周期以上。若时钟频率为 6 MHz,则复位信号至少应持续 4 μs 以上,才可以使单片机可靠复位。复位以后,内部各寄存器进入下列状态:

PC	0000H
ACC	00H
PSW	00H
SP	07H
DPTR	0000H
P0~P3	FFH
IP	××000000B
IE	0×000000B
TMOD	00H
TCON	00H
TL0	00H

TH0	00H
TL1	00H
TH1	00H
SCON	00H
SBUF	不定
PCON	$0 \times \times \times 0000B$

请注意在复位后,程序计数器 PC 的值是 0000H。这表明了一个重要的事实:MCS-51单片机的程序起始位置是在内存的 0000H。也就是程序的第一条指令必须存入内存的 0000H 单元,程序才可能在复位后,直接运行。

复位不影响 RAM 的内容。当 V_{cc} 加电后,RAM 的内容是随机的。

只要 V_{cc} 上升时间不超过 1 ms,通过在 V_{cc} 和 RST 引脚之间加一个 $10~\mu$F 的电容,RST 和 V_{ss} 引脚(即地)之间加一个 $8.2~k\Omega$ 的电阻,就可以实现自动上电复位,即打开电源就可自动复位。

3.3.2　程序执行方式

程序执行方式是单片机的基本工作方式。所执行的程序可以放在内部 ROM、外部 ROM 或者同时放在内外 ROM 中。若程序全部放在外部 ROM 中,则应使 $\overline{EA} = 0$;否则,可令 $\overline{EA} = 1$。由于复位之后 PC=0000H,所以程序的执行总是从地址 0000H 开始的。但真正的程序一般不可能从 0000H 开始存放,因此,需要在 0000H 单元开始存放一条转移指令,从而使程序跳转到真正的程序入口地址。

3.3.3　单步执行方式

单步执行方式是使程序的执行处在外加脉冲(通常用一个按键产生)的控制下,一条指令一条指令地执行,即按一次键,执行一条指令。

单步执行方式可以利用 MCS-51 的中断控制来实现。其中断系统规定:从中断服务程序返回以后至少要再执行一条指令后才能重新进入中断。将外加脉冲加到 $\overline{INT0}$ 输入,平时为低电平。通过编程规定 $\overline{INT0}$ 信号是低电平有效,因此没有脉冲输入时总是处于响应中断的状态。在中断服务程序中要安排这样的指令:

```
JNB P3.2, $        ;若INT0 = 0,不往下执行
JB  P3.2, $        ;若INT0 = 1,不往下执行
RETI               ;返回主程序执行一条指令
```

因此,当 $\overline{INT0}$ 引脚上输入一个正脉冲,在输入脉冲的高电平状态,结束上面的第一条指令的执行,而当输入回复到低电平时,结束第二条指令的执行,返回主程序并执行一条指令。由于 $\overline{INT0}$ 此时已回到 0,故重新进入中断,在第一条指令处等待正脉冲的到来,从而实现了来一个脉冲执行一条指令的单步操作。

3.3.4　掉电和节电方式

用户系统在检测到电源电压 V_{cc} 下降到一定值时,即认为电源出现故障,应通过

$\overline{INT0}$或者$\overline{INT1}$使 CPU 产生中断,把有关的数据传送到 RAM,并在 V_{CC} 降到允许限度之前,把备用电源加到 RST/VPD 引脚上。此时,电路进入掉电方式。在掉电方式下,片上的时钟振荡电路停止工作,CPU 也就停止各种活动,只有 RAM 和特殊功能寄存器保持原有数据,各个 I/O 口的输出值为相应的特殊功能寄存器的值,ALE 以及$\overline{PSEN}$的输出处于低电平。

在掉电方式下,单片机的耗电降至最小。当电源恢复时,VPD 应该保持足够长的时间(约 10 ms)以保证振荡器的起振和达到稳定,然后重新开始正常工作。

对于 CMOS 工艺的 MCS-51 单片机芯片,还有一种节电运行方式。若在某一段时间内,不需要 CPU 进行工作,则可使 CPU 暂时停止工作,进入节电工作方式。

在节电方式下,CPU 暂时不工作,但也随时准备恢复工作。因此,内部时钟并不停止工作,只是去 CPU 的路径被门电路切断,但仍然供应中断电路、定时器和串行口。CPU 的状态被完整地保存起来,如 PC、SP、PSW、ACC 等都保持节电前的状态,各 I/O 口也保持着节电前的逻辑值,ALE 和$\overline{PSEN}$均进入无效状态。

单片机的节电方式,由特殊功能寄存器中的 PCON(电源控制寄存器)中的 PCON.0 位来控制。执行一条使 PCON.0 置 1 的指令即可进入节电方式。而结束节电方式一般可加入一个中断申请信号以产生中断,这时 PCON.0 可被硬件清零,从而结束节电状态,CPU 恢复工作。中断服务程序中,只需安排一条 RETI 指令,即可回到原来的停止点继续执行程序。

3.3.5 编程和校验方式

对于内部集成有 EPROM 的 MCS-51 单片机,可以进入编程或校验方式。

1. 内部 EPROM 编程

编程时,时钟频率应定在 3~6 MHz 的范围内,其余各有关引脚的接法和用法如下:
- P1 口和 P2 口的 P2.0~P2.3 为 EPROM 的 4 K 地址输入,P1 口为低 8 位地址;
- P2.4~P2.6 以及$\overline{PSEN}$应为低电平;
- P0 口为编程数据输入;
- P2.7 和 RST 应为高电平,RST 的高电平可为 2.5 V,其余的都以 TTL 的高低电平为准;
- $\overline{EA}/V_{pp}$端加+21 V 的编程脉冲,此电压要求稳定,不能大于 21.5 V,否则会损坏 EPROM;
- 在$\overline{EA}/V_{pp}$出现正脉冲期间,ALE/$\overline{PROG}$端上加 50 ms 的负脉冲,完成一次写入。

8751 的 EPROM 编程一般要用专门的单片机开发系统来进行。

2. EPROM 程序检验

在程序的保险位尚未设置,无论在写入的当时或写入之后,均可将片上程序存储器的内容读出进行检验。在读出时,除 P2.7 脚保持为 TTL 低电平之外,其他引脚与写入 EPROM 的连接方式相同。要读出的程序存储器单元地址由 P1 口和 P2 口的 P2.0~P2.3 送入,P2 口的其他引脚及$\overline{PSEN}$保持低电平,ALE、$\overline{EA}$和 RST 接高电平,检验的单元内容由 P0 口送出。在检验操作时,需在 P0 口的各位外部加上拉电阻 10 kΩ。

3. 程序存储器的保险位

8751 内部有一个保险位,亦称保密位。一旦将该位写入便建立了保险,就可禁止任何外部方法对片内程序存储器进行读写。将保险位写入以建立保险位的过程与正常写入的过程相似,仅 P2.6 脚要加 TTL 高电平而不是像正常写入时加低电平。而 P0、P1 和 P2 的 P2.0~P2.3 的状态随意,加上编程脉冲后就可使保险位写入。

保险位一旦写入,内部程序存储器便不能再被写入和读出检验,而且也不能执行外部存储器的程序。只有将 EPROM 全部擦除时,保险位才能被一起擦除,也才可以再次写入。

3.4　MCS-51 单片机的时序

这里所说的时序就是 CPU 的时序。微型计算机的 CPU 实质上就是一个复杂的同步时序电路,所有工作都是在时钟信号控制下进行的。每执行一条指令,CPU 的控制器都要发出一系列特定的控制信号,这些控制信号在时间上的相互关系问题就是 CPU 的时序问题。

CPU 发出的控制信号有两类。一类是用于计算机内部的,这类信号非常多,但对用户来讲,并不直接接触这些信号,故可以不作很多的了解。另一类信号是通过控制总线送到片外的,对于这部分信号的时序,则是计算机使用者应该关心的。

对一般的微处理器来说,由于存储器以及接口电路都不在芯片上,因此需要较多的控制信号与外界联系,时序也就比较复杂。而对单片机来说,时序就要简单得多。

3.4.1　机器周期和指令周期

计算机的指令由字节组成。而在讨论时序时,则以机器周期作为单位。在一个机器周期中,计算机可以完成某种规定的操作,如取指令、读存储器、写存储器等。有的微处理器系统对机器周期按其功能来命名,而在 MCS-51 系统中则没有采取这种做法。

MCS-51 的一个机器周期包括 12 个振荡周期(时钟周期),分为 6 个 S 状态:从 $S_1 \sim S_6$。而每个状态又分为两拍,称为 P_1 和 P_2。因此,一个机器中的 12 个振荡周期表示为 $S_1 P_1$、$S_1 P_2$、$S_2 P_1$、…、$S_6 P_2$。

每条指令都由一个或几个机器周期组成。在 MCS-51 系统中,有单周期指令、双周期指令和四周期指令。四周期指令只有乘、除两条指令,其余都是单周期或双周期指令。

指令的运算速度和它的机器周期数直接有关,机器周期数较少的指令执行速度较快。在编程时要注意选用具有同样功能而机器周期数少的指令。

3.4.2　MCS-51 指令的取指/执行时序

每一条指令的执行都包括取指令和执行指令两个阶段。

在取指令阶段,CPU 从内部或者外部 ROM 中取出指令操作码及操作数,然后再执行这条指令的逻辑功能。对于绝大部分指令,在整个指令执行过程中,ALE 信号是周期性的信号,如图 3.9 所示。在每个机器周期中,ALE 信号出现两次,出现的时刻为 S_1P_2 和 S_4P_2,信号的有效宽度为一个 S 状态。每出现一次 ALE 信号,CPU 就进行一次取指操作。对于不同的指令,由于字节数和机器周期数不同,所以具体的取指操作也会有所不同。

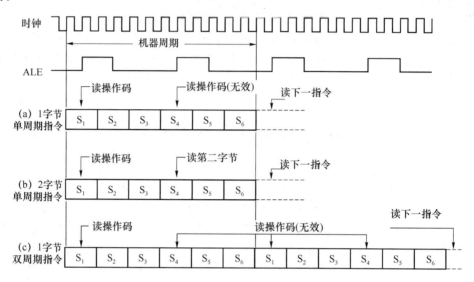

图 3.9 MCS-51 的取指/执行时序

对于 MCS-51 来说,并不是指令的字节数越多需要的执行指令的机器周期数也越多。一个字节的指令可能只要 1 个机器周期就执行完毕,也可能需要 4 个机器周期来完成。可以分为:一字节一周期指令、两字节一周期指令、一字节两周期指令、两字节两周期指令、三字节两周期指令以及一字节四周期指令。图 3.9 列出了其中的一部分的时序关系。

每个机器周期出现两次 ALE 信号,可以读两次指令。对于一字节一周期的指令〔见图 3.9(a)〕,当然不需要读两次指令,所以第二次读指令的操作是无效的,程序计数器也不会加 1。对于一字节两周期的指令〔见图 3.9(c)〕,有 4 次读指令的机会,实际上也只读 1 次。只有对两字节一周期指令,每次 ALE 信号才会真正读 1 次有效的指令码〔见图 3.9(b)〕。

在一般所指令执行过程中,ALE 信号是周期出现的信号,可以给其他外设作时钟用。

3.4.3 访问外部 ROM 和外部 RAM 的时序

如果指令是从外部程序 ROM 中读取,除了 ALE 信号之外,控制信号还有 $\overline{PSEN}$。此外,还要用到 P0 口和 P2 口:P0 口分时用做低 8 位地址和数据总线,P2 口用做高 8 位地址线。相应的时序图如图 3.10 所示。其过程如下。

(1) 在 S_1P_2 时刻 ALE 信号有效。

(2) 在 P0 口送出 ROM 地址低 8 位,在 P2 口送出 ROM 地址高 8 位。$A_0 \sim A_7$ 只持续到 S_2 结束,故在外部要用锁存器加以锁存,用 ALE 作为锁存信号。$A_8 \sim A_{15}$ 在整个读指令过程都有效,不必再接锁存器。到 S_2P_2 前 ALE 失效。

(3) 在 S_3P_1 时刻 $\overline{\text{PSEN}}$ 开始低电平有效,用它来选通外部 ROM 的使能端,所选中 ROM 单元的内容,即指令,从 P0 口读入到 CPU,然后 $\overline{\text{PSEN}}$ 失效。

(4) 在 S_4P_2 后开始第 2 次读入,过程与第 1 次相同。

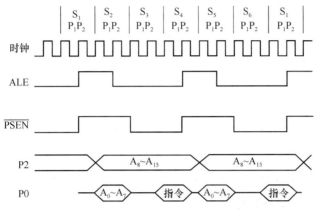

图 3.10　读外部程序 ROM 时序

另外一种需要注意的时序就是访问外部数据 RAM 的时序,这里包括从 RAM 中读和写两种时序,但基本过程是相同的。这时所用的控制信号有 ALE 和 $\overline{\text{RD}}$(读)/$\overline{\text{WR}}$(写)。P0 口和 P2 口仍然要用,在取指阶段用来传送 ROM 地址和指令,而在执行阶段,传送 RAM 地址和读写的数据。图 3.11 是从外部数据 RAM 的读时序。读外部 RAM 的过程如下。

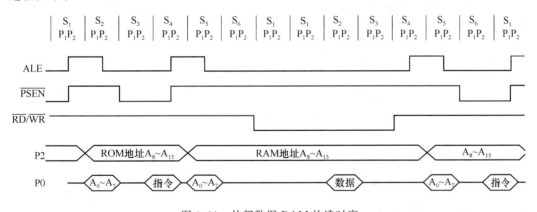

图 3.11　外部数据 RAM 的读时序

(1) 在第一次 ALE 有效到第二次 ALE 有效之间的过程,是和读外部程序 ROM 过程一样的,即 P0 口送出 ROM 单元低 8 位地址,P2 口送出高 8 位地址,然后在 $\overline{\text{PSEN}}$ 有效后,读入 ROM 单元的内容。

(2) 第二次 ALE 有效后,P0 口送出 RAM 单元的低 8 位地址,P2 口送出 RAM 单元的高 8 位地址。

(3) 在第二个机器周期的第一次 ALE 信号不再出现,$\overline{\text{PSEN}}$ 此时也保持高电位(无效），而在第二个机器周期的 S_1P_1 时 $\overline{RD}$ 读信号开始有效，可用来选通 RAM 芯片，然后从 P0 口读出 RAM 单元的数据。

（4）第二机器周期的第二次 ALE 信号仍然出现，也进行一次外部 ROM 的读操作，但仍属于无效的操作。

若是对外部 RAM 进行写操作，则应用 $\overline{WR}$ 写信号来选通 RAM 芯片，其余的过程与读操作是相似的。

在对外部 RAM 进行读写时，ALE 信号亦是用来对外加的地址锁存器进行选通。但这时的 ALE 信号在出现两次之后，将停发一次，呈现非周期性，因而不能用来作为其他外设的定时信号。

3.5 MCS-51 单片机外部存储器的扩展

MCS-51 的程序存储器和数据存储器都有 64 KB 寻址范围，而片内存储器容量远小于此，因此扩展外部存储器是经常会遇到的问题。另外，有时也需要扩展 I/O 口，以便连接更多的外设。这一节将介绍存储器的扩展，而 I/O 口的扩展在以后介绍。

对 MCS-51 系统的存储扩展，有以下几点是需要首先注意的。

（1）存储器芯片。不论是 ROM 还是 RAM，都有独立的数据线、地址线和若干条控制线。而 MCS-51 芯片则没有独立的数据总线和地址总线，有些控制线也不是独立的。从 3.4 节时序介绍中可知，它们用 P0 口送出低位地址和兼作数据线，用 P2 口送出高 8 位地址。而控制线有的则是借用 P3 口的第二功能。因此，形成独立三总线的关键是在 P0 口送出低 8 位地址时要加锁存器，用锁存器的输出加到存储器的低 8 位地址。而锁存器的选通信号则用 ALE。图 3.12 示出了 MCS-51 对外三总线的形成方法。

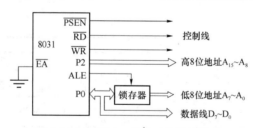

图 3.12 MCS-51 对外三总线的形成

（2）对外扩展 ROM 和 RAM 时，地址线和数据线都借用 P0 口和 P2 口。而 MCS-51 的 ROM 及 RAM 的地址范围是重叠的，都为 0000H～FFFFH。为了区分是扩展 ROM 还是扩展 RAM，只有采用不同的控制信号。为此，在扩展外部 ROM 时，用控制信号 $\overline{PSEN}$，而在扩展外部 RAM 时，用控制信号 $\overline{RD}$ 和 $\overline{WR}$（P3.7 和 P3.6）。

（3）根据存储器的读写时序可知，在 ALE 下降沿 P0 口的地址输出是有效的。因此在选用外接锁存器时，应注意 ALE 信号与锁存器的选通信号的配合，即应选择锁存器是高电平触发或者下降沿触发，否则，还需另加反相器。如用 D 锁存器 74LS373 时，就可以直接用 ALE 信号加到使能端 G，因为 74LS273 是高电位触发。若用 D 触发器 74LS273 或 74LS377，由于是正边沿触发，故 ALE 信号要经过一个反相器才能加到时钟输入端。

3.5.1　程序存储器的扩展

外扩程序存储器现在常用 EPROM,通常用的芯片有 2716(2 KB)、2732(4 KB)、2764 (8 KB)等,扩展时,先根据扩展容量选定芯片及芯片的数量,然后,再进行连接。

(1) P0 的 8 条线作为数据线接到 EPROM 的数据线 $O_0 \sim O_7$。

(2) P0 的 8 条线也接到锁存器输入,并用 ALE 选通锁存器,锁存器输出接 EPROM 的 $A_0 \sim A_7$。

(3) 根据 EPROM 的容量,选用若干条 P2 线接到高位地址输入,如 2716 为 2 KB,要 11 条地址线,则 P2.0~P2.2 接到 $A_8 \sim A_{10}$。

(4) 多余的地址线(P2 口),用来产生 EPROM 的片选信号 $\overline{CE}$。产生的方法有两种: 即线选法和译码法。前者是直接把多余的高位地址线(或通过反相器)接到 $\overline{CE}$ 端。其优点是连接简单,缺点是占用地址资源多,地址重叠区多。译码法则需要专门的译码器,但可以较充分地利用地址资源,以至于扩展到整个 64 KB 范围。

(5) $\overline{PSEN}$ 信号接到 EPROM 的输出选通 $\overline{OE}$ 上,当 $\overline{PSEN}$ 有效时,就可以读出 EPROM 的内容。

(6) 要注意将单片机的引脚 $\overline{EA}$ 接地,使单片机处于使用外部程序寄存器的状态。

图 3.13 是外扩一片 2716 的连接图,$\overline{CE}$ 信号用线选法来获得,连到 P2.7。所以,这片 2716 的基本地址为 0000H~07FFH。

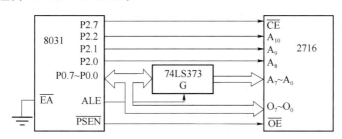

图 3.13　用 2716 扩展程序存储器

在外部扩展程序存储器时要注意 ROM 地址的分配应该覆盖 0000H,因为这个地址是 8051 系列单片机的程序起始地址。如果扩展后的外部 ROM 所分配的地址不包括这个地址,结果是写入到 ROM 的应用程序将无法开始执行。

例如,将图 3.13 中连接到 P2.7 的地址通过一个反相器后再连接。结果这片 2716 的地址变成 8000H~87FFH。从 ROM 扩展来说没有什么问题,但如果要用在 8031 系统中就不正确,因为这个地址区中没有包括 0000H 这个必须包括的地址。

另外,如果只扩展一片 ROM 芯片,甚至可以连片选都不用。只要 $\overline{EA}$ 已经接地,外部扩展的 ROM 就可以使用。由于只有一片外扩 ROM,只要将它的片选端直接接低电平 (接地),就一直处于可使用的状态,也不需要另外接选通信号。

3.5.2　数据存储器的扩展

数据存储器扩展时,其地址线和数据线的连接和程序存储器扩展时相同,并且两者是公用的,只是读写选通信号不同。现在应采用控制线 $\overline{RD}$ 和 $\overline{WR}$ 而不是扩展程序存储器时的$\overline{\text{PSEN}}$。

RAM 芯片有动态和静态之分,在一般微机控制系统中,由于存储器容量不大,常用静态 RAM。

RAM 的输入控制,一般包括片选端$\overline{\text{CS}}$和读写控制端。读写控制有双输入的,此时用单片机的$\overline{\text{RD}}$和$\overline{\text{WR}}$分别相接即可;有的只用一个输入作读写控制,则选用$\overline{\text{RD}}$或$\overline{\text{WR}}$之一即可。如对 2128RAM,读写控制端为$\overline{\text{WE}}$,当$\overline{\text{WE}}$为 1 时,读操作,当$\overline{\text{WE}}=0$ 时,写操作,则可用$\overline{\text{WR}}$线与之相连即可完成读写控制。

图 3.14 是外扩一片 6116 静态 RAM 的连接图。6116 的容量是 2 K×8 位。片选信号$\overline{\text{CS}}$现在用译码法产生,2-4 译码器尚有 3 个输出端没有用,需要时还可以再外扩 3 片6116,使外扩的总容量达 8 KB。图中 6116 芯片的地址是 8000H～87FFH。6116 的$\overline{\text{DE}}$为读选通端,$\overline{\text{WE}}$为写选通端。

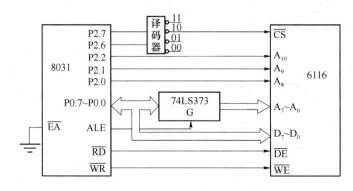

图 3.14 用 6116 扩展数据存储器

当$\overline{\text{CS}}=0$,$\overline{\text{WE}}=1$,$\overline{\text{DE}}=0$ 时,为 RAM 读操作。

当$\overline{\text{CS}}=0$,$\overline{\text{WE}}=0$,$\overline{\text{DE}}=1$ 时,为 RAM 写操作。

故用单片机的$\overline{\text{RD}}$、$\overline{\text{WR}}$分别和存储器芯片的$\overline{\text{DE}}$、$\overline{\text{WE}}$相连即可完成读写控制。

8051 系统对于外部 RAM 地址没有什么特别的要求,即不要求必须包含什么特别的地址,完全可以由系统设计人员来安排。

一个 MCS-51 单片机系统,也可以经过适当的连接,使得外部程序存储器及数据存储器合并为一个公共的外部存储器,既存放程序也存放数据,现在有些单片机开发系统就是这样处理的。但这样连接后,寻址范围就只有 64 KB,而不是 2×64 KB 了。

3.5.3 单片机和 Flash 存储器的连接

Flash 存储器的容量一般都超过 64 KB。当 Flash 存储器在 8031 系统中使用时,既可以作程序存储器,也可以作数据存储器。因此 8031 芯片和 Flash 存储器连接时有两个问题要特别注意。

- Flash 存储器既可以作为程序存储器使用,又可以作为数据存储器使用。当然,也可以将 Flash 存储器只用做某一种存储器使用。而传统的方法是程序存储器和数据存储器是分开使用的。如果 Flash 存储器要当做两种存储器来使用,在连接的时候,必须保证无论是$\overline{\text{PSEN}}$有效或者$\overline{\text{RD}}$、$\overline{\text{WR}}$有效,存储器都可以被访问,即,

$\overline{\text{PSEN}}$有效时,作为 ROM 读出;$\overline{\text{RD}}$、$\overline{\text{WR}}$ 有效时,作为 RAM 可以读出或写入数据。

- 8031 正常的寻址范围只有 64 KB,必须有适当的方法来对 Flash 存储器中 64 KB 以外的区域来寻址,否则 Flash 存储器无法充分使用。

1. 8031 和 512 KB 的 Flash 存储器的连接

AT29LV040A 是 Atmel 公司生产的一种容量为 512 KB 的 Flash 存储器。现在将它用在 8031 系统中,并且同时用做程序存储器和数据存储器。

由于 AT29LV040A 的容量是 512 KB,需要有 19 条地址线才可以充分使用全部的存储单元。最简单的办法就是从 8031 的 P1 口分配几条线作为地址线使用,可以用 P1.0~P1.2。具体地址线的连接方法是:

- 8031 的 P0,经地址锁存器加到 AT29LV040A 的 $A_0 \sim A_7$;
- 8031 的 P2 口 8 条线直接接到 AT29LV040A 的 $A_8 \sim A_{15}$;
- 8031 的 P1.0~P1.2 连接 AT29LV040A 的 $A_{16} \sim A_{18}$;
- 另外还要产生必要的片选信号和读 RAM 的信号。

具体的连接方式见图 3.15。

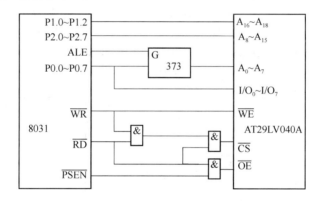

图 3.15　8031 和 AT29LV040A 的连接

图中的几个与门实际上是起负或门的作用,即只要输入有一个是低电平,输出就是低电平。

$\overline{\text{RD}}$ 和 $\overline{\text{PSEN}}$ 经过与门加到 AT29LV040A 的 $\overline{\text{OE}}$。当 $\overline{\text{PSEN}}$ 有效时,AT29LV040A 作为程序存储器使用,地址从 0000H 开始,容量是 64 KB。而当 $\overline{\text{RD}}$ 有效时,AT29LV040A 就当做数据存储器 RAM 使用。在使用时 RAM 的地址必须从 10000H 开始,RAM 的容量是 448 KB。

在作为程序存储器使用时,直接用 $\overline{\text{PSEN}}$ 作为 AT29LV040A 的片选信号 $\overline{\text{CS}}$。在作为数据 RAM 使用时,$\overline{\text{CS}}$ 是由 $\overline{\text{RD}}$、$\overline{\text{WR}}$ 经过负或门来产生的,无论是对 RAM 的读操作还是写操作都可以产生片选有效。

8031 的 $\overline{\text{WR}}$ 还直接和 AT29LV040A 的 $\overline{\text{WE}}$ 连接,这种连接和一般的 8031 连接 RAM 没有什么不同。

2. 8031 和 2 MB 的 Flash 存储器的连接

Am29F016B 是 ADM 公司生产的 16 Mbit，也就是 2 MB 容量的 Flash 存储器。2 MB 容量要全部使用就要 21 条地址线。虽然原则上仍然可以从 P1 口中占用若干条引脚作为高位地址线，但其结果使得 8031 几乎没有再可使用的输入/输出端口引脚。

现在考虑不使用 P1 口，仍然只使用 P0 和 P2 口的 16 条地址线来完成对 2 MB 存储器的寻址。具体作法是将 2 M 地址范围进行分段，每段 32 K，一共 64 段。32 K 的寻址用 15 条地址线，即 P0 的 8 条线作为 $A_0 \sim A_7$，P2 口的 7 条线 P2.0～P2.6 作为 $A_8 \sim A_{14}$。地址线 $A_{15} \sim A_{20}$ 作为段地址输入。即如果 $A_{15} \sim A_{20} = 000000$，则使用 Flash 存储器地址为 000000H～007FFFH。如果 $A_{15} \sim A_{20} = 111111$，则使用 Flash 存储器地址为 1F8000H～1FFFFFH。也就是说 Am29F016B 的全部 2 MB 的存储容量都可以得到充分使用。

在接口方式上，除了和一般的 RAM 的各种连接线 $\overline{WE}$、$\overline{OE}$、$\overline{CE}$ 外，还要增加一个锁存器，用来存储送到 Am29F016B 的高位地址 $A_{15} \sim A_{20}$。这个锁存器还必须有一个控制数据存入的选通信号。

图 3.16 是 Am29F016B 作为 8031 的外部数据存储器的连接图，数据存储器的容量为 2 MB。图中用 74LS373 存储低 8 位地址 $A_0 \sim A_7$，用 ALE 作为输入选通信号。P2 口的 P2.0～P2.6 直接和 $A_8 \sim A_{14}$ 相连。用 74LS374 存储高 6 位地址 $A_{15} \sim A_{20}$，作为段地址寄存器。这个高 6 位地址也由 P0 口提供，但必须在对 Am29F016B 进行读写前，通过指令直接写入到 $A_{15} \sim A_{20}$。

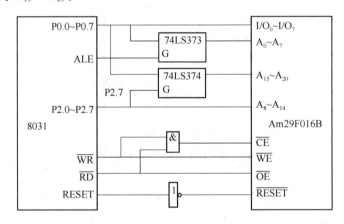

图 3.16　8031 连接 2 MB 外部存储器

74LS373 是电位触发的锁存器，而 74LS374 是脉冲边沿触发的锁存器，两者的使用方法是有区别的。图中用 P2.7 作为 74LS374 的输入时钟。当然，要用指令在 P2.7 上产生一个正脉冲（由 0→1→0）。

图中 8031 的 $\overline{RD}$ 直接和 $\overline{OE}$ 连接，$\overline{WR}$ 直接和 $\overline{WE}$ 连接。另外 $\overline{RD}$ 和 $\overline{WR}$ 经过负或门产生对 Am29F016B 的片选 $\overline{CE}$。这些都与一般的 8031 和 RAM 的连接相似。

8031 的复位线 RESET 经过一个反相器加到 Am29F016B 的 $\overline{RESET}$，因为 Am29F016B 的复位信号是低电平有效。

8031 访问 Am29F016B 时,要先将段地址写入锁存器 74LS374,然后再用访问外部 RAM 的指令访问这个段的 32 KB 存储单元。在以后的 RAM 访问中,只要段地址不改变,就可以继续访问这个段的 RAM 单元,而不必每次访问都要重写段地址。

习题和思考题

3.1　8051 单片机有多少个特殊功能寄存器? 它们可以分为几组? 各完成什么主要功能?

3.2　决定程序执行顺序的寄存器是哪个? 它是几位寄存器? 它是不是特殊功能寄存器?

3.3　DPTR 是什么寄存器? 它的作用是什么? 它由哪几个特殊功能寄存器组成?

3.4　MCS-51 引脚中有多少 I/O 线? 它们和单片机对外的地址总线和数据总线有什么关系? 地址总线和数据总线各是几位?

3.5　什么叫堆栈? 堆栈指示器 SP 的作用是什么? 8051 单片机堆栈的最大容量不能超过多少字节?

3.6　MCS-51 单片机由哪几部分组成?

3.7　8051 单片机的内部数据存储器可以分为几个不同区域? 各有什么特点?

3.8　MCS-51 单片机的寻址范围是多少? 8051 单片机可以配置的存储器最多容量是多少? 而用户可以使用的最大容量又是多少(包括程序存储器和数据存储器)?

3.9　8051 单片机对外有几条专用控制线? 其功能是什么?

3.10　什么叫指令周期? 什么叫机器周期? 什么叫时钟周期? MCS-51 的一个机器周期包括多少时钟周期?

3.11　为什么要了解 CPU 的时序?

3.12　在读外部存储器时,P0 口上一个指令周期中出现的数据序列是什么? 在读外部数据存储器时,P0 口上出现的数据序列又是什么内容?

3.13　为什么外扩存储器时,P0 口要外接锁存器,而 P2 口却不接?

3.14　在使用外部程序存储器时,MCS-51 还有多少条 I/O 线可用? 在使用外部数据存储器时,还有多少条 I/O 线可用?

3.15　程序存储器和数据存储器的扩展有什么相同点及不同点? 试将 8031 芯片外接一片 2716EPROM 和一片 2128RAM 组成一个扩展后的系统,画出连接的逻辑图。EPROM 的地址自己确定。RAM 的地址为 2000H~27FFH。

3.16　8051 芯片需要外扩 4 KB 程序存储器,要求地址范围为 1000H~1FFFH,以便和内部程序存储器地址相衔接。所用芯片除了地址线和数据线外,只有一个片选控制端$\overline{CS}$,画出扩展系统的连接图。

3.17　在图 3.13 中,若因某种原因,P2.2、P2.1、P2.0 误接为 P2.5、P2.4 和 P2.3,这时所接的 EPROM 寻址区是如何分布的?

3.18　将图 3.13 改用译码器 74LS138 来构成全译码方式的地址选择方式,保持 ROM 的地址仍然是 0000H~0FFFH。74LS138 是 3-8 译码器。有 3 个地址输入 A、B、C,以及 3 个使能输入 S_A、$\overline{S_B}$、$\overline{S_C}$。只有 $S_A = 1$、$\overline{S_B} = 0$、$\overline{S_C} = 0$ 时译码器才工作。

3.19 分析图 3.17 单片机系统中 3 片 EPROM 的地址范围。请问这样的安排是否有问题？如果要使系统能正常工作，应该如何重新分配各芯片的地址？如何实现？假定系统对于地址范围没有特别的要求，但必须保证系统能正常工作。

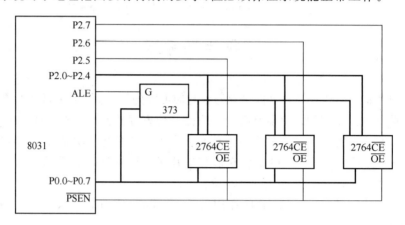

图 3.17　题 3.19 附图

3.20 8031 用一片 64 KB 的 RAM 作为外部的 ROM 和外部的 RAM。请画出相应的接口电路。假定 ROM 地址和 RAM 地址各为 32 KB。

第4章　MCS-51 单片机的指令系统

一台电子计算机,无论是大型机还是微型机,如果只有硬件,是不能工作的。必须有各种各样软件才能发挥其运算、控制功能。而软件中最基础的东西,就是计算机的指令系统。这一章中,将先对指令系统作一般介绍,然后再详细叙述 MCS-51 的指令系统。

4.1　指令和指令程序

4.1.1　指令和助记符

所有的软件,都要翻译成计算机能直接识别和执行的命令,才能由计算机去执行。这种 CPU 能直接识别和执行的命令称为"指令"。一片 CPU 所能执行的全部指令的集合称为 CPU 的指令系统。

CPU 的指令系统在很大程度上决定了它的能力和使用是否方便灵活。例如,有的 CPU 没有乘法指令,若要做乘法运算,就要通过许多其他指令(如加法、移位等)来间接完成,一般总需要十几条指令才能完成。若指令系统中包含有乘法指令,则做乘法运算时有一条指令就可完成,不仅编程方便,而且可少占用内存,提高运算速度。

指令系统对于用户也是十分重要的。由指令码组成的程序称为指令程序。指令程序运行时速度快,占内存容量小,因此比用高级语言编写的程序效率高得多。当然,高级语言编写的程序也要翻译为指令码,但这与直接用指令编写的指令程序效率是有差别的。由于指令程序效率高,所以在实时控制系统中被广泛使用。微型计算机的一个主要用途是用于实时控制,所以经常使用指令程序。这就是为什么在介绍微型计算机时总是要介绍指令系统的原因。

还应指出的是,即使采用高级语言编程,有时也要求助于汇编语言,因为高级语言中可能缺少某些功能。例如,标准的 FORTRAN 语言中,没有对非逻辑变量进行按位逻辑运算的语句,如需要这样的操作,则可借助于有关的逻辑操作指令,编写一段子程序以完成所需的功能,然后在 FORTRAN 程序中调用即可。

指令本身是二进制代码,记忆很困难。例如,要做 10 加 20 的加法,在 MCS-51 中,可用这样的指令:

```
01110100
00001010                        ;把 10 放到累加器 A 中;
00100100
00010100                        ;A 加 20,结果仍在 A 中;
```

其中,每条指令都是两个字节的长度。

为了便于记忆,可采用十六进制数表示指令码。此时,以上两条指令可写为:

740AH

2414H

符号"H"有时也可省略。为了更便于记忆,可采用有一定含义的指令助记符,即一条指令用一组有一定意义的字符来表示,一般都采用有关英文单词的缩写,以便于理解和记忆。如上面两条指令可写为

```
(740A)     MOV      A,♯0AH
(2414)     ADD      A,♯14H
```

尽管采用助记符后,书写的字符增多了,但由于可读性增强了,使用时反而感到方便。因此,经常采用助记符和其他一些符号来编写指令程序,这样编出的程序称为汇编语言源程序。它经过一种称为汇编程序的软件的翻译,就可变成机器可执行的目标程序了。

指令系统有一个不方便的地方,即它们完全是与 CPU 相关的。同样功能的一条指令,在不同的 CPU 指令系统中,助记符可能不同,机器码则更是不同。以上两条指令,在 Z80 系统中则写为

```
(3E0A)     LD       A,0AH
(C614)     ADD      A,14H
```

4.1.2　指令的字节数

一条指令通常由两部分构成,即操作码和操作数。操作码用来规定这条指令完成什么操作,如是做加法还是做减法,是数据传送还是数据移位等。操作数则表示这条指令所完成操作的对象,即是对谁来进行操作。操作数可以直接是一个数,或者一个数据所在的地址。即并不直接在指令中表明所操作的数据,而是指出数据所存放的位置。在执行指令时,再从指定的位置中取出操作数。

操作码和操作数都是二进制代码,8 位二进制数为一个字节,指令由指令字节组成。对于不同的指令,指令的字节数是不同的。在 MCS-51 系统中,可以是一字节、二字节或三字节指令。

一字节指令中既包含操作码的信息,也包含操作数的信息。这可能是两种情况。一种是指令的含义和对象都很明确,不必再用另一个字节来表示操作数。例如,有一条指令是使数据指针 DPTR 的内容加 1,由于操作的内容和对象都很明确,故不必再加操作数字节。有时,将这样的指令称为隐含操作数的指令。这条指令的代码为

```
10100011
```

另一种情况是用一个字节中的几位来表示操作数或操作数所在的位置。例如,从工作寄存器向累加器 A 传送数据的指令:"MOV A,Rn",其中"Rn"可以是 8 个工作寄存器中的一个,故在指令码中分出 3 位来表示这 8 个工作寄存器,用其余各位表示操作码的作

用,指令码为

11101rrr

其中最低 3 位码只用来表示从哪一个寄存器取数,所以一个字节也就够了。MCS-51 系统中共有 49 条一字节指令。

二字节指令一般是用一个字节表示操作码,另一个字节表示操作数或者操作数的地址。这时,操作数或操作数地址就是一个 8 位二进制数,因此,必须专门用一个字节来表示。

例如,8 位二进制数传送到累加器的指令:"MOV A,♯data",其中用"♯data"表示 8 位二进制数,亦称立即数,这条指令就是二字节指令,其指令码为

01110100	操 作 数

二字节指令的第 2 个字节,也可以是操作数所在的地址。MCS-51 系统中有 45 条二字节指令。

三字节指令则是 1 个字节的操作码,两个字节的操作数。操作数可以是数据,也可以是地址,因此,可能有如下 4 种情况:

操作码	立即数	立即数

操作码	地　址	立即数

操作码	立即数	地　址

操作码	地　址	地　址

MCS-51 的指令系统中共有 17 条三字节指令。

4.2　寻址方式

寻址就是寻找操作数的地址。在用高级语言编程时,编程者不必关心参与运算数据(操作数)的存放问题,也不必关心这些运算是在哪里(哪个寄存器)完成的。例如,对于以下的语句:

X = 10;

Y = 20;

Z = X + Y;

编程者只需关心语句的使用是否正确,结果是否正确。至于变量 X 和 Y 的值存放在何处,则根本不必关心。但在汇编语言编程时,数据的存放、传送、运算都要通过指令来完成,编程者必须自始至终都要十分清楚操作数的位置以及如何将它们传送至适当的寄存器中去运算。因此,如何从各个存放操作数的区域去寻找和提取操作数就变得十分重要。所谓寻址方式就是如何通过确定操作数所在的位置(地址)把操作数提取出来的方法,它是汇编语言程序设计中最基本的内容之一,必须十分熟悉,牢固掌握。

在第 3 章中,已介绍过 MCS-51 系统的存储器分布。在学习寻址方式时,要特别注意

在各种不同的存储区中,分别可以采用什么寻址方式。

在 MCS-51 系统中,操作数的寻址方式有 7 种:

- 寄存器寻址
- 直接寻址
- 立即寻址
- 寄存器间接寻址
- 变址寻址(基址寄存器加偏移量寄存器)
- 相对寻址
- 位寻址

以下分别加以说明。

1. 寄存器寻址

寄存器寻址就是以通用寄存器的内容作为操作数,在指令的助记符中直接以寄存器的名字来表示操作数位置。

在 MCS-51 的 CPU 中,并没有专门的硬件通用寄存器,而是把内部数据 RAM 中的一部分(00H~1FH)作为工作寄存器来使用;每次可以使用其中的一组,并以 R0~R7 来命名。使用起来仿佛它们就是专门的通用寄存器似的。

在 MCS-51 指令中,若操作数是以 R0~R7 来表示操作数时,就属于寄存器寻址方式。例如:

```
MOV  A,R0
ADD  A,R2
```

都是属于寄存器寻址。前一条指令是将 R0 寄存器的内容传送到累加器 A。后一条则是对 A 和 R2 的内容做加法运算。

特殊功能寄存器中的寄存器 B 也可当通用寄存器用,但用 B 表示操作数地址的指令不属于寄存器寻址的范围,而是属于下面所讲的直接寻址方式。

2. 直接寻址

在指令中直接给出操作数地址,就属于直接寻址方式。此时,指令的操作数部分直接是操作数的地址。但是要用这个地址单元的内容作为指令操作数参加运算或指令的操作。

例如,指令:

```
MOV  A,3AH
```

图 4.1　立即寻址示意图

就属于直接寻址。其中 3AH 就是表示直接地址,即内部 RAM 的 3AH 单元。其功能示意图示于图 4.1,就是把内部 RAM 的 3AH 单元内容 68H 传送到累加器 A。指令功能可表示为

$$A \leftarrow (3AH)$$

这里用()表示要取出地址单元的内容来参加指令的操作。

在 MCS-51 系统中,直接寻址方式可以访问内部数据 RAM 的 128 个单元以及所有

的特殊功能寄存器。在指令助记符中,直接寻址的地址可用两位十六进制数直接表示。对于特殊功能寄存器则既可以用它的 RAM 地址来表示,也可以用各自的名称符号来表示,这样可以增强程序的可读性。

例如,要把特殊功能寄存器 TH0(定时器 0 的高 8 位寄存器)内容送累加器 A,则可用两种方法来表示:

```
MOV  A,TH0
```

或者

```
MOV  A,8CH
```

这里 8CH 是 TH0 寄存器的 RAM 地址。这两种表示的作用是等价的,译成机器码也是相同的。一般编程者都愿意写成第一种形式。

直接地址本身总是要用一个指令字节来表示,所以包含直接地址的指令至少有两个字节。

3. 立即寻址

若指令的操作数是一个 8 位二进制数或 16 位二进制数,就称为立即寻址。指令中出现的操作数就称为立即数。

由于 8 位立即数和直接地址都是 8 位二进制数(两位十六进制数),因此,在书写形式上必须有所区别。在 MCS-51 系统中采用"♯"来表示后面的是立即数而不是直接地址。如♯3AH 是表示立即数 3AH,而直接写 3AH 则表示 RAM 地址 3AH 单元。在其他指令系统中,可能采用别的方法对这两者加以区分。要注意能区分这两种不同的表示方法及其含义。例如,指令:

```
MOV    A,♯3AH        ;A←3AH
MOV    A,3AH         ;A←(3AH)
```

前一条指令为立即寻址,执行后 A=3AH;后一条指令为直接寻址,执行后 A 为 3AH 单元的内容。

在 MCS-51 系统中,8 位立即数表示为 ♯data。这种带有 8 位立即数的指令,一般都是两字节的指令,即 1 个字节为操作码,1 个字节为 8 位立即数。

在 MCS-51 系统中,只有一条使用 16 位立即数的指令,即

```
MOV    DPTR,♯data16
```

其功能是将 16 位立即数送到数据指针寄存器 DPTR。由于是 16 位立即数,因此是一条三字节指令,即 1 个字节指令码,两个字节立即数:

10010000	立即数高 8 位	立即数低 8 位

在这里,16 位立即数在指令中是先写高 8 位,后写低 8 位。

4. 寄存器间接寻址

指令中给出寄存器的名称,以寄存器的内容间接地给出操作数的地址,这样的寻址方式称为"寄存器间接寻址"。

对于这种寻址方式指令中也以某种形式出现工作寄存器的名称,但这时工作寄存器的内容不是操作数,而是操作数的地址。指令执行时,通过所指定的寄存器内容取得操作数地址,然后再到此地址所规定的单元取得操作数。

在 MCS-51 系统中,可以用做间接寻址的寄存器有工作寄存器 R0 和 R1,以及数据指

针寄存器 DPTR。

为了对寄存器寻址和寄存器间接寻址加以区别,在 MCS-51 系统中,用寄存器名前加"@"符号来表示寄存器间接寻址。如:

MOV　A,@R0　　;A←(R0)

其操作示意图如图 4.2 所示。

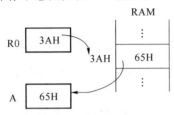

图 4.2　寄存器间接寻址示意图

寄存器 R0 中是操作数的地址 3AH,指令将 3AH 地址单元的内容 65H 传送到累加器 A,结果是 A=65H。

MCS-51 系统中,采用寄存器间接寻址,可以访问的存储空间包括:

(1) 内部数据 RAM 的前 128 个存储单元(对于 8052 芯片则可以用寄存器间接寻址访问内部 RAM 的 256 个单元),使用工作寄存器 R0 或 R1 作间接寻址寄存器,指令使用助记符 MOV,如 MOV A,@R0;

(2) 外部数据 RAM 的前 256 个存储单元,也使用工作寄存器 R0 或 R1 作间接寻址寄存器,但是指令的助记符是 MOVX,如 MOVX A,@R0,所以很容易和访问内部 RAM 的指令相区别;

(3) 也可以用间接寻址来访问全部 64 KB 外部数据存储器,这时要用 DPTR 寄存器作间接寻址寄存器,指令的形式是:MOVX A,@DPTR。

注意:不能用间接寻址来访问特殊功能寄存器。

另外要注意寄存器寻址和寄存器间接寻址在操作上和指令形式上的区别。

MOV　A,R0　　　;寄存器寻址:A ←R0

MOV　A,@R0　　;寄存器间接寻址:A ←(R0)

间接寻址理解起来较为复杂一些,但在编程时是极为有用的一种寻址方式。

5. 变址寻址

变址寻址是以某个寄存器的内容为基本地址,然后在这个基本地址基础上加上地址偏移量才是真正的操作数地址,并将这个地址单元的内容作为指令的操作数。

在 MCS-51 系统中没有专门的变址寄存器,而是采用数据指针 DPTR 或者程序计数器 PC 的内容为基本地址,地址偏移量不能是一个具体的立即数,而是用累加器 A 的内容作为偏移量,以 DPTR+A 或者 PC+A 的值作为实际的操作数地址。

在 MCS-51 系统中,用变址寻址可以对外部程序存储器的内容进行访问,访问的范围可为 64 KB。当然,这种访问只能是从 ROM 中读数据,而不可能对 ROM 写入。例如,对指令:

MOVC　A,@A + DPTR

指令操作示意图如图 4.3 所示。

指令执行前 A=11H,DPTR=02F1H,故操作数地址为 02F1H+11H=0302H。指令执行后将程序存储器 0302H 单元的内容(设为 1EH)传送到累加器 A,故指令执行后 A=1EH,其余均不变。

有两点值得再提一下:一是尽管用 DPTR 作为基址寄存器,但变址寻址的区域都是程序存储器 ROM 而不是数据存储器 RAM;其二是尽管指令的助记符和指令操作都比较复杂,但却只是一字节指令。在有的指令系统中,变址寻址指令的字节数很多,这也可以说是 MCS-51 指令系统的一个优点。

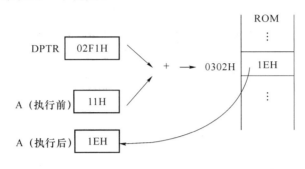

图 4.3 变址寻址示意图

6. 相对寻址

相对寻址方式只出现在相对转移指令中。在高级语言中有"GO TO"或者"GO SUB"之类的语句完成转移功能。在 CPU 的指令系统中,也都包含有转移指令。转移指令分为直接转移指令和相对转移指令。在相对转移指令中,采用相对寻址方式,此时指令的操作数部分给出的是地址的相对偏移量,在 MCS-51 中常以"rel"表示。rel 为一个带符号数,即补码数,可正也可负。

相对转移指令执行时是以当前的 PC 值再加上指令中规定的偏移量 rel 而构成实际的转移地址。这里所说的当前 PC 值是指执行完毕相对转移指令以后的 PC 值。一般将相对转移指令所在的地址称为源地址,转移后的地址称为目的地址,则有

$$目的地址＝源地址＋转移指令字节数＋rel$$

在 MCS-51 系统中,相对转移指令多数为两字节指令,也有一些是三字节指令。对于三字节的相对转移指令,指令中的操作数除了 rel 外,还有一字节 8 位二进制数。

对于两字节相对转移指令:

SJMP rel

在 MCS-51 系统中,亦称"短转移"指令。该指令执行的示意图如图 4.4 所示。

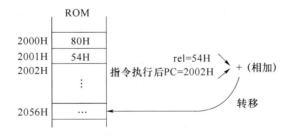

图 4.4 相对寻址示意图

这条指令的机器码是"80H,rel",共两个字节。设指令所在地址为 2000H,rel 值为 54H,则转移地址(目的地址)为

$$2000H + 02H + 54H = 2056H$$

指令执行后,程序计数器 PC 的值变为 2056H,程序的执行发生了转移。

在实践中经常需要根据已知的源地址和目的地址计算偏移量 rel。若指令是两个字节,则向前转移时:

$$rel = 目的地址 - 源地址 - 2 = (地址差) - 2$$

而当向后转移时,目的地址小于源地址,rel 应为负数的补码:

$$rel = (目的地址 - (源地址 + 2))_补$$
$$= FFH - (源地址 + 2 - 目的地址) + 1$$
$$= FEH - (地址差)$$

若相对转移指令为三字节,则向前转移时:

$$rel = (地址差) - 3$$

向后转移时:

$$rel = FDH - (地址差)$$

另外还需指出,在 MCS-51 系统中,指令助记符中的 rel 值和指令码中的 rel 值是相同的,不像有些系统中这两者之间要差一个指令字节数。

7. 位寻址

采用位寻址方式的指令,其操作数将是 8 位二进制数中的某一位。在指令中则给出位地址,即给出是哪个内部 RAM 单元的哪一位。位地址在指令中用 bit 表示。

MCS-51 系统的内部数据 RAM 有两个可以按位寻址的区域:其一是从内部 RAM 20H～2FH 共 16 个单元中的每一位都可单独作为位操作数,共 128 位;其二是某些特殊功能寄存器,其特征是这些特殊功能寄存器的单元地址能被 8 整除。表 4.1 中列出了这些特殊功能寄存器及其位地址。表中的位地址是不连续的,有些没有列出的位地址(如 C0H～C7H)是没有意义的,若在指令中加以使用,会得出不确定的结果。

表 4.1 可以位寻址的特殊功能寄存器位地址表

寄存器	单元地址	位地址表示	位地址
P0	80H	P0.0～P0.7	80H～87H
TCON	88H	TCON.0～TCON.7	88H～8FH
P1	90H	P1.0～P1.7	90H～97H
SCON	98H	SCON.0～SCON.7	98H～9FH
P2	A0H	P2.0～P2.7	A0H～A7H
IE	A8H	IE.0～IE.7	A8H～AFH
P3	B0H	P3.0～P3.7	B0H～B7H
IP	B8H	IP.0～IP.7	B8H～BFH
PSW	D0H	PSW.0～PSW.7	D0H～D7H
ACC	E0H	ACC.0～ACC.7	E0H～E7H
B	F0H	B.0～B.7	F0H～F7H

在 MCS-51 系统中,位地址的表示可采用以下几种方式。

(1) 直接用位地址 00H～FFH 来表示。对于 20H～2FH 共 16 个单元的 128 位的位地址即为 00H～7FH,例如,20H 单元的 0～7 位的位地址为 00H～07H。特殊功能寄存器的可寻址的位地址见表 4.1。

(2) 采用第几单元第几位的表示方法。如 25H.5 表示 25H 单元的 D_5 位。这种表示法可以避免查表或计算,比较方便。有的汇编程序还允许使用十进制数表示单元地址,如用 41.6 来表示 29H.6,即 29H 单元的 D_6 位。

(3) 对特殊功能寄存器可直接用寄存器名加位数的表示法,如 TCON.3 等,

(4) 用伪指令定义,详见第 5 章。

对于不同的汇编程序,位地址的表示法不尽相同,可参考有关的说明。

对于 20H～2FH 单元中的各位,可按以下方法求出其位地址:

$$位地址 = (单元地址 - 20H) \times (1000)_2 + 位$$

这里乘以二进制数 $(1000)_2$,就是乘十进制数 8,因为每个单元是 8 位,但是结果要用十六进制数表示。乘以二进制数 $(1000)_2$ 相当于左移 3 位,例如,对于 29H.6,其位地址可这样求:

$$
\begin{array}{lr}
29\text{H}: & 00101001 \\
减 20\text{H}: & -\ 00100000 \\
\hline
 & 00001001 \\
左移 3 位: & 01001000 \\
加位数: & +\ 00000110 \\
\hline
 & 01001110
\end{array}
$$

结果得 29H.6 的位地址为 01001110,即 4EH。

如果直接用十进制计算,就是 $9 \times 8 + 6 = 78$。转换为十六进制数也是 4EH。

4.3 数据传送指令

MCS-51 指令系统,可以分为 5 大类,总共 111 条,即

(1) 数据传送指令 28 条;

(2) 算术运算指令 24 条;

(3) 逻辑运算及移位指令 25 条;

(4) 控制转移指令 17 条;

(5) 位操作(布尔操作)指令 17 条。

这一节中先介绍数据传送指令。在这些指令中采用了以下的符号。

• Rn:表示工作寄存器,可为 R0～R7。

• ♯data:表示 8 位立即数,具体指令中的 data 可为 00H～FFH。

• direct:表示 8 位直接地址,具体来说,就是代表内部 RAM 的 128 个单元(00H～7FH)以及所有的特殊功能寄存器。对于特殊功能寄存器可直接用其名称来代替其直接地址。

- @Ri：表示寄存器间接寻址，可以为 R0 或 R1。
- ♯data16：表示 16 位立即数。
- @DPTR：以 DPTR 内容（16 位）为地址的间接寻址，用来对外部 64 K RAM 寻址。

4.3.1 内部 RAM 单元之间的数据传送指令

内部数据 RAM 区是数据传送最活跃的区域，可用的指令数也最多。按源操作数的寻址方式可以分为 4 组。

1. 立即寻址

```
MOV   A,♯data              ;A ←data
MOV   Rn,♯data             ;Rn ←data
MOV   @Ri,♯data            ;(Ri)←data
MOV   direct,♯data         ;(direct)←data
```

这组指令表明，8 位立即数可以直接传送到内部数据 RAM 的各个位置，包括 8032 的内部 RAM 80H～FFH 单元。有些指令的功能是相同的，但指令字节数不同。例如：

```
MOV   A,♯data              ;二字节
MOV   ACC,♯data            ;三字节
```

前一条指令中 A 是累加器，后一条指令中 ACC 表示累加器的直接地址 E0H，但功能是相同的。

指令中用"A"表示累加器是使用寄存器寻址；用"ACC"表示累加器是使用直接寻址。

指令 MOV Rn,♯data 的指令码为

| 01111rrr | data |

其中 rrr 的取值为 000～111，对应于 R0～R7。

而指令 MOV@Ri,♯data 的指令码为

| 0111011i | data |

其中的 i 可取值为 0 或 1，与 Ri 中 i 的取值一致。以后遇到上述两类指令时，亦可用类似的方法得出各条指令的机器码。

2. 直接寻址

```
MOV   A,direct             ;A←(direct)
MOV   direct,A             ;(direct)←A
MOV   Rn,direct            ;Rn←(direct)
MOV   @Ri,direct           ;(Ri)←(direct)
MOV   direct2,direct1      ;(direct2)←(direct1)
```

这组指令的功能是将直接地址所规定的内部 RAM 单元内容传送到累加器 A、寄存器 Rn，或者另一个内部 RAM 单元。

值得注意的是，内部 RAM 单元之间也可以直接传送，当然各个特殊功能寄存器之间也可以直接传送数据。对有些 CPU 来说，这种 RAM 单元之间的直接传送是不允许的。

直接寻址的数据传送指令比较丰富，使得内部 RAM 之间的数据传送十分方便，并且

不需通过累加器 A 或者工作寄存器来间接传送,从而提高了数据传送的效率。但要注意对于 8052 单片机内部 RAM 的高 128 个单元(80H~FFH)不能用直接寻址的方法传送到 RAM 的其他部分去,而只能用间接寻址的方法来进行传送。

指令 MOV direct2,direct1 的指令码为

| 10000101 | direct1 | direct2 |

注意指令助记符中和指令码中直接地址排列方式的不同。这条指令在实用中可以派生出许多条不同的指令。例如:

```
MOV    P2,P1
```

其指令码为

| 10000101 | 10010000 | 10100000 |

其中 90H 为 P1 的地址,A0H 为 P2 的直接地址。指令功能是将 P1 口的内容传送到 P2 口。

3. 间接寻址

```
MOV   A,@Ri                          ;A←(Ri)
MOV   @Ri,A                          ;(Ri)←A
MOV   direct,@Ri                     ;(direct)←(Ri)
```

这一组只有两种指令:通过间接寻址传送操作数到 A 和传送到直接地址。但通过寄存器间接寻址取得的源操作数不能直接传送到工作寄存器 Rn,这和其他一些微处理器的指令系统不同。

4. 寄存器寻址

```
MOV   A,Rn                           ; A←Rn
MOV   Rn,A                           ; Rn←A
MOV   direct,Rn                      ;(direct)←Rn
```

这一组也只有两种指令。工作寄存器的内容可以直接传送到累加器 A、内部 RAM 的低 128 个单元以及各个特殊功能寄存器。但不能用这类指令在内部寄存器之间直接传送,如不存在"MOV R1,R2"这样的指令。

以上各组指令中都能以累加器 A 为目的操作数,并且累加器 A 也可以作为源操作数在各组指令中(除了立即寻址)参与数据传送。以上各组指令可以总结为如图 4.5 的传送关系,其中箭头表示传送方向。

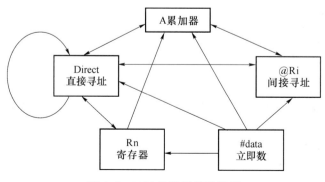

图 4.5　8031 的数据传送关系

在使用以上指令时,需注意以下几点。

(1) 要区分各种寻址方式的含义,正确取得传送的数据。例如,当 R0＝30H,而 30H 单元的内容为 50H 时,注意以下指令的执行结果。

```
MOV  A, R0              ;A = 30H
MOV  A,@R0             ;A - (30H) - 50H
MOV  A,30H             ;A = (30H) = 50H
MOV  A,♯30H            ;A = 30H
```

(2) 所有传送指令基本上不影响标志位。只有以累加器 A 作为目的操作数的指令,才可能影响奇偶标志。

(3) 如何估计指令的字节数。凡是指令中包含直接地址或立即数的,指令字节数要分别增加 1,若包含两个这样的操作数,则指令字节数要加 2,而既不包含直接地址,又不包含立即数的指令为一字节指令。如:

```
MOV  A,@Ri             ;一字节
MOV  A, direct          ;二字节
MOV  direct,♯data       ;三字节
```

(4) 要注意数据传送和数据交换的差别。例如,要使内存 30H 单元和 40H 单元交换内容,可采用以下的几条指令:

```
MOV  A,30H             ;A←(30H),暂存
MOV  30H,40H           ;(30H)←(40H)
MOV  40H, A            ;(40H)←暂存 A 内容
```

而不能只用一条 MOV 30H,40H 的指令。

4.3.2 涉及外部存储器的数据传送指令

外部存储器包括数据存储器和程序存储器,涉及外部存储器的数据传送指令比较少,共有以下几条:

```
MOV  DPTR,♯data16      ;DPTR←♯data16
MOVC A,@A + DPTR       ;A←(A + DPTR)
MOVC A,@A + PC         ;A←(A + PC)
MOVX A,@Ri            ;A←(Ri)
MOVX @Ri, A           ;(Ri)←A
MOVX A,@DPTR          ;A←(DPTR)
MOVX @DPTR, A         ;(DPTR)←A
```

以上指令可以分为 3 组来加以说明。

1. 16 位地址传送指令

MOV DPTR,♯data16 是 MCS-51 指令集中唯一的一条 16 位数传送指令,其作用是将外部存储器某单元地址送到数据指针寄存器 DPTR。但这个存储单元可以是外部 RAM 也可以是外部 ROM,并不因为目标寄存器是数据指针 DPTR 从而隐含所传送的一

定是外部 RAM 地址。如果地址传送到 DPTR 后是用到 MOVC 指令中,则所传送的一定是 ROM 地址,若用到 MOVX 指令中,则所传送的一定是 RAM 地址。

2. 访问外部 ROM 的指令

外部 ROM 中的字节传送要用 MOVC 指令,其中的"C"就是"Code"(代码)的缩写,即表示读取外部 ROM 中的代码。这种指令只有两条,虽然都是采用变址寻址,但在用法上有所区别,其具体指令为

```
MOVC A,@A + DPTR              ;A←(A + DPTR)
MOVC A,@A + PC               ;PC←PC + 1,A←(A + PC)
```

这两条指令都是一字节指令。前一条指令是采用 DPTR 作为基址寄存器,因此可以很方便地把一个 16 位地址送到 DPTR,实现在整个 64 K 个 ROM 单元到累加器 A 的数据传送,使用比较方便。

后一条指令是以 PC 作为基址寄存器。在程序中,执行到这一条指令时的 PC 值是确定的,PC+1 表示执行完这条指令后程序计数器的内容要先加 1,再用来作为基址。也就是基址是由指令在程序中的位置确定的,而不可任意假定,这样基址和实际要读取的 ROM 单元的地址就不一致,为此,必须用累加器 A 的内容来进行调整,使得 A+PC 和所读 ROM 单元地址保持一致,这时一般要多用一条加法指令。

例 4.1　若在外部 ROM 中 2000H 单元开始存放 0～9 的平方值,要求根据累加器 A 中的值(0～9)来查找所对应的平方值。

解　若用 DPTR 作变址寄存器:

```
MOV    DPTR,♯2000H
MOVC   A,@A + DPTR
```

这时,A+DPTR 就是所查平方值所存的地址。

若用 PC 作为基址寄存器,在 MOVC 指令之前先用一条加法指令进行地址调整,即

```
ADD    A,♯data
MOVC   A,@A + PC
```

其中♯data 的值要根据 MOVC 指令的所在地址和数据区地址的值来进行调整计算。设 A′ 为原来累加器 A 中的值(0～9),PC 为 MOVC 指令所在的地址,设为 1FF0H,则指令应这样执行:

$$PC = PC + 1 = 1FF0 + 01 = 1FF1H$$

$$A + PC = A' + data + 1FF1H = A' + 2000H$$

$$data = 2000H - 1FF1H = 0FH$$

因此,程序中的指令应为

```
ADD    A,♯0FH
MOVC A,@A+PC
```

3. 访问外部 RAM 的指令

外部 RAM 中的数据可以和累加器 A 互相传送,但要用 MOVX 指令,以区别于内部 RAM 的数据传送:

```
MOV     A,@Ri        ;内部 RAM 传送

MOVX    A,@Ri        ;外部 RAM 传送
```

使用 Ri 的间接寻址,只能传送外部 RAM 的 256 个单元(0000H～00FFH)的数据,若要对整个 64 K 的 RAM 单元寻址,要用 DPTR 来间接寻址:

```
MOVX    A,@DPTR

MOVX    @DPTR,A
```

尽管内部 RAM 没有 64 K 地址,也不会产生混淆,但为了一致起见,仍用 MOVX 指令而不是 MOV 指令。

4.3.3 堆栈操作指令

堆栈操作有进栈和出栈两种。进栈是把数据压进堆栈,但原有的数据不变。由于 MCS-51 是向上生长型的堆栈,所以进栈时堆栈指针要先加 1,然后再将数据推入堆栈。进栈操作指令为

```
PUSH    direct       ; SP←SP + 1,(SP)←(direct)
```

进栈操作只能以直接寻址方式来取得操作数,不能用累加器 A 或工作寄存器 Rn 作为操作数。

例如,要把累加器 A 的内容推入堆栈,应用指令:

```
PUSH    ACC
```

这里 ACC 表示累加器 A 的直接地址 E0H。

如果要把工作寄存器 R1 的内容放到堆栈,应该用什么指令?请读者自己思考。

出栈操作是把堆栈中的内容弹出到指定的内部 RAM 单元,然后将堆栈指针 SP 减 1。出栈指令和操作为

```
POP     direct       ;(direct)←(SP); SP←SP - 1
```

在 MCS-51 中,堆栈只能在内部数据 RAM 中设置,而内部 RAM 还有许多其他用途,因此,实际可用的堆栈区域受到较大的限制。

4.3.4 数据交换指令

数据交换指令包括 3 条字节交换指令和一条半字节交换指令:

```
XCH     A,Rn         ;A⇔Rn

XCH     A,direct     ;A⇔(direct)

XCH     A,@Ri        ;A⇔(Ri)

XCHD    A,@Ri        ;A_{0～3}⇔(Ri)_{0～3}
```

前 3 条是字节交换指令,表明累加器 A 的内容可以和内部 RAM 中任何一个单元内容进行交换。后一条是半字节交换指令,指令执行后,只将 A 的低 4 位和 Ri 间接寻址单元的低 4 位交换,而各自的高 4 位内容都维持不变。

以上的传送和交换指令,一般都不影响各种标志。只是在传送或交换后影响累加器 A 的值时,奇偶标志要按 A 的值来重新设定。

4.4 算术运算指令

MCS-51 的算术运算指令也比较丰富。和其他 8 位微处理器相比,增加了乘法指令和除法指令,乘除指令都是一字节指令。但是MCS-51中没有 16 位数运算指令,这是由于工作寄存器只是 8 位的缘故。如果需要作 16 位数的运算就要通过两次 8 位运算来完成。

算术操作指令可分为加法,带进位加,带借位减,加 1、减 1 以及其他运算指令共 6 组。每组为 4 条指令。除了最后一组之外,4 条指令的源操作数分别采用寄存器寻址、直接寻址、寄存器间接寻址以及立即寻址,而目的操作数都是累加器 A(若有两个操作数的话),因此很容易记忆。现分别作些说明。

4.4.1 加法指令

```
ADD     A,Rn            ;A←A + Rn
ADD     A,direct        ;A←A + (direct)
ADD     A,@Ri           ;A←A + (Ri)
ADD     A,♯data         ;A←A + data
```

这 4 条指令使得累加器 A 可以和内部 RAM 的任何一单元内容进行相加,也可以和一个 8 位立即数相加,相加结果存放在 A 中。无论是哪一条加法指令,参加运算的都是两个 8 位二进制数。对指令使用者来说,这些 8 位二进制数可以当做无符号数(0~255),也可以当做有符号数,即补码数(−128~+127)。例如,对于一个二进制数 11010011,用户可以认为它是无符号数,即为十进制数 211,也可以认为它是有符号数,即为十进制负数−45。但计算机在作加法运算时,总按以下规定进行。

(1) 在求和时,总是把操作数直接相加,而无须任何变换。例如,若 A＝11010011,R1＝11101000,执行指令"ADD A,R1"时,其和为

$$
\begin{array}{r}
11010011 \\
+\quad 11101000 \\
\hline
110111011
\end{array}
$$

即相加后 A＝10111011。若认为是无符号数相加,则 A 的值代表十进制数 187,若认为是带符号数相加,则 A 的值为十进制负数−69。

(2) 在确定相加后进位 Cy 的值时,总是把两个操作数直接相加而得出进位 Cy 值。如(1)中,相加以后 Cy＝1。对于两个无符号数相加,这个进位意味着加法溢出,但若是两个有符号数相加,相加以后的进位值没有意义,不必考虑。

(3) 在确定相加后溢出标志 OV 的值时,计算机总是把操作数当做有符号数来对待。在作加法运算时,一个正数和一个负数相加,是不可能产生溢出的。只是两个同符号数相加时,才有可能溢出,并可按以下方法判断是否产生溢出:

• 两个正数相加(符号位都为 0),若和为负数(符号位为 1),则一定溢出;
• 两个负数相加(符号位都为 1),若和为正数(符号位为 0),则也一定溢出。

（4）加法指令还会影响辅助进位标志 AC 和奇偶标志 P。

例 4.2 若 A＝49H，执行指令"ADD A，♯6BH"的结果是什么？

解 直接相加：

$$
\begin{array}{r}
01001001 \\
+\ 01101011 \\
\hline
10110100
\end{array}
$$

由于两个正数相加结果为负数，表示出现了溢出，故 OV＝1。同时可以看到进位标志 Cy＝0。

在相加过程中，由于第 3 位相加产生对第 4 位的进位，故 AC＝1。又因为相加后 A 中的 1 的数目为偶数，故 P＝0。

所以，结果是：A＝B4H(溢出)，OV＝1，Cy＝0，AC＝1，P＝0。

4.4.2 带进位加法指令

```
ADDC   A,Rn              ;A←A + Rn + Cy
ADDC   A,direct          ;A←A + (direct) + Cy
ADDC   A,@Ri             ;A←A + (Ri) + Cy
ADDC   A,♯data           ;A←A + data + Cy
```

这 4 条指令的操作，除了指令中所规定的两个操作数相加外，还要加上进位标志 Cy 的值。需注意这里所指的 Cy 是指令开始执行时的进位标志值，而不是相加过程中产生的进位标志值。只要指令执行时 Cy＝0，则这 4 条指令的结果就和普通加法指令的结果一样。

带进位加法指令主要用于多字节二进制数(多于 8 位)的加法运算中。

例 4.3 将内部 RAM 中 M1、M2 和 M3 三个单元中的无符号数相加，和存入 R0(高位)和 R1(低位)寄存器。

解 3 个无符号数相加，和可能超过 8 位二进制数(255)，因此要按双字节加法(16位)来处理。即将相加结果中的进位存入高 8 位寄存器中，并与以后相加产生的进位相加。M1、M2 和 M3 代表 3 个 RAM 地址，一般称为符号地址，在将指令译成机器码时，要将它们实际代表的 RAM 地址代入到机器码的直接地址中，称为地址代真。

```
MOV    R2,♯00H           ;将 0 存入 R2
MOV    A,M1              ;取出第一个加数
ADD    A,M2              ;A←(M1) + (M2)
MOV    R1,A              ;低位和暂存于 R1
MOV    A,R2              ;对 A 清零
ADDC   A,R2              ;A←0 + 0 + Cy
MOV    R0,A              ;高位和存 R0
MOV    A,R1              ;取出低位和,准备第二次相加
ADD    A,M3              ;A←(M1) + (M2) + (M3)
MOV    R1,A              ;存和之低 8 位
```

```
MOV    A, R0              ;取出上一次的高位和,准备加高 8 位
ADDC   A, R2              ;得到和之高 8 位
MOV    R0, A              ;存和之高 8 位
```

由于程序中有好几处需要清零、加零的操作,为节省程序的字节数,先将零存于 R2,并选用一字节的寄存器寻址指令进行运算,从而可减少总的字节数。

4.4.3　加 1 指令

```
INC    A                 ;A←A + 1
INC    Rn                ;Rn←Rn + 1
1NC    direct            ;(direct)←(direct) + 1
INC    @Ri               ;(Ri)←(Ri) + 1
```

加 1 指令也有 4 条,可以使所指定的单元内容加 1,加法仍按无符号二进制数进行。但与加法指令不同,MCS-51 中的加 1 指令不影响各种标志,这是和其他许多微处理器的加 1 指令不同的。唯一的例外是 INC A 指令可以影响奇偶标志 P。

加 1 指令有着广泛的用途,如可以用来修改操作数的地址,以便使用间接寻址的指令,以下是一个简单的例子。

例 4.4　有两个无符号 16 位数,分别存放在从 M1 和 M2 开始的数据区中,低 8 位先存,高 8 位在后。写出两个 16 位数的加法程序,和存于 R3(高 8 位)和 R4(低 8 位)。设和不超过 16 位。

解　由于不存在 16 位数的加法指令,所以只能先加低 8 位,后加高 8 位,而在加高 8 位时要连低 8 位相加的进位一起相加。取操作数时用寄存器间接寻址方式,并用加 1 指令来修改寄存器的内容,亦即修改了操作数的地址。

```
MOV    R0,♯M1            ;第 1 个加数首地址送 R0
MOV    R1,♯M2            ;第 2 个加数首地址送 R1
MOV    A,@R0             ;取第 1 个加数低 8 位
ADD    A,@R1             ;低 8 位相加
MOV    R4,A              ;存和之低 8 位
INC    R0                ;修改地址
INC    R1                ;修改地址
MOV    A,@R0             ;取第 1 个加数高 8 位
ADDC   A,@R1             ;高 8 位相加
MOV    R3, A             ;存和之高 8 位
```

4.4.4　带借位减法指令和减 1 指令

```
SUBB   A, Rn             ;A←A - Rn - Cy
SUBB   A, direct         ;A←A - (direct) - Cy
SUBB   A,@Ri             ;A←A - (Ri) - Cy
SUBB   A,♯data           ;A←A - data - Cy
```

减法指令只有一组带借位减法指令,而没有不带借位的减法指令。若要进行不带借位的减法操作,则在减法之前要先用指令使 Cy 清零,即使得 Cy=0,然后再相减。所用的指令为

```
CLR    C                ;Cy←0
```

它属于布尔操作类指令,这里先拿来用一下。

对于减法操作,计算机亦是对两个操作数直接求差,并取得借位 Cy 的值。在判断是否溢出时,则按有符号数处理,判断的规则为

(1) 正数减正数或负数减负数都不可能溢出;

(2) 若一个正数减负数,差为负数(符号位为 1),则一定溢出,使 OV=1;

(3) 若一个负数减正数,差为正数(符号位为 0),则也一定溢出,使 OV=1。

减法指令也要影响 Cy、AC、OV 和 P 标志。

例 4.5 若 A=52H,R0=B4H,Cy=0,则执行指令"SUB A,R0"的结果是什么?

解 其结果为

$$
\begin{array}{r}
01010010 \\
-\ 10110100 \\
\hline
10011110
\end{array}
$$

即使得 A=9EH,Cy=1(最高位有借位),AC=1(D3 向 D4 也有借位),OV=1(有符号数运算结果产生溢出),P=1(相减后,累加器 A 中 1 的数目为奇数)。

减 1 指令也有 4 条:

```
DEC    A          ;A←A-1
DEC    Rn         ;Rn←Rn-1
DEC    direct     ;(direct)←(direct)-1
DEC    @Ri        ;(Ri)←(Ri)-1
```

与加 1 指令一样,MCS-51 的减 1 指令也不影响各种标志,唯有累加器 A 减 1 可以影响 P 标志。减 1 指令不影响标志会对它的使用带来某些不便。

4.4.5 乘、除指令

MCS-51 系统中有一般 8 位微处理器所没有的乘、除指令:

```
MUL    AB         ;A×B=BA
DIV    AB         ;A÷B=A…B
```

乘法指令为一字节指令,执行时需 4 个机器周期,相当于执行 4 条加法指令的时间。相乘按无符号数进行。两个 8 位无符号数相乘结果为 16 位无符号数,它的高 8 位存于 B 寄存器,低 8 位存于 A 寄存器。

乘法指令执行后会影响 3 个标志:Cy、OV 和 P。执行乘法指令后,进位标志一定被清除,即 Cy 一定为零。而溢出标志可以为 1,也可以为零:若相乘后有效积为 8 位,即 B=0,则 OV=0;若相乘后 B≠0,则 OV=1。奇偶标志仍然按 A 中 1 的奇偶性来确定。

除法指令亦是一字节四周期指令,按两个无符号数进行相除。被除数置于累加器 A,除数则置于寄存器 B。相除之后,商存于累加器 A,余数在寄存器 B 中。除法指令也影响

Cy、OV 和 P 标志。相除之后,Cy 也一定为零,溢出标志只是在除数 B=0 时才被置 1,因为除数为零时的除法没有意义,故 OV＝1,其他情况下 OV 都清零。奇偶标志 P 仍按一般规则确定。

但是乘、除指令本身只能进行两个 8 位数的乘、除。若要进行多字节的乘、除运算,还需编写相应的程序。

例 4.6　若被乘数为 16 位无符号数,乘数为 8 位无符号数,编制相应的乘法程序。被乘数的地址为 M1 和 M1＋1(低 8 位先存),乘数地址为 M2,积存入 R2、R3 和 R4 三个寄存器中。

解　将 16 位被乘数分为高 8 位和低 8 位,首先由低 8 位与 8 位乘数相乘,积的低 8 位存入 R4,积的高 8 位暂存于 R3。再用 16 位被乘数的高 8 位乘以乘数,所得积的低 8 位应与 R3 中暂存的内容相加,存入 R3 为结果的一部分,而积的高 8 位还要与进位 Cy 相加才能存入 R2,作为积的高 8 位。最后的积存于 R2、R3、R4 共为 24 位二进制数。以上过程可示意如下:

$$
\begin{array}{r}
(M1+1)\ (M1) \\
\times \qquad (M2) \\
\hline
R3 \quad R4 \\
+B \qquad A \\
\hline
R2 \qquad R3 \quad R4
\end{array}
$$

参考程序如下:

```
MOV   R0, ♯M1      ;被乘数地址存 R0
MOV   A, @R0       ;取 16 位被乘数低 8 位
MOV   B, M2        ;取乘数,B←(M2)
MUL   AB           ;(M1)×(M2)
MOV   R4, A        ;积的低 8 位
MOV   R3, B        ;暂存
INC   R0           ;指向 16 位被乘数高 8 位
MOV   A, @R0       ;取被乘数高 8 位
MOV   B, M2        ;取乘数
MUL   AB           ;(M1＋1)×(M2)
ADD   A, R3        ;得到积的第二个字节
MOV   R3, A        ;存入 R3
MOV   A, B
ADDC  A, ♯00H      ;得到积的第三个字节
MOV   R2, A        ;存入 R2
```

4.4.6　十进制调整指令和数据指针加 1 指令

十进制调整指令是一条专用的指令,用来实现 BCD 码的加法,此指令为

```
DA    A
```

此指令功能是对累加器 A 在作 BCD 码加法后进行"加 6 调整",具体操作为

（1）若累加器低 4 位大于 9 或者辅助进位标志 AC＝1,则 A←A＋06H;

（2）若累加器 A 的高 4 位大于 9 或者 Cy＝1（包括由于低 4 位调整后导致上述结果）,则高 4 位亦作加 6 调整,即 A←A＋60H。

十进制调整指令只会影响进位标志 Cy。有可能指令执行前 Cy＝0,调整后 D_7 有向前进位,使 Cy＝1。在十进制加法中,若 Cy＝1,则表示相加后的和已等于或大于十进制数 100。

例如,若作加法后 A＝9BH,Cy＝0,AC＝0,则执行 DAA 指令后,A 的低 4 位作加 6 调整,调整后高 4 位为 1010,故也需进行调整:

$$
\begin{array}{r}
10011011 \\
+\quad 00000110 \\
\hline
10100001 \\
+\quad 01100000 \\
\hline
100000001
\end{array}
$$

低 4 位调整

高 4 位调整

结果为 A＝01H,Cy＝1,相当于十进制数 101。

在作十进制减法运算时,也应按需要进行"减 6 调整"。在 MCS-51 中没有十进制减法调整指令,也不像有的微处理器有加减标志,因此要用适当的方法来进行十进制减法运算。

为了进行十进制减法运算,可用加减数的补数来进行。两位十进制数是对 100 取补的,如减法 60－30＝30,也可以改为补数相加:

$$60＋(100－30)＝130$$

丢掉进位后,就得到正确的结果。

在实际运算时,不可能用 9 位二进制数来表示十进制数 100,因为是 8 位 CPU。为此,可用 8 位二进制数 10011010（9AH）来代替。因为这个二进制数经过十进制调整后就是 100000000。这样十进制无符号数的减法运算可按以下步骤进行:

（1）求减数的补数（9AH－减数）;

（2）被减数与减数的补数相加;

（3）经十进制加法调整后就得到所求的十进制减法运算结果。

注意,这里用"补数"而不是"补码"是为了和带有符号位的补码加以区别。由于现在操作数都是正数,没有必要再加符号位,故称"补数"更为合适一些。

例 4.7 设 M1、M2、M3 分别为被减数、减数和差的符号地址,试编写两位 BCD 码的减法程序。

解 按以上所述的步骤,不难写出程序:

```
CLR    C                    ;清 Cy＝0
MOV    A,＃9AH
SUBB   A,M2                 ;求减数的补数
ADD    A,M1                 ;加补数完成减法
```

```
DA      A                       ;十进制调整
MOV     M3,A                    ;差存入 M3 单元
CLR     C                       ;舍弃进位
```

例如,十进制数 91 减 36 的运算应这样完成:

$$
\begin{array}{r}
10011010 \\
-\quad 00110110 \\
\hline
01100100 \\
+\quad 10010001 \\
\hline
11110101 \\
+\quad 01100000 \\
\hline
101010101
\end{array}
\qquad
\begin{array}{l}
\\[0.5em]
减数求补 \\[1.5em]
与被减数相加 \\[1.5em]
十进制调整
\end{array}
$$

舍弃进位后,即得差为十进制数 55。

数据指针 DPTR 用来存放 16 位外部 RAM 的地址。可以用数据指针加 1 指令来改变所存放的地址。

```
INC     DPTR            ;DPTR←DPTR + 1
```

这条指令能对 16 位数据指针实行加 1 操作,结果仍放在数据指针寄存器中。这是唯一的一条 16 位算术运算指令。和其他的 8 位加 1 指令一样,这条指令也不影响任何标志。

对于 DPTR,没有减 1 操作的指令。如果要使 DPTR 完成减 1 操作,则需要几条指令来完成。例如,可以这样来完成:

```
PUSH    ACC                     ;保护 ACC
CLR     C                       ;Cy = 0,准备作减法
MOV     A,DPL                   ;取 DPTR 低 8 位
SUBB    A,#1                    ;减 1
MOV     DPL,A                   ;保存结果
MOV     A,DPH                   ;DPTR 高 8 位
SUBB    A,#0                    ;减可能产生的借位
MOV     DPH,A                   ;保存
POP     ACC                     ;恢复 ACC
```

4.5　逻辑运算及移位指令

逻辑运算包括与、或、异或 3 类,每类都有 6 条指令。此外还有对累加器 A 清零和求反的指令。MCS-51 中移位指令较少,只有 5 条。

4.5.1　逻辑与运算指令

逻辑与运算指令有以下 6 条：

ANL	A,Rn	;A←A∩Rn
ANL	A,direct	;A←A∩(direct)
ANL	A,@Ri	;A←A∩(Ri)
ANL	A,♯data	;A←A∩data
ANL	direct,A	;(direct)←(direct)∩A
ANL	direct,♯data	;(direct)←(direct)∩data

逻辑与运算以及其他逻辑运算都是按位进行的。若 A＝10101100，R1＝01100101，则执行指令

　　　ANL　　　A,R1

其结果是,A＝10101100∩01100101＝00100100。

逻辑运算除了可用累加器 A 为目的操作数外,还有两条以直接地址单元为目的操作数的指令,这样就很便于对各个特殊功能寄存器的内容按需要进行变换,比加法、减法指令还要灵活方便。

4.5.2　逻辑或运算指令

逻辑式运算指令有以下 6 条：

ORL	A, Rn	;A←A∪Rn
ORL	A, direct	;A←A∪(direct)
ORL	A,@Ri	;A←A∪(Ri)
ORL	A,♯data	;A←A∪data
ORL	direct, A	;(direct)←(direct)∪A
ORL	direct,♯data	;(direct)←(direct)∪data

与、或逻辑运算结合在一起,将更便于对 RAM 单元的内容,特别是对特殊功能寄存器的内容进行变换。

例 4.8　将累加器 A 的低 4 位送到 P1 口的低 4 位,而 P1 口的高 4 位保持不变。

解　这种操作不便简单地用 MOV 指令来实现,而可以借助与、或逻辑运算。程序如下：

MOV	R0,A	;A 内容暂存 R0
ANL	A,♯0FH	;屏蔽 A 的高 4 位
ANL	P1,♯0F0H	;屏蔽 P1 口的低 4 位
ORL	P1, A	;完成所需操作
MOV	A, R0	;恢复 A 的内容

在实用中,常会遇到希望使一个单元的某几位内容不变,其余几位为 0。这种操作常用与运算完成:不需要变的各位和 1 相与,需要变为 0 的各位和 0 相与。

4.5.3　逻辑异或运算指令

异或运算是当两个操作数不一致时结果为 1,两个操作数一致时结果为 0,当然这种

运算也是按位进行的。异或指令也有 6 条：

```
XRL   A, Rn                ;A←A⊕Rn
XRL   A,direct             ;A←A⊕(direct)
XRL   A,@Ri                ;A←A⊕(Ri)
XRL   A,♯data              ;A←A⊕data
XRL   direct, A            ;(direct)←(direct)⊕A
XRL   direct,♯data         ;(direct)←(direct)⊕data
```

从逻辑运算的角度来看,异或操作当然比与、或操作复杂。但是具有相同寻址方式的异或指令及与、或指令都有相同的指令字节数和机器周期数。这 3 组指令的最后一条指令都是三字节指令,指令码的排列顺序是：

操作码	direct	data

在 MCS-51 系统中,三字节指令机器码都是这样排列,即指令码的顺序和助记符的顺序一致,以后碰到这种情况就不再另行说明。唯一的例外是直接地址到直接地址的数据传送指令,两者的顺序不一致。这在上一节中已经说明过。

4.5.4　累加器清零及取反指令

清零及取反指令只有对累加器才有,它们都是一字节指令。

```
CLR   A                    ;A←0
CPL   A                    ;A←Ā
```

如果用其他方式来达到清零或取反的目的,都需要二字节的指令。

MCS-51 中只有对 A 的取反指令,没有求补指令。若要进行求补操作,可按"求反加1"来进行。

利用异或指令可对任何一个内部 RAM 单元取反。异或运算有个特性,即 $x \oplus 1 = \bar{x}$。

因此,只要使某一单元的每一位都对 1 作异或运算,就可对这个单元的内容求反：

```
XRL   direct,♯0FFH        ;(direct)←(direct‾)
```

以上所有的逻辑运算指令,对 Cy、AC 和 OV 标志都没有影响,只在涉及到累加器 A 时,才会对奇偶标志 P 产生影响。

利用逻辑运算指令,可以模拟各种硬件逻辑电路。

例 4.9　对如图 4.6 所示的组合逻辑电路,试编写一程序以模拟其功能。设输入信号放在 X、Y、Z 单元,输出信号放在 F 单元。

解　用逻辑运算指令很容易模拟图 4.6 所示电路。

```
MOV   A,X                  ;A←(X)
ANL   A,Y                  ;A←(X)∩(Y)
MOV   R1,A                 ;暂存
MOV   A,Y                  ;A←(Y)
XRL   A,Z                  ;A←(Y)⊕(Z)
```

```
CPL   A          ; A←(Y)⊕(Z)
ORL   A,R1       ; 得到输出
MOV   F,A        ; 存输出
```

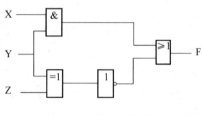

图 4.6 例 4.9 的附图

4.5.5 移位指令

MCS-51 中移位指令比较少,移位只能对累加器 A 进行,共有循环左移、循环右移、带进位的循环左移和右移 4 种。另外还有一条累加器内半字节交换指令。

循环左移　　　　 RL　　A　　 ; $A_{i+1}←A_i$, $A_0←A_7$
带进位循环左移　 RLC　 A　　 ; $A_{i+1}←A_i$, $Cy←A_7$,$A_0←Cy$
循环右移　　　　 RR　　A　　 ; $A_i←A_{i+1}$,$A_7←A_0$
带进位循环右移　 RRC　 A　　 ; $A_i←A_{i+1}$,$Cy←A_0$,$A_7←Cy$

以上移位指令,可用图形表示,如图 4.7 所示。

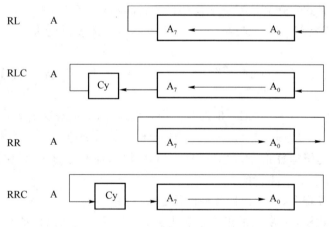

图 4.7 移位指令示意图

另外还有一条累加器内容半字节交换指令,实际相当于执行循环左移指令 4 次:

```
SWAP  A       ; A₇~₄←A₃~₀
```

这条指令在 BCD 码的变换问题中很有用。

若是要对 16 位数进行移位操作,则需在以上移位指令基础上,另编程序来完成。

例 4.10 16 位数的算术左移。16 位数在内存中存放在 M1 和 M1+1 单元,低 8 位先存。

解　所谓算术左移就是将操作数左移 1 位,并使最低位补充 0。相当于完成对 16 位数的乘 2 操作,故称算术左移。

```
CLR   C              ;进位 Cy = 0
MOV   R1,♯M1         ;操作数地址送 R1
MOV   A,@R1          ;低 8 位送 A
RLC   A              ;低 8 位左移,最低位添 0,Cy←A₇
MOV   @R1,A          ;送回
INC   R1             ;指向高 8 位
MOV   A,@R1          ;高 8 位送 A
RLC   A              ;A₇ 移入,高 8 位左移
MOV   @R1,A          ;送回
```

若要对 16 位数进行循环移位,则应首先设法把最高位(D_{15})的值置入 Cy,然后再参照以上的程序编写。利用以后要介绍的位操作指令可以很容易地实现将某一位的值置入 Cy。

例 4.11　在 M1 和 M1+1 单元有两个 BCD 数,现要将它们合并放到 M1 单元,以节省内存空间。编写相应的程序段。

解　使用 SWAP 指令可使这个问题变得很简单。

```
MOV   R1,♯M1         ;一个 BCD 数的地址 M1 送 R1
MOV   A,@R1          ;A←(M1)
SWAP  A              ;一个 BCD 数移到高 4 位,低 4 位为 0
INC   R1             ;指向另一个 BCD 数的地址
ORL   A,@R1          ;另一个 BCD 数合并到低 4 位
MOV   M1,A           ;送回 M1
```

更复杂一些的 BCD 码变换问题,将在以后介绍。

例 4.12　将 DPTR 的内容循环左移 4 位。

解　由于需要移位 4 次,安排了一个循环程序。每作一次循环,对 DPTR 循环左移一次。

```
        PUSH  ACC           ;保存 ACC
        PUSH  0             ;保存 R0
        MOV   R0,♯4         ;移位次数
AGAIN:  MOV   A,DPH         ;取高字节
        MOV   C,ACC.7       ;取 DPTR 的最高位
        MOV   A,DPL         ;取低字节
        RLC   A             ;循环左移,原 DPTR 最高位移入最低位
        MOV   DPL,A         ;存低字节
        MOV   A,DPH         ;取高字节
        RLC   A             ;循环左移
        MOV   DPH,A         ;存高字节
```

```
DJNZ  R0,AGAIN    ;循环,作下一次移位
POP   0           ;恢复 R0
POP   ACC         ;恢复 ACC
```

以上的指令中,DJNZ 指令是一条转移指令,它先对 R0 减 1,减 1 后,如不等于 0,就转移到"AGAIN"所在的指令。由于 R0 原来赋值为 4,所以要作 4 次循环转移,结果使 DPTR 循环移位 4 次。

4.6 控制转移指令

任何指令系统都有控制转移指令。MCS-51 有比较丰富的控制转移指令,包括无条件转移指令、条件转移指令以及子程序调用及返回指令。

4.6.1 无条件转移指令

转移指令中用到几个新的符号,其含义如下。

- addr16:16 位地址,可以是 16 位二进制数,常写为 4 位十六进制数,也可以用符号地址来代表,在译成机器码时再"代真",即代换成真实的地址。
- addr11:11 位地址,是 16 位地址的低 11 位。可以是 4 位十六进制数,也可以是代表 16 位地址的标号,但在译成指令机器码时,只取 16 位地址中的低 11 位。
- rel:8 位带符号数,是相对转移的地址偏移量。也可以用一个标号来表示,此时只表示所要转移到的目的地址,并应据此算出实际的偏移量。

MCS-51 有 4 条无条件转移指令,提供了不同的转移范围和方式。

```
LJMP  addr16       ; PC←addr16
AJMP  addr11       ; PC←PC + 2, PC_{10~0}←addr11
SJMP  rel          ; PC←PC + 2, PC←PC + rel
JMP   @A + DPTR    ; PC←A + DPTR
```

1. 长转移指令 LJMP

长转移指令 LJMP addr16 的操作数是一个 16 位地址。执行这条指令后,PC 的值就等于指令中规定的 16 位地址,即 addr16。16 位地址可以寻址 64 K。所以用这条指令可转移到 64 KB 程序存储器的任何位置,故称为"长转移"。

指令本身是三字节指令,即操作码,16 位地址高 8 位,16 位地址低 8 位。

2. 绝对转移指令 AJMP

这是一条双字节指令,11 位地址 addr11($a_{10} \sim a_0$)在指令中是这样分布的:

a_{10} a_9 a_8 00001	a_7 a_6 a_5 a_4 a_3 a_2 a_1 a_0

其中 00001 是这条指令的操作码。

指令执行后,首先是 PC 的内容加 2,PC←PC+2,这里 PC 就是指令所在位置的地址。然后由 PC 加 2 后的 PC 值的高 5 位和指令中的 11 位地址构成转移地址:

$$\boxed{\text{PC}_{15\sim11} \quad a_{10}\sim a_0}$$

11 位地址的范围为 00000000000～11111111111，即可转移的范围是 2 KB。转移可以向前也可以向后，如图 4.8 所示。但要注意转移到的位置是要和 PC＋2 的地址在同一个 2 K 区域，而不一定和 AJMP 指令的地址在同一个 2 K 区域。例如，AJMP 指令地址为 1FFFH，加 2 以后为 2001H，因此可以转移的区域为 2000H～2FFFH 的区域。

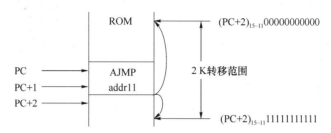

图 4.8　AJMP 指令转移范围

这条绝对转移指令是两个字节，而且也能提供 2 K 范围的转移空间，若 2 K 的转移范围已足够，就不必用三字节的长转移指令 LJMP，这样，可以减少指令字节数。

3. 短转移指令 SJMP

短转移指令 SJMP rel 是无条件相对转移指令，而不是像前两条指令是绝对转移指令。转移的目的地址为：

$$目的地址＝源地址＋2＋rel$$

源地址就是 SJMP 指令所在的地址。由于 rel 是有符号数，因此也可以向前或向后转移，转移的范围为 256 个单元，即从（PC－126）～（PC＋129），其中 PC 就是源地址。

若偏移量 rel 取值为 FEH，则目的地址将和源地址相同，若在程序的最末端加上这样一条指令，则程序就不会再向下执行，而"终止"在这一句上。这在调试程序时很有用，一般写为

HERE:SJMP　　　HERE

或

HERE:SJMP　　　$

这里，用"$"代表当前地址。指令的机器码为：80 FE。

4. 变址方式的转移指令 JMP @A＋DPTR

这条变址方式的转移指令是一条一字节无条件转移指令，转移的地址由累加器 A 的内容和数据指针 DPTR 内容之和来决定，两者都是无符号数，即

$$转移地址＝A＋DPTR$$

这种决定地址的方法和一般的变址寻址方式是相同的。但此时 A＋DPTR 直接就是转移地址，而不是像一般的变址寻址那样，还要由 A＋DPTR 再去查找操作数。

一般是以 DPTR 的内容为基址，而由 A 的值决定具体的转移地址。这条指令的特点是转移地址可以在程序运行中加以改变。例如，当 DPTR 为确定的值时，根据 A 的不同的值就可以实现多分支的转移，在不同的时间执行这条指令可以转移到不同的目的地址。

4.6.2 条件转移指令

条件转移指令是指当某种条件满足时,转移才进行,而条件不满足时,程序就继续执行。相当于高级语言(如 BASIC)中的"IF…GOTO"语句。条件转移指令的条件可以是上一条指令或者更早一点的指令的执行结果。如运算结果为零或不为零、为正或者为负,等等。这些结果往往体现在标志位上,即用标志的变化来反映运算结果的某些特征,然后再根据标志来决定是否产生条件转移。另一种情况是条件转移指令本身也包含某种运算,然后根据这种运算的结果来判别是否转移。在 MCS-51 系统中,这两类条件转移指令都存在,但是它的大部分条件转移指令都不用标志来判断是否存在转移。

1. 累加器判零条件转移指令

```
JZ     rel        ;若 A = 0,则 PC←PC + 2 + rel(转移)
                  ;若 A≠0,则 PC←PC + 2(继续执行)

JNZ    rel        ;若 A≠0,则 PC←PC + 2 + rel(转移)
                  ;若 A = 0,则 PC←PC + 2(继续执行)
```

这是一组以累加器的内容是否为零作为判断条件的转移指令,而累加器的内容是否为零,则是这条指令以前其他指令执行的结果,这条指令本身并不作任何运算。在MCS-51的标志位中,没有零标志。这条指令不是用标志来作为条件的,只要前面的指令能使累加器内容为零(或非零),就可以使用这条指令。例如,传送指令并不影响任何标志,只要能影响累加器的内容,就可以利用这条转移指令。

这两条都是二字节的相对转移指令,rel 为相对转移偏移量。但在书写源程序时,经常用标号来代替,只是在翻译成机器码时,才换算成 8 位相对地址。

例 4.13 将外部数据存储器的一个数据块传送到内部数据 RAM,两者的首地址分别为 DATA1 和 DATA2,遇到传送的数据为 0 时停止传送。

解 外部 RAM 向内部 RAM 的数据传送一定要以累加器 A 作为过渡,不能直接在这两种 RAM 之间传送数据。利用判零条件转移正好可以判别是否要继续传送或者终止。

```
        MOV    R0,♯DATA1      ;外部数据块首址
        MOV    R1,♯DATA2      ;内部数据块首址
LOOP：  MOVX   A,@R0          ;外部 RAM 数据入 A
HERE：  JZ     HERE           ;为零则终止
        MOV    @R1,A          ;不为零传送内部 RAM 单元
        INC    R0             ;修改地址指针
        INC    R1             ;修改另一个地址指针
        SJMP   LOOP           ;继续循环
```

注意,写在转移指令中的偏移量(如 LOOP)和地址标号 LOOP 的含义和取值是不一样的。在相对转移指令中写的 LOOP,是指所取的偏移量能使程序转移到 LOOP 为标号的地址单元,具体偏移量的值要经过换算来确定。

设程序的首地址为 2100H,则第三行的标号 LOOP 代表地址单元 2104H。而 SJMP

指令中的 LOOP 代表一个偏移量,其目的地址应为 2104H,源地址(SJMP 指令)则为 210AH,故偏移量 LOOP 值为

$$FE-(210A-2104)=F8H$$

2. 比较条件转移指令

这组指令是先对两个规定的操作数进行比较,然后根据比较的结果来决定是否转移到目的地址。若两个操作数相等,则不转移,程序继续执行;若两个操作数不相等,则转移,并且还要根据两个操作数的相对大小来置位进位标志 Cy,为进一步的分支创造条件。若目的操作数大于源操作数,则 Cy=0,若目的操作数小于源操作数,则 Cy=1。若再选用以 Cy 作为条件的转移指令(后述)就可以实现进一步的分支转移。这条指令的流程如图 4.9 所示。

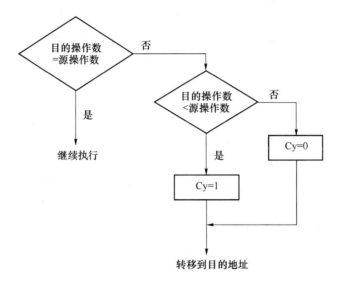

图 4.9　比较转移指令示意图

比较条件转移指令共有 4 条,差别只在于操作数的寻址方式不同,指令操作都是相同的。

CJNE　A,♯data,rel

CJNE　A,direct,rel

CJNE　Rn,♯data,rel

CJNE　@Ri,♯data,rel

其含义分别为

- 累加器内容与立即数不相等就转移;
- 累加器内容与内部 RAM(包括特殊功能寄存器)内容不相等就转移;
- 工作寄存器内容与立即数不相等就转移;
- 内部 RAM 128 单元(8032 为 256 单元)内容与立即数不相等就转移。

以上 4 条指令都执行以下操作:

- 若目的操作数=源操作数,则 PC←PC+3(继续执行);

- 若目的操作数＞源操作数,则 Cy＝0,PC←PC＋3＋rel(转移);
- 若目的操作数＜源操作数,则 Cy＝1,PC←PC＋3＋rel(转移)。

MCS-51 指令系统中,没有单独的比较指令,但可以利用比较条件转移指令来弥补这一不足。比较操作实际就是作减法操作,只是不保存减法所得到的差,而将结果反映在标志位 Cy 和是否转移。

这样就很容易理解并记忆当目的操作数大于源操作数时 Cy＝0,反之 Cy＝1,这和作减法的结果一致。

另外还要注意所有的比较条件转移指令都是三字节指令,因此目的地址应是 PC 加 3 以后再加偏移量 rel。相对转移的范围是(PC－125)～(PC＋130),PC 是指令所在地址。

若两个比较的操作数都是无符号数,则可以直接根据比较后产生的 Cy 值来判别大小:若 Cy＝0,则 A＞B(目的操作数大于源操作数),若 Cy＝1,则 A＜B。

若是两个有符号数进行比较,则仅依据 Cy 是无法判别大小的,例如,一个负数与一个正数相比,使 Cy＝0,就不能说明负数大于正数。在这种情况下若要正确判别,可以有若干种方法。

一种方法是先判别操作数的正负,然后再使用比较条件转移指令产生的 Cy 信息。

- 若 A 为正数,当 B 为负数时,A＞B;
- 若 A 为负数,当 B 为正数时,A＜B;
- 若 A 为正数,B 也为正数,若比较后 Cy＝0,则 A＞B,若 Cy＝1,则 A＜B;
- 若 A 为负数,B 也为负数,若比较后 Cy＝0,则 A＞B,若 Cy＝1,则 A＜B。

因为负数是用补码表示,较大的负数,表示成补码后的值也比较大。因此,当两个数同是正数或同是负数时,判别大小的方法是相同的。

以上带符号数比较的方法,可归结为图 4.10 的流程图。在学完布尔操作类指令后,可以按这个流程写出程序。

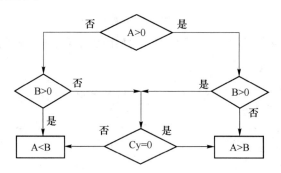

图 4.10 带符号数的比较流程

3. 减 1 条件转移指令

在 MCS-51 系统中,加 1 或减 1 指令都不影响标志。然而有一组把减 1 功能和条件转移结合在一起的减 1 条件转移指令。这组指令共两条:

```
DJNZ   Rn,rel                    ;Rn←Rn－1
```

　　　　　　　　　　　　　若 Rn＝0,则 PC←PC＋2(继续执行)

否则, PC←PC + 2 + rel(转移)

DJNZ　direct,rel　　　;(direct)←(direct) − 1

若(direct) = 0, 则 PC←PC + 3

否则, PC←PC + 3 + rel

这组指令的操作是先将操作数减 1, 并保存结果, 若减 1 以后操作数不为零, 则转移到规定的地址单元; 若减 1 以后操作数为零, 则继续向下执行。这一组共有两种不同的指令: 工作寄存器减 1 转移指令和直接地址单元内容减 1 转移指令。前者为二字节指令, 后者为三字节指令, 使用时要注意这个差别。

这组指令对于构成循环程序十分有用, 可以指定任何一个工作寄存器或者内部RAM 单元为计数器。对计数器赋以初值以后, 就可以利用上述指令, 若对计数器进行减1 后不为零, 则进行循环操作, 从而构成循环程序。以下是个简单的例子。

例 4.14　将内部 RAM 中从 DATA 单元开始的 10 个无符号数相加, 相加结果送SUM 单元。设相加结果不超过 8 位二进制数。

解　利用减 1 条件指令很容易编成循环程序来完成 10 个数相加。

```
        MOV    R0,#0AH       ;计数器置初值
        MOV    R1,#DATA      ;数据块首地址送 R1
        CLR    A             ;A = 0
LOOP:   ADD    A,@R1         ;加一个数
        INC    R1            ;修改地址指针
        DJNZ   R0,LOOP       ;R0 减 1 不为零循环
        MOV    SUM,A         ;存和
        SJMP   $             ;结束
```

以上介绍了 MCS-51 中的各种条件转移指令。这些条件转移指令都是相对转移指令, 因此, 转移的范围是很有限的。若要在大范围内实现条件转移, 可将条件转移指令和长转移指令结合起来后加以实现。例如, 根据 A 和立即数 80H 比较的结果转移到标号NEXT1, 而转移的距离超过了 256 B, 则可用以下指令来实现:

```
        CJNE   A,#80H,NEXT       ;不相等则转移
                                 ;相等则继续执行
        ⋮
        SJMP   NEXT2            ;执行完, 跳出
NEXT:   LJMP   NEXT1
```

这样两条指令的结合, 就可实现在 64 KB 范围内的比较条件转移。其中的 SJMPNEXT2 指令是在执行完两数相等的处理程序后, 转移到继续执行的位置。否则也要去执行 LJMP 指令, 造成程序逻辑上的混乱。

4.6.3　子程序调用及返回指令

像高级语言一样, 为了使程序的结构清楚, 并减少重复指令所占的内存空间, 在汇编语言程序中, 也可以采用子程序, 故需要有子程序调用指令。子程序调用也是要中断原有

的指令执行顺序,转移到子程序的入口地址去执行子程序。但和转移指令有一点重大的区别,即子程序执行完毕后,要返回到原有程序中断的位置,继续往下执行。因此,子程序调用指令还必须能将程序中断位置的地址保存起来,一般都是放在堆栈中保存。堆栈的先入后出的存取方式正好适合于存放断点地址的要求,特别是适合于子程序嵌套时的断点地址存放。

图 4.11(a)所示是一个两层嵌套的子程序调用,图 4.11(b)为两层子程序调用后,堆栈中断点地址存放的情况。先存入断点地址 1,程序转去执行子程序 1,在执行过程中又要调用子程序 2,于是在堆栈中又存入断点地址 2。存放时,先存地址低 8 位,后存地址高 8 位。从子程序返回时,先取出断点地址 2,继续执行子程序 1,然后取出断点地处 1,继续执行主程序。因此,子程序调用指令要完成以下两个功能。

(1) 将断点地址推入堆栈保护。断点地址是子程序调用指令的下一条指令的地址,取决于调用指令的字节数,它可以是 PC+2 或 PC+3,这里 PC 是指调用指令所在地址。

(2) 将所调用子程序的入口地址送到程序计数器 PC,以便实现子程序调用。

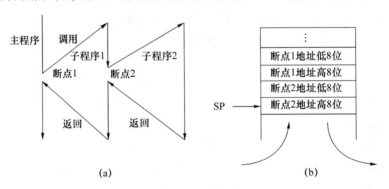

图 4.11　子程序嵌套及断点地址存放

1. 调用指令

MCS-51 中有两种子程序调用指令:

```
ACALL  addr11      ;PC←PC + 2
                    SP←SP + 1,(SP)←PC_{7~0}
                    SP←SP + 1,(SP)←PC_{15~8}
                    PC_{10~0}←addr11
LCALL  addr16      ;PC←PC + 3
                    SP←SP + 1,(SP)←PC_{7~0}
                    SP←SP + 1,(SP)←PC_{15~8}
                    PC← addr16
```

ACALL 指令称为绝对调用指令,这是一条两字节指令。调用地址的取出和绝对转移指令 AJMP 相同。其指令码为

$a_{10}\ a_9\ a_8\,10001$	$a_7\ a_6\ a_5\ a_4\ a_3\ a_2\ a_1\ a_0$

子程序调用的范围为围绕调用指令的 2 KB 内。若把 64 KB 内存空间以 2 KB 为一页,共可分为 32 个页面,绝对调用指令应该和所调用的子程序在同一个页面之内,即它们

的地址高 5 位 $a_{15} \sim a_{11}$ 应该相同。或者说,在执行 ACALL 指令时,子程序入口地址的高 5 位是不能任意设定的,只能由 ACALL 指令所在的位置来确定。因此,要注意 ACALL 指令和所调用的子程序的入口不能相距太远,否则就不能实行正确的调用。例如,当 ACALL 指令所在地址为 2300H,其地址的高 5 位是 00100,因此,可调用的范围是 2000H $\sim$27FFH。

只有在一种情况下,ACALL 指令和所调用的子程序可不在同一个页面。此时 ACALL 指令正好处在一个页面的最后两个地址单元中的一个,由于执行以后 PC 要加 2,就使 PC+2 落在下一个页面之内,从而只能调用下一个页面内的子程序。例如,当 ACALL 指令的地址为 07FEH,执行以后的 PC 为 0800H,使其高 5 位变为 00001,而不是原来的 00000,因此,只能调用在 0800H $\sim$0FFFH 内的子程序。除了所述的这种情况之外,若要用 ACALL 指令调用不在同一页面的子程序,都算错误,程序不能执行。

长调用指令 LCALL 是一条可以在 64 KB 范围内调用子程序的指令,本身是三字节指令。指令执行后,将断点推入堆栈,并调用 addr16 所规定的子程序。

2. 返回指令

返回指令也有两条,但并不和两条调用指令对应。一条是一般的子程序返回指令,另一条是从中断服务子程序返回指令。

RET	;子程序返回
	$PC_{15 \sim 8} \leftarrow (SP)$, $SP \leftarrow SP - 1$
	$PC_{7 \sim 0} \leftarrow (SP)$, $SP \leftarrow SP - 1$
RETI	;中断返回
	$PC_{15 \sim 8} \leftarrow (SP)$, $SP \leftarrow SP - 1$
	$PC_{7 \sim 0} \leftarrow (SP)$, $SP \leftarrow SP - 1$

指令的功能都是从堆栈中取出断点,送给程序计数器 PC,使程序从断点处继续执行。

堆栈指针 SP 的值将减 2。RET 应写在子程序的末尾,而 RETI 应用在中断服务子程序的最后。执行 RETI 指令后,将清除中断响应时所置位的优先级状态触发器,使得已申请的较低级中断申请可以响应。

4.6.4　空操作指令

空操作指令是一条控制指令,即控制 CPU 不作任何操作,而只消耗这条指令执行所需要的一个机器周期的时间。

NOP　　　　;PC←PC + 1

执行这条指令后,只使程序计数器加 1,因为它是单字节指令,在时间上消耗 12 个时钟周期,不作其他操作,因此,这条指令可用于等待、延迟等情况。

4.7　布尔变量操作指令

布尔变量即开关变量,它是以位(bit)作为单位来进行运算和操作的。MCS-51 系统加强了对布尔变量的处理能力。在硬件方面它有一个布尔处理器,实际上是一个一位微处理器。它有自己的累加器(借用进位标志 Cy)、自己的存储器(即位寻址区中的各位),也有完成位操作的运算器等。从指令方面,与此相应,也有一个专门处理布尔变量的子集,可以完成以布尔变量为对象的传送、运算、转移控制等操作。这些指令也可称为位操作指令。这一组指令的操作对象是内部 RAM 中的位寻址区,即 20H～2FH 中连续的 128 位(位地址 00H～7FH)以及特殊功能寄存器中可以进行位寻址的各位。位地址以后在指令中都用 bit 来表示。

4.7.1 位传送指令

可以位寻址的各位和位累加器(即进位标志 Cy)之间可以互相传送内容,即可将位地址所规定的布尔变量值传送到 Cy,也可以将 Cy 的值传送到位地址所规定的位。共有两条位传送指令:

```
MOV  C,bit              ;Cy←(bit)
MOV  bit,C              ;(bit)←Cy
```

在指令中 Cy 直接用 C 表示,以便于书写。两个可寻址位之间没有直接的传送指令。若要完成这种传送,可以通过 Cy 作为中间媒介来进行。

例 4.15 将 30H 位的内容传送到 20H 位。

解 传送可通过 Cy 来进行,但要注意保持原有 Cy 的值不被破坏。

```
MOV  10H,C             ;暂存 Cy 内容
MOV  C,30H             ;Cy←(30H)
MOV  20H,C             ;(20H)←Cy
MOV  C,10H             ;恢复 Cy 的值
```

这里指令中所用的都是位地址,而不是存储单元的地址,故(30H)是表示位地址 30H 这一位的内容。而不是 30H 单元内容。

利用位传送指令,可以完成 16 位数的循环移位。

例 4.16 16 位二进制数存于 M1 和 M1+1 单元,低 8 位先存,试编写完成一次循环移位的程序。

解 可仿照例 4.10 中 16 位算术移位来进行,但要先将最高位的值置入 Cy 之中。

```
MOV  A,M1+1            ;取出高 8 位到 A
MOV  C,ACC.7           ;最高位送 Cy
MOV  R1,♯M1            ;R1 为地址指针
MOV  A,@R1             ;低 8 位送 A
RLC  A                 ;低 8 位移位
MOV  @R1,A             ;送回
INC  R1                ;修改地址指针
MOV  A,@R1             ;取出高 8 位
RLC  A                 ;高 8 位移位
MOV  @R1,A             ;送回
```

4.7.2 位置位指令

对于进位标志 Cy 以及位地址所规定的各位都可以进行置位或清零操作,共有 4 条指令。

```
CLR   C              ;Cy←0
CLR   bit            ;(bit)←0
SETB  C              ;Cy←1
SETB  bit            ;(bit)←1
```

4.7.3 位运算指令

位运算都是逻辑运算,有与、或、非 3 种。与、或运算时,以布尔累加器即进位标志 Cy 为一个操作数,另一个位地址内容作为第二个操作数,逻辑运算的结果仍送回 Cy。逻辑非运算则可对每个位地址内容进行。

```
ANL   C,bit          ;Cy←Cy∩(bit)
ANL   C,/bit         ;Cy←Cy∩(bit)‾
ORL   C, bit         ;Cy←Cy∪(bit)
ORL   C,/bit         ;Cy←Cy∪(bit)‾
CPL   C              ;Cy← Cy‾
CPL   bit            ;(bit)←(bit)‾
```

与、或运算都各有两条指令。其中一条是以(bit)内容之反,即 $\overline{(bit)}$ 和 Cy 作运算。但要注意,(bit)内容并不改变,只是在运算时,取出(bit)之后,先取反,然后作与(或)运算。

指令系统中没有位异或指令,位异或操作可用若干条位操作指令来实现。

例 4.17 设 E、B、D 都代表位地址,试编写程序完成 E、B 内容的异或操作。

解 可直接按 $D=\overline{E}B+E\overline{B}$ 来编写。

```
MOV   C,B            ;取一个操作数
ANL   C,/E           ;Cy←(E‾)∪(B)
MOV   D,C            ;暂存
MOV   C,E            ;取另一个操作数
ANL   C,/B           ;Cy←(E)∪(B‾)
ORL   C,D            ;C 为异或操作结果
MOV   D, C           ;存入 D
```

利用位逻辑运算指令,可以对各种组合逻辑电路进行模拟,即用软件方法来获得组合电路的逻辑功能。在前面的指令中,也有关于逻辑与、或、异或的指令,但那是以内存单元作为操作数(8 位)来进行运算的。这种指令比较适合寄存器对寄存器的运算,但不适合个别的布尔变量之间的运算。使用位操作指令,每一位就代表一个布尔变量,一个内存单元的 8 位可以代表 8 个不同的布尔变量。这样既节约了内存,运算操作也方便。

4.7.4 位控制转移指令

位控制转移指令都是条件转移指令。即以进位标志 Cy 或者位地址 bit 的内容作为

是否转移的条件。可以是位的内容为 1 就转移, 也可以是为 0 就转移。

1. 以 Cy 内容为条件的转移指令

```
JC    rel              ;Cy = 1 时就转移, 即:
                        若 Cy = 1, PC←PC + 2 + rel
                        否则, PC←PC + 2

JNC   rel              ;Cy = 0 时就转移, 即:
                        若 Cy = 0, PC←PC + 2 + rel
                        否则, PC←PC + 2
```

这两条指令常和比较条件转移指令 CJNE 一起使用, 先由 CJNE 指令判别两个操作数是否相等, 若相等, 就继续执行; 若不相等, 再根据 Cy 中的值来决定两个操作数哪一个大, 或者来决定如何进一步分支, 从而形成 3 个分支的控制模式, 如图 4.12 所示。

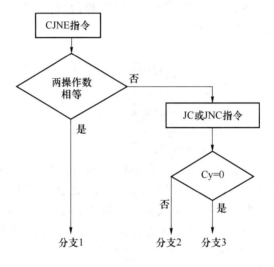

图 4.12　用 CJNE 和 JC(或 JNC)形成 3 个分支

例 4.18　判别累加器 A 和 30H 单元内容的大小, 若 A＝(30H), 转向 LOOP1, 若 A＞(30H), 则转向 LOOP2, 若 A＜(30H), 则转向 LOOP3。设所存的都是补码数。

解　可按照图 4.10 所示的流程图来编写程序。首先判断操作数的正负。可以将操作数和立即数 80H 相与, 若结果为零, 则为正数, 否则, 就为负数。如果(30H)＜0, A＞0, 或者(30H)＞0, A＜0 就立即可以决定转移的地址。进入标号 COMP 时, A 和(30H)的值符号相同, 再用 CJNE 指令和 JC(JNC)指令判断后, 再形成 3 个分支。

```
        MOV   R0,A            ;暂存
        ANL   A,#80H          ;判别 A 的正负
        JNZ   NEG             ;A＜0 则转至 NEG
        MOV   A,30H
        ANL   A,#80H          ;判别(30H)的正负
        JNZ   LOOP2           ;(30H)＜0,A＞0,转移到 LOOP2
        SJMP  COMP            ;(30H)＞0,A＞0,转向 COMP
```

```
NEG：   MOV  A,30H
        ANL  A,#80H          ;再次判别(30H)正负
        JZ   LOOP3           ;(30H)>0,A<0,转移到 LOOP3
COMP：  MOV  A,R0            ;取出原 A 值
        CJNE A,30H,NEXT      ;比较 A 与(30H)
        SJMP LOOP1           ;A=(30H)转 LOOP1
NEXT：  JNC  LOOP2           ;A>(30H)转 LOOP2
        JC   LOOP3           ;A<(30H)转 LOOP3
```

2. 以位地址内容为条件的转移指令

```
JB    bit,rel           ;(bit)=1 就转移
                        若(bit)=1,PC←PC+3+rel
                        否则,PC←PC+3

JNB   bit,rel           ;(bit)=0 就转移
                        若(bit)=0,PC←PC+3+rel
                        否则,PC←PC+3

JBC   bit,rel           ;(bit)=1 就转移,并使该位清零
                        若(bit)=1,PC←PC+3+rel,并且(bit)=0
                        否则,PC←PC+3
```

3 条指令都是以位地址的内容作为转移的条件,从条件转移的角度看,JB 和 JBC 指令的作用是一样的,所不同的是,JBC 指令还将使被测试位清零,使一条 JBC 指令相当于两条指令的功能,即相当于：

```
        JB    bit,NEXT
        ⋮
NEXT:  CLR   bit
```

利用这组指令,可以根据位地址所规定的内容来决定是否产生转移。在 MCS-51 系统中,有许多特殊功能寄存器,它们大多数起着某种控制作用,而这种控制作用一般不是以字节作为控制单元,而是根据位的内容来进行控制的。

例如,在例 4.18 中,是用两条指令来判别累加器 A 中数的正负：

```
ANL    A,#80H
JNZ    NEG
```

若为负数则转向 NEG 单元。利用位控制转移指令,只需一条指令就可完成判断和转移：

```
JB    ACC.7,NEG
```

注意,这里的位地址应写为 ACC.7 而不能写为 A.7。

以上介绍了 MCS-51 的指令系统。理解和掌握指令系统,是能否很好地使用微型计算机和单片机的一个重要前提。

习题和思考题

4.1 若要完成以下的数据传送,应如何用 MCS-51 的指令来实现?

(1) R1 内容传送到 R0。

(2) 外部 RAM 20H 单元内容送 R0。

(3) 外部 RAM 20H 单元内容送内部 RAM 20H 单元。

(4) 外部 RAM 1000H 单元内容送内部 RAM 20H 单元。

(5) ROM 2000H 单元内容送 R0。

(6) ROM 2000H 单元内容送内部 RAM 20H 单元。

(7) ROM 2000H 单元内容送外部 RAM 20H 单元。

4.2 已知 A=7AH,R0=30H,(30H)=A5H,PSW=80H,问执行以下各指令的结果(每条指令都以题中规定的数据参加操作)。

(1) XCH	A,R0	A=	R0=		
(2) XCH	A,30H	A=			
(3) XCH	A,@R0	A=			
(4) XCHD	A,@R0	A=			
(5) SWAP	A	A=			
(6) ADD	A,R0	A=	Cy=	OV=	
(7) ADD	A,30H	A=	Cy=	OV=	
(8) ADD	A,♯30H	A=	Cy=	OV=	
(9) ADDC	A,30H	A=	Cy=	OV=	
(10) SUBB	A,30H	A=	Cy=	OV=	
(11) SUBB	A,♯30H	A=	Cy=	OV=	

4.3 设内部 RAM 的 30H 单元的内容为 40H,即(30H)=40H,还知(40H)=10H,(10H)=00H,端口 P1=CAH,问执行以下指令后,各有关存储器单元、寄存器及端口的内容(即 R0、R1、A、B、P1、40H、30H 及 10H 单元)。

```
MOV  R0,♯30H
MOV  A,@R0
MOV  R1,A
MOV  B,@R1
MOV  @R1,P1
MOV  P2,P1
MOV  10H,♯20H
MOV  30H,10H
```

4.4 设 A=83H,R0=17H,(17H)=34H,执行以下指令后,A 是多少?

```
ANL  A,♯17H
```

ORL   17H，A

XRL   A，@R0

CPL   A

4.5 下列指令中哪些是合法的 MCS-51 指令，哪些是非法指令？

    (1) MOV   R5，R0

    (2) MOV   R3，♯60H

    (3) MOV   @R3，♯60H

    (4) MOV   R7，@R1

    (5) MOV   A，@R0

    (6) MOV   SBUF，@R1

    (7) MOV   @R0，60H

    (8) MOV   60H，@R0

    (9) MOV   DPTR，♯1234H

    (10) MOV DPTR，♯30H

4.6 下列指令中哪些是合法的 MCS-51 指令，哪些是非法指令？

    (1) PUSH   B

    (2) POP   @R1

    (3) POP   A

    (4) XCH   30H，A

    (5) XCH   A，30H

    (6) XCH   A，♯30H

    (7) XCH   A，R1

    (8) XCH   A，@R1

    (9) XCHD   A，R1

    (10) XCHD A，@R1

4.7 试编写程序，将内部 RAM 的 20H、21H、22H 连续 3 个单元的内容依次存入 2FH、2EH 和 2DH 单元。

4.8 编写程序，进行两个 16 位数的减法：6F5DH～13B4H，结果存至内部 RAM 的 30H 和 31H 单元。30H 单元存差的低 8 位。

4.9 编写程序，若累加器内容分别满足以下条件，则程序转至 LABEL 存储单元。

    (1) A≥10   (2) A＞10

    (3) A≤10   (4) A＜10

4.10 已知 SP＝25H，PC＝2345H，(24H)＝12H，(25H)＝34H，(26H)＝56H，问在这种条件下执行 RET 指令以后，SP、PC 分别是多少？

4.11 若 SP＝25H，PC＝2345H，标号 LABEL 所在的地址为 3456H，问执行长调用指令

LCALL   LABEL

之后，堆栈指针和堆栈内容发生什么变化？PC 是多少？

4.12 在题 4.11 中的 LCALL 指令能否直接换成"ACALL   LABEL"指令？为什么？

4.13 试编写程序,查找在内部 RAM 的 20H～50H 单元中是否有 0AAH 这一数据,若有这一数据,则将 51H 单元置为 01H,若未找到,则使 51H 单元置 0。

4.14 试编写程序,查找在内部 RAM 的 20H～50H 单元内出现 00H 的次数,并将查找的结果存入 51H 单元。

4.15 试编写程序,求 20H 单元和 21H 单元内两数差的绝对值,即 $|(20H)-(21H)|$,结果保留在 A 中。

4.16 试编写程序,求 20H、21H、22H 单元内 3 个数之差的绝对值,即 $|(20H)-(21H)-(22H)|$,结果保留在 A 中。

第5章 汇编语言程序设计

上一章介绍指令系统时,曾提供了一些简单的程序来说明指令的应用。这些程序有两个特点:

- 指令是采用助记符,而不是用指令码表示;
- 地址是采用标号地址,而不是真正的实际地址。

这种用助记符和标号地址编写的程序称为汇编语言源程序。其作用相当于人们直接用指令的机器码以及指令地址来编写程序。只是采用助记符和标号地址为程序的编写提供了方便,即不必记忆指令的机器码,也不必在编写程序时进行地址的计算。而将助记符翻译成机器码以及将标号地址换算成实际地址的工作都可由计算机通过一种称为汇编程序的软件来完成,这种换算的过程一般称为"汇编"。

汇编语言程序具有运算效率高,占用内存少的优点。因此在采用微处理器的控制系统中,经常采用汇编语言。但汇编语言有一个缺点,对机器(CPU)不是独立的,即每种机器都有自己的指令系统,有自己的一套汇编语言格式。按这个机器指令系统编写的汇编语言程序不能直接用于另一种机器。但是掌握了一种机器的汇编语言后,学习其他机器的汇编语言就不太困难了。

这一章将介绍使用汇编语言的一些有关问题,通过实际例子来说明一些程序设计的方法。

5.1 汇编语言源程序的格式

一般来讲,汇编语言源程序由 4 部分组成,即标号、操作码、操作数和注释。每两个部分之间要用分隔符隔开,而每一部分内部不采用分隔符。可以采用的分隔符有空格" "、冒号":"、分号";"。空格的数目可以不止一个,计算机键盘上的表格键(Tab 键),每按一次移动 8 个格(包括已输入的字符),因此也可以用做分隔符。

汇编语言源程序的一般形式为

[标号:]　　操作码　　[操作数]　　[;注释]

其中标号和操作码之间用":"作分隔符,也可再加上若干空格。操作码和操作数之间用空格作分隔符,注释之前用";"作分隔符。方括号[ ]在实际程序中并不书写,也不输入到计算机里,只表示方括号内的项是任选项,此项可有可无,若不需要时,在某一行可以不包括此项,故对每一行源程序来说,只有操作码是必不可少的,其余 3 个部分都可根据情况,可以有也可以没有。

汇编程序只处理分号";"以前的字符,对于注释部分,计算机在汇编时不予处理。注释部分便于程序的使用者更好地理解程序的功能,有助于程序的交流使用。软件工作者从一开始就要养成写好注释的良好习惯。如果有必要可以把整行都拿来写注释,这时只要将";"提前到一行的开始即可。

由于注释部分计算机不予处理,注释的内容用中文书写也没有问题,这对于中国用户来说就更方便了。但必须注意,非注释部分的所有字符,都必须是西文的,不允许有中文的标点出现,比如不能用全角的符号";",而只能用半角的符号";"。

若在输入时使用表格键"Tab",则汇编语言源程序的形式为

[标号:](Tab)操作码(Tab)[操作数](Tab)[;注释]

这样可以使每一部分都占有固定的 8 个格的位置,整个程序打印后非常整齐。

对于有些指令,操作数不止 1 个,有两个甚至 3 个,在输入计算机时,各操作数之间不要再加分隔符。

以下对标号及操作数再作一些说明。

5.1.1　标号

标号由 8 个或 8 个以下的字母或数字构成,第一个必须是字母。另外还允许使用一个下划线符号"_"。其他的符号都不允许在标号中使用。此外,系统中保留使用的字符或字符组不能用做标号,以免引起混淆。如各种特殊功能寄存器名、各个位地址记忆符、各种伪指令(将在 5.2 节介绍)等都不能用做标号。一些合法的标号有:

A1,SUM,LOOP_1 等

以下的字符串不能用做标号:

2A,S + M,EQU, DATA(后两种为保留字)

标号并不是每一行都必须要有,而只是在需要时才使用。

在程序部分,标号是一种符号地址,表示所在指令行的地址。

转移指令经常用标号来表示要转移的位置,用来代替指令中的 rel 操作数。但并不是用标号所代表的地址来代替 rel,而是根据标号所在的地址来计算 rel 的值。

5.1.2　操作数

对于立即数 #data 来说,实际使用时,一般都在 # 后面跟一个具体的数。这个数可以是二进制数,应以字母"B"作为结束,如 #10010110B,也可以是十六进制数,则以"H"字符为结尾,如 #87H,但若最高位为 A～F 之中的字母,则前面还要加一个数字"0",如 #0ABH 等。如果这个 0 忘了加上,汇编程序将认为所写的是一个标号(如 ABH),而不认为是十六进制数,从而出现错误。如果数字的最后没有结束字母,则认为是十进制数,如 #10,而 #10H 则等于 #16。

立即数的 data 也可以用定义过的符号来代替,这种定义要用到伪指令 EQU 等。

对于直接地址 direct 来说,在实际使用时,也可以有多种选择:

(1) 二进制数,十进制数或十六进制数,如 MOV A,30H 等;

(2) 标号地址,如 MOV A,SUM 等,SUM 应该在程序中某处加以定义;

(3) 带有加减的表达式,如 SUM 为已定义的标号地址,则 SUM+1 或 SUM−1 等都可作为直接地址来使用,如 MOV A,SUM+13;

(4) 特殊功能寄存器名,如 MOV A,P2 等。

对于偏移量 rel,除了可以采用上面提到的各种数值、标号地址以及表达式之外,还允许采用一个专门的符号"$",它表示相对转移指令所在的地址,例如:

```
JNB    TF0,$
```

表示当 TF0 这一位不为零时,还转移到这一指令,实际上就是在 TF0 不为零的条件下,程序停留在这一步。

5.2　伪　指　令

每种汇编语言都会定义若干种伪指令,用来对汇编过程进行某种控制,或者对符号、标号赋值。伪指令和指令是完全不同的,在汇编过程中,对于伪指令并不产生可执行的目标代码,汇编以后的目标代码中就看不到伪指令了。对不同版本的汇编语言,伪指令的符号和含义可能有所不同,但基本的用法是相似的。下面就介绍一些常用的伪指令。

5.2.1　汇编起始命令 ORG

功能:规定下面的目标程序的起始地址。

格式:[标号:]　　ORG　　16 位地址

其中括号内是可选项,可以没有。例如:

```
      ORG    2000H
START:MOV    A,♯64H
```

即规定了标号 START 所在的地址为 2000H,第一条指令就从 2000H 开始存放。

一般在一个汇编语言源程序的开始,都用一条 ORG 伪指令来规定程序存放的起始位置,故称为汇编起始命令。但是在一个源程序中,可以多次使用 ORG 指令,以规定不同的程序段的起始位置。但所规定的地址应该是从小到大,而且不允许有重叠,即不同的程序段之间不能有重叠。一个源程序若不用 ORG 指令开始,则从 0000H 开始存放目标码。

5.2.2　汇编结束命令 END

END 是汇编语言源程序的结束标志,在 END 以后所写的指令,汇编程序都不予处理。

一个源程序只能有一个 END 命令。在同时包含有主程序和子程序的源程序中,也只能有一个 END 命令,并放到所有指令的最后,否则,就有一部分指令不能被汇编。

格式：[标号：]　END

5.2.3　等值命令 EQU

功能：将一个数或者特定的汇编符号赋予规定的字符名称。

格式：字符名称　　EQU　　数或汇编符号

注意这里使用的是"字符名称"而不是标号，而且也不用"："来做分隔符，若加上"："，反而会被汇编程序认为是一种错误。用 EQU 指令赋值以后的字符名称可以用做数据地址、代码地址、位地址或者直接当做一个立即数使用。因此，给字符名称所赋的值可以是8 位数也可以是 16 位二进制数。例如：

```
AA    EQU    R1
MOV   A,AA
```

这里将 AA 等值为汇编符号 R1，在指令中 AA 就可以代替 R1 来使用。又例如：

```
A10   EQU    10
DELY  EQU    07EBH
MOV   A,A10
LCALL DELY
```

这里 A10 赋值以后当做直接地址使用，而 DELY 被定义为 16 位地址，可能是一个子程序的入口。

如果要把上面定义的 A10 当做立即数使用，则也要在 A10 前加上"♯"，如：

```
MOV   R1,♯A10
```

使用 EQU 伪指令时必须先赋值，后使用，而不能先使用，后赋值。对于有的汇编程序来讲，用 EQU 伪指令赋值的字符名称不能在表达式中运算。例如，不能这样使用：

```
MOV   A, A10 + 1
```

5.2.4　数据地址赋值命令 DATA

功能：将数据地址或代码地址赋予规定的字符名称。

格式：字符名称　　DATA　　表达式

DATA 伪指令的功能和 EQU 有些相似，使用时要注意它们有以下差别：

（1）EQU 伪指令定义的符号必须先定义后使用，而 DATA 伪指令定义的符号可以先使用后定义；

（2）用 EQU 伪指令可以把一个汇编符号赋给一个字符名称，而 DATA 伪指令则不能；

（3）DATA 伪指令可将一个表达式的值赋给一个字符名称，所定义的字符名称也可以出现在表达式中，而用 EQU 定义的字符，则不能这样使用。

DATA 伪指令常在程序中用来定义数据地址。

5.2.5　定义字节指令 DB

功能：从指定的地址单元开始，定义若干个 8 位内存单元的内容。

格式:[标号:]　DB　8 位二进制数表

这个伪指令是在程序存储器的某一部分存入一组规定好的 8 位二进制数,或者是将一个数据表格存入程序存储器。这个伪指令在汇编以后,将影响程序存储器的内容。例如:

```
TAB:  DB  45H,73,″5″,″A″
TAB1: DB  101B
```

设 TAB 的对应地址为 2000H,则以上伪指令经汇编以后,将对 2000H 开始的若干内存单元赋值:

(2000H)=45H	(2001H)=49H
(2002H)=35H	(2003H)=41H
(2004H)=05H	

其中,35H 和 41H 分别是字符“5”和“A”的 ASCII 码,其余的十进制数(73)和二进制数(101B)也都换算为十六进制数了。

DB 命令所确定的单元地址可以由下述两种方法之一来确定:

(1) 若 DB 命令是紧接着其他源程序的,则由源程序最后一条指令的地址加上该指令的字节数来确定;

(2) 由 ORG 命令来规定数据的首地址。

因此,以下两种情况都可以产生以上例子中 TAB 地址为 2000H 的效果:

```
199EH          MOV     20H,A
       TAB:    DB      45H,73,″5″,″A″
```

或者

```
               ORG     2000H
       TAB:    DB      45H,73,″5″,″A″
```

有的汇编程序还允许在 DB 命令中直接使用负数,然后将负数的补码存入到相应的字节单元。但并不是所有的汇编程序都有这种功能,故要先查看相关的手册,以免出错。

5.2.6　定义字命令 DW

功能:从指定地址开始,定义若干个 16 位数据。

格式:[标号:]　DW　16 位数据表

每个 16 位数要占 ROM 的两个单元,在 MCS-51 系统中,16 位二进制数的高 8 位先存入(低地址字节),低 8 位后存入(高地址字节)。这和 MCS-51 指令中的 16 位数据存放的方式一致。例如:

```
       ORG     1500H
HETAB: DW      7234H,8AH,10
```

汇编以后使:

(1500H) = 72H,(1501H) = 34H

(1502H) = 00H,(1503H) = 8AH

(1504H) = 00H,(1505H) = 0AH

5.2.7　定义空间命令 DS

功能:从指定的地址开始,保留若干字节内存空间备用。

格式:[标号:]　　DS　　表达式

在汇编以后,将根据表达式的值来决定从指定地址开始留出多少个字节空间。表达式也可以是一个指定的数值。例如:

```
ORG    1000H
DS     08H
DB     30H,8AH
```

汇编以后,从 1000H 开始,保留 8 个字节的内存单元备用,然后从 1008H 开始,按照下一条 DB 命令给内存单元赋值,即(1008H)=30H,等等。保留的空间将由程序的其他部分决定它们的用处。

以上的 DB、DW、DS 伪指令部只对程序存储器起作用,即不能用它们来对数据存储器的内容进行赋值或其他初始化的工作。

5.2.8　位地址符号命令 BIT

功能:将位地址赋予所规定的字符名称。

格式:字符名称　　BIT　　位地址

例如:　　A1　　BIT　　P1.0

　　　　　A2　　BIT　　P1.1

这样就把两个位地址分别赋给两个变量 A1 和 A2,在编程中它们就可当做位地址来使用。但不是所有的 MCS-51 汇编程序都有这条伪指令。当不具备 BIT 命令时,可以用 EQU 命令来定义位地址变量,但这时所赋的值应该是具体的位地址值,例如 P1.0 就要具体地用 90H 来代替。

5.3　汇编语言源程序的人工汇编

汇编语言源程序可以输入计算机后由汇编程序译成机器码,在条件不具备时,也可由人工查指令表并译成目标程序。

对于大部分汇编语言源程序,总是会有一些转移控制操作,或者说程序中总是包含有一些标号来用做符号地址。对于这样的程序,可以用两次汇编的方法进行人工翻译。

(1)第一次汇编。查出各条指令的机器码,并根据初始地址和各条指令的字节数,确定每条指令的所在地址,实际上是指令第一字节的所在地址。而对于程序中出现的各种标号,则仍采用原来的符号,暂不处理。对于各种符号名称由于已经明确定义了它们的值,故可用已定义的值来代替。

(2)第二次汇编。进行标号亦即符号地址的“代真”,即求出标号所代表的具体地址值或者地址偏移量。由于在第一次汇编时已确定了各条指令的所在地址,因此,地址的代真只需进行一些简单的计算便可完成。

例 5.1 内部 RAM 从 DATA1 单元开始有一个数据块,存放若干无符号数,第一个单元为数据块长度。试求这些无符号数的和,设和不超过 8 位二进制数,并存入 SUM 单元。用人工汇编译成目标程序。

解 这是一个简单的求和问题。由于数据块长度是任意的,因此要考虑到所存入的长度可能为零。编程时要先检查一下数据块长度。若为零则不必作加法,否则反而会出错。设程序从 1000H 单元开始存放。

```
        ORG    1000H
        MOV    R0,♯DATA1            ;数据块首址送 R0
        MOV    R1,DATA1            ;数据块长度送 R1
        CJNE   R1,♯00H,NEXT       ;检查长度是否为 0
HERE:   SJMP   $                   ;为 0 则结束
NEXT:   CLR    A                   ;不为 0 开始运算
LOOP:   INC    R0
        ADD    A,@R0               ;加一个数
        DJNZ   R1, LOOP            ;长度减 1 不为 0 循环
        MOV    SUM,A               ;和送 SUM
        SJMP   HERE                ;结束
DATA1   DATA   20H
SUM     DATA   1FH
        END                        ;汇编结束
```

这是一个包含汇编开始和结束语句的完整程序,数据地址亦都通过 DATA 语句加以定义。第一次汇编只是查指令表,确定各指令地址,结果如表 5.1 所示。

表 5.1 例 5.1 第一次汇编结果

地　址	指令码	标　号	助记符	
1000	78 20		MOV	R0,♯DATA1
1002	A9 20		MOV	R1,DATA1
1004	B9 00 NEXT		CJNE	R1,♯00H,NEXT
1007	80 FE	HERE	SJMP	$
1009	E4	NEXT	CLR	A
100A	08	LOOP	INC	R0
100B	26		ADD	A,@R0
100C	D9 LOOP		DJNZ	R1, LOOP
100E	F5 1F		MOV	SUM,A
1010	80 HERE		SJMP	HERE

第二次汇编只需确定指令码中各个标号的具体数值。在这个程序中它们都是地址偏移量,只需简单计算就可确定。计算时要注意指令本身字节数的差别。结果如表 5.2 所示。

表 5.2 例 5.1 的目标程序

地 址	指令码	标 号	助记符	
1000	78 20		MOV	R0,♯DATA1
1002	A9 20		MOV	R1,DATA1
1004	B9 00 02		CJNE	R1,♯00H,NEXT
1007	80 FE	HERE	SJMP	$
1009	E4	NEXT	CLR	A
100A	08	LOOP	INC	R0
100B	26		ADD	A,@R0
100C	D9 FC		DJNZ	R1,LOOP
100E	F5 1F		MOV	SUM,A
1010	80 F5		SJMP	HERE

5.4 MCS-51 程序设计举例

用汇编语言进行程序设计的过程与用高级语言进行程序设计很相似。对于比较复杂的问题可以先根据题目的要求作出流程图,然后再根据流程图来编写程序。对于比较简单的问题则可以不作流程图而直接编程。当然,两者的差别还是很大的。一个很重要的差别就在于用汇编语言编程时,对于数据的存放位置,以及工作单元的安排等都要由编程者自己安排。而用高级语言编程时,这些问题都是由计算机安排的,编程者则不必过问。例如,MCS-51 中有 8 个工作寄存器 R0~R7,而只有 R0 和 R1 可以用于变址寻址指令。因此,编程者就要考虑哪些变量存放在哪个寄存器,以及 R0 和 R1 这样可变址寻址的寄存器若不够用又如何处理,等等。

这些问题的处理和掌握,将是编程的关键之一,希望通过实践注意掌握。

这一节中将介绍一些汇编语言设计的实例及一些程序设计的方法。

5.4.1 顺序程序

顺序程序是程序设计中的基本模块。顺序程序没有分支,从第一条指令开始依次执行每一条指令,直到最后一条,程序就算执行完毕。这种程序虽然比较简单,但也能完成一定的功能,并且往往也是构成复杂程序的基础。

例 5.2 将一个字节内的两个 BCD 十进制数拆开并变成相应的 ASCII 码,存入两个 RAM 单元。

解　设两个 BCD 数已放在内部 RAM 的 20H 单元,变换后的 ASCII 码放在 21H 和 22H 单元,并让高位十进制 BCD 数的 ASCII 码存放在 21H 单元。

在第 4 章中曾举例用 SWAP 指令来将两个 BCD 数合在一个字节内。拆字时也可以用 SWAP 指令,并且借助于半字节交换指令 XCHD,就不难完成所规定的功能。

数字 0～9 的 ASCII 码为 30H～39H。完成拆字转换只需将一个字节内的两个 BCD 数拆开放到另两个单元的低 4 位,而变为 ASCII 码只要在其高 4 位赋以 0011 即可。为此,可以先用 XCHD 指令将个位的 BCD 数和 22H 单元的低 4 位交换,在 22H 单元高 4 位添上 0011 完成一次转换。再用 SWAP 指令将高 4 位与低 4 位交换,并将高 4 位变为 0011,完成第二次转换。为了减少重复操作和使程序精炼,应先使 22H 单元清零。工作寄存器选用 R0,这样可便于使用变址寻址指令。

```
MOV    R0,♯22H            ;R0←22H
MOV    @R0,♯00H           ;22H 单元清零
MOV    A,20H              ;两个 BCD 数送累加器 A
XCHD   A,@R0              ;低位 BCD 数至 22H 单元
ORL    22H,♯30H           ;完成低位转换
SWAP   A                  ;高位 BCD 数移位至低 4 位
ORL    A,♯30H             ;完成高位转换
MOV    21H,A              ;存结果
```

以上程序共需 15 个内存字节,用 9 个机器周期来执行。

这种转换也可借用除法指令来完成。将一个两位 BCD 数除以 10000(2⁴),就相当于右移 4 位而得到商,即在 A 中留下高位 BCD,而余数即低位 BCD 则进入 B 寄存器,从而完成拆字,然后再分别在高位添上 0011,就可完成转换。读者可以自己完成上述程序,并计算所需的指令字节数和机器周期数。

例 5.3　将 20H 单元中 8 位无符号二进制数转换成三位 BCD 码,并存放在 FIRST (百位)和 SECON(十位,个位)两个单元中。

解　对于没有除法指令的系统,完成这样的转换并不太容易,必须通过连续相减来完成。这时要先将原数与 100 相减,够减的次数就是转换后的百位数,然后再与 10 相减,等等。

而在 MCS-51 中有除法指令,转换就方便了:先将原数除以 100,商就是百位数;余数作为被除数再除以 10,得十位数;最后的余数就是个位数。分别设法存入指定的单元即可。

```
FIRST  DATA    30H
SECON  DATA    31H
       ORG     1000H        ;开始
       MOV     A,20H        ;取数
       MOV     B,♯64H       ;除数为 100
       DIV     AB           ;确定百位数
       MOV     FIRST,A      ;百位数送 FIRST
```

```
MOV       A,B           ;余数送 A 作被除数
MOV       B,♯0AH        ;除数为 10
DIV       AB            ;确定十位数
SWAP      A             ;十位数移至高 4 位
ORL       A,R           ;并入个位数
MOV       SECON,A       ;十位,个位存 SECON
END
```

另外一种做法则是连续除以 10:先除以 10,余数为个位数,再将商除以 10 可得百位数(商)和十位数(余数)。

例 5.4 16 位二进制数求补程序。设 16 位二进制数存放在 R1R0,求补以后的结果则存放于 R3R2。

解 二进制数的求补可归结为"求反加 1"的过程。求反是容易做到的,因为有 CPL 指令。加 1 则略有问题,因为是 16 位数的加 1 操作,因此要考虑进位问题。即不仅最低位要加 1,高 8 位也要加上低位的进位。还要注意这里的加 1 不能用 INC 指令,因为在 MCS-51 中,这个指令不影响标志。

```
MOV       A,R0          ;低 8 位送 A
CPL       A             ;取反
ADD       A,♯1          ;加 1
MOV       R2,A          ;送回
MOV       A,R1          ;高 8 位送 A
CPL       A             ;取反
ADDC      A,♯0          ;加进位
MOV       R3,A          ;结果送回
```

以上程序的编写并不困难,但在次序的安排上要有一些考虑。由于 MCS-51 中取反指令并不影响标志 Cy,因此可以低位取反后立即加 1,然后再高位取反加进位。如果先完成 16 位数的取反,然后再加 1,所需的数据往复传送次数要增多。读者可以按这种方法写出程序并进行比较。

5.4.2 分支程序

分支程序就是条件分支程序,即根据不同的条件,执行不同的程序段。在编写分支程序时,关键是如何判断分支的条件。在 MCS-51 中可以直接用来判断分支条件的指令不是很多,只有累加器为零(或不为零)、比较条件转移指令 CJNE 等,但它还提供了位条件转移指令如 JC、JB 等。把这些指令结合在一起使用,就可以完成各种各样的条件判断,如正负判断、溢出判断、大小判断等。

例 5.5 设变量 X 存放于 VAR 单元,函数值 Y 存放在 FUNC 单元。试按照下式的要求给 Y 赋值。

$$Y = \begin{cases} 1 & X > 0 \\ 0 & X = 0 \\ -1 & X < 0 \end{cases}$$

解　X 是有符号数,因此可以根据它的符号位来决定其正负,判别符号位是 0 还是 1 则可利用 JB 或 JNB 指令。而判别 X 是否等于 0 则可以直接使用累加器判零指令。把这两种指令结合使用就可以完成本题的要求。

```
VAR     DATA    30H
FUNC    DATA    31H
        MOV     A,VAR           ; 取出 X
        JZ      COMP            ; X = 0 则转移到 COMP
        JNB     ACC.7,POSI      ; X>0 则转移到 POSI
        MOV     A,#0FFH         ; X<0 则 Y = -1
        SJMP    COMP
POSI：  MOV     A,#1            ; X>0 则 Y = 1
COMP：  MOV     FUNC,A          ; 存函数值
```

这个程序是按照图 5.1(a) 的流程图编写的。其特征是先比较判断,然后按比较结果赋值。这实际是个三分支而归一的流程图,因此,至少要用两个转移指令。初学者很容易犯的一个错误是漏掉了其中的 SJMP COMP 语句,因为流程图中没有明显的转移迹象。但这种理解是错的,必须注意改正。

这个程序还可以按照图 5.1(b) 的流程图来编写。其特征是先赋值,后比较判断,然后修改赋值并结束。即预先认为 VAR<0,先让 FUNC＝−1。若比较以后证明 VAR 确实小于零,则赋值不变,否则就改为＋1。这样就可以少用一次转移指令。但这时要借用一个寄存器(如 R0)来存放−1 或者＋1,最后再赋值给 A。

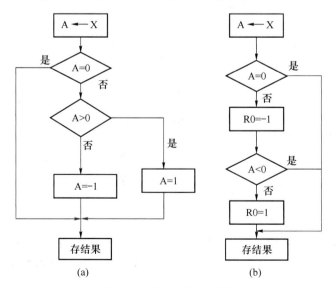

图 5.1　例 5.5 的流程图

```
        MOV      A,VAR           ;取 X 到 A
        JZ       COMP            ;X＝0 则转移
        MOV      R0,＃0FFH        ;先设 X<0, R0＝-1
        JB       ACC.7,NEG       ;若 X<0 则转移
        MOV      R0,＃1           ;X>0, R0＝1
NEG：   MOV      A,R0
COMP：  MOV      FUNC,A          ;存结果到 FUNC
```

例 5.6 设变量 X 存放在 VAR 单元,函数值 Y 存放在 FUNC 单元。试按照下式的要求给 Y 赋值:

$$Y = \begin{cases} 1 & X>20 \\ 0 & 20 \geqslant X \geqslant 10 \\ -1 & X<10 \end{cases}$$

解 由于要根据 X 的大小来决定 Y 值,必然要用到比较条件转移指令。但现在的比较是要区分在一个数据范围之上、之内、之下的 3 种情况(如图 5.2 所示流程图)。

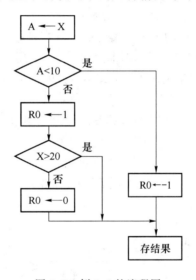

图 5.2 例 5.6 的流程图

为确定某值是否小于 10,可用以下的指令:

```
        CJNE     A,＃10,NEXT1                ;A 与 10 比较,不相等转移到 NEXT1
NEXT1：  JC       NEXT2                      ;A<10 转移 NEXT2
```

而为确定某数是否大于 20,则要和 21 作比较,分支结果将是某数是否大于等于 21,也就是大于 20:

```
        CJNE     A,＃21,NEXT3                ;A 与 21 比较
NEXT3：  JNC      NEXT4                      ;A>20 转移 NEXT4
```

编程中,在第一次分支($X<10$)以后,仍采用先赋值后比较修改的方法来处理后面的两次分支:

```
        MOV      A,VAR                      ;取 X 到 A
```

```
        CJNE    A,♯10,NEXT1             ;与 10 作比较
NEXT1：  JC      NEXT2                   ;X<10 转至 NEXT2
        MOV     R0,♯1                   ;先设 X>20,Y=1
        CJNE    A,♯21,NEXT3             ;与 21 作比较
NEXT3：  JNC     NEXT4                   ;X>20 转至 NEXT4
        MOV     R0,♯0                   ;20≥X≥10,Y=0
        SJMP    NEXT4
NEXT2：  MOV     R0,♯0FFH                ;X<10,Y=-1
NEXT4：  MOV     FUNC,R0                 ;存函数值
```

例 5.7　两个带符号数分别存于 ONE 和 TWO 单元,试比较它们的大小,将较大者存入 MAX 单元。若两数相等则任存入一个即可。

解　两个带符号数的比较可将两数相减后的正负和溢出标志结合在一起判断,即

若 $X-Y$ 为正,则 OV=0,X>Y

$\qquad$ OV=1,X<Y(负数减正数产生的溢出)

若 $X-Y$ 为负,则 OV=0,X<Y

$\qquad$ OV=1,X>Y(正数减负数产生的溢出)

两个正数相减或者两个负数相减都不会溢出(OV=0),若差为正,则 $X>Y$;若差为负,则 $X<Y$。

正数肯定大于负数,它们的差若为正,是正常运算,无溢出(OV=0);若差为负,则不正常,一定溢出(OV=1)。

负数肯定小于正数,它们的差若为负,是正常运算,无溢出(OV=0);若差为正,则不正常,一定溢出(OV=1)。

由此可以得到程序的流程图如图 5.3 所示。

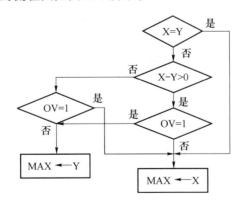

图 5.3　例 5.7 的流程图

```
        CLR     C
        MOV     A,ONE               ;取 X 到 A
        SUBB    A,TWO               ;X-Y
        JZ      XMAX                ;X=Y
```

```
        JB      ACC.7,NEG       ; X－Y 为负,则转 NEG
        JB      OV,YMAX         ; X－Y＞0,OV＝1,Y＞X
        SJMP    XMAX            ; X－Y＞0,OV＝0,X＞Y
NEG:    JB      OV,XMAX         ; X－Y＜0,OV＝1,X＞Y
YMAX:   MOV     A,TWO           ; Y＞X
        SJMP    RMAX            ;
XMAX:   MOV     A,ONE           ; X＞Y
RMAX:   MOV     MAX,A           ; 送较大值至 MAX
ONE     DATA    30H
TWO     DATA3   31H
MAX     DATA    32H
        END
```

在以上程序中,OV 本身是溢出标志,但在程序中是当做位地址来使用。因此,可以直接用在位跳转指令 JB 中。

例 5.8 N 路分支程序,$N<8$。要求程序根据其运行中所产生的寄存器 R3 的值来决定如何进行分支。

解 为实现 N 路分支,可以多次使用比较条件转移指令:

```
CJNE    R3,＃data,rel
```

只要连续使用 data 值从 0～7 的 CJNE 指令,每次使用的 rel 指向各个不同分支的入口地址,就可以实现所需要的多分支。

但这样的实现,比较次数太多(如图 5.4 所示),当 N 较大时,执行速度就较慢。如果能使不论 R3 的值是多少,都只通过一次转移就进入相应的分支地址,程序的效率就可大大提高。

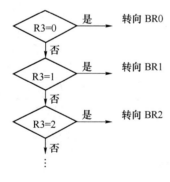

图 5.4 多次比较的多分支程序

有一条采用变址寻址的转移指令为

```
JMP     @A＋DPTR
```

若能先安排一个转移分支入口地址表,就把入口地址表的首地址送到 DPTR,而把 R3 的内容送累加器 A。由于 R3 中存放的是 0～7 这样连续变化的数,因此 @A＋DPTR 就可以对应分支地址表的 8 个分支地址。这样,只需使用一条 JMP 指令,则不论 R3 内容为何值,都可以转移到相应的分支入口地址,从而提高程序的执行效率。

但要注意,JMP 指令的功能是将 PC ← A＋DPTR,而不是像一般变址寻址的概念那样使 PC←(A＋DPTR)。

按照以上的考虑,用几条指令就可以实现多分支转移:

```
        MOV     A,R3
        MOV     DPTR,＃BRTAB      ; 分支表入口地址送 DPTR
        MOVC    A,@A＋DPTR        ; 查表
```

```
            JMP      @A＋DPTR              ；转移
BRTAB：     DB       BR0－BRTAB
            DB       BR1－BRTAB
              ⋮
            DB       BR7－BRTAB
```

其中的 BR0～BR7 是 8 个转移分支的入口地址。

第三条指令的功能是查表，查表结果使 A←BRi－BRTAB。在执行第 4 条转移指令时，A＋DPTR＝BRi－BRTAB＋BRTAB＝BRi，也就是可以直接转移到第 i 个分支的入口 BRi。

这里，BRi 和 BRTAB 都是 16 位地址，但它们的差应该只有 8 位，所以在 BRTAB 表中所存放的只是 8 位的地址差。

现在假设 $N=4$，即有 4 个分支，对应 R3 的值可以是 0～3。每个分支的作用是分别从内部 RAM 256 B、外部 RAM 256 B、外部 RAM 64 KB，或者外部 RAM 4 KB 缓冲区读取数据，设低 8 位地址存于 R0，高位地址存于 R1。

```
            MOV      A,R3
            MOV      DPTR,＃BRTAB
            MOVC     A,@A＋DPTR
            JMP      @A＋DPTR
BRTAB：     DB       BR0－BRTAB
            DB       BR1－BRTAB
            DB       BR2－BRTAB
            DB       BR3－BRTAB
BR0：       MOV      A,@R0            ；从内部 RAM 取数
            SJMP     BRE
BR1：       MOVX     A,@R0            ；从外部 RAM 256 B 读数
            SJMP     BRE
BR2：       MOV      DPL,R0           ；从外部 RAM 64 KB 读数
            MOV      DPH,R1
            MOVX     A,@DPTR
            SJMP     BRE
BR3：       MOV      A,R1             ；从外部 RAM 4 KB 读数
            ANL      A,＃0FH          ；取出 A₁₁～A₈
            ANL      P2,＃0F0H        ；P2 高 4 位不变
            ORL      P2,A             ；A₁₁～A₈ 送 P2
            MOVX     A,@R0
BRE：       SJMP     $
```

最后一个分支是从外部 RAM 的 4 KB 地址范围内读数，共需送出 12 位地址 A_{11}～A_0，也就是说可以不必占用全部 16 条地址线（P2 口和 P0 口），而可以留出 P2 口的高 4

位作其他用途。因此没有采用 DPTR 的变址方式,而是用几条指令把 12 位地址的高 4 位(存放在 R1 中)直接达到 P2 口的低 4 位,再从 P0 口送出低 8 位地址。这样既可以从外部 RAM 4 KB 读取数据,又可将 P2 口的高 4 位留做它用。

以上的多分支程序 N 不能太大,分支入口地址的分布也受到较大的限制,因为 DB 伪指令只能定义 8 位字节数。若要希望有更多的分支,则应采用另外的方法。

例 5.9 128 分支程序。根据 R3 的值(00H～7FH),分支到 128 个不同的分支入口。

解 这时不能采用例 5.8 中查表转移的方法,因为这样的分支入口只能在 256 个地址单元内分布,对于 128 个分支来说,每个分支所占有的地址显然太少。因此,考虑在 2 KB范围内分布入口地址,为此应使用 AJMP 指令,参考程序如下:

```
        MOV     A,R3
        RL      A                   ; A←A * 2
        MOV     DPTR, ♯ BRTAB
        JMP     @A + DPTR
BRTAB:  AJMP    ROUT00
        AJMP    ROUT01
          ⋮
        AJMP    ROUT127
```

这时,从 BRTAB 开始不是存放入口地址表,而是存放一系列 AJMP 指令。程序的工作是两次转移的方式:先根据 R3 的值,用 JMP 指令转移到从 BRTAB 开始的某一条 AJMP 指令,然后再用这条 AJMP 指令转移到相应的分支入口 ROUTnn。当然,各个分支入口地址 ROUTnn 要通过伪指令或其他方式来定义。

由于 AJMP 是双字节指令,因此提前使偏移量 A 乘以 2,以便转向正确的位置。每个分支的入口地址(ROUT00～ROUT127)必须和其相应的 AJMP 指令在同一个 2 K 存储区内。也就是说,分支入口地址的安排仍有相当的限制。如改用长转移 LJMP 指令,则分支入口就可以在 64 KB 范围内任意安排,但程序还要作相应的修改。

5.4.3　循环程序

循环程序也是最常见的一种程序组织方式。在程序执行时,往往同样的一组操作要重复许多次,当然可以重复使用同样的指令来完成,但若使用循环程序,重复执行同一条指令许多次来完成重复操作,就可大大减化程序。例如,要做 1 到 100 的加法,没有必要去写 100 条加法指令,而可以只写一条加法指令,并使之执行 100 次,每次执行时操作数亦作相应的变化,同样能完成原来规定的操作。

循环程序一般由 4 部分组成。

(1) 置循环初值,即确定循环开始时的状态,如使得工作单元清零,计数器置初值等。

(2) 循环体(工作部分),即要求重复执行的部分。这部分程序应该特别注意,因为它要重复执行许多次(如 100 次),因此,若能少写一条指令,实际上就是少执行 100 条指令;反之亦然。

（3）循环修改部分,循环程序必须在一定条件下结束,否则就要变成死循环,永远不会停止执行(除非强制停止)。因此,每循环一次就要注意修改达到循环结束的条件,以便在一定情况下,能结束循环。

（4）循环控制部分,根据循环结束条件,判断是否结束循环。

以上 4 部分可以有两种组织方式,如图 5.5(a)和(b)所示。图(a)是属于"先执行,后判断"的方式,循环体至少会执行一次。图(b)是属于"先判断,后执行"的方式,循环体有可能一次也不执行。

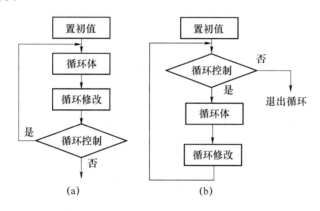

图 5.5　循环程序组织方式

为了构成循环程序,DJNZ 指令是很有用的,特别是在根据计数器的值决定循环是否结束时可以直接使用。但也可以根据其他条件来判断循环结束条件。

例 5.10　从 BLOCK 单元开始存放一组无符号数,一般称为一个数据块。数据块长度放在 LEN 单元,编写一个求和程序,将和存入 SUM 单元,设和不超过 8 位二进制数。

解　这是一个典型的循环程序例子。在置初值时,将数据块长度置入一个工作寄存器,将数据块首地址送入另一个工作寄存器,一般称它为数据块地址指针。每做一次加法之后,修改地址指针,以便取出下一个数来相加,并且使计数器减 1,到计数器减到 0 时,求和结束,把和存入 SUM 即可。参考程序如下,各单元的地址是任意的。

```
LEN      DATA    20H
SUM      DATA    21H
BLOCK    DATA    22H
         CLR     A           ;清累加器
         MOV     R2,LEN      ;数据块长度送 R2
         MOV     R1,♯BLOCK   ;数据块首址送 R1
LOOP：   ADD     A,@R1       ;循环做加法
         INC     R1          ;修改地址指针
         DJNZ    R2,LOOP     ;修改计数器并判断
         MOV     SUM,A       ;存和
```

以上程序在 LEN 的值不为零时是没有问题的。但若是数据块的长度有可能为零,

则将出现问题。当 R2 初值为零,减 1 之后将为 FFH,故要做 256 次加法之后才会停止,显然和原意不符。若考虑到这种情况,则可按图 5.5(b)的方式来编写程序:在做加法之前,先判断一次 R2 的初值是否为零。整个程序仍基本套用原来的形式:

```
        CLR     A
        MOV     R2,LEN
        MOV     R1,♯BLOCK
        INC     R2
        SJMP    CHECK
LOOP:   ADD     A,@R1
        INC     R1
CHECK:  DJNZ    R2,LOOP
        MOV     SUM,A
```

例 5.11 从 BLOCK 单元开始有一个无符号数的数据块,其长度存于 LEN 单元,试求出数据块中最大的数,并存入 MAX 单元。

解 这是一个最基本的搜索问题。寻找最大值的方法很多,最基本的方法是比较和交换依次进行的方法。即先取第一个数和第二个数比较,并把以前一个数作为基准。若比较结果基准数大,则不作交换,再取下一个数来作比较;若比较结果是基准数较小,则用较大的数来代替原有的基准数,即作一次交换,然后再以基准数和下面一个数作比较。总之,要保持基准数是到目前为止最大的数,则比较结束时,基准数就是所求的最大值。

为了进行两数的比较,我们采用两数相减以后判断 Cy 的值来确定哪个数大的方法。在这个例子中用这种方法比采用 CJNE 指令要更方便简单一些。

```
LEN     DATA    20H
MAX     DATA    21H
BLOCK   DATA    22H
        CLR     A
        MOV     R2,LEN
        MOV     R1,♯BLOCK
LOOP:   CLR     C           ；清 Cy 准备相减
        SUBB    A,@R1       ；用减法作比较
        JNC     NEXT        ；A＞(R1),转移
        MOV     A,@R1       ；A＜(R1),A←(R1)
        SJMP    NEXT1
NEXT:   ADD     A,@R1       ；A＞(R1),恢复 A
NEXT1：  INC     R1
        DJNZ    R2,LOOP
        MOV     MAX,A
```

一条加法指令是为了在基准数较大时,恢复基准数的值,这是用减法作比较而必须加

上的。若有比较指令可用,则这个操作就不必要了。

以上两个例子都是以计数器的值变到零作为循环结束条件。当然循环结束也可以是其他的条件,如下例。

例 5.12 内存中以 STRING 开始的区域有若干个字符和数字,一般称为一个字符串,最末一个字符为"＄",试统计这些字符数字的数目,结果存入 NUM 单元。

解 这个例子是要在统计字符串长度的过程中寻找一个关键字符,当找到关键字符时,统计就告完成,循环也就结束了。为此可以采用 CJNE 指令来和关键字符作比较,比较时要将关键字符用其对应的 ASCII 码来表示。符号"＄"的 ASCII 码是 24H。

```
NUM      DATA    20H
STRING   DATA    21H
         CLR     A                    ; A 作计数器,先清零
         MOV     R0,＃STRING          ; 首地址送 R0
LOOP:    CJNE    @R0,＃24H,NEXT       ; 与"＄"比较,不相等则转移
         SJMP    COMP                 ; 找到"＄",结束循环
NEXT:    INC     A                    ; 计数器加 1
         INC     R0                   ; 修改地址指针
         SJMP    LOOP                 ; 循环
COMP:    INC     A                    ; 再计入"＄"这个字符
         MOV     NUM,A                ; 存结果
```

这个程序是按照图 5.5(b)的流程编写的,即循环体在后,循环判断在前。最后的 INC 指令是为了统计数包括"＄"字符。若字符串结束符不必计入长度,则这一句就可以不要。另外程序选用了间接寻址的 CJNE 指令,使比较过程变得简单。间接寻址的优点又一次体现出来。

例 5.13 多字节加法程序。有 10 组三字节的被加数和加数,分别存在两个数据块中,首地址分别存于寄存器 R0 和 R1 中,求这 10 组数的 10 组和,各组的和仍送回以 R0 为指针的单元。

解 单字节无符号数求和的最大值不能超过 255,在实际应用时显然是很不够的,因此常用若干字节来表示一个数。若是二字节无符号数,则最大值可为 65 535,若用三字节表示,则最大值可为 16 777 215,这在很多场合已是足够了。

这个问题要用双重循环程序来完成。因为多字节加法本身就需要用循环来完成,而 10 组多字节数的求和又需通过 10 次循环来计算,这样就出现了循环嵌套的情况。这个题目算完以后,原有的被加数都被冲掉,由各组的和来代替。编程时,设两个三字节数的和仍为三字节。由于是多字节相加,所以相加时要用 ADDC 指令。

```
         MOV     TEMP,R0              ; 保留指针的起始值
         MOV     TEMP＋1,R1
         MOV     R3,＃10               ; R3 存几组数相加
LOOP:    MOV     R2,＃3                ; R2 存字节数
```

```
        CLR    C                ; 清 Cy 准备相加
LOOP1： MOV    A,@R0            ; 取被加数
        ADDC   A,@R1           ; 加一个字节
        MOV    @R0,A           ; 存部分和
        INC    R0               ; 指向下一字节
        INC    R1
        DJNZ   R2,LOOP1        ; 组内循环
        DJNZ   R3,LOOP         ; 10 组数循环
        MOV    R0,TEMP         ; 恢复指针到起始值
        MOV    R1,TEMP + 1
TEMP    DATA   20H
```

程序执行以后,10 组和存于原来 10 个被加数的位置,为便于调用,将指针 R0 和 R1 恢复成起始时的位置。以上程序作些修改以后就可用来求若干组多字节数的总和,这个问题作为习题留给读者。

5.4.4　查表程序

在很多情况下,通过查表比通过计算解决问题要简便得多。在编程序时也有类似的情况,有时通过查表程序比通过运算程序要简单得多,编程也较为容易。

在 MCS-51 中查表时的数据表格是存放在程序 ROM 而不是数据 RAM,在编程时可以很方便地通过 DB 伪指令把表格的内容存入 ROM。用于查表的指令有两条:

MOVC　　A,@A + DPTR

MOVC　　A,@A + PC

使用 DPTR 作为基地址查表比较简单,可通过 3 步操作来完成:

(1) 将所查表格的首地址存入 DPTR 数据指针寄存器;

(2) 将所查表的项数(即在表中的位置是第几项)送到累加器 A;

(3) 执行查表指令 MOVC A,@A+DPTR,进行读数,查表的结果送回累加器 A。

若用 PC 内容作为基地址来查表,所需操作有所不同,但也可以分为 3 步:

(1) 将所查表的项数(即在表中是第几项)送到累加器 A,在 MOVC A,@A+PC 指令之前先写上一条 ADD A,♯data 指令,data 的值待定;

(2) 计算 MOVC A,@A+PC 指令执行后的地址到所查表的首地址之间的距离,即算出这两个地址之间其他指令所占的字节数,把这个结果作为 A 的调整量取代加法指令中的 data 值;

(3) 执行查表指令 MOVC A,@A+PC 进行查表,查表结果送到累加器 A。

在用 DPTR 作为基址进行查表时,可以通过传送指令让 DPTR 的值和表的首地址一致。但在用 PC 作为基址时,却不大可能做到这一点,因为 PC 的值是由 MOVC A,@A+PC 指令所在的地址加 1 以后的值所决定的。因此,必须要作上面步骤中规定的地址调整。用程序计数器 PC 作为基址虽然稍为麻烦一些,但是可以不占用 DPTR 寄存器,所以仍是

常用的一种查表方法。

例 5.14　将十六进制数转换为 ASCII 码。设十六进制数存放在 R0 寄存器的低 4 位,转换后的 ASCII 码仍送回 R0 寄存器。

解　作为对比,这个问题用两种方法来解,一种是计算求解,一种是查表求解。

0～9 的 ASCII 码为 30H～39H,而 A～F 的 ASCII 码为 41H～46H。计算求解的思路是当 R0<9 时,加上 30H 就变成相应的 ASCII 码。若 R0>9,则加上 37H 才能完成变换。以上思路可以用分支程序来实现。下面介绍的则是不用分支的一种解法。

先让 R0 加上 90H,并作十进制调整,然后再用 ADDC 指令使 R0 再加上 40H,并作十进制调整,所得结果就是转换后的结果。

当原来 R0<9 时,以上运算不影响十进制个位的值,而十位上是 9+4=13,1 留在 Cy 之中,在十位上只留下 3,即相当于加 30H。

当原来 R0>9 时,第一次按十进制加 90H 时,个位十进制数就要调整,结果为 R0−10（加 6 调整和减 10 等价）,同时有半进位加到十位上,使十位为 9+1=10,即调整后十位为 0,Cy 为 1,下一次再用 ADDC 加上 40H 时,实际就是加上了 41H,从而完成了十六进制到 ASCII 码的转换。

```
MOV     A, R0                ;取被转换值到 A
ANL     A,♯0FH               ;屏蔽高 4 位
ADD     A,♯90H
DAA
ADDC    A,♯40H
DAA
MOV     R0, A                ;转换结果送回 R0
```

若使用查表程序,则整个程序更为简单,也很容易理解:

```
        MOV     A,R0
        ANL     A,♯0FH
        ADD     A,♯1           ;地址调整
        MOVC    A,@A+PC
        MOV     R0,A
ASCTB:  DB      ″0,1,2,3,4″
        DB      ″5,6,7,8,9″
        DB      ″A,B,C,D,E,F″
```

在这个查表程序中,从 MOVC 指令到表的首地址 ASCTB 之间只有一条一字节指令,所以 PC 的调整量为 1。

例 5.15　一组十六进制数转换为 ASCII 码。每个字节内存放两个十六进制数。十六进制数据块首地址存于 R0 寄存器,存放 ASCII 码区域的首地址存于 R1 寄存器,数据块长度存于 R2 寄存器。程序执行后 R0 和 R1 仍应指向原来的位置。

解　由于每个字节存放两个十六进制数,因此要拆开转换两次,每次都通过查表来求

相应的 ASCII 码。由于两次查表所用的 MOVC 指令在程序的不同位置，因此，两次对 PC 地址调整的值是不同的。可以先将整个程序写完，两条加法指令中的加数待程序写完后再填入。

```
           MOV    TEMP,R0        ；暂存指针值
           MOV    TEMP∣1,R1
    LOOP:  MOV    A,@R0          ；取两个十六进制数
           ANL    A,#0FH         ；保留低 4 位
           ADD    A,#18          ；第一次地址调整
           MOVC   A,@A+PC        ；第一次查表
           MOV    @R1,A          ；存第一次转换结果
           INC    R1
           MOV    A,@R0          ；重新取出被转换数
           SWAP   A              ；准备处理高 4 位
           ANL    A,#0FH
           ADD    A,#9           ；第二次地址调整
           MOVC   A,@A+PC        ；第二次查表
           MOV    @R1,A          ；存第二次转换结果
           INC    R1             ；修改指针
           INC    R0
           DJNZ   R2,LOOP        ；R2≠0 再循环
           MOV    R0,TEMP        ；恢复指针原值
           MOV    R1,TEMP+1
    ASCTB; DB     ″0,1,2,3,4″
           DB     ″5,6,7,8,9″
           DB     ″A,B,C,D,E,F″
    TEMP   DATA   20H
           END
```

利用查表程序还可以完成 BCD 七段码的转换，从而取代硬件七段译码电路。查表程序本身并无复杂之处，需要注意的是七段码表的取值。因为七段发光显示器有共阳极和共阴极两种，共阳极是低电平为有效输入，共阴极是高电平为有效输入，因此不同的器件会有不同的码值。另外管脚信号与码位的对应关系也会影响码值，即管脚可以由高到低排列（7～1），也可以由低到高排列（1～7）。下面一组 0～9 的七段代码是针对共阳极显示管，管脚信号由高到低排列，如对于 0 的代码为 01000000（0 的七段码），即 40H。这组 0～9 的 10 个七段代码为 40H,79H,24H,30H,19H,12H,02H,78H,00H,18H。

例 5.16 若累加器 A 中存放的是某一位十进制数的七段码，通过查表程序，将其转换为相应的 BCD 码，仍存在累加器 A 中。

解 这是一个反向查表。这时代码一般没有什么规律，因此不能像通常的查表程序

那样一次查表求解。通常是通过多次比较的方法来查表。此时,也要列出一个七段码表,从第一个码开始取出并与 A 中的代码进行比较,同时记下比较的次数,待到取出的代码与 A 中的代码一致时,停止继续比较。此时所记下的次数就是所要求的 BCD 码。

```
          MOV     R1,#00H          ; R1 为计数器
          MOV     B,A              ; A 的代码转存于 B
          MOV     DPTR,#KTAB       ; 表首地址送 DPTR
LOOP:     MOV     A,R1             ; 从第 0 项开始查表
          MOVC    A,@A+DPTR        ; 查第 A 项
          CJNE    A,B,NEXT         ; 不等于原代码转移
          SJMP    RESU             ; 相等则结束
NEXT:     INC     R1               ; 计数器加 1
          SJMP    LOOP             ; 继续查表比较
RESU:     MOV     A,R1             ; BCD 码存入 A 中
KTAB:     DB      40H,79H,24H
          DB      0H,19H,12H
          DB      02H,78H,00H,18H
```

这种方法也可用于其他的反向查表过程,如已知平方值求平方根等。

5.4.5　子程序

在用汇编语言编程时,也应考虑恰当地使用子程序,从而使整个程序的结构清楚,阅读和理解都方便。使用子程序还可以减少源程序和目标程序的长度。在多次调用同样的程序段时,采用子程序就不必每次重复书写同样的指令,而只需书写一次,翻译成目标码时,也只需翻译一次。当然从程序的执行来看,每调用一次子程序都要附加保护断点、进栈、出栈等操作,增加程序的执行时间。但一般来说,付出这些代价总是值得的。

在汇编语言源程序中使用子程序,要注意两个问题,即参数传递和现场保护的问题。

在调用汇编语言子程序时会遇到一个参数如何传递的问题。在调用高级语言子程序时参数的传递是很方便的。通过调用语句中的实参以及子程序语句中的形式参数之间的对应,很容易就可以完成参数的往返传递。而用指令调用汇编语言子程序并不附带任何参数,参数的互相传递要靠编程者自己安排。其实质就是如何安排数据的存放以及工作单元的选择问题。

参数传递一般可采用以下方法。

(1) 传递数据。将数据通过工作寄存器 R0~R7 或者累加器来传送,即在调用子程序之前把数据送入工作寄存器或者累加器。调用以后就用这些寄存器或累加器中的数据来进行操作。子程序执行以后,结果仍由寄存器或累加器送回。

(2) 传递地址。数据存放在数据存储器中,参数传递时只通过 R0、R1、DPTR 传递数据所存放的地址。调用结束时,子程序运算的结果也可以存放在内存中,传送回来的也只是放在数据存储器中的地址。

（3）通过堆栈传递参数。在调用之前，先把要传送的参数压入堆栈。进入子程序之后，再将压入堆栈的参数弹出到工作寄存器或者其他内存单元。这样的传送方法有一个优点，即可以根据需要将堆栈中的数据弹出到所指定的工作单元。例如，从累加器 A 压到堆栈的参数，弹出时不一定弹到 A，而可以进入其他的工作单元。但要注意，在调用子程序时，断点处的地址会自动地压入堆栈，占用两个单元。在弹出参数时，注意不要把断点地址传送出去，另外在返回主程序时，要把堆栈指针指向断点地址，以便能正确地返回。

（4）通过位地址传送参数。

一般称传入子程序的参数为入口参数，由子程序返回的参数为出口参数。

同一个问题可以采用不同的方法来传递参数，相应的程序也会略有差别。

在进入汇编语言子程序，特别是进入中断服务子程序时还应注意的是现场保护问题。即对于那些不需要进行传递的参数，包括内存单元的内容，工作寄存器的内容，以及各标志的状态等，都不应因调用子程序而改变。方法就是在进入子程序时，将需要保护的数据推入堆栈，而空出这些数据所占用的工作单元，供在子程序中使用。在返回调用程序之前，则将推入堆栈的数据弹出到原有的工作单元，恢复其原来的状态，使调用程序可以继续往下执行。这种现场保护的措施在中断时更为必要，更加不能忽视。

由于堆栈操作是"先入后出"，因此，先压入堆栈的参数应该后弹出，才能保证恢复原来的状态。例如：

```
SUBROU：  PUSH    ACC
          PUSH    PSW
          PUSH    DPL
          PUSH    DPH
            ⋮
          POP     DPH
          POP     DPL
          POP     PSW
          POP     ACC
          RET
```

至于每个具体的子程序是否要进行现场保护，以及哪些参数应该保护，则应视具体情况而定。

例 5.17　用程序实现 $c = a^2 + b^2$。设 a、b、c 存于内部 RAM 的 3 个单元 D1、D2、D3。

解　这个题可以用子程序来实现。即通过两次调用查平方表子程序来得到 a^2 和 b^2，并在主程序中完成相加。

平方表子程序的入口参数和出口参数都是 A。

```
MOV     A,D1        ;取第一个操作数
ACALL   SQR         ;第一次调用
MOV     R1,A        ;暂存 a² 于 R1
MOV     A,D2        ;取第二个操作数
```

	ACALL	SQR	；再次调用
	ADD	A,R1	；完成 $a^2 + b^2$
	MOV	D3,A	；存结果到 c
	SJMP	$	；暂停
SQR:	INC	A	；查表位置调整
	MOVC	A,@A + PC	；查平方表
	RET		；返回
TAB:	DB	0,1,4,9,16	
	DB	25,36,49,64,81	
	END		

子程序入口和出口参数都是 A,不需要进行现场保护。但第一次调用后应把返回的参数 A 暂存于某一位置,以便空出 A 的位置,参加下一次调用和返回。参数传递的方法是直接通过 A 传送运算的数据。

例 5.18　求两个无符号数数据块的最大值。数据块的首地址为 BLOCK1 和 BLOCK2,每个数据块的第一个字节都存放数据块的长度,设长度都不为 0。结果存入 MAX 单元。

解　这个例子中向子程序传送的参数将是数据块的地址而不是数据。子程序用来求一个数据块的最大值,所以返回的参数就不是地址而是具体的数据了。

	MOV	R1,♯BLOCK1	；取第一数据块首址
	ACALL	FMAX	；第一次调用
	MOV	TEM,A	；暂存第一数据块最大值
	MOV	R1,♯BLOCK2	；取第二数据块首址
	ACALL	FMAX	；第二次调用
	CJNE	A,TEM,NEXT	；比较两个数据块的最大值
NEXT:	JNC	NEXT1	；最大值 2＞最大值 1
	MOV	A,TEM	；最大值 1＞最大值 2
NEXT1:	MOV	MAX,A	；存最大值
	SJMP	$	
TEM	DATA	20H	
FMAX:	MOV	A,@R1	；取数据块长度
	MOV	R2,A	；R2 作计数器
	CLR	A	；准备作比较
LOOP:	INC	R1	；指向下一个数据
	CLR	C	；准备作减法
	SUBB	A,@R1	；用减法作比较
	JNC	NEXT2	；A＞(R1)
	MOV	A,@R1	；A＜(R1),A←(R1)
	SJMP	NEXT3	

```
NEXT2：  ADD     A,@R1           ；恢复 A
NEXT3：  DJNZ    R2,LOOP         ；循环
         RET
         END
```

这个子程序的入口参数是 R1,存放数据块的首地址,出口参数是 A,是数据块的最大值。由于在主程序中将返回的最大值另找地方保存,而不是留在 A 中,所以子程序中没有进行现场保护。

例 5.19　在 HEX 单元存有两个十六进制数,试将它们分别转换成 ASCII 码,存入 ASC 和 ASC+1 单元。

解　由于要进行两次转换,故可调用子程序来完成。参数传递用堆栈来完成。

调用程序：

```
         PUSH    HEX             ；第一个十六进制数进栈
         ACALL   HASC            ；调用转换子程序
         POP     ASC             ；参数返回送 ASC 单元
         MOV     A,HEX
         SWAP    A               ；高 4 位低 4 位交换
         PUSH    ACC             ；第 2 个十六进制数进栈
         ACALL   HASC            ；再次调用
         POP     ASC + 1         ；第 2 个 ASCII 码存入
```

子程序：

```
HASC：   DEC     SP
         DEC     SP              ；修改 SP 到参数位置
         POP     ACC             ；弹出参数到 A
         ANL     A,#0FH
         ADD     A,#7            ；准备查表
         MOVC    A,@A + PC       ；查表
         PUSH    ACC             ；参数进栈
         INC     SP
         INC     SP              ；修改 SP 到返回地址
         RET
ASCTB：  DB      ″0,1,2,3,4,5,6,7″
         DB      ″8,9,A,B,C,D,E,F″
```

以上程序是通过堆栈将要转换的十六进制数传送到子程序,亦是将子程序转换的结果通过堆栈再送回到主程序。在这种参数传送方式中,使用者只需知道子程序进出参数的数目(在本例中各为一个),并在调用前把入口参数压入堆栈,在调用后把返回参数弹出堆栈即可。至于从哪个内存单元压入堆栈,或从堆栈弹出到什么位置则都是随意选择的。

在这个例子中,通过堆栈向子程序传递了一个参数。在子程序中取出这个参数后,这个参数的位置刚好用来返回查表的结果。一般来说,通过堆栈返回到主程序的参数的数

目不能超过主程序向子程序传递参数的数目。

子程序开始的两条 DEC 指令和结束时的两条 INC 指令是为了将 SP 的位置调整到合适的位置,以免将返回地址作为参数弹出,或返回到错误的位置。保证子程序的返回不出问题,是通过堆栈传递参数时必须注意的。

在子程序中从堆栈交换数据也可以不用 PUSH 和 POP 指令,而用其他方法来达到同样的目的。这时 SP 的值不需要修改,也就不用担心找不到子程序返回地址的问题。如以上子程序可以改为

```
HASC:   MOV     R0,SP           ; 用 R0 代替 SP 指针
        DEC     R0
        DEC     R0              ; 指向参数位置
        MOV     A,@R0           ; 取出参数到 A
        ANL     A,#0FH
        ADD     A,#2            ; 准备查表
        MOVC    A,@A+PC         ; 查表
        MOV     @R0,A           ; 查表结果送回堆栈
        RET
```

在这个子程序中用 R0 代替堆栈指针 SP 来进行参数的进栈和出栈,而实际的 SP 位置并未改变,因此,在退出子程序之前不必作 SP←SP+2 的操作。整个程序的指令数和指令字节数都可以减少。

5.4.6　运算程序

运算程序是一种应用程序,包括各种有符号或无符号数的加减乘除运算程序。这样的程序当然有许多,不可能在这里一一列举。只能举出若干典型例子,来说明组织这类程序的一些方法。

例 5.20　8 位有符号数加法,和超过 8 位。两个加数存于 BLOCK 和 BLOCK+1 单元,和超过 8 位则也要占两个单元,设为 SUM 和 SUM+1 单元。

解　两个有符号数的加法是作为补码加法来处理的。由于和超过 8 位,因此,和就是一个 16 位符号数,其符号位在 16 位数的最高位。为此,直接相加进位,并将进位放到另一个字节是不够的,还要作一些处理。例如,−65 和−65 相加,若直接求和,即使扩展到 16 位,结果也是不正确的。

$$
\begin{array}{r}
10111111 \\
+\quad\quad 10111111 \\
\hline
0000000101111110
\end{array}
$$

现在这个 16 位数的最高位为 0,两个负数相加变为正数,显然是错的。

处理的方法是先将 8 位有符号数扩展成 16 位有符号数,然后再相加。若是 8 位正数,则高 8 位扩展为 00H,若是 8 位负数,则高 8 位扩展为 FFH。这样处理之后,再按双字节相加,就可以得到正确的结果。如上例,由于是负数,高 8 位应扩展为全 1,然后再

相加。

$$
\begin{array}{r}
1111111110111111 \\
+\quad 1111111110111111 \\
\hline
1111111101111110
\end{array}
$$

最高位的进位丢失不计。换算成真值为 -130，结果正确。

在编程时，可令寄存器 R2 和 R3 置两个加数的高 8 位，并先令其为全 0，即先假定两个加数为正数，然后判别符号位，再决定是否要将高 8 位改为 FFH。

```
        MOV    R0,＃BLOCK         ;R0 指向加数
        MOV    R1,＃SUM           ;R1 指向和
        MOV    R2,＃0             ;高 8 位先设为 0
        MOV    R3,＃0
        MOV    A,@R0              ;取出第一个加数
        JNB    ACC.7,N1          ;若是正数转移 N1
        MOV    R2,＃0FFH          ;若是负数高 8 位为全 1
N1：    INC    R0                 ;修改 R0 指针
        MOV    B,@R0              ;取第二个加数到 B
        JNB    B.7,N2            ;若是正数转移 N2
        MOV    R3,＃0FFH          ;是负数高 8 位为全 1
N2：    ADD    A,B                ;低 8 位相加
        MOV    @R1,A              ;存低 8 位和
        INC    R1                 ;修改 R1 指针
        MOV    A,R2               ;准备加高 8 位
        ADDC   A,R3               ;高 8 位相加
        MOV    @R1,A              ;存高 8 位和
```

这个程序若把前两条指令去掉，就可以改为一个可调用的子程序，入口参数为 R0 和 R1，只需把加数及和的地址置入 R0 和 R1，就可以调用这个子程序。

例 5.21 两个 16 位无符号数乘法程序。设 R7R6 存被乘数，R5R4 存乘数，乘积存入以 R0 开始的单元(低位积先存)。

解 由于乘法指令是两个 8 位无符号数相乘，两个 16 位数的求积只能分解为 4 个 8 位数相乘，每次两个 8 位数相乘，乘积为 16 位，因此，这样相乘以后要产生 8 个 8 位部分积，需由 8 个单元来存放，然后再相加，其和即为所求之积。但这样做占用工作单元太多，一般不采用这样的方法，而是采用边相乘边相加的方法来进行。设被乘数为 ab，乘数为 cd，b 和 d 相乘的积为 16 位，设低 8 位为 bdL，高 8 位为 bdH，其余的也采用类似的方法表示，即

(1) b×d，低 8 位积 bdL 可以直接存入结果，高 8 位积 bdH 暂存 R3，准备求和；

(2) a×d，低位积 adL 与暂存的 bdH 相加，其和仍暂存于 R3，进位与 adH 相加，和存于 R2；

(3) b×c，低位积 bcL 与 R3 中暂存的结果相加，其和作为乘积的一部分存入内存，bcH 和 R2 中的暂存结果以及进位相加，和再次存入 R2，同时，若有进位，也要设法保存(R1)；

（4）a×c,acL 和 R2 中暂存结果相加,acH 与这次的进位和上次保存下来的进位（R1 的内容）相加,得到最后的结果。

$$
\begin{array}{ccccc}
 & & & \text{bdH} & \text{bdL} \\
+ & & \text{adH} & \text{adL} & \\
\hline
 & & \text{R2} & \text{R3} & @\text{R0} \\
+ & & \text{bcH} & \text{bcL} & \\
\hline
 & \text{R1} & \text{R2} & @(\text{R0}+1) & \\
+ & \text{acH} & \text{acL} & & \\
\hline
@(\text{R0}+3) & @(\text{R0}+2) & & &
\end{array}
$$

这样工作单元最多只需要 R3、R2 和 R1,实际上 R1 也可以用 R3 来代替,因为在那个时候,R3 中所存的结果已处理完毕,可以重新使用。

```
MOV     A,R6
MOV     B,R4
MUL     AB                ;两个低 8 位相乘
MOV     @R0,A             ;低位积 bdL 存入内存
MOV     R3,B              ;bdH 暂存 R3
MOV     A,R7
MOV     B,R4
MUL     AB                ;第 2 次相乘
ADD     A,R3              ;bdH + adL
MOV     R3,A              ;暂存 R3
MOV     A,B
ADDC    A,♯0              ;adH + Cy
MOV     R2,A              ;暂存 R2
MOV     A,R6
MOV     B,R5
MUL     AB                ;第 3 次相乘
ADD     A,R3              ;bdH + adL + bcL
INC     R0                ;积指针加 1
MOV     @R0,A             ;积之第 15～8 位存入
MOV     R1,♯0
MOV     A,R2
ADDC    A,B               ;adH + bcH + Cy
MOV     R2,A              ;暂存 R2
JNC     NEXT
```

```
        INC     R1                              ; 若有进位存入 R1
NEXT：MOV      A,R7
        MOV     B,R5
        MUL     AB                              ; 第 4 次相乘
        ADD     A,R2                            ; adH + bcH + acL
        INC     R0
        MOV     @R0,A                           ; 积之第 23～16 位存入
        MOV     A,B
        ADDC    A,R1
        INC     R0
        MOV     @R0,A                           ; 存积之第 31～24 位
```

这个程序作为子程序调用时,入口参数为 R7R6 和 R5R4,分别为被乘数和乘数;出口参数为 R0,指向 32 位积的高 16 位地址。

例 5.22 8 位带符号数的乘法。两个 8 位带符号数已存于 R0 和 R1 寄存器,16 位乘积由 R3 和 R2 送出,R3 中为积的高 8 位。

解 MCS-51 的乘法指令是对两个无符号数求积。若是带符号数相乘,则也要作一些处理,主要是决定乘积的符号并将乘积用补码的形式加以表示。

(1)取出被乘数和乘数的符号,并由此决定乘积的符号,同号相乘为正,异号相乘为负。决定积的符号时可使用位运算指令,但由于没有位异或指令,只能用位的相与及相或来完成异或运算。

(2)若被乘数或乘数为负时,应取它们的绝对值相乘。即无论参与相乘的数是正是负,都要按正数去乘,最后,再根据积的符号,冠以正号或者负号。负数求绝对值只需通过求补即可实现。

(3)若积为负数,也不能只是简单地把符号位改为 1,而应把整个乘积求补,变成负数的补码。

如 48×(-33),两个补码数为 00110000 和 11011111,对负数取绝对值得到 00100001,相乘后得到积的绝对值为 0000011000110000,由于积应为负值,故再次求补得到真正所求的结果 1111100111010000,即为真值-1584 的补码。参考程序如下:

```
SBIT    BIT     20.0
SBIT1   BIT     20.1
SBIT2   BIT     20.2
        MOV     A,R0                            ; 判别被乘数符号
        RLC     A                               ; 符号位送 Cy
        MOV     SBIT1,C                         ; 存被乘数符号
        MOV     A,R1                            ; 判别乘数符号
        RLC     A                               ; 符号位送 Cy
        MOV     SBIT2,C                         ; 存乘数符号
        ANL     C,/SBIT1                        ; SBIT2∩$\overline{\text{SBIT1}}$
```

	MOV	SBIT,C	; 暂存
	MOV	C, SBIT1	
	ANL	C,/SBIT2	; SBIT1 $\bigcap$ $\overline{SBIT2}$
	ORL	C,SBIT	; C 为符号位异或结果
	MOV	SBIT,C	; 存积的符号于 SBIT
	MOV	A,R1	; 处理乘数
	JNB	SBIT2,NCP1	; 乘数为正则转移
	CPL	A	; 乘数为负则求补
	INC	A	
NCP1:	MOV	B, A	; 乘数存于 B
	MOV	A, R0	; 处理被乘数
	JNB	SBIT1,NCP2	; 被乘数为正则转移
	CPL	A	; 被乘数为负则求补
	INC	A	
NCP2:	MUL	AB	; 相乘
	JNB	SBIT,NCP3	; 积为正则转移
	CPL	A	; 为负则求补
	ADD	A,♯1	; 需用加法来加 1
NCP3:	MOV	R2, A	; 存积之低 8 位
	MOV	A, B	; 处理积之高 8 位
	JNB	SBIT,NCP4	; 积为正则转移
	CPL	A	; 高 8 位求反加 1
	ADDC	A,♯0	
NCP4:	MOV	R3,A	; 存积之高 8 值

当积为负时,需采用 16 位数的求补程序,此时,低位求反加 1 时不能用 INC 指令,因为在 MCS-51 中,INC 指令不影响 Cy 标志,故要用加法指令来加 1。

以上对符号数相乘的处理方法,也可以用于多字节的乘法或者单字节或多字节的除法运算。

例 5.23 16 位无符号数除法。16 位被除数已存于 R7R6 寄存器,16 位除数存于 R5R4 寄存器。若除数为 0,则置单元 OVER 为 FFH,以表示溢出。

解 除法是最常见的算术运算。MCS-51 尽管有除法指令,但只能进行 8 位无符号数相除。若是多字节除法,则还要用一般的除法算法来进行计算。

最常用的除法算法是"移位相减"法,在第 1 章中已有所介绍。为了用程序实现算法,工作单元的安排上还应有一个 16 位余数寄存器,用来存放每次相除后的余数,设使用 R3R2。

基本工作过程如下:

(1) 将被除数左移一位,即取出一位被除数,将它与除数比较,若大于除数,则商取 1,并将取出的被除数减去除数。若不大于除数,则再取出一位被除数,重复以上的过程,直到被除数的各位都参加了运算为止。这种算法与操作数的位数无关,即 8 位相除和 16 位相除的过程都是相同的。

(2) 在工作单元安排上,是将被除数寄存器和余数寄存器结合在一起使用。即被除数左移以后,用来和除数比较的部分进入余数寄存器。而被除数左移以后,它的低位空间就空出来,正好用来存放商。因此是余数、被除数、商三位一体地进行移位操作,所以实际上是 32 位数在一起向左移位。

(3) 在进行除法运算之前,先对除数和被除数进行判别:若除数为 0,则商溢出;若除数不为 0 而被除数为 0,则商为 0。

(4) 相除之后,可根据需要对余数进行四舍五入的处理。若余数的最高位为 1,则余数一定大于除数的一半,肯定应该使商加 1。若余数最高位不为 1,是否要进 1 可判断如下:使余数乘以 2,再与除数相比,若大于除数,说明余数大于除数的一半,则商应该进 1,反之,则不必进 1。进行四舍五入处理之后,余数就不一定再保存了。

因此,这个程序的入口参数为:R7R6 中存被除数,R5R4 中存除数。执行以后的出口参数是 R7R6 中存商,R3R2 中存余数。若除数为 0,则置溢出标志。

16 位除法的程序流程图示于图 5.6,参考程序如下:

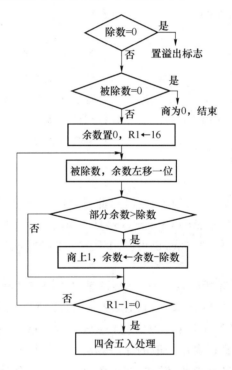

图 5.6 16 位除法程序流程图

```
MOV    A,R5
JNZ    START              ;除数不为零转至 START
MOV    A,R4
JZ     OVER               ;除数为零置溢出标志
```

```
START:   MOV    A,R7
         JNZ    START1          ; 被除数不为零则转移
         MOV    A,R6
         JNZ    START1
         RET                    ; 被除数为零则结束
START1:  CLR    A
         MOV    R2,A            ; R2 置 0
         MOV    R3,A            ; R3 置 0
         MOV    R1,#16          ; R1 置循环次数 16
DIV:     CLR    C               ; 准备左移
         MOV    A,R6            ; 先从 R6 开始
         RLC    A               ; R6 循环左移一位
         MOV    R6,A            ; 送回 R6
         MOV    A,R7            ; 再处理 R7
         RLC    A               ; R7 循环左移一位
         MOV    R7,A            ; 送回 R7
         MOV    A,R2            ; 余数寄存器开始移位
         RLC    A               ; R2 左移一位
         MOV    R2,A            ; 送回 R2
         MOV    A,R3            ; 余数寄存器高位
         RLC    A               ; R3 左移一位
         MOV    R3,A            ; 左移一位结束
         MOV    A,R2            ; 开始部分余数减除数
         SUBB   A,R4            ; 低 8 位先减
         JC     NEXT            ; 不够减就转移
         MOV    R0,A            ; 暂存相减结果
         MOV    A,R3
         SUBB   A,R5            ; 高 8 位相减
         JC     NEXT            ; 不够减则转移
         INC    R6              ; 够减则商为 1
         MOV    R3,A3           ; 并使相减结果取代 R3R2
         MOV    A,R0
         MOV    R2,A
NEXT:    DJNZ   R1,DIV          ; 16 位未除完则返回
         MOV    A,R3            ; 开始处理四舍五入
         JB     ACC.7,ROUND     ; 余数最高位为 1 则进 1
         MOV    A,R2            ; 开始余数乘以 2
         RLC    A               ; 低 8 位先乘
```

	MOV	R2,A	;送回 R2
	MOV	A,R3	
	RLC	A	;高 8 位再乘 2
	SUBB	A,R5	;余数乘 2 与除数相比
	JC	DONE	;不够进位则转移
	JNZ	ROUND	;够减则进 1
	MOV	A,R2	;高 8 位相等再看低 8 位
	SUBB	A,R4	;低 8 位相比较
	JC	DONE	;无进位
ROUND:	MOV	A,R6	;开始商进 1
	ADD	A,#1	;低 8 位先加 1
	MOV	R6,A	;送回
	MOV	A,R7	;再处理高 8 位
	ADDC	A,#0	;加上 Cy
	MOV	R7,A	;送回
DONE:	MOV	OVER,#0	;不溢出标志
	RET		
OVER:	MOV	OVER,#0FFH	;置溢出标志
	RET		

以上通过一些例子,介绍了汇编语言程序设计的各种情况。从中不难看出,这种程序设计主要涉及两个方面的问题:一是算法,或者说程序的流图;二是工作单元的安排。在以上例子中,8 个工作寄存器已够用,但有时也会出现不够用的情况,特别是可以用于变址寻址的寄存器只有 R0 和 R1,很容易不够用。以下例子就是属于这种情况。

例 5.24 多组 8 位无符号数相加程序。设有 10 组数相加,要求得出各组的和。被加数的地址从 FIRST 开始,加数的地址从 SECON 开始,各组的和从 SUM 开始存放。

解 多组数求和肯定要用循环程序,并用变址寻址来传送操作数。而现在需要安排 3 个指针以指向被加数、加数以及和的地址。但每一组寄存器中都只有 R0 和 R1 可用。因此,只得使用不同工作寄存器区的 R0 或 R1。

	MOV	R0,#FIRST	;被加数指针
	MOV	R1,#SECON	;加数指针
	MOV	R2,#10	;循环次数
	SETB	RS0	;转入工作区 1
	MOV	R0,#SUM	;和的指针
	CLR	RS0	;返回工作区 0
LOOP:	MOV	A,@R0	;取被加数
	ADD	A,@R1	;相加
	INC	R0	;修改被加数指针
	INC	R1	;修改加数指针

```
          SETB    RS0                    ;进入工作区 1
          MOV     @R0,A                  ;存一组数的和
          INC     R0                     ;修改和的指针
          CLR     RS0                    ;返回工作区 0
          DJNZ    R2,LOOP                ;R2≠0 则循环
FIRST     DATA    20H
SECON     DATA    2AH
SUM       DATA    34H
          END
```

改变工作区只需改变 PSW 寄存器中 RS1 和 RS0 的值就可以实现。此时,编程者必须随时注意是处在哪个工作区,以免用错工作单元。

汇编语言的编程就介绍到这里,而要想真正的掌握还在于不断地实践。

习题和思考题

5.1　对下述程序进行人工汇编。

```
          CLR     C
          MOV     R2,♯3
LOOP:     MOV     A,@R0
          ADDC    A,@R1
          MOV     @R0,A
          INC     R0
          INC     R1
          DJNZ    R2,LOOP
          JNC     NEXT
          MOV     @R0,♯01H
          SJMP    $
NEXT;     DEC     R0
          SJMP    $
```

(1) 设 R0＝20H, R1＝25H。若(20H)＝80H,(21H)＝90H,(22H)＝A0H,(25H)＝A0H,(26H)＝6FH,(27H)＝30H,则程序执行后,结果如何?

(2) 若(27H)的内容改为 6FH,则结果有何不同?

5.2　试用除法指令将 20H 单元内两个 BCD 数变成 ASCII 码后存入 21H 和 22H 单元,并计算程序所占的内存字节数和所需机器周期数。

5.3　将 20H 单元内两个 BCD 数相乘,要求积亦应为 BCD 数,并把积送入 21H 单元。

5.4　求 16 位带符号二进制补码的绝对值。16 位数放在 NUM 和 NUM＋1 单元,求出的绝对值亦仍放在原来的单元内,低位先存。

5.5 求 16 位补码数所对应的原码。16 位补码存放在 COMP 和 COMP+1 单元,转换后的原码亦放于这两个单元,低位先存。

5.6 从 20H 单元开始存放一组带符号数,其数目已存在 1FH 单元。要求统计出其中大于 0、等于 0 和小于 0 的数的数目,并把统计结果分别存入 ONE、TWO、THREE 3 个单元。

5.7 在内部数据存储器中的 X 和 Y 单元各存有一个带符号数,要求按照以下条件来进行运算,结果送入 Z 单元(0 为正偶数)。

$$Z = \begin{cases} X+Y & \text{若 } X \text{ 为正奇数} \\ X \cap Y & \text{若 } X \text{ 为正偶数} \\ X \cup Y & \text{若 } X \text{ 为负奇数} \\ X \odot Y & \text{若 } X \text{ 为负偶数} \end{cases}$$

5.8 在 128 分支程序中,试用 LJMP 指令来代替 AJMP 指令,以便于程序入口地址可在 64 KB 范围内安排。

修改原来的程序,使之能适应新的要求。修改后的程序,最多能有几个分支?

5.9 外部数据 RAM 中有一个数据块,存有若干字符数字,首地址为 16 位的 SOUCE,要求将该数据块传送到内部 RAM 以 DIST 开始的区域,直到遇到字符" $ "时才停止(" $ "也要传送,它的 ASCII 码是 24H)。

5.10 内部数据 RAM 中有一个数据块,首地址为 BLOCK,试对其中的数据进行奇偶校验,凡是符合奇校验的数据都要传送到外部数据区的 256 B 范围内,首地址为 EBLOCK。原数据块的长度存于 LEN 单元。

5.11 将题 5.10 中数据块内的数据,凡是符合奇校验的传到外部 RAM 256 单元以 BLOCK1 开始的区域,符合偶校验的数据传送到以 BLOCK2 开始的区域。原数据块长度仍存于 LEN 单元。

5.12 设有符号数 X 存于内部 RAM 的 VAR 单元,Y 存于 FUNC 单元,请按照以下要求来编制程序。设 $2X$ 仍为 8 位二进制数。

$$Y = \begin{cases} X & X \geqslant 40 \\ 2X & 20 \leqslant X < 40 \\ \overline{X} & X < 20 \end{cases}$$

5.13 外部数据 RAM 从 2000H 到 2100H 有一个数据块,现要将它们传送到从 3000H 到 3100H 的区域,试编写有关程序。

5.14 外部数据 RAM 从 2000H 开始有 100 个数据,现要将它们移动到从 2030H 开始的区域,试编写有关的程序。

5.15 从内部数据 RAM 的 BLOCK 开始有一个无符号数数据块,长度存于 LEN 单元,求出数据块中的最小元素,并将其存入 MINI 单元。要求使用比较条件转移指令 CJNE。

5.16 在内部 RAM 的 BLOCK 单元开始的数据块内存放着若干带符号数,数据块长度存于 LEN 单元。

要求对数据块内的正数及负数分别相加,相加的结果分别存入 SUM1 和 SUM2 单元,设相加的结果不超过 8 位二进制数。

5.17 在题 5.16 中,若相加结果超过 8 位,程序又该如何编写?

5.18 有 10 组三字节的被加数和加数,分别存放于从 FIRST 和 SECON 开始的区域中,求这 10 组数的总和,并将其存入以 SUM 开始的单元,低位和先存。设和仍为三字节数。

5.19 在题 5.18 中,若和超过三字节,则应如何修改程序?

5.20 若累加器 A 中存放的是一个十六进制数,则将它转换为相应的 ASCII 码,并将结果存入 20H RAM 单元,若 A 中存放的不是十六进制数,则将 20H 单元置为 FFH。试编写有关的程序。

5.21 在内部 RAM 的 DATA 开始的区域存放有 10 个单字节十进制数(内含 2 位 BCD 数),试编一程序求其累加和,设和将超过 2 位 BCD 数,即可能为 3 位 BCD 数。结果存入 SUM 和 SUM+1 单元(低位先存)。

5.22 若题 5.21 中改为 10 个双字节十进制数求和(4 位十进制数),结果仍存入以 SUM 开始的单元,低位先存。试修改相应的程序。

5.23 编写一段程序,模拟如图 5.7 所示逻辑电路的逻辑功能。要求将四输入与非门的逻辑模拟先写成一个子程序,然后多次调用再得到整个电路的功能模拟。设 X、Y、Z 和 W 都已定义为位地址,若程序中还需要其他位地址标号,也可以另行定义。

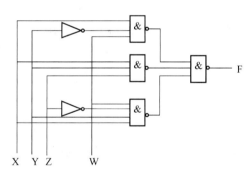

图 5.7 题 5.23 的附图

第6章 微型计算机的输入/输出及中断

组成一个微型计算机系统,除了 CPU、存储器之外,还必须有外设。计算机通过输入/输出设备和外界进行通信。计算机所用的程序、数据以及现场采集的各种信息都要通过输入设备输入计算机。而计算的结果和计算机产生的各种控制信号都要输出到各种输出装置或受控部件才能起到实际的作用。但是,一般来讲,计算机的 3 条总线并不是直接和外设相连接,而是通过各种接口电路再接到外设。

微型计算机和外界交换数据时经常使用中断方式,本章也将讨论一般的中断机制,以及 MCS-51 的中断系统。

6.1 I/O 接口电路概述

CPU 要通过 I/O 接口电路与外设交换信息。但与 CPU 交换信息更频繁的不是外设,而是存储器 ROM 或 RAM。从以前的叙述中可知,CPU 与存储器的连接并不需要通过什么接口电路,而是通过 3 条总线直接相连。为什么 CPU 不能通过 3 条总线直接与外设相连,而一定要通过接口电路呢? 这是首先要解决的问题。

6.1.1 I/O 接口电路的作用

计算机与外设的信息传送需要经过 I/O 接口的主要原因有以下几方面。

1. 协调高速工作的计算机与速度较低的外设的速度匹配问题

外设的一个普遍特点是工作速度较低,例如一般的打印机打印一个印刷字符需要几十毫秒,而计算机向外输送一个字符的信息只需若干微秒,两者工作速度的差别为几百倍甚至几千倍。另一方面,微机系统的数据总线是与各种设备以及存储器传送信息的公共通道,任何设备都不允许长期占用,而仅允许被选中的设备在计算机向外传送信息时享用数据总线,在这么短的时间内,外设不可能启动并完成工作,相当于打印机刚要开始打印,字符信息就消失了,使打印成为不可能。因此,向外传送的数据必须有一个锁存器加以保存,计算机的 CPU 将数据传送到锁存器后就不必等待外设的动作,可以继续执行其他指令。外设则从锁存器中取得数据,时间长一些也没有问题。这种数据锁存器就是一种最简单的接口电路。锁存器除了与 CPU 数据总线相连外,还要受 CPU 的控制,以确定何时向这个接口电路传送数据。

2. 传送输入/输出过程中的状态信号

由于计算机和外设工作速度的差异,使得计算机不能够随意地向外设传送信息。在输出信息时,计算机必须在外设把上次送出的信息处理完(例如打印)以后再传送下一个信息;在输入信息时,计算机也必须知道外设是否已把数据准备好,只有准备好时才能进行输入操作。也就是说,计算机在与外设交换数据之前,必须知道外设的状态,即是否处于准备就绪的状态。而这种状态信息的产生或传递也是接口电路的任务之一。

这种状态信息的交互,有时候是双向的,即计算机还要向外设提供状态信号。在接口电路中,计算机和外设之间状态信号的配合,特别是时间上的配合,将是接口设计中最主要的任务之一。

当然,状态信号的真正的产生还是由外设决定的,接口电路只是作为桥梁来传递这种信号。

3. 解决计算机信号和外设信号之间的不一致

计算机信号和外设需要或提供的信号在许多场合是不一致的,解决这种不一致,也是必须采用接口电路的原因之一。

这种不一致往往是指信号电平、码型的不一致。此时接口电路就是用来进行电平转换和码型转换的。例如电传电报信号的电平高达几十伏,采用的电码亦为 5 单位码,而计算机的电源电压只有 5 V,必须通过接口电路两者才能连接。

又如串行口所采用的逻辑系统是负逻辑,负电平为逻辑"1",正电平为逻辑"0",和计算机所采用的正逻辑完全不一致,也必须通过接口电路的转换,两者才能连接。

此外,计算机送出的信号都是并行数据,而对于外设来讲,有的只能接受一位一位传送的串行数据,完成这种并串、串并变换也是某种接口的功能,这种接口一般称为串行接口。

有时候外部提供的信号是模拟信号,而计算机信号是数字信号,也是不能直接连接的。此时 A/D、D/A 转换接口是必不可少的。

综上所述,接口电路主要是为了解决计算机与外设工作速度不一致、信号不一致而不得不采用的。对于存储器来讲,信号和计算机是完全一致的,只要存取速度能满足计算机要求的前提下,可以直接互连。若存储器的存取时间较长或速度太低,则仍然要采取其他措施来解决与计算机的速度匹配问题。当然这种解决办法比较简单,远没有计算机和外设的接口那样复杂。

6.1.2　接口与端口的差别

一般来说,每连接一个外设,就需要一个 I/O 接口(Interface),但每一个接口都可以有不止一个端口(Port)。端口(有时就直接称为口)是指那些在接口电路中用以完成某种信息传送,并可由编程人员通过端口地址进行读/写的寄存器。

CPU 和存储器之间通过数据总线所传输的信息只有一种:数据。而 CPU 和接口之间通过数据总线传输的信息就有多种,这些信息包括以下几种。

（1）数据信息。这当然是 CPU 和外设之间传输的最基本的信息。

（2）状态信息。主要反映外设的工作是否处于准备好的状态，也可以反映 CPU 的工作状态。

（3）命令信息。有时候 CPU 还要通过接口向外设传送某种命令信息，例如启动外设开始工作的命令等。

这 3 种信息从形式上看都是二进制代码，如果没有特殊的规定，无法区分收到的信息是数据还是命令，或者是需要传送的状态。例如计算机向外设发送一个信息"00000001"，它有可能是数据信息"+1"，也可能是反映计算机的一种状态，这个状态由最低位是"1"还是"0"来表示，还可能通过最低位表示对外设的一种控制命令。如果没有其他的机制，外设收到这个信息无法区别它究竟代表什么。

由于不能从信息的形式上来区分交换的是什么信息，因此只好从空间位置上来加以区分，使一个接口上有若干个端口，也就是不同的寄存器。规定这些端口分别是数据口、状态口和命令口。只要送到数据口的二进制代码就是数据信息，而送到状态口或命令口的信息就一定是状态信息或命令信息。所以一个接口在物理上就有若干个端口。当然，也不一定每个接口都要 3 种端口齐全，要视需要来配置。另外，每种端口的数目也可以不止一个，使得不同的接口芯片上的端口数可以差别很大，有的只有一两个端口，有的则有十几个端口，也是按需要来设置。

对于存储器来说，一个单元有一个地址。而对于接口来说，由于一个接口有若干个端口，每一个端口都要分配一个地址，这样，一个接口就要分配若干个地址。CPU 将不同的信息写到不同的端口地址，也从不同的端口地址来读取不同的信息。

将来，读者还会发现，一个端口上也可以读写几种不同的信息，例如在同一个命令端口上写入几个不同的控制命令。这时要求写入的命令在形式上必须有各自的特征，以示相互之间的区别。

6.1.3　外设的编址方式

CPU 通过接口与外设交换信息的过程和与存储器交换信息的过程很相似。例如要传送状态信息，CPU 先把状态口的地址送到地址总线上，选中了接口的状态口，然后发出读/写信号，实现信息交换。但从接口地址的安排上，却有两种不同的方式可以选择。

1. 外设端口单独编址

这时，外设的地址和存储器的地址没有关系。存储器的地址范围仍然由 CPU 地址总线的数目来决定。例如，地址总线是 16 条的 CPU，存储器地址范围仍为 64 KB，即从 0000H～FFFFH。

这时，另外再给外设分配一组地址。具体的地址范围由 CPU 决定。例如 8086CPU 的地址线是 20 条，存储器的寻址范围是 1M，即 00000H～FFFFFH。但对外设寻址时，只用 16 条地址线，外设的地址范围是 0000H～FFFFH。

按这种方式安排存储器和外设地址，存储器和外设端口就有地址重复的问题，或者说，必须能区分所发出的地址是存储器地址还是外设地址。例如当 8086CPU 把地址（如 0080H）送到地址总线上时，就需区分究竟是送到存储器的 00080H 单元，还是送到外设的 0080H 端口。解决的办法是从指令上加以区别:设置专用的输入/输出指令,用来对外设进行操作。存储器当然还用存储器操作指令。例如,在 8086 指令系统中,就有专门的输入/输出指令,这种指令的一种形式是:

```
IN    A,n
OUT   n,A
```

其中的"n"就表示端口地址。其功能就是实现地址为 $n(0\sim255)$ 的端口与累加器 A 交换信息。

用不同指令访问存储器和外设,其实质是利用 CPU 执行不同指令时所发出的不同控制信号对两种访问加以区别。因此在采用外设端口单独编址时,地址译码器的连接必须注意使用正确的控制信号。

图 6.1 是外设单独编址方式示意图。

图 6.1　外设单独编址方式

外设单独编址的优点是外设不占用存储器的地址,不会减少存储器可以使用的寻址范围。但这时存储器的地址可能和接口的地址重叠,需要采用专门的 I/O 指令;CPU 要有区分访问存储器和访问外设的控制线。在 CPU 和存储器连接和外设接口连接时,必须正确使用这些控制线。

2. 外设与存储器统一编址

这种外设编址方式是把外设端口当做存储器单元来对待,也就是本来可以让存储器使用的寻址范围要分出一部分给外设寻址使用。其结果当然是减少了存储器可以使用的地址范围。这种编址方式的示意图如图 6.2 所示。

图 6.2　外设与存储器统一编址

这时,从内存的寻址范围中划出一部分作为外设端口地址,例如规定 FF00H～FFFFH 为端口地址,这时,当地址总线上的地址属于这个范围时,硬件连接应保证能自动寻找到外设的某个端口,而不是找到相同地址的存储器单元,也就是不再使用这个地址单元的存储器,而让出位置来给 I/O 口。这种编址方法的优点是:

(1) 可以直接使用访问存储器的各种指令访问外设端口,使用方便,而且这类指令很多,如用运算指令就可直接对 I/O 口的数据进行算术/逻辑操作等;

(2) 不需要专门的输入/输出指令;

(3) 外设端口地址安排比较灵活,而且数量也不必受 0～255 的限制。

在 MCS-51 系统中,外设的编址和接入就是按这种方式办理的。

这种方式的不足之处是占用了一部分内存的地址区,使有效的内存容量减少。另外,尽管外设的地址范围不大(如只有 255 个端口),但仍然应该采用 16 位地址来对端口寻址,地址译码器会比较复杂些。若采用比较简单的译码电路来代替,则由于地址重叠的原因,实际上将占用更多的内存地址。另外也要注意由于地址重叠,有可能带来的地址冲突问题,这是在设计中必须避免的。

例 6.1 如图 6.3 所示为 8031 和外部程序存储器、外部数据存储器以及一个 I/O 口的连接图。外部 ROM 是 8 KB 的 EPROM。外部 RAM 也是 8 KB。I/O 口本身有 4 个端口,需要至少 4 个地址。ROM 的片选接译码器的 $\overline{Y_0}$,RAM 的片选接译码器的 $\overline{Y_2}$。请分析各存储器和 I/O 口的地址范围。如果连接有问题,请说明问题在哪里,并提出解决的办法。

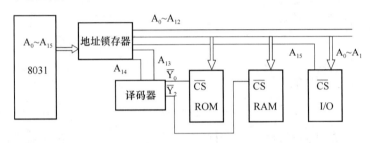

图 6.3　外设与存储器和 8031 的连接

解　按照图中的连接,外部 ROM 和外部 RAM 都采用部分译码,使用地址线 A_{14}、A_{13},I/O 口使用线选法译码,使用地址线 A_{15}。I/O 口本身需要两条地址线进行端口寻址,用 $A_1 A_0$。

各芯片的地址范围分别是:

芯片	A_{15}	A_{14}	A_{13}	A_{12}	A_{11}	A_{10}	…	A_1	A_0	地址范围
ROM	0	0	0	0	…		…	0	0	0000H～1FFFH
	0	0	0	1	…		…	1	1	
RAM	0	1	0	0	…		…	0	0	4000H～5FFFH
	0	1	0	1	…		…	1	1	
I/O	1	0	0	0	…		…	0	0	8000H～8003H
	1	0	0	0	…		…	1	1	

从以上的分析结果来看,似乎一切正常:各芯片和 I/O 口的地址都是互相独立、互不重叠的,而且 ROM 的地址包含了程序入口地址 0000H。

但进一步分析,可以知道 ROM 和 RAM 由于采用部分译码,都有地址重叠区:ROM 的地址重叠区是 8000H～9FFFH。RAM 的地址重叠区是 C000H～DFFFH。ROM 的地址重叠区刚好和 I/O 口的地址发生重叠。也就是在对 I/O 口进行读操作时,也会同时读 ROM 的重叠地址单元。其结果必然是读出错误。

这种看起来各芯片之间没有地址重叠,但实际上隐含着地址重叠的设计,是在实际应用中必须注意避免的。

因此,图 6.3 的设计还必须进行修改,以保证存储器芯片和 I/O 口在任何时候都不会发生地址重叠的问题。

修改的方法不止一种。图 6.4 是一种可能的方案:将 ROM 和 RAM 的译码改为全译码,即使用所有的高位地址 A_{15} A_{14} A_{13} 参加译码,图中的译码器要由原来的 2-4 译码器改为 3-8 译码器。仍然用译码器的 $\overline{Y_0}$ 接 ROM 的片选,译码器的 $\overline{Y_2}$ 接 RAM 的片选。这就使得 ROM 和 RAM 没有地址的重叠区,也就不会和 I/O 口发生地址冲突的问题了。

图 6.4 中各芯片和 I/O 口的地址范围和图 6.3 相同,而且没有地址冲突,可以可靠地工作。

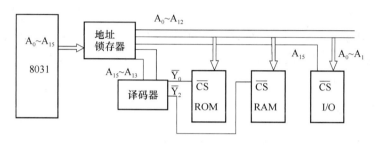

图 6.4　例 6.1 的修改设计

6.1.4　将外设当做数据存储器访问

由于在 8031 系统中,采用的是存储器和外设统一编址,访问外设和访问存储器应该使用相同的方式,即将外设当做数据存储器来访问。这主要体现在两个方面。

(1) 8031 对外设(也就是 I/O 接口)的连接方式和 8031 对外部数据存储器的连接方式是相同的。

8031 是通过控制线 $\overline{WR}$ 和 $\overline{RD}$ 和外部数据存储器连接的,同样也要通过 $\overline{WR}$ 和 $\overline{RD}$ 和外设的 I/O 口连接。就是要将 $\overline{WR}$ 和 I/O 口的写控制线连接,8031 的 $\overline{RD}$ 和 I/O 口的读控制线连接。

8031 是通过控制线 $\overline{PSEN}$ 和外部程序存储器连接的。8031 和外设的连接不采用这种连接方式,因为这种连接只能对外设读数据,而不能对外设写数据,显然是不能采用的。更重要的是访问外部 RAM 的指令和访问外部 ROM 的指令是不同的。

(2) 8031 通过访问外部数据存储器的指令来访问外设接口,也就是将外设接口当做数据存储器单元来访问。

8031 访问外部数据存储器的指令有两组:当外部数据存储器采用 8 位地址时,用工作寄存器的间接寻址指令来进行访问。

```
MOVX  A,@Ri              ;读存储器
MOVX  @Ri,A              ;写存储器
```

当外部数据存储器采用 16 位地址时,用 DPTR 寄存器间接寻址指令进行访问。

```
MOVX  A,@DPTR            ;读存储器
MOVX  @DPTR,A            ;写存储器
```

对于图 6.4 中的 I/O 口,端口地址是 8000H～8003H。如果 8000H 是输入端口地

址,8003H 是输出端口地址,则可以用以下指令对这些端口进行访问。

```
MOV   DPTR,8000H
MOV   A,@DPTR              ;从端口读入
MOV   R0,A                ;存入 R0 寄存器
```

也可以用类似的方法对端口进行输出操作。

6.2 I/O 传送方式

在微型计算机与外设之间交换数据时,由于外设本身工作速度的差异,数据传送可以有多种方式,归纳起来有如下 4 种不同控制方式:无条件传送、查询式传送、中断传送方式和直接存储器存取方式。

6.2.1 无条件传送方式

这种数据传送方式有点类似于 CPU 和存储器之间的数据传送。即 CPU 总是认为外设在任何时刻都是处于"准备好"的状态。因此,这种传送方式中不需要交换状态信息,只需在程序中加入访问外设的指令,数据传送便可以实现。实际上,无条件传送可用于以下一些场合。

1. 外设的工作速度非常快,可以和 CPU 数据传送速度相比

当 CPU 和外设的速度可以互相配合时,就可以采用无条件传送方式。例如,当计算机和数模转换器 DAC 相连时,由于 DAC 是并行工作的,速度很快,因此,CPU 就可以和 DAC 直接连接,随时可以传送信息。图 6.5 是 CPU 和 DAC 的连接图,也是无条件传送时的一般连接方式。

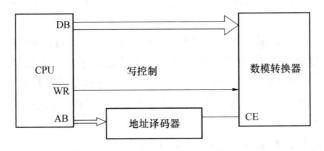

图 6.5 CPU 和 DAC 的无条件传送

在无条件传送的连接方式中,一般都要有输出锁存器。由于一般的 DAC 自己都带有数据锁存器,所以 CPU 的数据线可以直接连接到 DCA 的数据线上。

若外设不带锁存器,则 CPU 的数据总线应先接到一个锁存器,再输出到外设。在有锁存器的情况下,地址译码的输出要接到锁存器的控制端,而不是像图 6.5 那样直接连接到 I/O 设备。

2. 外设的工作速度虽然不高,但两次数据传送的间隔足够长

如果 CPU 向外设传送一次数据后,要隔相当长的时间才进行下一次传送,也就是有足够的时间使外设处于"准备好"处理下一次数据的状态,这种情况也可以采用无条件传送方式。例如,在有的系统中,采用发光数码管作为输出显示。由于人的视觉的惰性,为了分清两次显示的不同数码,两次显示之间的时间一般都比较长,所以显示器总可以处在把上一次数据显示完毕并准备显示新的数据的状态,因此,采用无条件传送不会有什么问题。

在其他情况下,无条件传送方式则用得比较少。

在无条件传送方式下,CPU 和外设端口之间也要有接口电路。一般在输出端口上会有一个输出锁存器,CPU 将要输出的信息存入输出锁存器,外设从锁存器读取信息。在输入端口上会有一个输入缓冲器,在不做输入操作的时候,缓冲器处于高阻状态,CPU 实际上和输入的外设没有连接。需要做输入操作时,地址译码器的输出使缓冲器正常工作,输入设备的信息就可以通过缓冲器读入到 CPU。例 6.2 说明了无条件传送方式下的基本连接方式和应用。

例 6.2　图 6.6 是 8031 和一组开关和一个 LED 显示器的接口。从开关读入一个 BCD 码,并将读入的值在显示器上显示。输入缓冲器的地址是 8000H,输出锁存器的地址是 8002H。请写出相应的接口程序。

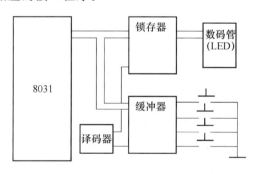

图 6.6　例 6.2 的附图

解　4 个开关有 16 个状态,其中 0000~1001 对应 BCD 码。如果输入是 1010~1111,则属于错误输入,显示字母"E"。对于正常输入,应先转换为 7 段显示码,再从输出口输出。BCD 码到 7 段显示码的转换用查表来完成。在两次输入/输出操作之间加上适当的延迟,以保证稳定的显示输出。这也是在这种应用模式下可以使用无条件传送方式的必要条件。相应的程序段如下:

```
START:    MOV    DPTR,#8000H          ;输入口地址
          MOVX   A,@DPTR             ;输入 BCD 码
          ANL    A,0FH               ;取低 4 位
          CJNE   A,#09H,NEXT1        ;检测是否 BCD 码
NEXT1:    JNC    NEXT2               ;不是,转移到 NEXT2
          MOV    DPTR,#TABLE         ;准备查表
          MOV    A,@A+DPTR           ;查表
```

```
          MOV    DPTR,#8002H          ;输出口地址
          MOVX   @DPTR,A              ;输出显示
          CALL   DELAY                ;延迟
          SJMP   START                ;再次输入
NEXT2：   MOV    DPTR,#8002II         ;错误输入处理
          MOV    A,#06H               ;"E"的 7 段码
          MOVX   @DPTR,A              ;显示"E"
          SJMP   START                ;再次输入
TABLE：   DB     40H,79H,24H,30H      ;0～3 的 7 段显示码
          DB     19H,12H,02H,78H      ;4～7 的 7 段显示码
          DB     00H,18H              ;8～9 的 7 段显示码
```

6.2.2　查询式传送方式

查询式传送也称条件传送,在不能采用无条件传送的场合,可以通过查询式传送解决外设与 CPU 的速度配合问题。在这种传送方式中,不论是输入还是输出,都是计算机为主动的一方。为了保证数据传送的正确性,计算机在传送数据之前,要首先查询外设是否处于准备好的状态:对于输入操作,需要知道外设是否已把要输入的数据准备好;对于输出操作,则要知道外设是否已把上一次计算机输出的数据处理完毕。只有通过查询确信外设确实已处于"准备好"的状态,计算机才能发出访问外设的指令,实现数据的交换。

在查询传送时,从硬件来说,外设应该能送出反映其工作状态的状态信息。接口电路则要用专门的端口来保存和传送状态信息,此外,数据端口当然也是不能少的。在查询输入时,当外设把数据准备好时,应使状态置于"准备好",CPU 在输入前,先查询状态,发现外设已"准备好"时,执行输入操作。输入操作之后,状态信息应立即自动改为"没准备好",以防止计算机马上再进行下一次输入,出现传送的错误。到外设又把下一个数据准备好后,再使状态信息恢复"准备好"。然后重复以上的过程。

在输出操作时,情况类似。接口电路也至少需要有两个端口:状态端口和数据端口,以分别传送状态和数据信息。

状态信息一般只需要一位二进制码,所以在接口中只用一个 D 触发器就可用来保存和产生状态信息。数据仍需要一个锁存器来保存。但具体的接口电路采用什么形式要和外设所产生的信息相联系,不能一概而论。此外,两个端口往往需要两个译码电路的输出来产生地址选通信号。因此,查询式传送所需的硬件比无条件传送复杂一些,另外,它还要求外设能提供状态信息。

从软件来看,查询方式的程序也稍微复杂一些。图 6.7(a)为查询方式程序的一般流程图。其过程为查询—等待—数据传送。即首先查询状态,如果没有准备好,则继续查询,直到外设准备好以后再传送数据。待到下一次数据传送时则重复以上过程。在查询过程中,CPU 实际处于等待状态。

等待也可以不采用循环等待,而用软件插入固定时延的方法来完成,如图 6.7(b)所

示。这时，在硬件连接上有时可简单一些。

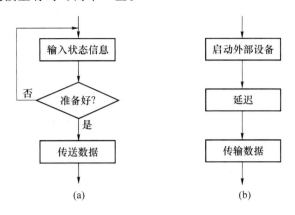

图 6.7 查询方式流程图

在用查询方式传送数据时，CPU 和外设接口之间要规定好两件事：

(1) 查询信号是从数据线的哪一位引入的；

(2) 查询信号的有效是用高电位还是低电位表示。

例 6.3 将例 6.2 修改为用查询方式实现。为了实现查询式输入，再加一个输入开关 S。当开关闭合时(S=0)，表示输入数据已准备好；开关打开时(S=1)，则表示数据没有准备好。查询端口的地址是 8004H，输入查询信号接到数据线 D₀，查询信息是低电平有效，修改和编写相应的程序段。

解 这种情况下，可以通过状态信号和外设保持数据的同步。因此，延迟子程序就不需要了，可以直接编写查询方式的程序段。

```
START:  MOV    DPTR,#8004H        ;输入查询口地址
        MOVX   A,@DPTR           ;输入状态信息
        AND    A,01H             ;检查最低位
        JNZ    START             ;不为 0 继续查询
        MOV    DPTR,#8000H        ;输入口地址
        MOVX   A,@DPTR           ;输入 BCD 码
        ANL    A,0FH             ;取低 4 位
        CJNE   A,#09H,NEXT1       ;检测是否 BCD 码
NEXT1:  JNC    NEXT2             ;不是,转移到 NEXT2
        MOV    DPTR,#TABLE        ;准备查表
        MOV    A,@A+DPTR         ;查表
        MOV    DPTR,#8002H        ;输出口地址
        MOVX   @DPTR,A           ;输出显示
        SJMP   START             ;再次输入
NEXT2:  MOV    DPTR,#8002H        ;错误输入处理
        MOV    A,#06H            ;"E"的 7 段码
        MOVX   @DPTR,A           ;显示"E"
```

	SJMP	START	;再次输入
TABLE:	DB	40H,79H,24H,30H	;0～3 的 7 段显示码
	DB	19H,12H,02H,78H	;4～7 的 7 段显示码
	DB	00H,18H	;8～9 的 7 段显示码

查询方式的优点是适用性好,可以用于各类外设和 CPU 的数据传送。缺点是需要有一个等待过程,特别是在连续进行数据传送时,由于外设工作速度比 CPU 慢得多,所以 CPU 在完成一次数据传送后要等待很长的时间(与数据传送相比),才能进行下一次的传送。而在查询等待过程中,CPU 不能进行其他操作,所以效率比较低。提高 CPU 效率的一个有效途径是采用中断方式。

6.2.3 中断传送方式

由于查询传送方式是 CPU 主动要求传送数据,而它又不能控制外设的工作速度,因此只能用等待的方式来解决配合问题。中断方式则是外设主动提出数据传送的要求,CPU 在收到这个要求以前,则执行着本身的程序(主程序),例如数学运算等。只是在收到外设进行数据交换的申请之后,才中断原有主程序的执行,暂时地去进行对外设的数据传送。

由于 CPU 工作速度很快,传送数据所花费的时间很短。对外设来讲,似乎是对 CPU 发出数据交换的申请后,CPU 马上就实现了数据传输,没有一点耽搁。对于主程序来讲,虽然中断了一个瞬间,由于时间很短,也不会有什么影响和不便。这种由外设提出要求,使 CPU 中断原来程序的执行并实现与外设数据交换的方式,称为中断方式。

中断方式完全消除了 CPU 在查询方式中的等待过程,大大提高了 CPU 的工作效率。在高速计算机系统中,由于采用中断方式,使多个外设可以"同时"接到 CPU 并且"同时"工作。例如,一台高速计算机可以接几十个终端,每个终端用户都觉得 CPU 只为他单独服务,所有的终端可"同时"投入使用。但实际上,这种多用户服务并不真是在同一时间进行的。仅仅是因为计算机工作速度极快,各个用户的中断申请总有一定的时间差别,而在这种细小的时间先后中,CPU 已很充裕地完成了对各个用户的服务,所以,实际上是一种时间复用的服务方式。如果 CPU 接的外设太多,则用户仍会有等待的感觉。

6.2.4 直接存储器存取方式

直接存储器存取方式(DMA,Direct Memory Access)是一种外设和存储器之间直接传送数据的方式。在以下情况时可考虑采用 DMA 方式:

(1) 外设和存储器之间有大量的数据需要传送;

(2) 外设的工作速度很快,而不是一般印象中的慢速工作的外设。

在以上两种情况下,如果仍然按照一般的方式,由 CPU 控制数据在存储器和外设之间的传送,就会觉得速度不够快,即使采用中断方式,也是如此。在中断方式下的传送过程可以概括如下:

- 进入中断过程;
- 外设端口地址送 DPTR;

- 读入数据到累加器 A；
- 将累加器 A 中的数据存入数据存储器；
- 修改存储器地址准备下一次存数据；
- 退出中断过程。

以上的传送过程全部是在 CPU 控制下进行的。将一个数据从外设传送到存储器需要几十个时钟周期。这个速度在传送大量数据时，显然是太慢了。

为了提高外设和存储器之间的数据传送速度，充分发挥高速外设的潜力，可以采用DMA 方式。采用 DMA 方式时，外设和存储器的数据交换不需要 CPU 的控制，也不需要任何程序的执行，而是在一种硬件 DMA 控制器的控制下直接进行的。这样传送速度可以大大地加快。

采用 DMA 方式的一个必要前提是 CPU 允许接受这种方式。也就是说，并不是所有的 CPU 都可以接受 DMA 方式的。例如 MCS-51 单片机就不具备这种功能。作为主要用做微控制器的 MCS-51 一般不会有大量的数据在外设和存储器之间传送，没有设置DMA 功能也是很自然的。

在 DMA 控制器的控制之下，DMA 方式的工作过程大致如下。

（1）CPU 通过指令，把要传送数据块的长度，传送数据块在内存中的首地址等信息写入 DMA 控制器。

（2）外设通过 DMA 控制器向 CPU 发出 DMA 申请。

（3）CPU 接受 DMA 申请后，暂停正在执行的程序，并且放弃对 3 条总线的控制权，由 DMA 控制器来接管，外设的数据线和存储器的数据线经过 DMA 控制器的通道直接连通。

（4）DMA 控制器通过地址总线向存储器发出传送数据的地址。

（5）如果是外设向存储器传送数据，DMA 控制器向外设发出读信号，读出数据，向存储器发出写信号，写入数据。由于两者的数据线是直接相连的，数据读、写的操作可以很快地完成。

（6）数据块长度计数器减 1，然后重复以上进程，直到数据块传送完毕。

（7）DMA 操作结束，CPU 再次恢复对总线的控制，继续执行原来的程序。

以上的传送过程中，一次数据传输一般只要几个时钟周期就可以完成。

DMA 传送是目前外设和存储器交换信息速度最快的一种传送方式。

在台式计算机中，从软盘上打开文件时，就是采用 DMA 方式将数据调入内存的。

DMA 控制器有许多不同的型号，有的属于通用型的，有的则是专门与某种 CPU 配合的，可根据需要来选用。

6.3　中断概述

"中断"是 CPU 与外设交换信息的一种方式。计算机引入中断技术以后，不仅解决了 CPU 和外设之间的速度配合问题，还提高了 CPU 的效率。有了中断功能，计算机可以实时控制处理现场瞬息万变的信息、参数,也提高了计算机实时处理的能力。因此,计算机中断系统的功能也是鉴别它的性能的重要标志之一。

6.3.1 中断源

引起中断的原因,或是能发出中断申请的来源,称为中断源。中断源一般分为软件中断和硬件中断。

软件中断简称软中断,是通过指令引起中断的过程。如在 DOS 系统中经常使用的 DOS 功能调用和基本输入/输出调用都是通过软中断指令来完成的。这个指令实际就是 80x86 CPU 都支持的软中断指令:

```
INT    n
```

其中的 n 可以取 $0 \sim 255$(或 00H$\sim$FFH)之间的任何值,即所谓"中断类型号"。

但是,在 MCS-51 系统中,没有软中断指令,也就没有软中断源了。

硬中断源就是发出中断申请信号的外设,例如,硬中断源可以是以下几种。

(1) 常见的输入/输出设备,如键盘、打印机等,它们都可以发出中断申请,在中断过程中和 CPU 交换数据。

(2) 数据通道中断源,如磁带驱动器、磁盘驱动器等。

(3) 实时控制过程。控制过程中的各种参数、信息。这些参数和信息通过传感器收集并转换成电信号,并在中断过程中传送给 CPU。

(4) 故障源。可以是电源故障或其他故障。目前微型计算机一般都采用半导体随机存储器作为主存储器,其缺点是在断电时会引起存储信息的丢失。为了防止这种现象,可以安排电源故障中断。即在供电电源上并联大电容,当电容电压因掉电向下降到一定值时就发出中断申请,事先安排好的中断服务系统自动地接入备用电源,保护存储器中的信息。

(5) 为调试程序而设置的中断源。一段新编写的程序在调试过程中,为了检查错误或观察中间结果,往往需要在程序中设置断点,或进行单步操作(即单条指令执行),这些都可以通过中断系统来实现。

6.3.2 硬件中断的分类

对于微型计算机来说,常见的硬件中断类型有以下两种。

1. 屏蔽中断

屏蔽中断有时也直接称为"中断"。屏蔽是指 CPU 可以不处理这种中断申请,相当于把这种申请和 CPU"屏蔽"了起来。这种屏蔽实际是 CPU 的一种工作方式,可以通过软件(指令)来设置。也就是可以通过指令,使 CPU 或者允许接受屏蔽中断申请,或者不接受这一类申请。具体的指令由 CPU 的指令系统来决定。

屏蔽中断是最常见的一种中断方式,所有的微处理器都有这种中断方式。

2. 非屏蔽中断

非屏蔽中断是 CPU 一定要处理的中断,不可以用软件将这种中断申请屏蔽掉。一般一些紧急的情况,如掉电中断申请,就可以安排为这种中断方式,以保证紧急情况一定能得到处理。

但并不是所有的微处理器的中断系统都有这种中断方式,MCS-51 的中断系统就没有非屏蔽中断。

6.3.3　中断的开放与关闭

中断的开放与关闭,亦称为开中断和关中断。这是指 CPU 中断系统的状态,只有当 CPU 处于开中断状态时,才能接受外部的屏蔽中断申请。反之,当 CPU 处于关中断状态时,则不能接受外部的屏蔽中断申请。

CPU 具有开中断和关中断状态,和 CPU 是否接受屏蔽中断申请是一致的。当 CPU 处于关中断时,也就是对外实现了中断的屏蔽。CPU 只有在开中断的状态下,才可以接受屏蔽中断申请。

中断的开放与关闭和非屏蔽中断没有关系。

CPU 有开中断和关中断状态是中断系统工作的需要。当 CPU 在开中断状态下,接受了一个外设的中断申请,就应该处理这个外设要求 CPU 完成的工作。在这个期间,一般来说,CPU 不应该再去接受其他的中断申请,而是应该把中断关闭,一心一意地为已接受的中断申请服务。而当中断服务完毕之后,则使中断开放,以便接受新的中断申请。所以,开/关中断状态的存在与设置,是完成中断系统的工作所不可缺少的。

开/关中断的实现,可以有以下几种方式。

(1) 通过专门的开/关中断指令。如 Z80 系统中就有开中断指令 EI 和关中断指令 DI。

(2) 通过对标志位的控制。如 8086 系统中有中断标志 IF。IF＝1 就是使 CPU 开中断,IF＝0 则使 CPU 关中断。

(3) 也是通过指令,但不是专门的开/关中断指令,在 MCS-51 系统中就是这种方式。实际上就是控制 MCS-51 某个特殊功能寄存器的状态。

以上几种做法会在不同的 CPU 系统中分别采用。实际上,这些都是 CPU 提供给用户的控制开/关中断的指令。

除此以外,CPU 根据自己的工作状态,也会决定系统的开关中断状态。

一般在系统复位时,CPU 会自动实现关中断,所以在写程序时,往往应先安排一条指令来开中断,以准备响应出现的中断申请。

在 CPU 响应中断申请后,往往会自动实现关中断,不需要指令的干预。但也不是对各种中断申请响应后,都一定能自动关中断。具体情况下,则和各个微机的中断系统有关。

在进行中断处理时,一定要十分注意 CPU 的开/关中断状态。否则,可能会出现意想不到的结果。例如有时 CPU 对中断总是不响应,一般会以为是接线上有问题,中断申请信号没有送到 CPU。其实,也可能是因为 CPU 没有在开中断状态,所以不响应中断申请。

6.3.4　中断源的判别和中断优先级

一般一个计算机要接若干个外设,例如磁盘机、磁带机等,当它们都以中断方式和计算机相连时,将存在着多个中断源。计算机要能判别是哪一个中断源在发出申请,从而安排不同的中断响应和处理。判别中断源的方法也有若干种。

1. 单线中断,软件查询

单线是指 CPU 只有一条中断申请输入线。在这种情况下,当然不能把所有中断源的中断申请都简单地并接到这一条中断申请输入线上,而应通过一个或非门/或门来产生一个中断申请信号给 CPU,这样,任何一个中断源只要有申请,都能反映到 CPU。然后CPU 通过查询的方法来确定究竟是哪一个外设发出的申请。

图 6.8 是用软件查询方法的接口电路,图 6.9 是软件查询中断源的流程图。CPU 响应中断以后,把中断状态寄存器的内容读入。为了读入,当然也要给中断状态寄存器安排一个地址,再像读外设似的读入,然后逐位检测状态,当检测到某一位是"1"时,就找到了申请中断的设备,程序就可以转到相应的中断服务程序。

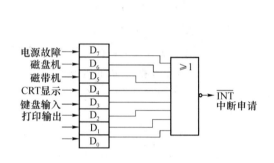

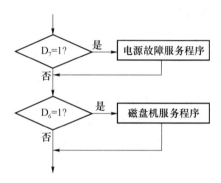

图 6.8 软件查询中断源 　　　　　　图 6.9 软件查询中断源的流程图

2. 多线中断

即 CPU 有若干条中断申请线。这时,中断源的判别就很简单:哪条中断申请线上信号有效,就知道是哪个外设发出了中断申请。

MCS-51 系统就有两条中断申请输入线。如果系统中只有两个中断源,中断源的识别就非常简单。

如果中断源的数目超过了申请线的数目,对每条申请线,仍然可以使用软件查询的方法来确定中断源。

3. 向量中断

向量中断也是一种单线中断,但不是完全通过软件方式来确定中断源。此时,外设在申请中断后,外设通过接口电路向 CPU 发出一个称为中断类型号的 8 位二进制代码,每个不同的中断源具有不同的中断类型号。因此,CPU 可以按照收到的不同中断类型号来判定究竟是哪个中断源发出了申请。然后,根据中断类型号来确定中断服务程序的入口地址,并把中断入口地址称为中断向量。

向量中断的优点很多,首先是可以接入的中断源很多,在采用 8 位中断类型号的情况下,CPU 可以区别 256 个中断源。因此在安排中断源时有很大的灵活性。

当采用这种方法确定中断源时,接口电路必须具备发送中断类型号的能力。另外,

CPU 也必须有相应的机制,以使中断类型号和中断源的中断服务子程序之间有一一对应的关系。

4. 中断优先级

在多个硬件中断源通过一条中断申请线与 CPU 相连时,有两种情况需要考虑中断优先级。

(1) 若干个中断源同时发出申请

由于 CPU 同时只能接受和处理一个中断申请,必须规定中断源的优先级别。中断接口电路在区分了中断源的优先级后,只把级别最高的中断申请传送给 CPU。其他的中断源则要等到这个高级别的中断处理完后,才能依次被 CPU 处理。

(2) 中断嵌套

在 CPU 已经响应了一个中断源并为之服务的时候,还可以接受和处理另一个中断申请。这种情况称为中断嵌套。但中断嵌套是有条件的。只有中断级别比已经在服务的中断源级别更高的中断源,才可以打断现在的中断服务。如果没有中断优先级的规定,中断嵌套就会进入一种无序的状态,影响中断过程的正常进行。

中断嵌套时,CPU 中断了原来的中断服务,转到为新的更高级的中断源去服务,直到服务完毕,才恢复刚才中断了的中断服务。所以虽然接受了几个中断申请,但同时还是只能为一个中断源服务。中断嵌套的示意图如图 6.10 所示。

中断过程再嵌套中断的层次数称为中断嵌套的深度。不同的 CPU 允许的中断嵌套深度是不同的。

对于具有优先级的中断源识别,仍可采用前面提到的 3 种方法,但要作一些修改。

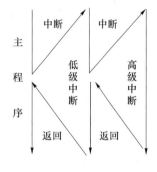

图 6.10　中断嵌套

(1) 单线中断,软件查询。只需在查询时按照优先级的高低,由高到低地依次进行。

(2) 多线中断。应对不同的中断申请输入线,规定以不同的级别,以便分别接入不同级别的中断源。

(3) 采用向量中断时,要加上硬件电路来判定中断源的优先级,并发出高优先级的中断源的中断类型号。这种硬件优先权判别电路有许多种,如链式优先权排队电路等。一般都是将这种优先级判别电路和中断接口电路集成在一片集成电路芯片中。

6.4　中断处理过程

对于不同的计算机,中断处理的具体过程可能不尽相同,即使同一台计算机,由于中断方式的不同(如屏蔽中断、不可屏蔽中断等),中断处理也会有差别。但是基本的处理过程应该是相同的。一个完整的中断处理的基本过程应包括:中断申请、中断响应、中断处理以及中断返回。

6.4.1 中断申请

中断申请是中断源(或者通过接口电路)向 CPU 发出信号,要求 CPU 中断原来执行的程序并为它服务。

中断申请信号可以是电平信号,也可能是脉冲信号。CPU 能够接受哪种类型的中断申请信号由 CPU 的类型决定。一般情况下,CPU 接受的中断申请是电平信号。

中断接口的任务之一就是将外设送来的中断申请信号变成 CPU 可以接受的申请信号。例如,外设送来的是脉冲信号,则要将它变成电平信号再送到 CPU 的中断申请输入线。

这种中断申请信号应该一直保持到 CPU 作出反应时为止。

6.4.2 中断响应

CPU 检测到中断申请信号后,应该对中断申请作出中断响应。

1. 中断响应的条件

CPU 响应中断还是有条件的,这些条件主要包含以下几方面。

(1) CPU 对中断是开放的。若 CPU 处于关中断,则不可能对屏蔽中断作出中断响应。当然,对于非屏蔽中断,CPU 是一定要响应的。

(2) CPU 执行完正在执行的一条指令后,才能响应中断。对于有的微处理器可能还有其他附加的规定。

(3) 若 CPU 正在响应以前的中断申请,则只有当新检测到的中断源的优先级高于已响应中断源的优先级时,CPU 才会停止执行原来正在执行的中断服务程序,为新的更高优先级的中断服务。

2. 中断响应的基本操作

当满足以上中断响应条件时,CPU 响应中断的操作应包括识别中断源,且转去执行相应的中断服务程序。一般 CPU 要完成以下操作。

(1) 中止正在执行的程序,并对断点实行保护,保存断点的地址,以便在中断服务结束时,可以恢复断点的地址。保存断点地址一般都是将断点地址推入堆栈保存,但也可以存入指定的寄存器。

(2) 确定中断服务程序的入口地址,并将这个入口地址送入程序计数器 PC,从而转去执行中断服务程序。由于一般总存在多个中断源,因此,确定中断服务程序入口地址就成为中断响应的一件主要工作。对于不同的 CPU,确定中断服务程序入口地址的方式并不相同,必须特别注意。

以上的中断响应基本操作是 CPU 自动完成的,不需要用户的干预。

3. 中断入口地址的获得

中断入口地址的获得和中断源的判别是有联系的。

(1) 固定中断入口地址

这种情况比较简单,中断入口地址和中断输入引脚是一一对应的,从哪个中断输入引脚进入的中断申请,它的中断服务程序入口地址一定是某个固定值。MCS-51 就是属于这种情况。

（2）由中断向量表获得中断入口地址

在向量中断的情况下,CPU 在内存的一个固定位置安排一个中断向量表。用户事先要将中断源的中断入口地址用指令写入中断向量表。在 CPU 响应中断时,它将根据中断类型号的值,到中断向量表中去查出相应中断源的中断入口地址。这种方式比较灵活,因为中断入口地址可以安排在 CPU 可以寻址的范围的任何位置。

6.4.3　中断处理

中断处理也称中断服务,实际上就是执行中断服务程序。CPU 通过执行中断服务程序来和外设交换数据。

在中断服务程序中一般要完成以下的操作。

1. 保护现场

即根据需要把断点处(转出主程序时)的有关寄存器的内容推入堆栈保护。因为 CPU 的寄存器无论是在调用程序和被调用程序中都是可以使用的。如果某些寄存器在主程序中已经保存了数据,并且在以后的执行中还要继续使用,而在中断服务程序中也要用到这些寄存器,那么如果不采取保护的措施,则原来的数据就会被新数据取代,以后主程序再使用这些数据就要出错。

因此,对于子程序中要使用的寄存器,一般都应先推入堆栈加以保护。具体应保护哪些寄存器的内容,则应视情况而定。

在 MCS-51 的情况下,子程序中经常需要保护的寄存器有累加器 A、工作寄存器 R0～R7、程序状态字 PSW 等。

2. 处理开/关中断

一般的中断系统在响应中断后是自动关中断的。在退出中断服务程序前,一般都要恢复到开中断的状态,以便 CPU 在结束这次中断处理后,接受和处理其他的中断申请。

如果不必考虑中断嵌套,则只需在中断返回指令前,用指令实现开中断。

若要允许中断嵌套,则在中断服务程序开始时,就要用指令开中断。这样就可以在中断服务程序执行过程中,CPU 再接受更高级别的中断申请,实现中断嵌套。

如果有的 CPU 不是自动实现在中断服务程序开始时关闭中断,则在不允许中断嵌套时,要在中断服务程序开始时,用指令实现关中断。

3. 执行中断服务程序

中断服务的核心就是执行中断服务程序。对于程序设计者来说,就是要根据外设和 CPU 交换数据的需要,编写中断服务程序。

一般来说,中断服务程序都比较简单,或者是从输入设备中读取数据,或者是将存储器或寄存器中的数据输出到外设。这样的程序,在逻辑上都不会很复杂。

4. 恢复现场

在结束中断服务程序之前,要将推入堆栈保护的寄存器内容,弹出到各自所属的寄存器,以便回到主程序后,继续执行原有的程序。如果断点地址保存在某个寄存器中,则要用指令将这个寄存器的内容传送到程序计数器 PC。

5. 结束中断服务程序

中断服务程序的最后,必须有一条中断返回指令,用以结束中断服务程序的执行。

6.4.4 中断返回

中断返回是在中断服务程序的最后,用一条返回指令来实现的。此时,CPU 将推入堆栈中保护的断点地址弹出到程序计数器 PC,从而使 CPU 继续执行中断了的主程序。

以上介绍了中断处理的基本过程。这个过程对每个具体的 CPU 来说,都要通过相应的指令来实现。下面具体介绍 MCS-51 单片微型机的中断处理。

6.5 MCS-51 的中断系统及其控制

CPU 的中断系统完成对于中断过程的控制。不同的 CPU 的中断系统会有很大的不同。MCS-51 的中断系统比较简单,但是很有典型性。

6.5.1 中断系统中的寄存器

MCS-51 的中断系统从面向用户的角度来看,就是如下若干个特殊功能寄存器:
- 定时器控制寄存器 TCON;
- 中断允许寄存器 IE;
- 中断优先级寄存器 IP;
- 串行口控制寄存器 SCON。

其中 TCON 和 SCON 只有一部分位用于中断控制。

在以上各个特殊功能寄存器中都是以"位"作为单位来对中断过程进行各种控制的。从另一个角度来看,就是通过指令对这些寄存器的控制位进行置 0 或置 1,就可以实现各种中断控制功能。

掌握 MCS-51 的主要内容之一就是要掌握这些特殊功能寄存器的控制位的功能和使用。

6.5.2 中断源及中断标志位

MCS-51 是一个多中断系统,不仅有外部中断,也有内部产生的中断申请。另外,MCS-51 在检测到中断申请后,会在相应的寄存器中设立中断标志位。了解这些中断标志位及其处理,也是了解 MCS-51 中断系统必不可少的一项内容。

1. MCS-51 中断源

对于 8051 系列来说,可以有 5 个中断源,即两个外部中断、两个定时/计数器中断和 1 个串行口中断。

两个外部中断从 $\overline{INT0}$ 和 $\overline{INT1}$ 引脚输入,实际上是 P3 口的 P3.2 和 P3.3 引脚。外部中断申请信号可以有两种方式,即电平输入方式和负边沿输入方式。若是电平型申请,则 $\overline{INT0}$ 或 $\overline{INT1}$ 引脚上检测到低电位即为有效的中断申请。若是边沿型申请,则需在 $\overline{INTX}$(X 可为 1 或 0)引脚上检测到负脉冲跳变,才属有效申请。CPU 在每个机器周期的第 5 个状态的第 2 相(即第 2 个时钟周期)S_5P_2 检测 $\overline{INTX}$ 上的信号。对于电平型申请,检测到低电平即为有效申请。而对于边沿型申请,则通过比较两次检测到的信号,若前一次为高电平,后一次为低电平,则表示检测到负边沿申请信号。因此,检测到负边沿中断申请至少要相隔一个机器周期:前一个机器周期检测到高电平,后一个机器周期检测到低电平。

定时器/计数器中断是当计数器的计数值产生溢出时,即从全 1 进入全 0 时,可以产生一个中断申请,这就是定时器/计数器中断。8051 有两个定时器/计数器,因此也就有两个定时器/计数器中断。这是属于一种 MCS-51 内部发出的中断源。

另一种中断源是串行口中断,它也是一种内部中断,它是在串行口每接收或发送完一组串行数据后自动发出的中断申请。一组串行数据究竟有几位则和串行口的工作方式有关。

2. 中断标志位和 TCON 寄存器

8051 在检测到或收到中断申请后,会将检测的结果存放在某些寄存器中,也就是使某些中断标志位置位。这些标志位分别位于定时控制寄存器 TCON 和串行口控制寄存器 SCON 的相应位。

8051 系统通过检测这些中断标志位来决定是否存在相应的中断申请。如果某个中断标志位被置位,则就认为存在着相应的中断申请,反之,如果中断标志位的值为 0,则不需要响应这个中断申请。中断标志位的设置是由硬件自动完成的:只要检测到中断申请,相应的标志位就会被置位。需要注意的是,在中断处理结束后,必须使中断标志位复位,以便可以接受新的中断申请。但是,中断标志位的复位,并不都是自动完成的。使用者必须了解哪些中断标志位是自动清除的,哪些是不能自动清除而要自己用指令来清除的。

TCON 寄存器用来存放外部中断和定时器/计数器中断的中断标志。另外,TCON 寄存器还可以用来选择外部中断申请是电平方式还是边沿方式。此外,定时控制寄存器 TCON 还有定时器控制的控制功能。8051 的中断标志位和控制位的分布如图 6.11 所示。

TCON	TF1	TR1	TF0	TR0	IE1	IT1	IE0	IT0
位地址	8F	8E	8D	8C	8B	8A	89	88

SCON							TI	RI
位地址							99	98

图 6.11　8051 的中断标志位和控制位

TCON 各控制位的含义如下。

IT0:选择外中断 $\overline{INT0}$ 的中断触发方式。

   IT0＝0 时为电平触发方式,低电平有效;

   IT0＝1 时为边沿触发方式,$\overline{INT0}$ 引脚上的负跳变有效。

  IT0 的状态可以用软件(指令)来置位或复位。

IE0:外中断 $\overline{INT0}$ 的中断申请标志。当检测到 $\overline{INT0}$ 上存在有效中断申请时,由硬件使 IE0 置位。当 CPU 转向中断服务程序时,由硬件清零。

IT1:选择外中断$\overline{\text{INT1}}$的中断触发方式(功能与IT0类似)。

IE1:外部中断$\overline{\text{INT1}}$的中断申请标志(功能与IE0类似)。

TF0:定时器0溢出中断申请标志。当定时器0溢出时,由内部的硬件将TF0置1,而当转向中断服务程序时,也由硬件将TF0置0,从而清除定时器0的中断申请标志。

TF1:定时器1溢出中断申请标志(功能与TF0相同)。

TR0和TR1是控制定时器的启、停的控制位,与中断无关。

TCON寄存器的地址为88H,其中各位都可以位寻址,位地址为88H～8FH。

串行口的中断申请标志则是位于串行口控制寄存器SCON中,但它占用两位而不是一位。

TI:串行口发送中断标志,当发送完一帧串行数据后置位,但必须用软件清除。

RI:串行口接收中断标志,当接收完一帧串行数据后置位,也必须用软件清除。

串行口的中断申请标志是由TI和RI相或以后产生的,只要TI或者RI被置位,CPU就认为存在串行口中断申请。另外要注意串行口中断标志不是由硬件自动清除的,需要在中断服务程序中通过指令使这些标志复位,才能将串行口中断标志复位。

图6.12为MCS-51的中断源及其中断标志示意图。

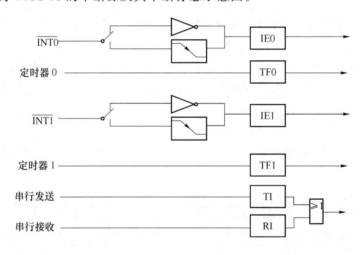

图6.12　MCS-51的中断源和中断标志

对于8032系统,有3个定时器,因此有3个定时器溢出中断,故共有6个中断源。

6.5.3　中断开放的控制

MCS-51也可以由指令来控制中断的开放和关闭,但不是使用专设的开中断和关中断指令。中断的开放和关闭是通过中断允许寄存器IE来控制的。

中断允许寄存器IE对于中断的开放实现两级控制。所谓两级控制是指在IE寄存器中首先有一个总的控制位EA,当EA＝0时,就对所有的中断申请实行关中断,任何中断申请都不能接受。而当EA＝1时,各个中断申请才有可能被接受。

在 EA＝1 时,对各中断源的中断申请是否开放,还要看各个中断源的中断允许控制位的状态。EA 和各中断源的中断允许控制位全部集中在中断允许寄存器 IE 中。其分布情况如图 6.13 所示。

IE	EA			ES	ET1	EX1	ET0	EX0
位地址	AF			AC	AB	AA	A9	A8

图 6.13　中断允许寄存器 IE 的控制位

IE 中各位的含义和作用如下。

EA:CPU 中断允许总控制位。EA＝0 时,CPU 关闭所有的中断申请;EA＝1 时,才可能允许各个中断源的中断申请,但还要取决各中断源中断允许控制位的状态。

ES:串行口中断允许位。ES＝1 时,串行口开中断;ES＝0 时,串行口关中断。

ET1:定时/计数器 T1 的溢出中断允许位。ET1＝1 时,允许 T1 溢出中断,ET1＝0 则不允许 T1 的溢出中断申请。

EX1:外部中断 1($\overline{INT1}$)中断允许位。EX1＝1 时允许外部中断 1 的中断申请,EX1＝0 则不允许这个中断申请。

ET0:定时/计数器 T0 的溢出中断允许位。ET0＝1 为开中断,ET0＝0 为关中断。

EX0:外部中断 0($\overline{INT0}$)中断允许位。EX0＝1 为开中断,EX0＝0 为关中断。

IE 寄存器的单元地址是 A8H,各控制位都可以位寻址,位地址为 A8H～AFH,故可以用位操作指令来实现中断的开放或关闭。例如要对定时器 T1 开放中断,可用以下指令:

```
SETB    EA
SETB    ET1
```

当然也可以用一条字节操作指令来完成,如:

```
MOV     IE,♯88H
```

也能同样地实现定时器 1 的中断开放。

8051 单片机在复位时,IE 的各位均为 0,所以 CPU 是处于关中断的状态。必须通过对 IE 寄存器的设置,进入开中断状态,才能进行中断处理。

8051 CPU 在响应中断之后不会自动实现关中断。如果要禁止中断嵌套,则要在中断服务程序开始时通过对 IE 的设置,实现关中断。

6.5.4　中断优先级的控制

MCS-51 的中断优先级控制比较简单,只有两个中断优先级,即任何一个中断源都可以规定为高级中断或低级中断,从而实现两级中断嵌套。CPU 将先响应高级中断,然后再响应低级中断。或者是当 CPU 在响应低级中断时又有高级中断申请,则 CPU 就中断低级中断的服务而先响应高级中断,为高级中断服务以后再继续为低级中断服务。

每个中断源的优先级别由中断优先级寄存器 IP 来管理。图 6.14 为 IP 寄存器中各控制位的分布。其中各位的含义如下。

PS:串行口中断优先级控制位。

PT1:定时/计数器 T1 中断优先级控制位。

PX1:外部中断$\overline{INT1}$中断优先级控制位。

PT0:定时/计数器 T0 中断优先级控制位。

PX0:外部中断$\overline{INT0}$中断优先级控制位。

IP				PS	PT1	PX1	PT0	PX0
位地址				BC	BB	BA	B9	B8

图 6.14　中断优先级寄存器 IP 的控制位

若某一个控制位置 1,则相应的中断源就规定为高级中断。反之,若某一个控制位为 0,则相应的中断源就规定为低级中断。IP 寄存器的单元地址为 B8H,其中各控制位也都是可以位寻址的,因此,可以用位操作指令来更新 IP 内容,以改变各中断源的中断优先级。

MCS-51 可以有 5 个中断源,但只有两个优先级,因此,必然会有若干个中断源处于同样的中断优先级。若两个同样优先级的中断申请同时来到,CPU 又该如何响应中断? 在这种情况下,MCS-51 内部有一个固定的查询次序,或者说,内部对于各中断源的级别有一个规定顺序,在出现同级中断申请时,就按这个规定顺序来决定响应的次序。按照优先级由高到低的顺序为

- 外部中断申请 0,标志为 IE0;
- 定时器 0 溢出中断,标志为 TF0;
- 外部中断申请 1,标志为 IE1;
- 定时器 1 溢出中断,标志为 TF1;
- 串行口中断,标志为 RI 或 TI。

例如,当外中断 0 和外中断 1 都规定为高级中断(PX0＝1,PX1＝1),则当这两个中断同时申请时,MCS-51 系统将先响应外中断 0 的申请,然后再响应外中断 1 的申请。

在实际应用时,这样的中断优先结构仍会觉得太简单而不能满足要求。例如,当有 3 个外中断并要求规定为高、中、低 3 级中断时,应该如何处理? 这种问题的解决将结合中断源的扩展在 6.6 节进行讨论。

6.5.5　中断响应

中断响应有两个问题需要首先关心:一是在什么条件下 CPU 可以响应中断;二是响应中断后如何确定中断服务程序的入口地址。

1. MCS-51 中断响应的条件

当中断源产生中断申请时,MCS-51 系统是先把这些申请登记在各自的中断标志位中,然后在下一个周期按照内部优先顺序和规定的优先级别来查询这些中断标志,并在一个机器周期之内完成检测和优先级排队。然后在下一个机器周期的 S_1 状态开始对其中的优先级最高的中断进行响应。中断响应的条件和一般中断系统类似,但也有自己特殊

的条件,共有以下 3 条。

(1) 必须没有同级或更高级的中断正在响应,否则,必须等 CPU 为它们服务完毕之后,才能响应新的中断申请。

(2) 必须当现在正在执行的指令执行完毕以后,才能响应中断。若在查询中断时正好也是现行指令的最后一个机器周期,则不需等待就可进入中断服务,否则就需等待若干机器周期,直到现行指令执行完毕才响应中断。

(3) 若正在执行的指令是 RETI 或者是任何访问 IE 或 IP 的指令,则必须再另外执行一条指令之后才可以响应中断。在这种情况下,响应中断所需的时间就会加长。这个响应条件是 MCS-51 系统所固有的。

若满足响应条件,CPU 就在下一个机器周期响应中断,完成两件工作:一是把断点的地址也就是当时的程序计数器 PC 的内容推入堆栈;二是根据中断的不同来源,把程序的执行转到相应的中断服务程序的入口。

2. 中断入口地址的确定

在 MCS-51 系统中,确定中断入口地址是很简单的:每个中断源都有固定的中断入口地址。中断源及其相应的中断入口地址见表 6.1。

实际上在响应中断时,CPU 就是根据查询到的中断源,执行一条不同转移地址的长调用指令 LCALL。例如,响应外部中断 0 的申请,就是执行:

LCALL   0003H

这样一条指令,既可以完成保护断点,又实现转向规定的 0003H 的外中断 0 的服务程序入口。

表 6.1   中断源和中断入口地址

中断源	中断入口地址
外中断 0	0003H
定时/计数器 0	000BH
定时/计数器 0	0013H
外中断 1	001BH
串行口中断	0023H

这 5 个入口地址之间,各有 8 个单元的空间,一般情况下,8 个地址单元是不足以容纳一个中断服务子程序的。因此,除非中断服务特别简单,可以直接安排在这些单元内之外,总是在中断入口地址处放一条无条件转移指令,以转向另外安排的中断服务子程序的入口,以便有足够的空间来安排中断服务子程序。例如:

ORG   0003H

LJMP   1000H

这样,实际上是将外中断 0 的中断入口地址安排在 1000H。对于一些商用的单片机开发系统来说,在规定的中断入口处已固化了一条无条件转移指令,对用户来说应该知道转移到什么地址去安排中断入口。

6.5.6   中断响应时间

从 MCS-51 响应中断的条件,可以知道响应中断的最短时间和最长时间。

响应中断最短需要 3 个机器周期。若 CPU 查询中断标志的周期正好是执行一条指令的最后一个机器周期,则不需等待就可以响应。而响应中断时,执行一条长调用指令需要两个机器周期,再加上查询 1 个周期,故共需 3 个机器周期才开始执行中断服务程序。

响应中断最多需要 8 个机器周期。若查询中断标志位时正好在执行 RETI 或者访问 IE 或 IP 指令,则需再执行一条指令才能响应。而再执行一条指令的最长时间是 4 个机器周期(MUL 和 DIV 指令),而有的访问 IE 或 IP 指令是双周期指令,CPU 查询时可能正在执行指令的第一个机器周期,这样还需一个周期才能结束这条指令,故总共需要 5 个附加的机器周期。加上必不可少的 3 个机器周期(查询,执行 LCALL),共为 8 个机器周期。

一般情况下,可以认为响应中断的时间为 3～8 个机器周期。当然,如果有同级或高级中断正在响应服务,等待的时间就不好估计了。

中断响应时间在一般情况下可不予考虑,但在某些精确的定时控制场合,则需要对定时值作出调整,以保证准确的定时控制。

6.5.7　中断申请的撤销

在响应中断的时候,中断申请是被锁存在特殊功能寄存器 TCON 和 SCON 中的标志位。在响应了某个中断申请后,相应的中断标志位应该予以清除(清零),否则就意味着中断申请继续有效,在 CPU 查询这些标志位时会认为又有中断申请来到而再次响应中断,而实际上这种中断申请并不存在。

5 个中断源实际是 3 种中断类型,对于其中的两种,在响应中断后,中断系统通过硬件可使标志位自动清零。它们是:

- 定时器 0 或 1 的中断申请标志 TF0 和 TF1;
- 外部中断 0 或 1 的中断申请标志 IE0 和 IE1。

中断申请的撤销还要注意外部中断申请信号的撤销。

8051 的外部中断有两种触发方法:电平方式和边沿方式。对于边沿方式来说,脉冲边沿的结束就意味着外中断申请的结束,问题不大。

对于电平型触发则不同。若仅是消除了 IE0 或 IE1,而加在 $\overline{INT0}$ 或 $\overline{INT1}$ 上的低电平不撤销,在下一个机器周期 CPU 检测外中断申请时会发现又有低电平信号加在外中断输入上,又会使 IE0 或 IE1 置位,从而产生错误的结果。由于 MCS-51 的中断系统没有对外的中断应答信号,即中断响应后没有信号输出去通知外设结束中断申请,因此,必须由用户自己来关心和处理这个问题。

假如申请中断的低电平信号是由图 6.15 中的 D 触发器产生的,D 触发器的作用是锁存外部中断申请以便 CPU 检测。这种情况下,$\overline{INT0}$ 上的低电平就不会因 CPU 响应中断而自动变高。用户必须采取措施,使得在 CPU 响应中断后,Q 输出变高。为此,可利

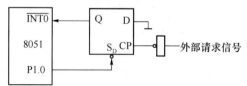

图 6.15　电平中断申请的撤销

用 D 触发器的直接置 1 端 S_D,使它受单片机的一个输出信号的控制。这个信号平时为 1,但在响应中断之后应变为 0,从而使 D 触发器置 1 而撤销中断申请。为此,可以在中断服务子程序的最后加上两条指令:

```
ANL      P1,#0FEH
ORL      P1,#01H
```

即 P1 口的 P1.0 引脚平时输出为 1,在中断服务程序中送出一个负脉冲,用来使 D 触发器置 1。

负脉冲的宽度为两个机器周期,即 24 个时钟周期,一般情况下已是足够宽了。

这种对电平型外中断申请的处理方式当然可以有多种,这里仅指出一种以引起注意。

对于串行口的中断申请标志 TI 和 RI,中断系统不予以自动撤销。一般在响应串行口中断之后先要测试这两个标志位,以决定是接收操作还是发送操作,故不能立即撤销。但使用完毕后应使之复位,以便结束这次中断申请。复位可在中断服务子程序中用指令来实现。例如:

```
CLR      TI
```

或者

```
ANL      SCON,#0FCH
```

等都可以达到清除串行口标志位的目的。

6.5.8 中断系统初始化

MCS-51 中断系统由若干个特殊功能寄存器管理,中断系统的初始化就是对这些寄存器的各控制位的赋值。中断系统的初始化需完成以下操作:

- 开中断;
- 确定各中断源的优先级;
- 若是外部中断,应规定是电平触发还是边沿触发。

例 6.4 若规定外部中断 0 为电平方式,高优先级,试写出有关的初始化程序。

解 用位操作指令很容易完成:

```
SETB     EA
SETB     EX0               ;外中断 0 开中断
SETB     PX0               ;外中断 0 高优先级
CLR      IT0               ;电平触发
```

当然也可以不用位操作指令而完成同样功能,如:

```
MOV      IE,#81H           ;同时置位 EA 和 EX0
ORL      IP,#01H           ;置位 PX0
ANL      TCON,#0FEH        ;使 IT0 为 0
```

一般情况下,还是用位操作指令简便些,因为这只需知道控制位的名称而不必记住它们在寄存器中的确切位置。

6.5.9 中断方式应用举例

以下通过 8031 和微型打印机的接口来说明中断方式的应用。

CPU 和外设接口时，要特别注意接口的时序。也就是要注意在 CPU 和外设连接时，有哪些接口信号需要交互，这些信号之间在时间上是如何互相配合的。不同的外设有不同是接口时序，必须特别注意。

微型打印机一般都带有数据锁存器并需要若干接口信号，具体的接口信号则因打印机而异。一般的微型打印机有这样一组接口信号：$\overline{STB}$、BUSY 和 $\overline{ACK}$，它们的功能如下。

$\overline{STB}$：数据选通输入。这是由单片机（或 CPU）向打印机提供的接口信号。只有在 CPU 向打印机发出 $\overline{STB}=0$ 以后，微型打印机才开始接收和锁存数据，并开始打印字符。

BUSY：忙信号。打印机向 CPU 提供的接口信号。在微型打印机开始工作后，只要打印没有结束，忙信号保持为 1。CPU 检测到忙信号为高电平时就不应该再向微型打印机发送字符信号，只有在 BUSY=0 时，才可以向打印机发送字符，否则会造成丢失。因此，BUSY 信号是反映打印机工作状态的信息。

$\overline{ACK}$：应答信号。是打印机向 CPU 的接口信号。它的作用和 BUSY 基本相同，但信号的形式是脉冲。当打印机打印完一个字符后（BUSY 信号由高变低），$\overline{ACK}$ 线上发出一个负脉冲，表示打印结束。该信号可以用来通知 CPU 发送下一个字符。这 3 种信号的时序图如图 6.16 所示。

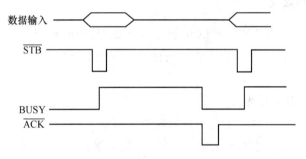

图 6.16　打印机接口信号的时序

在接口时序中，要注意打印数据和接口信号之间的时间关系。从图 6.16 可以看出，CPU 要先发出 $\overline{STB}=0$，然后再向打印机发送打印数据。

单片机与这类打印机连接时，产生 $\overline{STB}$ 信号是要首先考虑的问题。在这里 $\overline{STB}$ 信号兼有片选（$\overline{CS}$）和启动（START）两种功能。在和打印机接口时，也要给打印机分配地址，地址译码器的输出就起到了片选的作用。所以一般可将译码器输出的地址信号以及输出数据时发出的写控制信号 $\overline{WR}$ 相或（负与门）以后来得到 $\overline{STB}$。

当 CPU 和打印机采用查询方式传送数据时，可采用 BUSY 信号作为查询对象。可将 BUSY 信号接到 P1 口的某一位，通过查询这一位的状态，就可确定上次输出的字符打印是否结束，是否可以输出新的字符。

当 CPU 用中断方式和打印机接口时，可使用 $\overline{ACK}$ 信号。将 $\overline{ACK}$ 信号接到 $\overline{INTX}$（X

为 0 或 1)外中断入口,用 $\overline{ACK}$ 脉冲信号向 CPU 申请中断,在中断服务程序中输出新的打印字符。

例 6.5　要将内部数据 RAM 从 20H 开始的 50 个 8 位数据通过打印机打印出来,试画出有关的硬件连接图并编制相应的程序。

解　为提高 CPU 效率,采用中断方式。用 $\overline{ACK}$ 加到 $\overline{INT0}$ 作为中断申请信号,用一个 4 输入译码器(16 个输出)进行部分地址译码。系统的硬件连接图如图 6.17 所示。

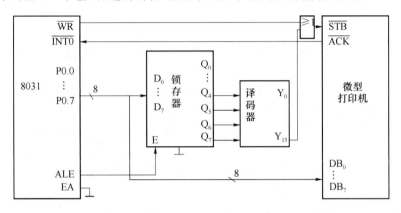

图 6.17　MCS-51 和打印机的接口

当采用如图 6.17 所示的部分译码方式时,微型打印机占用的地址为 F0H~FFH,共 16 个单元。而外部 RAM 可用单元为 00H~EFH。编制的程序应包括主程序和中断服务程序。

主程序:

```
        SETB    EA                  ; 开中断
        SETB    EX0                 ; 允许外中断 0
        SETB    PX0                 ; 外中断 0 为高级中断
        SETB    IT0                 ; 边沿触发方式
        MOV     R2,#49              ; R2 设为打印计数器
        MOV     R0,#20H             ; R0 设为打印数据的地址指针
        MOV     R1,#0F0H            ; R1 存打印机地址
        MOV     A,@R0
        MOVX    @R0,A               ; 先输出一个数据
LOOP:   SJMP    $                   ; 虚拟的主程序
```

中断服务程序:

```
        ORG     0003H
        LJMP    ROUT
        ⋮
ROUT:   PUSH    PSW                 ; 保护现场
        PUSH    ACC
        INC     R0                  ; 修改地址指针
        MOV     A,@R0
```

```
          MOVX    @R1,A                    ;输出数据
          DEC     R2                       ;计数器减 1
          MOV     A,R2                     ;转存至 A
          JNZ     NEXT                     ;不为零则不关中断
          CLR     EX0                      ;关中断
NEXT:     POP     ACC                      ;恢复现场
          POP     PSW
          RETI                             ;中断返回
```

在主程序中要包括中断系统初始化,数据传送的初始化以及虚拟的主程序:

```
SJMP    $
```

在采用中断方式和外设交换数据时,总会存在一个主程序在不断地运转。但在介绍中断应用的程序中,不可能将这个主程序具体地表现出来,一般用一个虚拟的主程序来代表。在 MCS-51 下,可以用一个无限循环的语句"SJMP $"来表示。实际上是在执行这个语句的过程中等待中断,当有中断申请后就转至中断服务程序。而当执行 RETI 指令返回后,就到"SJMP $"的下一个语句继续执行。但因为执行"SJMP $"后,PC 的值仍指向这条指令,故实际上是直接返回到这条指令,继续等待中断。

在中断服务程序中,一般应开中断状态返回,以便再一次中断,继续输出数据到打印机。等到数据全部输出之后,就可以关中断,而直接在关中断状态下返回,以表示输出打印不再继续进行。

在图 6.17 中,没有外扩的数据 RAM,这样的连接没有什么问题。但如果系统还外扩了一片 256×8 位的数据 RAM,则要注意 RAM 地址和打印机地址的重叠问题。256×8 位 RAM 需要 8 条地址线来作为内部寻址,因此已没有多余的地址线来控制 RAM 的片选端$\overline{CS}$,$\overline{CS}$只能固定接地以备随时使用。这样一来,RAM 的寻址范围就为 00H～FFH,其中 F0H～FFH 将和打印机的地址重叠,使得数据传送在这个地址区出现多重性,这是不允许的。为了解决这个问题,可以用加到打印机的译码器输出去控制 RAM 的$\overline{CS}$端。当不对打印机操作时,$Y_{15}=0$,使 RAM 的$\overline{CS}$有效,可以对 RAM 读写。而在对打印机操作时,$Y_{15}=1$,使$\overline{CS}=1$,RAM 不能工作,从而解决了地址重叠的问题。其连接形式如图 6.18 所示。当用这种方法连接多个外设时,可将连接到各个外设的译码器输出通过逻辑电路产生 RAM 的$\overline{CS}$控制信号,以保证不出现 RAM 地址和外设地址重叠的问题。

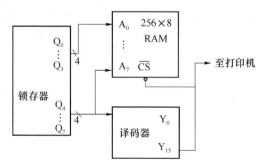

图 6.18　同时扩展外设与 RAM 时的连接

6.6　MCS-51 外部中断源的扩展

MCS-51 单片机只有两个外部中断输入端,并且也只有两个相应的中断服务程序的入口(0003H 和 0013H),若是直接使用,意味着只能为两个外设服务,这在许多场合是不够用的。对于有的微处理器,尽管外部中断输入端也不多,但它的中断控制系统可以控制多个中断服务程序的入口,因而也可以为多个外设服务,并不受中断输入端数目的限制。但 MCS-51 不属于这种情况,一个中断输入只对应一个中断入口。为了能服务于多个外设,就要设法扩展。本节介绍若干种扩展外部中断源的方法。

6.6.1　借用定时/计数器溢出中断作为外部中断

若是两个内部定时/计数器溢出中断没有使用或者有一个没有使用,就可以借用来作为外部中断,以扩展一个(或两个)外中断源。

8051 内部计数器是 16 位的,在允许中断的情况下,当计数从全 1(FFFFH)进入全 0 时,就产生溢出中断。如果把计数器的初值设置为 FFFFH,那么只要计数输入端加一个脉冲就可以产生溢出中断申请。如果把外部中断输入加到计数输入端,就可以利用外中断申请的负脉冲产生定时器溢出中断申请而转到相应的中断入口(000BH 或 001BH),只要在那里跳转到为外中断服务的中断子程序,就可以最后实现借用定时/计数器溢出中断为外部中断的目的。具体方法如下。

(1) 置定时/计数器为工作方式 2,即是 8 位的自动装载方式。这是一种 8 位计数器的工作方式:计数器低 8 位用做计数,高 8 位用做存放计数器的初值。当低 8 位计数器溢出时,高 8 位内容自动重新装入低 8 位,从而使计数可以重新按原规定的模值进行。

(2) 定时/计数器的高 8 位和低 8 位都预置为 0FFH。

(3) 将定时/计数器的计数输入端(T0、T1)作为扩展的外部中断输入。

(4) 在相应的中断服务程序入口开始存放为外中断服务的中断服务程序。

关于定时器的工作方式后面还要讨论。选择方式 2 是便于响应一次中断后马上又为接受下一次中断申请作好准备。在借用定时器溢出作为外中断时,中断初始化程序还应包括对定时器工作方式的设置和定时器初值的设置。

例 6.6　写出将定时/计数器 0 溢出中断借用为外部中断的初始化程序。

解　中断初始化都是围绕定时/计数器来进行的。这里先给出程序,在对定时器进行进一步讨论之后会对这个程序段有更好的理解。

```
MOV     TMOD,#06H              ;置 T0 为工作方式 2
MOV     TL0,#0FFH              ;置低 8 位初始值
MOV     TH0,#0FFH              ;置高 8 位初值
SETB    EA                    ;开中断
SETB    ET0                   ;定时器 0 允许中断
```

```
SETB    TR0                                    ;启动计数器
```

这样设置后,定时器 0 的输入就可以作为外部中断申请的输入,相当于增加了一个边沿触发型的外部中断源,其中断服务程序的入口地址为 000BH。

6.6.2 用查询方式扩展中断源

当外部中断源比较多对,借用定时器溢出中断也不够使用,这时可用查询方式来扩展外部中断源。图 6.19 是中断源查询的一种硬件连接方案。设有 4 个外部中断源 EI_1、EI_2、EI_3、EI_4,这 4 个中断申请输入通过一个或非门电路产生对 8051 的中断申请信号 $\overline{INT1}$。只要 4 个中断申请 $EI_1 \sim EI_4$ 之中有一个或一个以上有效(高电平)就会产生一个负的 $\overline{INT1}$ 信号向 8051 申请中断。

为了确定在 $\overline{INT1}$ 有效时究竟是哪一个中断源发出申请,就要通过对中断源的查询来解决。为此,4 个外部中断输入分别接到 P1.0~P1.3 四条引线上,在响应中断以后,在中断服务程序中,CPU 通过对这 4 条输入线电位的检测来确定是哪一个中断源提出了申请。

如果 4 个外部中断源的优先级不同,则查询时就按照优先级由高到低的顺序进行。例如,当优先级由高到低的顺序是 $EI_1 \sim EI_4$ 时,则查询的顺序为 P1.0~P1.3。

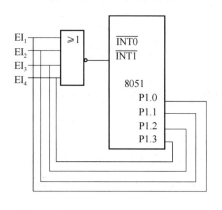

图 6.19 软件查询中断源的硬件连接

这种中断源的查询和查询式输入/输出是不同的。查询式输入/输出是 CPU 不断地查询外设的状态,以确定是否可以进行数据交换。而中断源的查询则是在收到中断申请以后,CPU 通过查询来认定中断源。这种查询只需进行一遍即可完成,不必反复进行。

例 6.7 用图 6.19 的连接对 $EI_1 \sim EI_4$ 中断源查询,写出有关的中断服务程序。

解 查询的流程图如图 6.20 所示。查询次序为 $EI_1 \sim EI_4$。在查到一个高级中断申请后,就转去为这个中断申请服务,服务结束后,就返回继续查询较低级的中断申请,直到查不到其他中断申请时返回,并再等待 $\overline{INT1}$ 上出现新的中断申请信号。

CPU 响应 $\overline{INT1}$ 中断申请后,总是转到入口地址 000BH,进入中断服务程序,对中断源的查询就在这个服务程序中进行,并根据查询结果转向各自的服务子程序。

这些子程序尽管是为各个中断源服务的,但不是中断服务子程序,而只是一般的子程序。子程序返回时要用 RET 指令而不是 RETI 指令。

有关的程序段可以有如下的形式:

```
ORG     000BH
LJMP    ITROU
⋮
```

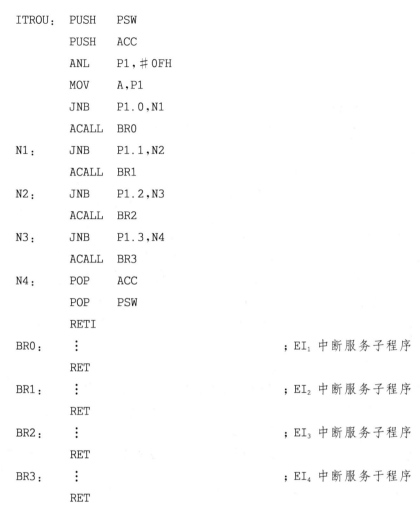

```
ITROU:  PUSH    PSW
        PUSH    ACC
        ANL     P1,#0FH
        MOV     A,P1
        JNB     P1.0,N1
        ACALL   BR0
N1:     JNB     P1.1,N2
        ACALL   BR1
N2:     JNB     P1.2,N3
        ACALL   BR2
N3:     JNB     P1.3,N4
        ACALL   BR3
N4:     POP     ACC
        POP     PSW
        RETI
BR0:    ⋮                       ; EI₁ 中断服务子程序
        RET
BR1:    ⋮                       ; EI₂ 中断服务子程序
        RET
BR2:    ⋮                       ; EI₃ 中断服务子程序
        RET
BR3:    ⋮                       ; EI₄ 中断服务于程序
        RET
```

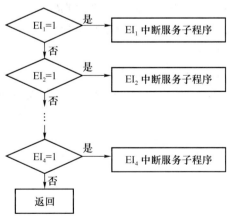

图 6.20　软件查询中断源流程图

习题和思考题

6.1　什么叫接口？它的功能是什么？

6.2　CPU 处理 I/O 操作有几种方式？各自有什么特点和应用范围？

6.3　在一般的输入/输出过程中，采用什么方法来协调 CPU 和外设在工作速度上的差别？

6.4　如果是在 CPU 和打印机之间进行数据传输，你认为采用哪种传输方式较好？为什么？

6.5　某行式打印机能以每分钟 30 行的速率在一行上打印 120 个字符，每个字符由 8 位二进制码输出。欲使打印机全速运行，一台 8 位微处理器应每隔多少时间进行一次数据传送？若用一台 16 位微处理器又应每隔多少时间进行一次数据传送？

6.6　什么是中断？CPU 在什么条件下可以响应中断？

6.7　DMA 传送的基本过程是什么？为什么 DMA 方式可以加快数据在外设和存储器之间的传送？

6.8　MCS-51 的中断系统有几个中断源？

6.9　MCS-51 的中断系统有几个中断优先级？中断优先级是如何控制的？

6.10　MCS-51 有几个中断标志位？它们有什么相同之处，又有什么不同的地方？

6.11　MCS-51 的中断申请信号可以有几种？如何进行控制？

6.12　如果要允许串行口中断，并将串行口中断设置为高级别的中断源，应该如何对有关的特殊功能寄存器的设置？

6.13　如何将定时器中断扩展为外部中断源？

6.14　什么是保护断点和保护现场？它们有什么差别？

6.15　什么叫中断的优先级？优先级的处理原则是什么？

6.16　什么是开中断和关中断？

6.17　屏蔽中断和非屏蔽中断有什么主要差别？

6.18　若图 6.4 中的数据 RAM 和程序 ROM 都是 8 KB 的容量，ROM 的地址是 0000H ～1FFFH，RAM 的地址是 4000H～5FFFH，请具体画出在 8031 系统中的系统连接图，要求画出译码器的具体电路，以及使用 8031 对于外部 ROM 和外部 RAM 的控制信号。

第7章 MCS-51 的并行接口

7.1 MCS-51 内部 I/O 口及其应用

MCS-51 单片机内部有 4 个 8 位双向 I/O(输入/输出)口。它们的内部结构图在前面已作过介绍。从特性上看,这 4 个端口还有所差别。

P0 口除了作为 8 位 I/O 口外,在扩展外部程序存储器和数据存储器时,P0 口要作为低 8 位地址总线和 8 位数据总线用。也就是在这种情况下,P0 口不能作 I/O 口用,而是先作为地址总线对外传送低 8 位地址,然后作为数据总线对外部存储器交换数据。只有在不使用外部存储器的情况下,P0 口才可以作为 I/O 口来使用。

P1 口只有 I/O 口功能,没有其他的功能。故在任何情况下,P1 口都可以作为 I/O 口用。

P2 口在扩展外部存储器时,要作为高 8 位地址线用。除非外部存储器的容量不超过 256 字节,P2 口一般不能作为 I/O 口来使用。

P3 口的每个引脚都有不同的第二功能。当它的某些引脚用做第二功能时,P3 口也不能作为 8 位 I/O 口。当然,由于 P3 口是可以位寻址的,若还有几位没有用于第二功能,这几位仍可用于输入/输出。

7.1.1 MCS-51 的 I/O 口直接用于输入/输出

MCS-51 的 4 个 I/O 口直接用于输入/输出时,都是准双向口。用做输出口时,端口带有输出锁存器,只要用一条输出数据的指令就可以把数据写入锁存器,实际上就是特殊功能寄存器 P0~P3。

在 MCS-51 系统中,没有专门的输入/输出指令,输入/输出操作都是通过传送指令来完成的。对 P0~P3 口的输出操作就是用以 P0~P3 为目的操作数的传送指令。例如,用以下指令都可以从 P0 口输出数据。

```
MOV    P0,A
MOV    P0,R1
MOV    P0,@R1
```

用做输入口时,端口带有输入缓冲器,但没有输入锁存器,因此要输入的数据必须一直保持在引脚上,直到把数据读走。另外,由于此时的输入引脚仍和输出驱动器的输出端是同一个点,若输出驱动器的状态是"0",则等于把输入引脚对地短路,不可能反映出输入信号是"0"还是"1"。为了能读取引脚上的信号,应在读取之前使端口的锁存器为"1",从而使输出驱动器截止,对地呈开路状态,这样就不会影响对引脚上信号的读取。

因此,在从 P0 口输入数据时,要先对 P0 口进行写"1"的操作,然后,再用传送指令,从 P0 口读入数据,如可以用以下指令从 P0 读入到累加器:

```
MOV     P0,♯0FFH
MOV     A,P0
```

以下指令从 P0 口读入到工作寄存器:

```
MOV     P0,♯0FFH
MOV     R1,P0
```

有一类指令是对 I/O 口输出锁存器中的数据进行操作,如对端口数据进行逻辑操作。这一类指令是先读出端口锁存器中的内容,再按指令的规定进行操作,最后将操作的结果写入端口锁存器,一般称之为读一改一写指令。这类指令有:

```
ORL     P0,♯0FH
ANL     P0,♯01H
XRL     P0,♯00H
```

这类指令不是对端口引脚上的数据进行操作。若要对引脚上数据进行操作则只能先读入到 CPU,然后再进行运算。

所有 4 个 I/O 口都是可以位寻址的,就是说,其中每一位都可以用做输入或输出。

由于 MCS-51 的 I/O 口只有数据口而没有状态口或控制口,在实际使用时,特别是在查询式输入/输出传送时,可以用 I/O 口的某一位(或几位)来作为状态信息的传送者,通过查询这一位的状态来确定外设是否处于"准备好"的状态。

例 7.1 为模拟图 7.1 的逻辑电路,用 P1 口的 P1.0,P1.1 作为变量输入端,用 P1.2 作为电路输出端,并用一个发光二极管来显示输出,P1.3 传送状态信息。当准备好一组输入值后,按动状态按钮通知 CPU 开始模拟。

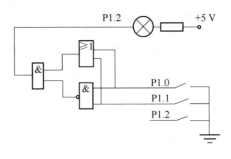

图 7.1　例 7.1 附图

解　程序应从检测状态信息开始,当检测列 P1.3 为低电平时,就开始模拟一组输入,并把结果送输出显示,然后再开始检测状态信息。

```
LOOP1:ORL      P1,#08H        ; 准备 P1.3 输入信息
LOOP2:MOV      C,P1.3         ; 检测状态信息
      JC       LOOP2          ; 未准备好循环检测
      ORL      P1,#03H        ; 准备输入信号
      MOV      E,P1.0         ; 输入信号 P1.0 到 E
      MOV      F,P1.1         ; 输入信号 P1.1 到 F
      MOV      C,E            ; 暂存于 C
      ANL      C,F            ; C←E∩F
      MOV      D,C            ; 暂存于 D
      MOV      C,E
      ORL      C,F            ; C←E∪F
      ANL      C,/D           ; C←(E∩F)∩(E∪F)
      MOV      P1.2,C         ; 输出结果
      SJMP     LOOP1          ; 准备下一次模拟
```

程序中的 E、F、D 都是位地址，可以用伪指令来定义。在读入引脚信号之前，通过 ORL 指令使有关的位置 1，但不改变其他位的内容。

7.1.2　MCS-51 的 I/O 口改组为非 8 位端口

在实际使用时，I/O 口并不一定是 8 位的，有时可以是低于 8 位的端口。这时若直接使用 P0～P3 口当然也可以，如直接将 8 位端口当做 5 位端口使用。但在 I/O 资源十分紧张的情况下，这无疑是一种浪费。最好是将 8 位端口改造为非 8 位端口，以便能使 I/O 口得到充分利用。

例如，在一个系统中需要 3 个 5 位的 I/O 口。如果能用两个 8 位端口改组而成，则是最理想的。这样改组而成的端口有时称为"虚口"，若这 3 个虚口定名为 X 口、Y 口、Z 口，由 P1 和 P2 口改组而成。它们之间的对应关系如图 7.2 所示。

Z.0	Z.1	Z.2	Z.3	Z.4	Y.4	Y.3	Y.2	Y.1	Y.0	X.4	X.3	X.2	X.1	X.0
P2.6	P2.5	P2.4	P2.3	P2.2	P2.1	P2.0	P1.7	P1.6	P1.5	P1.4	P1.3	P1.2	P1.1	P1.0

图 7.2　两个 8 位端口组成 3 个虚口

从图中可以看出，每个端口都要为两个虚口服务，P2 口的最高位 P2.7 没有使用，还可以用做状态信息的传送。从 3 个虚口输出的数据，原来都是在内存单元的 D_0～D_4 位上。程序设计的目的就是要根据 X 口、Y 口、Z 口与 P1 口、P2 口的关系，把数据移到正确的虚口位置再行输出。

特别是对于 Y 口的数据，要从原来的 D_0～D_4 分别移入 P1.5～P1.7 和 P2.0～P2.1。而对 Z 口来说则要把高低位位置颠倒，然后再对号入座。

这样的程序有两种编写方法，一种是每次输出时，只是输出一个虚口的数据，而为其他虚口服务的各位数据则维持原值不变；另一种方法则是每次输出时都将 P1 口或 P2 口（也可能是同时）的 8 位数据准备好，然后再一起输出。这样在输出一个虚口的数据时，端

口其余各位的内容可能不变,但也可能是变化了的。

以下是按照第一种思路编写的程序,用 3 个子程序来输出 3 个虚口的数据。此时,假定不论从哪个虚口输出的数据都先送至累加器 A 的 $D_0 \sim D_4$,而 $D_5 \sim D_7$ 则为 0。

```
OUTX:ANL    P1,♯0E0H        ;P1.7～P1.5 保持不变
     ORL    P1,A            ;X 口数据装入 P1.4～P1.0
     RET
OUTY:MOV    B,♯20H          ;B = 32
     MUL    AB              ;A×32,相当于左移 5 位
     ANL    P1,♯1FH         ;P1.4～P1.0 不变
     ORL    P1,A            ;输出 Y.2～Y.0 到 P1.7～P1.5
     MOV    A,B             ;Y.4～Y.3 置入 A.1～A.0
     ANL    P2,♯0FCH        ;P2.7～P2.2 不变
     ORL    P2,A            ;输出 Y.4－Y.3 到 P2.1－P2.0
     RET
OUTZ:RRC    A               ;Z.0 送到 Cy
     MOV    P2.6,C          ;Z.0 送到 P2.6
     RRC    A               ;Z.1 送到 Cy
     MOV    P2.5,C          ;Z.1 送到 P2.5
     RRC    A               ;Z.2 送到 Cy
     MOV    P2.4,C          ;Z.2 送到 P2.4
     RRC    A               ;Z.3 送到 Cy
     MOV    P2.3,C          ;Z.3 送到 P2.3
     RRC    A               ;Z.4 送到 Cy
     MOV    P2.2,C          ;Z.4 送到 P2.2
     RET
```

以上程序中,X 口数据是一次输出的,Y 口数据分两次输出。A 乘以 32 以后,使 BA 联合作为 16 位寄存器一起左移 5 位,不但把 Y.2～Y.0 移入 A.7～A.5,也把 Y.4～Y.3 移至 B.1～B.0。

然后经过两次屏蔽处理(ANL 指令),分别输出 Y.2～Y.0(在 P1 口)和 Y.4～Y.3(在 P2 口)。

Z 口的内容是按位输出的,5 位数据通过 5 次位传送指令输出到 P2 的相应位(P2.6 ～ P2.2),而 P2 口其他各位的内容不受影响。

现在介绍按另一种思路编写这种程序。要输出的数据也是放在累加器 A 的 $D_0 \sim D_4$。在内部 RAM 中定义了 3 个单元用来存放准备输出的 X、Y 和 Z 数据。同样用 3 个子程序来输出这 3 组数据(3 个虚口)。但在每次输出一组数据时,总是到 RAM 单元取出 X、Y、Z 中其他有关的数据,装配成 1 个 8 位字节(或者 2 个 8 位字节),从 P1 口或 P2 口输出。参考程序如下:

```
X      DATA      20H
```

```
Y       DATA      21H
Z       DATA      22H
XOUT：ANL        A,♯1FH              ;只要 D₀～D₄ 位
        MOV       X,A                 ;X 数据存 X 单元
        ACALL     OUTP1               ;调用输出子程序 1
        RET
YOUT：MOV        Y,A                 ;Y 数据存 Y 单元
        ACALL     OUTP1               ;从 P1 口输出
        ACALL     OUTP2               ;还从 P2 口输出
        RET
ZOUT：MOV        Z,A                 ;Z 数据存 Z 单元
        ACALL     OUTP2               ; 从 P2 口输出
        RET
OUTP1:MOV        A,Y                 ;⎫
        SWAP      A                   ;⎬将 Y.2～Y.0 送到 A.7～A.5
        RL        A                   ;⎭
        ANL       A,♯0E0H             ; 清 A.4～A 0
        ORL       A,X                 ; 并入 X 口数据
        MOV       P1,A                ;从 P1 口输出
        RET
OVTP2:MOV        C,Z.0               ; C←Z.0
        RLC       A
        MOV       C,Z.1               ;⎫
        RLC       A                   ;⎪
        MOV       C,Z.2               ;⎪
        RLC       A                   ;⎪
        MOV       C,Z.3               ;⎬将 Z.0～Z.4 移入 A.4～A.0
        RLC       A                   ;⎪
        MOV       C,Z.4               ;⎪
        RLC       A                   ;⎭
        MOV       C,Y.4               ;⎫Z.0～Z.4 送到 A.6～A.2,
        RLC       A                   ;⎬Y.4～Y.3 送到 A.1～A.0
        MOV       C,Y.3               ;⎭
        RLC       A
        SETB      ACC.7               ;A.7 置为输入状态
        MOV       P2,A                ; 从 P2 口输出
        RET
```

7.2 MCS-51 并行 I/O 口的扩展

在 CPU 和外设连接时，并行接口是最经常使用的。对于 MCS-51 系统来说，如果带有外部存储器，则只有 P1 口可以完全用做并行接口对外设连接，I/O 口的数目显然是不够的。

把外设当做外部 RAM 单元来处理，可以连接足够多的外设到 MCS-51 计算机系统。在这种情况下，I/O 口的多少似乎已不成问题。但实际上还不完全是这样的情况。一方面，许多外设本身不一定有接口能力，它们是必须通过 I/O 口才能与 MCS-51 系统相连接。另外，外设往往需要与 CPU 的联络信号，而把外设直接作为 RAM 单元与系统总线相连时，也必须从 I/O 口来获得联络信号，也要使用 I/O 口。总之，在实际使用时，往往希望对 MCS-51 系统来说，除了 P0～P3 4 个 I/O 口之外，还能再增加几个 I/O 口，以便可以更方便有效地与外设相连接。在这一节中介绍几种扩展 I/O 口的方法。

基本的方法就是利用一些接口芯片。这些接口芯片除了有较强的驱动能力之外，还能扩展 I/O 口的数目，有的还能提供必要的联络信号。这些接口芯片本身一般是作为 RAM 单元来与 MCS-51 系统相连接的。

7.2.1 外接锁存器和缓冲器扩展 I/O 口

使用一般的锁存器可以扩展 8251 系统的并行输出口。使用三态缓冲器可以扩展系统的并行输入口。

基本的原理就是将这些扩展芯片当做外部 RAM 来使用。也就是说，只要能够划分出一部分 RAM 地址给外接的扩展芯片使用，就可以增加许多并行 I/O 口。

图 7.3 使用了一片 74LS373 锁存器扩展一个 8 位的并行输出口，又使用了一片 74LS244 双 4 路三态缓冲器扩展一个 8 位的输入口。

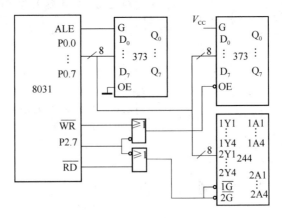

图 7.3 用锁存器和缓冲器扩展并行 I/O 口

图中直接和 P0 口连接的 74LS373 芯片,仍然是作为外接的地址锁存器。P0 口的 8 条数据线也复接到 74LS244 的输出端和另一片 74LS373 的输入端,作为数据输入和输出的通道。

图中采用线选法来选择两片外接的芯片,使用了 P2 口的最高位 P2.7 作为线选的地址信号。输入口和输出口可以使用同样的地址。

图 7.3 中 P2.7 先反相后再加到或门,只是想把外接芯片的地址安排在 64K 地址的高端。也就是当 P2.7 等于 1 时可以选中外接的芯片。如果是写操作($\overline{RD}$有效)选中输出锁存器 74LS373,对外并行输出。如果是读操作($\overline{WR}$有效),选中输入缓冲器 74LS244,完成并行输入的操作。

如果输出的数据已经在累加器 A 中,完成输出操作只要两条指令:

```
MOV      DPTR,♯8000H
MOVX     @DPTR,A
```

输入操作也是两条指令:

```
MOV      DPTR,♯8000H
MOVX     A,@DPTR
```

例 7.2　如果图 7.3 中 74LS244 的 8 个输入端连接了 8 个开关。74LS373 的输出端连接了 8 个发光二极管。写一段程序可以将 8 个开关的状态在 8 个发光二极管上循环显示。

解　先读输入口,再写输出口。为了能稳定的显示,可以加入一段延迟程序。

相应的程序如下:

```
START: MOV    DPTR,♯8000H
       MOVX   A,@DPTR          ;读开关状态
       MOV    DPTR,♯8000H
       MOVX   @DPTR,A          ;显示开关状态
       MOV    R7,♯10H          ;开始延时
DEL0:  MOV    R6,♯0FFH
DEL1:  DJNZ   R6,DEL1
       DJNZ   R7,DEL0
       JMP    START
       END
```

如果需要更多的并行口,可以增加外接锁存器或者缓冲器的数目,各自分配独立的外设地址(实际上就是所占用的 RAM 地址),使用适当的译码器进行连接,就可以达到扩展的目的。

需要注意的是,在这样的扩展方式中必然要占用外部 RAM 的地址。要通过译码电路保证外部 RAM 的地址和外接端口的地址不发生冲突。在条件许可的情况下,尽量采用全译码来选择外接的锁存器或者缓冲器,以减少占用 RAM 地址的数目。图 7.3 中使用片选法,两个外接的芯片实际占用了 64 K 地址的 1/2。

7.2.2 用 8255A 可编程并行接口芯片扩展 I/O 口

8255A 是用于 Intel 8080/8088 系列的通用可编程并行输入/输出接口芯片。它也可以和 MCS-51 单片机系统相连，以扩展 MCS-51 系统的 I/O 口。8255A 与单片机相连时是作为外部 RAM 的单元来处理的。在与外设相连时，有 3 个 8 位的 I/O 端口，根据不同的初始化编程可用于无条件传送、查询式传送、中断式传送，以完成单片机与外设的数据交换。

1. 8255A 的内部结构和引脚

8255A 的方框图如图 7.4 所示。它主要由以下几个部分组成。

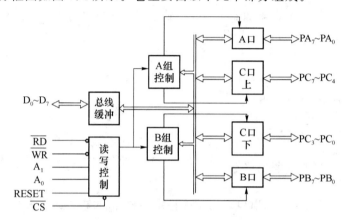

图 7.4 8255A 的基本方框图

（1）数据口 A、B、C

A、B、C 口都是 8 位的，可以编程选择为输入口或输出口。C 口也可以编程分为两个 4 位的端口来用。具体结构上，三者略有差别：

- A 口的输入、输出均有锁存器；
- B 口和 C 口则只有输出有锁存器，输入无锁存器，但有输入缓冲器。

（2）数据总线缓冲器

数据总线缓冲器是双向三态的 8 位缓冲驱动器，用于和单片机的数据总线（P0 口）连接，以实现单片机和接口之间的数据传送和控制信息的传送。

（3）内部控制电路

内部控制电路分为 A 组和 B 组，A 组控制 A 口和 C 口的高 4 位；B 组控制 B 口和 C 口的低 4 位。控制电路的工作受一个控制寄存器的控制。控制寄存器中存放着决定端口工作方式的信息，即工作方式控制字。

（4）读写控制逻辑。

这部分电路控制端口和 CPU 的数据交换，对外共有 6 种控制信号。

$\overline{CS}$：片选信号，低电平有效。片选信号一般都由译码器提供，以决定 8255A 芯片的高位地址。低位地址则由 8255A 的 $A_1 A_0$ 和 CPU 的连接来决定。

A_1、A_0：端口选择信号。8255A 有 A、B、C 共 3 个数据口，还有一个控制寄存器，一般称为控制口。故可以用 A_1A_0 的状态来选择 4 个口。在和单片机连接时,A_1A_0 一般是和 P0 口的 P0.1 和 P0.0 分别相连,也就是和最低两位地址线相连,这时,一片 8255A 要占用 4 个外设地址。如果 A_1A_0 是和其他的地址线相连,则占用的地址数将会增加。

$\overline{RD}$:读信号,低电平有效。

$\overline{WR}$:写信号,也是低电平有效。

RESET:复位信号。高电平有效时,控制寄存器被清除,各端口被置成输入方式。

A_1、A_0、$\overline{RD}$ 和 $\overline{WR}$ 的控制作用见表 7.1。并设 $A_7 \cdots A_2 = 110000$ 时译码器输出 $\overline{CS} = 0$,也就是 8255A 的高位地址是 110000,低位地址 A_1A_0 直接连接到 P0.1 和 P0.0,所以 8255A 所占用的 4 个地址是 11000000～11000011,即 C0H～C3H。

表 7.1　A_1、A_0、$\overline{RD}$ 和 $\overline{WR}$ 的控制作用

$\overline{RD}$	$\overline{WR}$	A_1	A_0	所选端口	地址	操作
0	1	0	0	A	C0H	读 A 口
0	1	0	1	B	C1H	读 B 口
0	1	1	0	C	C2H	读 C 口
1	0	0	0	A	C0H	写 A 口
1	0	0	1	B	C1H	写 B 口
1	0	1	0	C	C2H	写 C 口
1	0	1	1	控制口	C3H	写控制字

2. 8255A 的工作方式

8255A 有 3 种工作方式,即方式 0、方式 1 和方式 2。

(1) 方式 0:基本输入输出方式

在这种方式下,3 个口都可以用程序规定为输入或者输出方式,但不能既作输入又作输出。而 C 口可以分为两部分来设置传送方向,每部分为 4 位。例如可以是 $PC_7 \sim PC_4$ 为输入方式,$PC_3 \sim PC_0$ 为输出方式。当然,也可以两部分为同一种传送方式。

方式 0 可以用于无条件数据传送方式,也可以用于查询式的数据传送。要人为地指定端口的某些位作为状态信息,通过指令来决定这些位的信号的值,也就是状态信息的值,才可以进行查询式数据传送。

(2) 方式 1:选通输入输出方式

A 口和 B 口可以设置为这种工作方式,可以是选通的输入方式,或者是选通的输出方式。当 A 口或 B 口设置为方式 1 时,由 C 口的某些位固定地为 A 口或 B 口提供联络信号或者状态信号,其中包括专门用于中断申请的信号,以便于 8255A 和外设之间,或者是 8255A 和 CPU 之间传送状态信息以及中断申请信号。这种联络信号是由 8255A 内部规定的,不是由使用者指定的。

方式 1 可以使用在查询方式的数据传送和中断方式的数据传送。

(3) 方式 2:双向方式

只有 A 口可以选择这种方式。这时,A 口既可作为输入也可作为输出。当然,这种

双向的数据传送也不能是同时进行的。但可以是在这个时刻进行输入操作,在下一个时刻进行输出操作,而不需要对传送的工作方式重新设置。

A 口工作在方式 2 时,仍然默认为是选通的输入/输出方式,即在 C 口中规定了输入和输出的状态信息,这些状态信息的位置和 A 口工作在方式 1 时相同。如果这时 A 口要按无条件传送方式来使用,C 口的这些位仍然是保留作为状态位。

但是这时的 A 口并没有全部占用 C 口的状态联络线,B 口在方式 1 时所需要的状态联络线仍然可以被 B 口所使用,所以,B 口此时可以设置在方式 1,也可以设置为方式 0。

C 口在方式 1 和方式 2 时联络信号分布情况见表 7.2。其中空白的位置表示这些位此时没有用于联络线,还可用于一般的输入/输出操作。

表 7.2　8255 方式 1/方式 2 时 C 口的联络信号

C 口的位	方式 1		方式 2	
	输入	输出	输入	输出
PC_7		$\overline{OBFA}$		$\overline{OBFA}$
PC_6		$\overline{ACKA}$		$\overline{ACKA}$
PC_5	IBFA		IBFA	
PC_4	$\overline{STBA}$		$\overline{STBA}$	
PC_3	INTRA	INTRA	INTRA	INTRA
PC_2	$\overline{STBB}$	$\overline{ACKB}$		
PC_1	IBFB	$\overline{OBFB}$		
PC_0	INTRB	INTRB		

用于输入的联络信号如下。

$\overline{STB}$(Strobe):选通脉冲输入,低电平有效。当外设送 $\overline{STB}$ 来信号时,输入数据装入 8255A 的锁存器。

IBF(Input Buffer Full):输入缓冲器满,高电平有效,输出信号。IBF＝1 时,表示数据已装入锁存器,可作为状态信号。

INTR:中断申请信号,高电平有效。它在 IBF 为高,STB 为高时变为有效,用来向 CPU 申请中断服务。

输入操作的过程是这样的:当外设的数据准备好时,发出 $\overline{STB}$＝0 的信号,输入数据装入 8255A。使 IBF＝1,CPU 可以查询这个状态信号,以决定是否可以输入数据。或者当 $\overline{STB}$ 重新变高时,INTR 有效,向 CPU 发出中断申请。CPU 在中断服务程序中读入数据,并使 INTR 恢复低电位(无效),也使 IBF 变低,可以用来通知外设再一次输入数据。

用于输出的联络信号如下。

$\overline{OBF}$(Output Buffer Full):输出,低电平有效,输出缓冲器满信号。当 CPU 把一数据写入 8255A 锁存器后 $\overline{OBF}$ 有效,可用来通知外设开始接收数据。

$\overline{ACK}$(Acknowledge):输入,低电平有效,外设响应信号。当外设取走并且处理完 8255A 的数据后发出的响应信号。

INTR:输出,中断申请信号,高电平有效。在外设处理完一组数据(如打印完毕),发出 $\overline{\text{ACK}}$ 脉冲后,使 $\overline{\text{OBF}}$ 变高,然后在 $\overline{\text{ACK}}$ 变高后使 INTR 有效,申请中断,进入下一次输出过程。CPU 在中断服务中,把数据写入 8255A,写入以后使 $\overline{\text{OBF}}$ 有效,启动外设工作。

3. 8255A 的控制字

8255A 作为可编程器件,其工作方式通过软件来选择,并且对于 C 口也可以通过软件来对其中每一位置位或复位,以便更好地实现控制功能。8255A 共用到两种控制字。

(1) 工作方式控制字

8255A 的 3 个口工作于什么工作方式,是输入还是输出等,都由工作方式控制字控制。8255A 工作方式控制字的格式如图 7.5 所示。其中 $D_7=1$ 是方式控制字的特征位。此外,在方式 1 或方式 2 时,对 C 口的定义(输入还是输出)都不影响作为联络线使用的各位的功能,但未用于联络线的各位(如方式 2 时 $PC_0 \sim PC_3$)仍可用工作方式控制字中的 D_0 或 D_3 来定义。

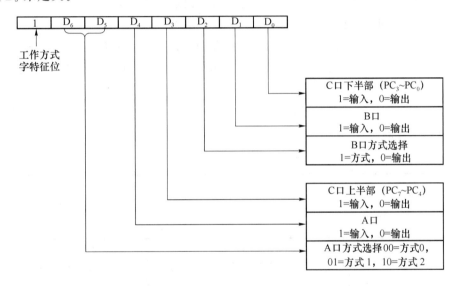

图 7.5　8255A 的工作方式控制字

(2) C 口置位复位控制字

C 口的各位可以通过控制字来使之置位或复位,以实现某些控制功能。这个控制字的格式如图 7.6 所示。$D_7=0$ 是这个控制字的特征位。每次只能对 C 口中的某一位置位或复位。

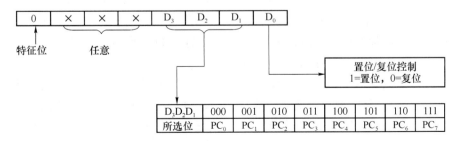

图 7.6　8255A 的 C 口置位复位控制字

这两个控制字都应写入 8255A 的控制寄存器（$A_1A_0=11$），由于两个控制字各有自己的特征标志（D_7 为 1 或 0），因此它们写入 8255A 的顺序可以任意，并且可以在需要的时候，随时对 C 口的位置 1 或复 0。

例如，要将 8255A 各端口的工作的方式设置为：A 口，方式 0 输出；B 口，方式 1 输入；C 口上半部（$PC_7 \sim PC_4$）为输出，下半部（$PC_3 \sim PC_0$）为输入。则相应的工作方式控制字为 10000111，即 87H。设控制寄存器的地址为 C3H，则写入方式控制字的指令为

```
MOV    R0,♯C3H           ;控制口的地址
MOV    A,♯87H            ;工作方式控制字
MOVX   @R0,A             ;写入 8255A 的 C 口
```

4．8255A 的中断控制位

8255A 的 A 口和 B 口工作在方式 1 时，都可以通过中断方式和 CPU 交换数据。这时，除了要使用中断申请信号 INTRA 或者 INTRB 以外，还要对 8255A 的中断控制位进行设置，也就是要使得 8255 进入可以进行中断控制的状态。

8255A 的 A 口和 B 口各有自己的中断控制位，分别称为 INTEA 和 INTEB。INTE 是中断允许的意思，而且在输入操作和输出操作时中断控制位的位置都是不同的。表 7.3 是 8255A 芯片 A 口和 B 口中断允许位的位置。

这些中断允许位虽然看起来和某些方式 1 的状态位在同一个位置。在 8255A 内部，它们是可以区分的。

表 7.3　8255A 的中断允许位

控制位	输入	输出
INTEA	PC_4	PC_6
INTEB	PC_2	PC_2

在方式 1 时，只有中断允许位设置为 1 后，8255A 才可以发出中断申请信号 INTR。中断允许位要通过 C 口的置 1/置 0 控制字来进行设置。

5．8255A 和 MCS-51 系统的连接

并行接口芯片 8255A 与 MCS-51 单片机相连接是很简单的，除了需要一个 8 位锁存器来锁存 P0 口送出的地址信息之外，几乎不需要任何附加的硬件（采用中断方式时要用一个反相器使 INTR 信号反相）。图 7.7 是 8031 通过 8255A 和微型打印机接口的连接图。数据传送采用查询方式。图中没有采用地址译码器，8255A 的地址选择采用线选法，只要 P0.7 为 0 的地址都可以选中这片 8255A。当然这样占用了太多的 RAM 地址，所以实际使用时还是应加上译码电路。现在设 8255A 的 A 口地址为 70H，B 口地址为 71H，C 口地址为 72H，控制寄存器的地址为 73H。

微型打印机接到 A 口。8255A 设置为工作方式 0，选用 C 口的某几位提供或接收控制信息或状态信息，从而构成查询式的接口连接。用 C 口的 PC_0 提供打印机所需的选通信号，用 PC_7 接收打印机送来的状态信号。在编程时要在 PC_0 上模拟产生一个负脉冲以驱动打印机开始接收数据。从 PC_7 接收并查询打印机送来的 BUSY 信号。由此可确定

8255A 的工作方式如下。

A 口:方式 0,输出, $D_6D_5=00$, $D_4=0$;

B 口:无关,设 D_2D_1 为 00;

C 口:高 4 位($PC_7 \sim PC_4$)为输入,低 4 位($PC_3 \sim PC_0$)为输出, $D_3=1$, $D_0=0$ 。

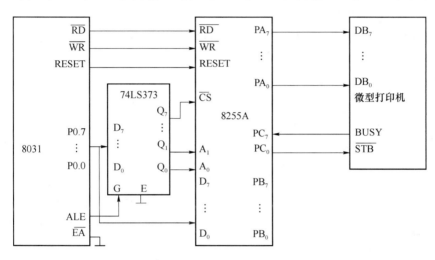

图 7.7　8255A 和 8031 及打印机的接口

由此可以确定 8255A 的工作方式控制字为 10001000,即 88H。输出数据从内部 RAM 的 20H 单元开始存放,共输出 50 个数据,有关程序如下:

```
              MOV     R0,#73H
              MOV     A,#88H
              MOVX    @R0,A              ;写入 8255A 工作方式控制字
              MOV     R1,#20H            ;送数据块首地址
              MOV     R2,#32H            ;送数据块长度
LOOP:         MOV     R0,#72H            ;C 口地址
LOOP1:        MOVX    A,@R0              ;读入 C 口信息
              JB      ACC.7,LOOP1        ;若 BUSY=1,继续查询
              MOV     R0,#70H            ;送 A 口地址
              MOV     A,@R1              ;取 RAM 数据
              MOVX    @R0,A              ;数据送 8255AA 口
              INC     R1                 ;数据指针加 1
              MOV     R0,#73H            ;送控制口地址
              MOV     A,#00H
              MOVX    @R0,A              ;PC_0=0,模拟 STB=0
              MOV     A,#01H
              MOVX    @R0,A              ;PC_0=1,模拟 STB 脉冲
              DJNZ    R2,LOOP            ;数据没有打印完,继续循环
```

若设定 8255A 的 A 口为工作方式 1,则可以利用 8255A 的 C 口所提供的联络信号进行查询式传送或者中断式传送。但要注意 8255A 提供的 $\overline{OBF}$ 信号是电平信号,而微型打印机需要的选通信号是负脉冲,因此不能直接用 $\overline{OBF}$ 来作为打印机的 $\overline{STB}$ 信号,需要使用 8255A 的一个空闲输出位来产生一个驱动脉冲以使打印机开始工作。另外,在中断方式时,可用打印机的 $\overline{ACK}$ 信号接到 8255A 的 $\overline{ACKA}$ 输入(PC_6),用 INTRA(PC_3) 经反相器反相以后加到 8031 的外中断输入 $\overline{INTX}$。有关的初始化程序和中断服务程序不难写出。

7.2.3 用 8155 通用接口芯片扩展 I/O 口

在 MCS-51 系统中经常使用的一种并行接口芯片是 8155 通用接口芯片。它不但有 3 个 I/O 口(A 口、B 口为 8 位,C 口为 6 位),还带有一个 2 K 位(256×8)的静态随机存储器和一个 14 位定时/计数器。因此,它可以弥补市场上缺少的 256 B 静态 RAM,从而满足 MCS-51 系统外扩 256 B RAM 的需要。当然,同时还可以外扩 I/O 口和定时/计数器,具有一块芯片多种功能的特点。另外,8155 和 MCS-51 单片机的连接十分简单,甚至不需要一般 MCS-51 扩展连接中所需的 8D 锁存器。8155 的内部结构和引脚示意如图 7.8 所示。

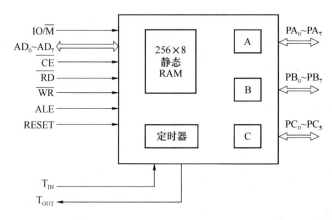

图 7.8　8155 的内部结构和引脚示意

1. 8155 的引脚和方框图

8155 是 40 引脚的接口芯片,采用单一的 +5 V 电源。它的内部带有地址锁存器,因此,可以和 P0 口直接连接。它的内部有 3 个双向 I/O 通道 A、B 和 C,还有一个 256×8 位静态 RAM,因此,必须有控制信号来决定是 I/O 操作还是 RAM 操作。8155 的引脚安排及功能应反映以上特点。

IO/$\overline{M}$:I/O 口及存储器选择信号。若 IO/$\overline{M}$=0,则选择存储器;否则,若 IO/$\overline{M}$=1,就选择 I/O 口。

ALE:地址锁存信号。在 ALE 信号的下降沿把 8 条输入线 $AD_0 \sim AD_7$ 上的地址信号、片选信号 $\overline{CS}$ 以及 IO/$\overline{M}$ 信号都锁存进 8155 的内部锁存器。也就是用 ALE 信号来判别 $AD_0 \sim AD_7$ 上出现的是地址信号还是数据信号。使用时,只需将 ALE 引脚直接和

MCS-51 芯片的 ALE 信号直接相连,就能取得所需的控制信号。

$AD_0 \sim AD_7$:三态地址/数据线。CPU 通过这 8 条线向 8155 传送低 8 位地址和 8 位数据信号。它的分时复用功能和 MCS-51 芯片的 P0 口功能完全一致。因此,只需把这两者直接相连就可以了。送入的 8 位地址由 $IO/\overline{M}$ 输入信号来确定是存储器地址还是 I/O 地址。

T_{IN}:定时器输入。定时器工作所需的时钟信号由此端输入。

T_{OUT}:定时器输出。根据定时器的工作方式,它可以输出方波或脉冲。

其他的引脚如 $\overline{RD}$、$\overline{WR}$、$\overline{CE}$(8255 中称为 $\overline{CS}$)、RESET 等和 8255 中相应引脚的功能相似。一般的接口芯片也都有这些端子。

2. 8155 I/O 口的工作方式

8155 的 A 口和 B 口都可以工作在输入方式或输出方式。但 A 口和 B 口是工作在一般方式(无条件传送)还是选通方式(如中断传送)却不是由 A 口和 B 口的方式确定,而是由 C 口的方式确定。

8155 的 C 口可以设置成 4 种工作方式中的一种,即可以设为输入方式、输出方式、A 口的控制端口(只用 C 口 3 条线,还有 3 条线为输出方式),以及作为 A 口和 B 口的控制端口。

表 7.4 中给出了 8155 的 C 口在不同工作方式下各位的功能。当 C 口工作于 ALT_3 或者 ALT_4 方式时,可以为 A 口及 B 口提供对外的联络信号。但是 8155 的联络信号不像 8255A 那样有输入输出两组,而是只有 A、B 各 1 组。因此,在输入和输出操作时,联络信号的意义和作用有所不同。

表 7.4　8155 的 C 口工作方式和控制信号分布

位　　方式	ALT_1	ALT_2	ALT_3	ALT_4
PC₀			AINTR(A 口中断)	AINTR(A 口中断)
PC₁			ABF(A 口缓冲器满)	ABF(A 口缓冲器满)
PC₂	输入方式	输出方式	$\overline{ASTB}$(A 口选通)	$\overline{ASTB}$(A 口选通)
PC₃				BINTR(B 口中断)
PC₄			输出方式	BBF(B 口缓冲器满)
PC₅				$\overline{BSTB}$(B 口选通)

在输入操作时,$\overline{STB}$ 是外设送来的选通信号,当 $\overline{STB}$ 有效后(低电平),把输入数据装入 8155,然后 BF 信号变高,以反映 8155 的缓冲器已装满。在 $\overline{STB}$ 信号恢复为高电平时,INTR 信号变高,向 CPU 申请中断。当 CPU 开始读取输入数据时($\overline{RD}$ 信号下降沿),INTR 信号恢复低电平。读取数据完毕后($\overline{RD}$ 信号上升沿),BF 信号恢复低电平,一次数据输入结束。

在输出操作时,$\overline{STB}$ 是外设的应答信号。当外设接收并处理完数据后,发出 $\overline{STB}$ 负脉冲,在 $\overline{STB}$ 变高之后使 INTR 有效,开始申请中断,即要求 CPU 发出下一个数据。CPU

在中断服务程序中把数据写到 8155,并使 BF 变高,以通知外设可以开始接收和处理数据,外设处理完数据后再以 $\overline{STB}$ 信号来应答。

A 口和 B 口是否工作在中断方式,除了由 C 口的方式决定是否提供联络信号之外,还要在初始化中规定是否允许 A 口或 B 口中断。

3. 8155 的 I/O 口控制

在 8155 中,除了 A 口、B 口、C 口之外,需要进行操作的端口还有命令/状态寄存器,定时器低 8 位以及定时器高 8 位共 6 个口,因此要用 3 位地址来加以区分。8155 没有专门用来区分内部端口的地址输入线(如同 8255 的 A_1A_0)。8155 直接使用地址/数据输入线 $AD_7 \sim AD_0$ 中的低 3 位区分内部端口的地址。其地址分配见表 7.5 所示。

表 7.5   8155 端口地址分配表

AD_7	AD_6	AD_5	AD_4	AD_3	AD_2	AD_1	AD_0	选 择 端 口
×	×	×	×	×	0	0	0	命令/状态寄存器
×	×	×	×	×	0	0	1	A 口
×	×	×	×	×	0	1	0	B 口
×	×	×	×	×	0	1	1	C 口
×	×	×	×	×	1	0	0	定时器低 8 位
×	×	×	×	×	1	0	1	定时器高 8 位

若是对 8155 的存储器进行读写操作,则不必作初始化工作,只需使 $IO/\overline{M}=0$ 即可。若对端口或定时器操作,就要向命令/状态寄存器写入一个 8 位的工作方式控制字。当然,必须在写入之前先使 $IO/\overline{M}=1$。8155 的工作方式控制字格式如图 7.9 所示。这里的 8 位控制位全部用于 I/O 口和定时器的方式控制,没有特征位。这是因为 8155 只需向命令/状态寄存器写一个控制命令,没有第二个控制字,也就没有设立特征位的必要。

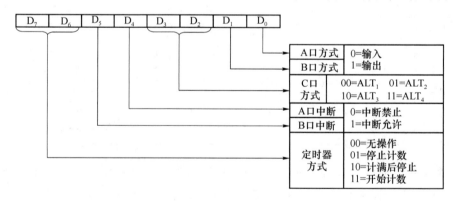

图 7.9   8155 的工作方式控制字格式

工作方式控制字可以设置 3 个方面的内容:

- A 口、B 口、C 口的工作方式;
- 是否允许 A 口和 B 口中断;
- 设置定时器的工作方式。

这里的中断允许的设置和 8255A 中进行中断允许位的设置很相似。两者都首先要进行允许中断的设置,才可以从中断申请线上向 CPU 发出中断申请的信号。

从命令/状态寄存器还可以读出各 I/O 口和定时器的工作状态。状态寄存器只使用 7 位,最高位 D_7 空出不用。

可以用一条对命令/状态寄存器的读指令(口地址仍为××××× 000)读出状态字。8155 状态字的格式如图 7.10 所示。

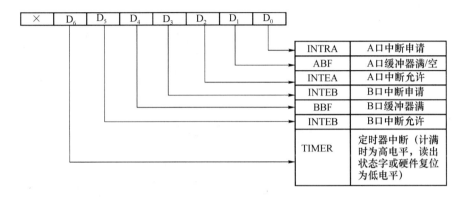

图 7.10　8155 状态字的格式

注意,对命令/状态寄存器写入的一定是控制命令,控制命令不能读出查询。读出的一定是工作状态,各端口状态不能靠写入来改变。

另外,状态字的 D_6 位是反映定时器的工作状态,如果正在计数或未开始计数,则 $D_6=0$;若计数器已计满,则 $D_6=1$,并且在查询状态寄存器之后又恢复为 0,准备下一个循环的状态写入。用户可以根据查询的结果来获知各 I/O 口和定时器的状态,从而决定程序的控制流向。

4. 8155 和 MCS-51 单片机的连接

8155 和 MCS-51 单片机的连接极为简单。由于 8155 内部有地址锁存器,并且有 ALE 控制信号可用,因此,单片机的 P0.0～P0.7 可以直接和 8155 的 AD_0～AD_7 连接。其余的各输入控制,都和单片机的同名输出相连即可。这里主要应关心的是要产生一个 $IO/\overline{M}$ 控制信号。产生的方法当然很多,选择的标准是使用方便,并且尽量少用附加的硬件或占用更多的软件资源。图 7.11 是 8155 和 8031 的连接图,其中用或非电路产生一个 $IO/\overline{M}$ 信号。8155 各通道等端口占用地址 00H～02H,当 $A_7 A_6 A_5 A_4 A_3=00000$ 时,或非门输出 1,使 $IO/\overline{M}=1$,所以端口工作。而只要 A_7～A_3 不是这组信号值,则 $IO/\overline{M}=0$,选择 8155 内部 RAM。这样硬件增加不多,而软件资源(地址)几乎没有浪费。在编程中也不需要专门对 $IO/\overline{M}$ 进行置 1 或复 0 的操作。

如果单片机的 I/O 口还有多余的位没有用完,可以用某个 I/O 口的一位来控制 $IO/\overline{M}$,如用 P2.7 直接连到 $IO/\overline{M}$。但这时在编程时要根据操作的对象(I/O 口还是 RAM)使 $IO/\overline{M}$ 为 1 或者为 0。

也可以采用 16 位外部 RAM 地址来对 8155 寻址,如果仍用 P2.7 接到 $IO/\overline{M}$,则

P2.7＝0接存储器，P2.7＝1接8155的I/O口。反映为16位地址，则是$A_{15}＝0$时接到RAM，$A_{15}＝1$接到通道口。这样就可以通过16位地址来区分I/O口和RAM；凡是$A_{15}＝0$的地址都是RAM地址；$A_{15}＝1$的地址都是I/O口地址。此时不必再用指令使IO/$\overline{M}$置1或复0。直接用16位地址的传送指令对8155进行操作就可以了，即

    MOVX   A,@DPTR

    MOVX   @DPTR,A

8155的$\overline{CE}$端，在使用16位地址的情况下，可以接到译码器的输出，以减少8155所占用的地址单元数或者进行多片8155的片选。

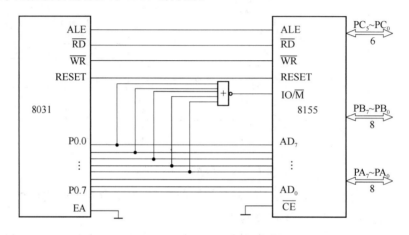

图7.11 8155和8031连接图

不同的硬件连接会对数据传送时的编程发生影响。若用P2.7控制IO/$\overline{M}$，使用8位地址。从8155的RAM的41H单元取数据从A口输出，则需用如下指令：

    CLR   P2.7   ;使 IO/$\overline{M}$ = 0,对 RAM 操作

    MOV   R0,♯41H   ;送 RAM 单元地址

    MOVX   A,@R0   ;取出 41H 内容

    SETB   P2.7   ;使 IO/$\overline{M}$ = 1,对 I/O 口操作

    MOVX   @R0,A   ;从 A 口输出

这时用了两次41H地址。RAM单元地址是规定为41H。当设置IO/$\overline{M}$＝1，改为对I/O口操作后，仍用41H地址。实际上，这是一种巧合。这时有用的仅是其中$A_2A_1A_0$三位。由于$A_2A_1A_0＝001$，故选中A口，完成从A口输出。高位地址$A_7 \sim A_3$此时并没有实际意义。

若用P2.7控制IO/$\overline{M}$，采用16位地址，则RAM的41H单元应写为0041H，A口的地址可用8001H。则完成以上数据传送任务需用如下指令：

    MOV   DPTR,♯0041H   ;送 RAM 单元地址

    MOVX   A,@DPTR   ;取出数据

    MOV   DPTR,♯8001H   ;送 8155A 口

    MOVX   @DPTR,A   ;从 A 口输出

5. 8155 内部定时器的使用

8155 的定时器实际是 1 个 14 位减法计数器。从 T_{IN} 输入计数脉冲,在计数计满时从 T_{OUT} 输出方波或脉冲。

定时器操作需要送入 3 个 8 位控制字,即命令控制字和计数长度控制字(两个)。命令控制字即前面提到的工作方式控制字,其中最高两位(D_7D_6)决定定时器的工作方式。

00:无操作,即不影响计数器操作。

01:停止计数。若定时器未启动,则为无操作;若定时器正在运行,则停止计数。

10:在当前的计数计满以后立即停止计数(若定时器未启动则无操作)。

11:启动。若定时器未运行,则在装入计数长度以后立即开始计数;若定时器正在工作,则输入启动命令是要求在当前计数计满以后,立即以新的计数长度开始计数。

定时器本身占用两个端口地址。$A_2A_1A_0=100$ 为定时器低 8 位,$A_2A_1A_0=101$ 为定时器高 6 位,所剩下的最高两位(M_2M_1)用以决定 4 种不同的输出方式。计数长度可为 0002H～3FFFH,其格式及 4 种输出方式如图 7.12 所示。在计数长度为偶数时,方波输出是对称的。当计数长度为奇数时,方波就不可能完全对称。安排为高电平的半个周期比低电平的半个周期多计一个数。如当计数为 11 时,高电平输出宽度为 6 个时钟,低电平输出宽度为 5 个时钟。正因为这种安排,所以最小计数长度为 2 而不为 1。

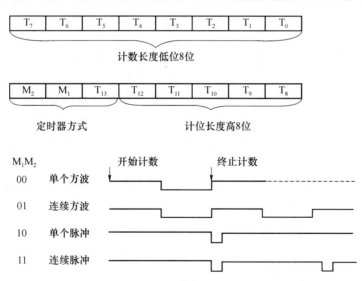

图 7.12　8155 的定时器控制和输出方式

以上介绍了若干种并行接口芯片以及它们和 MCS-51 单片机的接口。这一类芯片的种类还很多。如有一种 8755A 芯片,它是组合了 EPROM 和 I/O 口在一起的一种多用途芯片。它内含 2 K×8 位 EPROM,还有两个 8 位的并行 I/O 口。在 MCS-51 系统中使用时可以扩展 2 KB 外部程序存储器和两个 8 位并行 I/O 口,所以也是一种有价值的接口芯片。只要掌握了并行接口的基本连接方法、初始化编程的目的和做法,再参考有关的芯片说明,就不难选用一些在教材中没有介绍过的芯片。

7.3 并行口应用——单片机显示/键盘系统

这一节中介绍并行接口的一个实用例子:显示/键盘系统。在一些控制系统中,显示/键盘部分是不可少的:键盘输入控制命令,显示装置则显示控制过程或结果。

7.3.1 LED 数码显示器的控制与编程

在单片机系统中,经常用 7 段发光二极管(LED)数码管来做显示器。数码管实际有 8 个发光二极管:除显示数码的 7 段之外还有一个小数点(DP)。连接方式有共阳极和共阴极两种。共阳极的有效输入应为低电平,共阴极的有效输入应为高电平。通常一组显示器总是包括若干个数码管,这些数码管的各相应电极都互相并联在一起,然后接到并行接口芯片的引脚上。为了防止各个数码管同时显示同一个数字,还要加另一组信号。以共阴极显示器为例,可以让数码管的共阴极不固定接地,而是接到并行接口的某一位上,当这一位输出为高电平时,共阴极数码管不显示,只有当这一位输出为低电平时,数码管才能显示。这样,对于一组 LED 显示器需要两组信号。一组用来选择第几位数码管工作,称为位码。对于共阳极结构应为高电平有效,共阴极结构是低电平有效。另一组信号用来控制显示的字形,称为段码。在这两组信号的控制下,各个 LED 数码管可以轮流点亮显示各自的数码。若要固定地显示一组数码,则可以利用循环扫描的方法,即让一组数码显示以后,过一段时间再使之显示一遍。如此不断地重复,由于人的视觉的惰性,尽管实际上各位数码不是连续显示的,但给人的视觉印象却是在连续地显示。

利用 8155 实现 8031 和 LED 显示器接口如图 7.13 所示。用 8155 的 A 口输出段码,8 位段码并联接到 6 个 LED 数码管,但哪一个或哪几个能显示字形则由 C 口输出的位码来控制。C 口输出的位码仍是高电平有效,经反相器驱动后变成低电平接到 LED 数码管的共阴极。设 8155 的命令/状态寄存器的地址为 8000H,要显示的数据已存放在内部RAM 的一个缓冲区内,设其地址为 7AH~7FH 单元。8155 的工作方式规定为 A 口:输出方式,不中断。C 口也为输出方式,即 ALT_2 方式,因此,工作方式控制字为 05H。

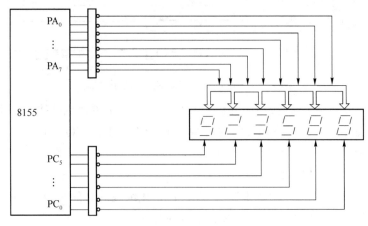

图 7.13 8155 和 LED 显示器的接口

显示从最右边一位开始,即 7AH 单元的内容在最右一位显示,此时的位码为 01H。显示一位以后,位码中的 1 左移一位,一直到最左边一位时,位码为 20H 时一次扫描结束。每一数码显示 1 ms,可用软件延时子程序来解决。显示时间不能太短,若小于 1 ms 则会给人以闪烁感,而不能形成连续显示的效果。

显示的字形除 0~F 这 16 个字符外,还可有其他符号。由于 A 口输出也经过反相驱动器加到数码管,所以尽管是共阴极结构,输出 A 口的仍是低电平有效。显示的字形及相应的段码(相当于共阳极的段码)见表 7.6。8 个二极管排列的顺序是 sp,g,f,e,d,c,b,a,并分别与 A 口的 $PA_7 \sim PA_0$ 相对应。

表 7.6　LED 形式字形和相应的段码

字形	0	1	2	3	4	5	6	7	8	9
段码	C0	F9	A4	B0	99	92	82	F8	80	90
字形	A	B	C	D	E	F	P.	H	—	无显示
段码	88	83	C6	A1	86	8E	0C	89	BF	FF

显示器的驱动子程序如下:

```
DISP: MOV    A,♯05H              ;8155 方式字
      MOV    DPTR,♯8000H         ;8155 命令口地址
      MOVX   @DPTR,A             ;写入方式控制字
      MOV    R0,♯7AH             ;送数据块首地址
      MOV    R3,♯01              ;位码,最右一位先亮
      MOV    A,R3
LD0:  MOV    DPTR,♯8003H         ;8155 C 口地址
      MOVX   @DPTR,A             ;位码从 C 口输出
      MOV    DPTR,♯8001H         ;8155 A 口地址
      MOV    A,@R0               ;待显示数据送 A
      ADD    A,♯13               ;查表修正量
      MOVC   A,@A+PC             ;查表取段码
      MOVX   @DPTR,A             ;A 口输出段码
      ACALL  DL1                 ;延时 1 ms
      INC    R0                  ;修改数据指针
      MOV    A,R3
      JB     ACC.5,LD1           ;6 位数都显示则结束
      RL     A                   ;没显示完,位码左移
      MOV    R3,A                ;位码暂存
      AJMP   LD0                 ;转回,显示下一个数码
LD1:  RET
```

```
DTAB：DB        C0H,F9H,A4H,B0H,99H
      DB        92H,82H,F8H,80H,90H
      DB        88H,83H,C6H,A1H,86H,8EH
DL1： MOV       R7,♯02H                        ；延时 1 ms 子程序
DL：  MOV       R6,♯0FFH
DL6： DJNZ      R6,DL6
      DJNZ      R7,DL1
      RET
```

以上显示程序只能显示十六进制数 0～F。若要显示其他字型，如"P."则可将有关的段码直接从 8155 的 A 口输出，再配合相应的位码即可完成显示。如要在最左边一位显示"P."，则输入如下指令：

```
MOV   A,♯0CH                 ；"P."的段码送 A
MOV   DPTR,♯8001H            ；A 口地址送 DFTR
MOVX  @DPTR,A                ；输出"P."的段码
MOV   A,♯20H                 ；位码为 20H
MOV   DPTR,♯8003H            ；C 口地址
MOVX  @DPTR,A                ；只有最左一位显示
```

7.3.2　非编码键盘与单片机的接口

单片机系统所用的键盘有编码键盘和非编码键盘两种。

编码键盘本身除了按键之外，还包括产生键码的硬件电路。只要按下某一个键，就能产生这个键的代码，一般称为键码。同时，还能产生一个脉冲信号，以通知 CPU 接收（输入）键码。这种键盘的使用比较方便，亦不需要编写很多程序。但使用的硬件较复杂，在微型计算机控制系统中使用还不多。

非编码键盘是由一些按键排列成的一个行列矩阵。按键的作用，只是简单地实现接点的接通和断开，但必须有一套相应的程序与之配合，才能产生出相应的键码。非编码键盘几乎不需要附加什么硬件电路，目前，在微型计算机控制系统中使用较为普遍。

使用非编码键盘需要用软件来解决按键的识别，防止抖动以及键码的产生等工作。

设有一个 6 行×5 列的非编码键盘，如图 7.14 所示，其中有 16 个为数字键 0～F，其余的为控制键，用以发布各种控制命令。键盘的行线接 8155 C 口的 6 条线 $PC_5 \sim PC_0$，键盘的列线则接 8155 B 口的 5 条线。在没有任何键按下时，所有键盘列线上的信号都是高电平。当有键按下时，就会出现键的识别，防止抖动，以及确定键码等一系列问题。

识别按键有各种方法，这里介绍一种"行扫描"法。

（1）确定是否有键按下

CPU 通过并行口（现在是 8155 的 C 口）输出 000000 到键盘的行线，然后检测键盘的列线信号，现在就是检测 8155 B 口的输入信号。若没有键按下，则 $PB_4 \sim PB_0$ 为 11111。若有任一个键按下，则有某一条列线为 0，也就是当 $PB_4 \sim PB_0$ 不为 11111 时，就表示有键按下。

下一步则是确定哪一个键按下。

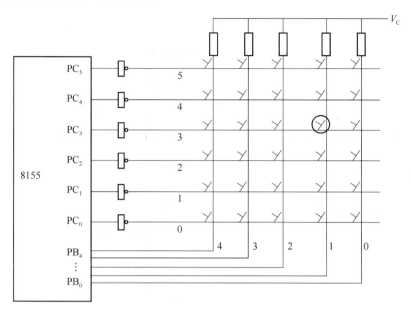

图 7.14　8155 和非编码键盘的接口

（2）通过"行扫描"确定已按键的行、列位置

所谓行扫描就是依次给每条行线输入 0 信号，而其余各行都输入 1，并检测每次扫描时所对应的列信号。在图 7.15 中就是在 C 口先输出 111110（PC$_5$～PC$_0$），然后是 l11101，直到最后是 011111，并检测每次所对应的 B 口输入。

只有在某行上有键按下时，在这一行上输入 0（其他行为 1），在列输出上才能检测到 0 信号。

若是输入为 0 的这一行上没有键按下，则收到的列信号仍然为全 1。因此，只要记下列信号不为全 1 时的 C 口输出及 B 口输入，就能确定已按键的位置。设图 7.15 中处于第 3 行第 1 列的键已按下，则必须是行输出信号为 110111，检测到的列信号为 11101。对应于其他的行信号，列信号都是 11111。这样，通过行扫描，可以确定按键的行、列坐标。

（3）确定是否有多键同时按下

有时一次按下的键不止一个，这在一般情况下是由于误操作引起的，是不应该出现的，通常称为窜键。出现这种情况时，就可能有不止一次会得到列信号不为全 1。这时就不容易判断哪个键是真正需要按下的。为了处理这种情况可采取两种办法：一是行扫描一定是扫到最后一行才结束，而不是检测到列信号不为全 1 时就结束，以便发现窜键；二是如果出现了窜键，最简单的处理办法就是这次行扫描不算，再来一遍，即以最后放开的那个键为准。实际上，由于扫描的速度很快，真正找到两个键同时按下的情况是很少的。

（4）消除按键抖动

一般按键在按下的时候有个抖动的问题，即键的簧片在按下时会有轻微的弹跳，需经过一个短暂的时间才会可靠地接触。若在簧片抖动时进行扫描，就可能得出不正确的结果。

因此，在程序中要考虑防抖动的问题。最简单的办法是在检测到有键按下时，等待（延迟）一段时间再进行"行扫描"，延迟时间为 10～20 ms。这可通过调用延迟子程序来解决。当系统中有显示子程序时,调用几次显示子程序也能同时达到消抖动的目的。

根据以上介绍,可以编写扫描键盘的子程序。此时 8155 的 B 口为输入,C 口为输出,不采用中断,工作方式控制字仍为 05H。8155 的各端口地址仍从 8000H 开始。若再联系到显示器接口中也要用到 8155 的 A 口和 C 口,这样用一片 8155 就可完成对显示器和键盘的接口。其中 C 口是分时使用的。为了在扫描键盘时 C 口对显示器的显示不起作用,应先使 A 口的输出为 FFH。这样,不论 C 口输出什么值,显示器上出现的只是上次字形的余迹,而不会有其他的后果。键盘扫描子程序起名为 SCAN,取得键码的子程序称为 KCODE。SCAN 子程序的出口参数(亦即 KCODE 的入口参数)为 R3(按键的行号)和 R4(按键的列坐标)。

```
        SCAN：  MOV     A,♯0FFH
                MOV     DPTR,♯8001H          ; A 口地址
                MOVX    @DPTR,A              ; 关显示器
                MOV     A,♯3FH              ; 使行信号全为 0
                MOV     DPTR,♯8003H          ; C 口地址
                MOVX    @DPTR,A              ; C 口输出
                MOV     DPTR,♯8002H          ; B 口地址
                MOVX    A,@DFTR             ; 读列信号到 B 口
                ANL     A,♯1FH
                CJNE    A,♯1FH,NEXT1         ; 列信号不为全 1,则转移
                SJMP    NEXT4               ; 无键按下,结束
        NEXT1： ACALL   D20 ms              ; 调 20 ms 延迟子程序,消抖动
                CLR     C
                MOV     R1,♯01H             ; 准备行扫描
                MOV     R2,♯00H             ; 设窜键标志
                INC     DPTR                ; C 口地址
                MOV     A,R1
                MOVX    @DPTR,A             ; 检测某一行是否按键
                MOV     DPTR,♯8002H          ; B 口地址
                MOVX    A,@DPTR             ; 输入列信号值
                ANL     A,♯1FH
                CJNE    A,♯1FH,NEXT2         ; 列信号不为全 1,该行有键按下
                SJMP    NEXT3               ; 无键按下,继续扫描
        NEXT2： INC     R2                  ; R2 加 1 表示查到一处按键
                CJNE    R2,♯01H,NEXT4        ; R2 不等于 1 即表示窜键
                MOV     R4,A                ; 存按键的列坐标
                MOV     A,R1
                MOV     R3,A                ; 存按键的行坐标
        NEXT3： MOV     A,R1
```

```
        RLC     A                       ;准备扫描检测下一行
        MOV     R1,A                    ;暂存
        CJNE    A,♯40H,LOOP             ;未到最后一行,则循环
        AJMP    KCODE                   ;转至键码子程序
        CLR     A                       ;A=0表示这次扫描无效
NEXT4:  RET
```

确定了已按键的坐标后,就要设法找到相应的键码。每个按键的键码用一个 8 位二进制数表示。数字 0~F 的键码安排为 00H~0FH,其他控制键的键码可以顺序依次安排,如 MON 键为 10H,EXEC 键为 11H 等。很容易想到可以用查表的方法(类似于已知 ASCII 码求十六进制数)来获得键码。

由 SCAN 子程序得到的按键坐标是一种代码,而不是坐标的真正数值。如图 7.15 中按下的键位于第 3 行第 1 列,所对应的出口参数为 R3＝00001000＝08H,R4＝00011101＝1EH。需要分别通过移位判断来求出坐标(3,1)。将这两个坐标值组合在一起就可以得到这个键的特征码 31H,然后就可以根据各个键的特征码来查键码。但是注意到各个列坐标的代码只有 5 种,即 1EH、1DH、1BH、17H 和 0FH。它们的低 4 位都互不相同,故可直接用来组成特征码,从而省去对列代码移位求列坐标的步骤。这样处理后,上述那个按键的特征码为 3EH。KCODE 子程序的入口参数为 R3(行坐标)和 R4(列坐标),出口参数为 A,存放查到的键值。

```
KCODE:  MOV     R1,♯0                   ;行坐标值初始为 0
        MOV     A,R3
        CLR     C                       ;准备移位
LOOP:   RRC     A                       ;右移一位
        JZ      NEXT1                   ;为 0 则移位结束
        INC     R1                      ;行坐标值加 1
        SJMP    LOOP
NEXT1:  MOV     A,R1
        SWAP    A                       ;行坐标值移至高 8 位
        MOV     R1,A                    ;暂存
        MOV     A,R4                    ;取列坐标
        ANL     A,♯0FH                  ;只取低 4 位
        ORL     A,R1                    ;形成键特征值
        MOV     B,A                     ;暂存
        MOV     DPTR,♯KTAB              ;键特征表首地址
        MOV     R0,♯00H                 ;查表的计数器
        CLR     A                       ;准备查表
REPE:   MOVC    A,@A+DPTR               ;查表
        CJNE    A,B,NEXT2               ;与键特征码不等,则转移
        SJMP    RESU                    ;相等,则结束查表
NEXT2:  INC     R0                      ;计数值加 1
```

```
          MOV      A,R0                    ;准备继续查表
          SJMP     REPE
RESU:     MOV      A,R0                    ;键值存 A
KTAB:     DB       0FH,1FH,17H,1BH,2FH
          DB       27H,2BH,3FH,37H,3BH
          DB       3DH,2DH,1DH,0DH,0B17
          DB       07H,0EH,…
          RET
```

7.3.3 显示/键盘系统

把以上的几个子程序加以适当组合,就可以组成单片机的显示/键盘系统。它一般应完成以下功能:

(1) 从显示缓冲区中取出数据,送到 LED 显示器去显示;

(2) 显示一遍之后,扫描键盘,以确认是否有键按下;

(3) 若无键按下,则转出重新执行显示子程序,若有键按下,则要取得键码;

(4) 取得键码后,分析是什么键,即是数字键还是命令键,是数字键则可按数字键统一处理,是命令键则要执行各自的工作子程序,以执行各个命令。

图 7.15 是显示/键盘系统的流程图。至于硬件连接,只需将图 7.13 和图 7.14 组合在一起,用一片 8155 芯片,A 口服务于显示器,B 口服务于键盘,C 口则分时服务于这两者。其中 B 口没有全部占用,所余部分还可留做他用。

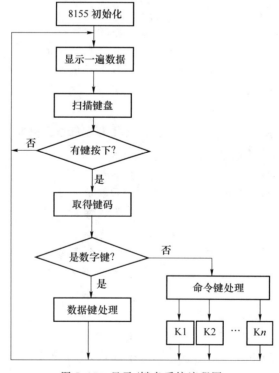

图 7.15 显示/键盘系统流程图

在主程序中,先进行 8155 初始化,由于主程序中已对 3 个端口的工作方式作了规定,在子程序中 8155 初始化就可不再进行。以下主程序可供参考:

```
START:  MOV    DPTR,＃8000H        ;8155 命令口地址
        MOV    A,＃05H             ;工作方式控制字
        MOVX   @DPTR,A            ;8155 初始化
        ACALL  DISP               ;调用显示子程序
        ACALL  SCAN               ;调用键盘扫描子程序
        JZ     START              ;无键按下,再次显示
        ACALL  KCODE              ;有键按下,取得键码
        CJNZ   A,＃10H,CONT        ;区分数字键/命令键
CONT:   JC     NUM                ;是数字键,转数字键处理
        MOV    DPTR,＃JTAB         ;开始处理命令键
        SUBB   A,＃10H             ;准备跳转各命令键分支
        RL     A                  ;A←A×2
        JMP    @A＋DPTR           ;跳转至各命令键分支
JTAB:   AJMP   K1                 ;K1,K2,…为命令键分支入口
        AJMP   K2
        ⋮
NUM:    ⋮                        ;处理数字键
```

在键盘扫描子程序中所调用的延时 20 ms 子程序,也可以用调用几次显示子程序来代替。若采用这种处理方式,则 SCAN 中的“关显示”部分还要作些相应的修改。

对于键盘的扫描还可以采用中断方式来进行。这时键盘的行线应都处于输入为 0 的状态,键盘的列线接到一个与门以产生中断申请信号。当没有键按下时,与门输出为 1,不申请中断。若有键按下,则与门输出为 0,就可以用做单片机的外中断申请信号。在这种情况下,键盘扫描,键码获得都要作为中断服务子程序来处理。由于在等待中断时,行线要处于都为 0 的状态,因此再和显示程序分时使用 C 口就不可能了。但也没有必要再增加一个端口,只需将 B 口和 C 口的功能互换,让 B 口作分时使用就可以了。

7.4　MCS-51 内部定时/计数器及其应用

MCS-51 单片机内部都带有定时/计数器。8031 系列带有两个 16 位定时/计数器,而 8032 系列带有 3 个。

有的控制系统是按时间间隔来进行控制的,如定时的温度检测等。虽然可以利用延迟程序来取得定时的效果,但这会降低 CPU 的工作效率。如果能用一个可编程的实时时钟以实现定时或延时控制,则 CPU 不必通过等待来实现延时,就可以提高 CPU 的效率。另外也有些控制是按计数的结果来进行的,因此在微机控制系统中常使用硬件定时/计数器。现在有很多专门用做定时/计数器的接口芯片。单片机内带有硬件定时/计数器

可以简化系统设计。不论是独立的定时器芯片还是单片机内的定时器,都有以下特点。

(1) 定时/计数器可以有多种工作方式,可以是计数方式也可以是定时方式等。

(2) 计数器模值是可变的,当然计数的最大值是有一定限制的,这取决于计数器的位数。计数的最大值也就限制了定时的最大值。

(3) 可以按照规定的定时或计数值,当定时的时间到或者计数终止时,发出中断申请,以便实现定时或计数控制。

除了上述共同特点外,各种定时器还会有各自的特点、各自的工作方式和控制方式。

7.4.1 工作方式

8031 系列单片机有两个内部定时/计数器:T0 和 T1。每个定时/计数器占用两个特殊功能寄存器:T0 由 TL0(低 8 位)和 TH0(高 8 位)组成;T1 由 TL1 和 TH1 组成,所以都是 16 位计数器。但是若将它们设置成不同的工作方式,其计数长度(最大值)和计数方式都可变化。

内部定时/计数器一共有 4 种工作方式,见表 7.7。

表 7.7　8031 内部定时/计数器工作方式

工作方式	功　能
方式 0	13 位计数器
方式 1	16 位计数器
方式 2	可自动装入计数初值的 8 位重装计数器
方式 3	T0 分为两个 8 位计数器,T1 停止计数

(1) 方式 0:13 位计数方式

当定时/计数器按方式 0 工作时,定时寄存器按 13 位计数器计数工作,由 TL 的低 5 位和 TH 的高 8 位组成,而 TL 的高 3 位弃之不用。设置这种工作方式主要是为了与 MCS-48 单片机的定时器兼容,因为 8048 单片机的定时/计数器是按 13 位计数器工作的。

定时/计数器在工作之前,先要根据定时/计数值装入初值。开始计数后,按加法计数器工作,到计数器溢出时回到全 0 状态。计数溢出时可以还产生中断申请信号。但若不在软件上采取措施,计数或者定时就不再按预置值继续进行。8031 的方式 0、方式 1 和方式 3 的工作状况就是按这种顺序进行的。

方式 0 既然是 13 位计数器,它所装入的计数初值也就是 13 位二进制数。例如,要求计数值为 1 000,计数的初值应为 $2^{13}-1\,000=7\,192$,换算为二进制数为 1110000011000。在给定时/计数器置初值时将高 8 位置给 TH,即为 E0H,而将低 5 位置给 TL 的低 5 位,故应为 18H 而不应是 C0H。即实际所置的初值应为 1110000000011000。

(2) 方式 1:16 位计数方式

定时/计数器在方式 1 时,按 16 位计数器工作,由 TH 作为高 8 位和 TL 作为低 8 位构成。方式 1 除了计数位数为 16 位之外,其余与方式 0 没有差别。

在得到方式 1 的计数器初值时,只需直接将高 8 位写入 TH,低 8 位写入 TL 即可。

例如要求计数值为 58 344。计数初值 7 192 换算为 16 位二进制数为 0001110000011000。计数器初值的高 8 位是 00011100,低 8 位是 00011000。显然,和方式 0 时作同样计数的初值有很大的不同。

（3）方式 2:8 位重装计数方式

定时/计数器在方式 2 时,16 位计数器被拆开成两个 8 位计数器用,但各有不同的作用。8 位 TL 寄存器当做计数器用,当装入初值和启动后按 8 位加法计数器工作。而 8 位 TH 当做寄存器用,计数初值也要装入到高 8 位 TH 寄存器。当低 8 位计数溢出时,除了可产生中断申请外,还将 TH 中保存的内容向 TL 重新装入,以便于 TL 重新计数,而 TH 中的初值仍然保留,以便下次再行对 TL 进行重装。

方式 2 对于连续计数比较有利。这时不需要在 TL 溢出后用软件重新装入计数初值,而是可以自动装入。但此时计数的长度将受到很大的限制,只有 $2^8 = 256$。

（4）方式 3:T0 分为两个 8 位计数方式

2 个定时/计数器在方式 3 时的工作有很大的不同。

若把定时器 1 置于方式 3,则 T1 停止计数,定时器 1 保持其内容不变,所以,一般不会把定时器 1 置于方式 3。

若把定时器 0 置于方式 3,则 16 位计数器拆开为两个独立工作的 8 位计数器 TL0 和 TH0。但这两个 8 位计数器的工作是有差别的。

首先是工作方式的不同。对 TL0 来说,它既可以按计数方式工作,也可以按定时方式工作。而 TH0 则只能按定时方式工作。

另外是控制方式的不同。TL0 的工作仍用定时器控制寄存器 TCON 中控制 T0 的各控制位来控制。TH0 工作也需要有控制位来控制,在方式 3 时,只好借 TCON 中控制 T1 的控制位 TR1(启动计数)和 TF1(中断标志)给 TH0 来用。因此,当 T0 置于方式 3 时,T1 本身又变成没有控制位可用了。

或者说,T1 只能设置于不需要控制位的工作方式。一般可置为不产生中断的方式 2。由于不产生中断,故可不用 TF1。由于是连续的 8 位重装计数,TR1 也只需使用一次(启动)后就不再使用。如果是这样配置,则就等于有 3 个 8 位计数器同时工作:T1 为方式 2 是 1 个 8 位计数器,T0 为方式 3 是两个 8 位计数器。此时的 T1 可以用做串行口的波特率发生器(不需中断)。

7.4.2　控制方式

定时/计数器的工作方式、计数(定时)值、中断控制等都是由程序来设定的。在 MCS-51 系统中则是通过特殊功能寄存器 TMOD(定时器方式控制寄存器)和 TCON(定时器控制寄存器)来完成的。在开始定时或计数之前,也有一个定时操作的初始化过程,即将控制命令(控制字)写入有关寄存器。现在就要写入 TMOD 和 TCON 两个特殊功能寄存器。

1. 定时器方式控制寄存器 TMOD

定时器方式控制寄存器用来控制和选择定时/计数器的工作方式。它的高 4 位控制定时器 T1,低 4 位控制定时器 T0。TMOD 中各位的符号及意义如图 7.16 所示。

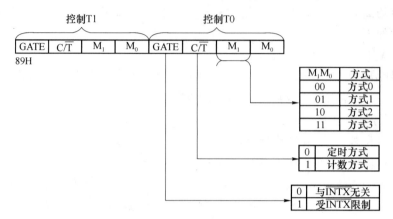

图 7.16　定时器方式控制寄存器 TMOD

TMOD 中的 $C/\overline{T}$ 控制位用来确定 T0(T1)是工作在计数方式还是工作在定时方式。$C/\overline{T}=0$ 为定时方式,$C/\overline{T}=1$ 为计数方式。

M_1 和 M_0 两位用来确定 T0(T1)的具体工作方式。$M_1 M_0$ 的 4 种组合刚好与 4 种方式对应。

GATE 一般称为门控标志。它对定时/计数器的启动起着控制作用。定时/计数器的启动必须受 TCON 寄存器中的 TR0(TR1)位的控制。只有当 TR0(TR1)为 1 时才能计数。GATE 则是起着辅助的控制作用。当 GATE 为 0 时,只需 TR0(TR1)置位就可以启动计数器。

而当 GATE 为 1 时,则还需 $\overline{INT0}$ 或 $\overline{INT1}$ 为 1 时,才能启动计数器。为了更清楚地看出 TMOD 中各控制位的控制作用,在图 7.17 中给出了定时器 1 方式控制的逻辑图。其中的计数器根据其所设置的方式可以是 13 位、16 位或 8 位重装计数器。

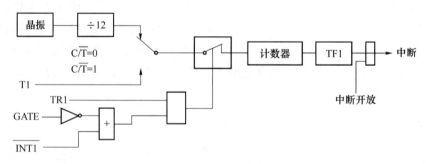

图 7.17　计数方式的控制逻辑

从图中首先可看出定时方式与计数方式的不同。在定时方式时,$C/\overline{T}=0$,计数器的时钟来自单片机的内部振荡脉冲的 12 分频。若单片机的时钟频率为 12 MHz,则定时器的时钟频率为 1 MHz。在计数方式时,$C/\overline{T}=1$,计数器的时钟来自引脚 T1。CPU 每个机器周期(12 个时钟周期)检测一次引脚以采样外部信号。当在一个机器周期中检测到 T1 引脚上的信号为 1,而在下一个机器周期的检测值为 0 时认为收到一个有效的时钟信号,使计数器加 1。也就是说 8031 内部计数器并不真正在外部时钟的负边沿翻转,而是在检测到负跳变存在时进行计数。由于检测到一次负跳变需要两个机器周期,所以最高的外部计数脉冲频率不能超过单片机时钟频率的 1/24。而外部时钟脉冲持续为 0 和为 1 的时间不能少于 1 个机器周期。因此,实际的外部时钟频率不可能太高,总是小于 500 kHz。

计数器的启动由图中的与或逻辑控制,从中可以看出门控信号 GATE 的作用。GATE 为 0 时,或门总是输出 1,启动只受 TR_1 控制。而 GATE 为 1 时,为使或门输出 1, $\overline{INT1}$ 应为 1,才能使计数器启动。在这种情况下, $\overline{INT1}$ 不是外部中断申请信号,而只是对定时/计数器的一个附加的控制信号。

所以,在 GATE=0 时,对计数不起控制作用。在 GATE=1 时,必须 $\overline{INT1}$=1 时,才可以计数。如果当 GATE=1 时在 $\overline{INT1}$ 端子加一个正脉冲,在正脉冲到来时,计数器进行计数,正脉冲结束,计数就停止。利用 GATE 信号的这种门控作用,可以用定时/计数器来测量接在 $\overline{INT1}$ 端的正脉冲宽度。

TMOD 寄存器的单元地址是 89H,它是不可以位寻址的,故不能用位操作指令来改变 TMOD 的内容,而只能用字节操作指令。常用的特殊功能寄存器不能位寻址的很少,TMOD 是其中之一。

2. 定时/计数器的启动和中断控制

与定时/计数器的启动和中断有关的特殊功能寄存器有两个:定时器控制寄存器 TCON 和中断允许寄存器 IE。但实际上只有其中的几位与定时器控制有关。有关控制位及功能如图 7.18 所示。这两个寄存器中其余各位是用于外中断和串行口中断控制的。

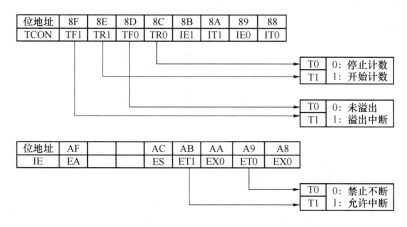

图 7.18　定时/计数器的启动和中断控制位

在 TCON 寄存器中与定时器有关的控制位如下。

TF1:定时器 1 溢出标志,计数器溢出时置 1,申请中断,在中断响应以后能自动复 0。

TR1:定时器 1 运行控制,通过程序置 1 后,定时器才开始工作,系统复位时为 0。

TF0:定时器 0 溢出标志。

TR0:定时器 0 运行标志。

在中断允许寄存器 IE 中和定时器中断有关的控制位如下。

EA：CPU 中断允许总控制位。

ET1：定时器 1 中断允许控制位。

ET0：定时器 0 中断允许控制位。

当用软件使中断控制位为 1 时，就开放相应的中断，为 0 时就禁止相应的中断。EA 作为总控制位总管各种中断的开放与禁止。

定时器控制寄存器 TCON 的单元地址为 88H，中断允许寄存器 IE 的单元地址为 A8H，它们都是可以位寻址的特殊功能寄存器。

3. MC5-51 内部定时/计数器的初始化

MCS-51 的定时/计数器是可编程的，因此，在进行定时或计数之前也要用程序进行初始化。初始化一般应包括以下几个步骤：

（1）对 TMOD 寄存器赋值，以确定定时器的工作方式；

（2）置定时/计数器初值，直接将初值写入寄存器了 TH0、TL0 或 TH1、TL1；

（3）根据需要，对寄存器 IE 置初值，开放定时器中断；

（4）对 TCON 寄存器中的 TR1 或 TR0 置位，启动定时/计数器，置位以后，计数器即按规定的工作方式和初值进行计数或开始定时。

在初始化过程中，要置入定时值或计数值的初值，这时要作一些计算。由于计数器是加法计数，并在溢出时申请中断，因此不能直接输入所需的计数模值，而是要从计数最大值倒退回去一个计数模值才是应置入的初值。设计数器的最大值为 M（在不同的工作方式中，M 可以为 2^{13}、2^{16} 或 2^8），则置入的初值 X 可按如下方式来计算。

计数方式时：

$$X = M - 计数模值$$

定时方式时：

$$(M - X) \cdot T = 定时值$$

所以

$$X = M - 定时值/T$$

其中 T 为计数周期，它是单片机时钟周期的 12 倍。当时钟周期为 $1/12\ \mu s$ 时，计数周期为 $1\ \mu s$。在这种情况下，若定时器工作在方式 0，则最大定时值为

$$2^{13} \times 1\ \mu s = 8.192\ ms$$

若工作在方式 1，则最大定时值为

$$2^{16} \times 1\ \mu s = 65.536\ ms$$

若要增大定时值，当然可以采用降低单片机的时钟频率的方法，但这会降低单片机的运行速度，而且定时误差也会加大，故不是最好的方法。下面一节将介绍采用软硬件结合的办法来增大定时值，效果较好。

例 7.3 若单片机的时钟频率为 6 MHz，要求产生 1 ms 的定时，试确定定时器的初值。

解 对于方式 0 来说：

$$X = 2^{13} - 1 \times 10^{-3}/2 \times 10^{-6} = 7\,692$$

$$= 1111000001100\ B$$

其高 8 位为寄存器 TH1 的初值，即 F0H。低 5 位为寄存器 TL1 的初始，注意应是

0CH,而不是 60H。因为方式 0 时,TL1 的高 3 位是不用的,都设为 0。

若采用方式 1,则

$$X = 2^{16} - 1 \times 10^{-3} / 2 \times 10^{-6} = 65\ 038$$
$$= 1111111000001100B = FE0CH$$

因此,高 8 位 TH1 的初值为 FEH,低 8 位 TL1 的初值为 0CH。

用方式 2 时(8 位重装方式)不能产生 1 ms 的定时,除非把单片机时钟频率再降低。

7.4.3　应用举例

例 7.4　利用定时器输出周期为 2 ms 的方波,设单片机时钟频率为 12 MHz。

解　周期为 2 ms 的方波应为每 1 ms 变化一次信号幅度,故定时值为 1 ms。用定时器方式 0 就可以达到这个定时值。首先计算定时器的初值:

$$X = 2^{13} - 1 \times 10^{-3} / 1 \times 10^{-6} = 7\ 192 = 1110000011000B$$

若使用定时器 0,则 TH0 初值为 E0H,TL0 的初值为 18H。在设置 TMOD 的各位时,一般情况下,GATE 总是取 0,以表示计数不必受 $\overline{INT0}$ 控制。有关程序如下:

```
        MOV     TMOD,#00H       ;置定时器 0 为方式 0
        MOV     TH0,#0E0H       ;置定时器初值高 8 位
        MOV     TL0,#18H        ;置定时器初值低 8 位
        SETB    EA              ;CPU 中断开放
        SETB    ET0             ;定时器 0 中断允许
        SETB    TR0             ;启动定时器 0
LOOP:   SJMP    $               ;等待中断,虚拟主程序
        ORG     000BH           ;定时器 0 中断服务程序入口
        AJMP    BRT0            ;转中断服务程序
          ⋮
BRT0:   MOV     TH0,#0E0H
        MOV     TL0,#18H        ;重装定时器初值
        CPL     P1.0            ;输出方波
        RETI
```

方波从 P1 口的 P1.0 引脚输出,每隔 1 ms 使幅度在 0 和 1 之间变化,即可得到周期为 2 ms 的方波。

以上的程序在定时器初始化之后,进入虚拟的主程序,等待定时/计数器溢出中断。响应中断后进入中断入口 000BH。在入口处用一条转移指令进入真正的中断服务程序。由于采用定时器方式 0,在中断服务程序中对定时器重置初值,以进入下一次计数循环,继续定时输出方波。采用定时器方式 0、1、3 时都需要用指令来重装定时器的初值,以保证定时值不变。

以上程序是按主程序/中断服务程序的顺序排列的。实际上,地址 000BH 应在程序的前部,而不是在中间。

采用定时器溢出中断来产生方波,可提高 CPU 的效率。在计数器工作的同时,CPU 可以用于其他服务,方波也可以通过查询方式来产生。

例 7.5 用查询方式产生例 7.4 中所要求的方波。

解 程序和例 7.4 很相似,但不需要中断和中断服务程序。查询的对象是定时器的溢出标志 TF0,计数进行中,TF0 为 0,当定时时间到,计数器溢出使 TF0 置 1。由于未采用中断,TF0 置 1 后不会自动复 0,故要用指令来使 TF0 复 0。

```
        MOV    TMOD,#00H        ;置定时器 0 为方式 0
        SETB   TR0             ;启动定时器 0
LOOP:   MOV    TH0,#0E0H       ;定时器高 8 位初值
        MOV    TL0,#18H        ;定时器低 8 位初值
        JNB    TF0,$           ;查询,TF0≠1 继续查询
        CPL    P1.0            ;TF0 = 1,输出方波
        CLR    TF0             ;清 TF0,准备下一次计数循环
        SJMP   LOOP
```

程序很简单,但 CPU 效率不高。

例 7.6 仍要求用定时器控制方波输出,但要求方波的周期为 2 s。单片机时钟仍为 12 MHz。

解 周期为 2 s 的方波要求定时值为 1 s。在时钟为 12 MHz 的情况下,这个值已超过了定时器可能提供的最大定时值。为了能实现 1 s 的定时,可采用定时器定时和软件计数相结合的方法。例如,要获得 1 s 定时,可设定时器的定时值为 20 ms,另设一个软件计数器,初值为 50。每 20 ms 定时时间到时,产生中断,在中断服务程序中使软件计数器减 1,这样,到软件计数器减到 0 时,就获得了 1 s 定时。在达到 1 s 定时之前,中断服务程序中只是软件计数,并不改变输出。只有当软件计数器为 0 时,才输出方波,并重新将软件计数器置为 50,以准备开始另一个 1 s 定时。

这种硬件、软件相结合取得长时间定时的方法,除了可用于输出方波,也可以用在其他需要长时间定时控制的场合,并且 CPU 的效率仍然是很高的。

先计算 20 ms 定时所需的定时器初值。这时应采用定时器方式 1,即 16 位计数器方式。计数器的时钟频率为 1 MHz。

$$X = 2^{16} - (20 \times 10^{-3}/1 \times 10^{-6}) = 65\,536 - 20\,000$$
$$= 45\,536 = 1011000111100000B$$

若采用定时器 0,则 TH0 初值为 B1H,TL0 的初值为 E0H。中断服务程序入口为 000BH。

```
        ORG    000BH           ;定时器 0 中断入口
        AJMP   BRT5            ;转至真正中断服务程序
        ⋮
START:  ORG    2000H           ;主程序开始地址
        MOV    TMOD,#01H        ;定时器 0 方式 1
        MOV    TH0,#0B1H        ;定时器高 8 位初值
```

```
            MOV    TL0,♯0E0H        ;定时器低 8 位初值
            MOV    IE,♯82H          ;定时器 0 开中断
            SETB   TR0              ;启动定时器 0
            MOV    R0,♯50           ;软件计数初值
LOOP：      SJMP   $                ;虚拟主程序,等待中断

BRT5：      DJNZ   R0,NEXT          ;中断服务程序
            CPL    P1.0             ;R0 为 0 后输出方波
            MOV    R0,♯50           ;重置软件计数器
NEXT：      MOV    TH0,♯0B1H        ;重置定时器高 8 位
            MOV    TL0,♯0E0H        ;重置定时器低 8 位
            RETI                    ;中断返回
```

在以上的定时程序中,都要在中断服务程序中重装定时器的初值。而作为定时/计数器本身在溢出进入全 0 状态之后,仍在继续计数。这样,在定时器溢出而发出中断申请,到重装完定时器初值并在此基础上继续计数定时,总会有一定的时间间隔,计数器总要计几个数。因此,若是重装计数器的初值仍按原计算值不变的话,实际上就多计了若干次数或者定时多增加了若干微秒。若要求定时/计数比较精确,就需对重装的定时器初值作一些调整。调整时要考虑这样两个因素:一是中断响应所需的时间,在没有中断嵌套的情况下,中断响应的时间为 3～8 个机器周期,也就是 3～8 个计数器时钟周期,具体取什么数值则和中断产生点的指令有关,而中断在程序中哪一点出现则不好估计。因此,一般可按 4～5 个周期来考虑。另一个因素是重装指令所占用的时间,当然,在重装定时器初值之前,中断服务程序中还有其他指令则也要考虑。综合这两个因素后,在一般情况下,重装定时/计数器的初值的修正量可取 7～8 个时钟周期,即少计 7～8 个数。反映到实际的计数器初值则是要使得初值增加 7 或 8。

例 7.7　用定时器控制,使单片机实验器的 6 个 LED 数码管上从右到左循环显示字符"8"。每个字符显示时间为 20 ms。LED 显示器仍通过 8155 接口芯片与单片机连接。设 8155 的命令/状态口地址为 F0H。

解　这是一个将并行接口与定时控制相结合的例子。这种"8 字循环"程序可以通过调用延时程序来确定每个字符的显示时间。但利用定时器来控制可以提高 CPU 的效率。

在主程序中要完成对 8155 的初始化以确定工作方式,完成对定时器 0 的初始化以规定工作方式和定时值等,还要进行"8 字循环"所需的初始化工作。设仍由 C 口输出位码,而字形码由 A 口输出,即接口方式仍按图 7.14 的方式,这时,字形 8 的显示码为 80H。

由于 8155 的 A 口和 C 口都为输出方式,并且不需中断,方式控制字为 05H。定时值为 20 ms。可以算出所需的定时器初值为 B1E0H,故应工作于方式 1:16 位计数方式。

```
            ORG    000BH            ;定时器 0 中断入口
            AJMP   BT8              ;转至 8 字循环子程序

START：     ORG    2000H            ;主程序起始地址
            MOV    A,♯05H           ;8155 方式控制字
```

	MOV	R0,＃0F0H	;8155 命令口地址
	MOVX	@R0,A	;写入方式控制字
	MOV	TMOD,＃01H	;定时器 0 方式 1
	MOV	TH0,＃0B1H	;定时器高 8 位初值
	MOV	TL0,＃0E0H	;定时器低 8 位初值
	MOV	IE,＃82H	;定时器 0 开中断
	MOV	A,＃80H	;"8"的字形码
	INC	R0	;8155A 口地址
	MOVX	@R0,A	;从 A 口输出字形码
	MOV	A,＃01H	;位码,最右一位先亮
	MOV	R0,＃0F3H	;8155 C 口地址
	MOVX	@R0,A	;C 口输出位码
	SETB	TR0	;开始计数定时
LOOP:	SJMP	$	;虚拟主程序,等待中断
BT8:	MOV	TH0,＃0B1H	;重新装入定时器初值
	MOV	TL0,＃0E0H	
	JNB	ACC.5,NEXT1	;未到最左一位则转移
	MOV	A,＃01H	;重装位码初值
	SJMP	NEXT2	;准备输出位码
NEXT1:	RL	A	;A 左移一位,移动"8"
NEXT2:	MOVX	@R0,A	;输出位码
	RETI		;中断返回

改变定时器的定时值(即初值)就可以改变"8"字移动的速度,当移动速度增大到一定限度(定时值减小到一定程度),就会由于人的视觉惰性,觉得 6 个"8"字一起显示。

7.4.4 电脑时钟

例 7.8 用单片机实验器来模拟时钟,显示时、分、秒。

解 电脑时钟利用定时/计数器来产生标准的秒信号,通过软件进行计时后,利用单片机实验器上的 6 个 LED 显示器来显示时、分、秒。使用时要先输入当地的标准时间,然后启动程序,电脑时钟便开始运行,并随时显示当地的时间,就像一般的电子钟一样。

为了实现以上设想,在 RAM 区中安排两个数据区。一个是显示数据缓冲区,其标号地址为 DS1、DS2、DS3、DS4、DS5 和 DS6。输入的起始时间就存在这个缓冲区内,启动以后,要显示的时间也存在这个缓冲区。另一个是计数缓冲区,用来存放时、分、秒的十进制数值,以便进行计时。这几个单元分别称为 HBF(时)、MBF(分)和 SBF(秒)。此外还设置一个单元用来存放 0.1 s 的计数结果,称为"BUF"。因为定时器不可能直接产生秒信号,但可以产生 0.1 s 的信号,若用软件计数 10 次,即为 1 s。亦即当 BUF 中所存的十进制数等于 10 时,为 1 s。

设单片机的时钟为 6 MHz,定时器产生 0.1s 定时应工作在方式 1,定时器初值为

$$X = 65\ 536 - (0.1/2 \times 10^{-6}) = 65\ 536 - 50\ 000$$
$$= 15\ 536 = 0011110010110000B = 3CB0H$$

为使定时较为精确,在中断服务程序中定时器重装的初值修正为 3CB7H,在运行中还可以进一步调整。

整个程序由主程序和若干子程序组成。在主程序中除了完成对 8155 和定时器的初始化之外,还要检验人工置入的时、分、秒初值是否合法,即是否出现不符实际的时、分、秒值。若检验合格,进入显示子程序,循环显示,并等待定时器中断。若检验不合格,则停止执行程序,也可以给出某种显示。

在显示子程序中要完成把计数缓冲区内的时、分、秒值取出送入到显示缓冲区中,然后就可进行输出显示。6 个数码显示完毕,可以把字形的显示关掉(显示码为 FFH),这样 8155 的 C 口再进行什么操作也不会影响字符显示。

把时、分、秒值送入显示缓冲区,实际上是把一个两位 BCD 数拆开送入两个 RAM 单元,所以还需调用拆字子程序 SEPC。

在主程序中检验时、分、秒的合法性时,要把显示缓冲区内的数字合并为几个两位十进制数以便和 24、60 等作比较,故还要用到合字子程序 COMC。

在中断服务子程序中完成计时的功能。每当中断一次,BUF 单元的内容便加 1。当 BUF 单元等于 10 时,便产生 1 s 定时,使秒单元内容 SBF 加 1。当 SBF 内容为 60 时,使分单元内容加 1。当 MBF 内容为 60 时,使时单元内容加 1。当然,使秒、分、时加 1 时,BUF、SBF 和 MBF 的内容应分别复 0。当时单元内容进到 24 时,也应自动复 0。在中断服务程序还应注意现场的保护和恢复。

以上程序结构及数据区的安排,是结合单片机实验器的具体情况进行的。若是设计一个专门的电脑时钟,则还应作些必要的修改。

电脑时钟的主程序流程图和中断服务程序流程图如图 7.19 所示。参考程序如下:

主程序:

```
TIMER:MOV    R0,♯DS2              ;时单元地址
      ACALL  GTDS1               ;取出时单元初值
      CJNE   A,♯24H,CHK          ;测试是否大于 24
CHK:  JNC    STOP                ;大于 24 为不合法
      MOV    HBF,A               ;存时数初值
      MOV    R0,♯DS4             ;分单元
      ACALL  GTDS1               ;取出置入的分值
      CJNE   A,♯60H,CHK1         ;测试是否大于 60
CHK1: JNC    STOP                ;大于 60 为不合法
      MOV    MBF,A               ;存分的初值
      MOV    R0,♯DS6             ;秒单元
      ACALL  GTDS1               ;取出置入的秒值
      CJNE   A,♯60H,CHK2         ;测试是否大于 60
CHK2: JNC    STOP                ;大于 60 为不合法
```

```
        MOV     SBF,A                   ;存秒的初值
;定时器初始化
        MOV     TMOD,#01H               ;定时器方式 1
        MOV     TL0,#0B0H               ;定时器低位初值
        MOV     TH0,#3CH                ;定时器高位初值
        MOV     IE,#82H                 ;允许中断
        MOV     BUF,#00H                ;0.1 秒单元清零
        SETB    TR0                     ;启动定时器 0
DUP1:   MOV     R0,#DS6                 ;向显示缓冲区放数
        MOV     A,SBF
        ACALL   PTDS                    ;放秒值
        MOV     A,MBF
        ACALL   PTDS                    ;放分值
        MOV     A,HBF
        ACALL   PTDS                    ;放小时值
        ACALL   DSUP                    ;调用显示子程序
        SJMF    DUP1                    ;循环显示
STOP:   CLR     TR0                     ;置数有错时停止
        LJMP    00H                     ;返回监控程序
```

从显示缓冲区取数子程序,入口参数 R0:

```
GTDS1:  MOVX    A,@R0                   ;从显示缓冲区取第一个数
        CJNE    A,#0AH,GT2              ;检查是否大于 10
CT2:    JNC     STOP                    ;大于 10 无法显示,停止
        ANL     A,#0FH                  ;A 的高 4 位清零
        MOV     R1,A                    ;暂存
        DEC     R0                      ;修改指针
        MOVX    A,@R0                   ;从显示缓冲区取第二个数
        SWAP    A                       ;交换到高 4 位
        ANL     A,#0F0H                 ;低 4 位清零
        ORL     A,R1                    ;两数合并在一个字节
        RET                             ;返回
```

向显示缓冲区放数子程序 PTDS,入口参数 A:

```
PTDS:   MOV     R1,A                    ;暂存
        ACALL   PTDS1                   ;低 4 位先放入缓冲区
        MOV     A,R1                    ;取出原数
        SWAP    A                       ;高 4 位交换到低 4 位
PTDS1:  ANL     A,#0FH                  ;放入显示缓冲区
        MOVX    @R0,A
        DEC     R0                      ;缓冲区地址指针减 1
```

```
        RET                          ;返回
```

显示子程序 DSUP：

```
DSUP:  MOV    R0,#DS1              ;显示缓冲区地址指针
       MOV    R2,#20H              ;左边第一位开始
       MOV    R3,#00H              ;决定延时时间的常数
       MOV    DPTR,#SGTB           ;七段字码表地址给 DPTR
DSUP1: MOV    A,#0FFH              ;七段全译码
       MOV    R1,#0E1H             ;字形口地址
       MOVX   @R1,A                ;关显示
       MOV    A,@R0                ;显示缓冲区内容到 A
       MOVC   A,@A + DPTR          ;查相应的字形码
       MOVX   @R1,A                ;写入字形码
       MOV    A,R2                 ;取出字位码
       MOV    R1,#0E3H             ;字位口地址
       MOVX   @R1,A                ;使一个字显示
DSUP2: DJNZ   R3,DSUP2             ;延时一段时间
       INC    R0                   ;指向显示区下一单元
       CLR    C                    ;为移位作准备
       MOV    A,R2                 ;取出字位码
       RRC    A                    ;字位码移位,以显示下一位
       MOV    R2,A                 ;暂存
       JNZ    DSUP1                ;不到最右一位,循环
       RET                         ;返回
SGTB:  DB     0C0H,…               ;字形码表(略)
```

中断服务子程序：

```
CLOCK: MOV    TH0,#3CH             ;重装定时器常数
       MOV    TL0,#0B7H            ;低位重装
       PUSH   PSW                  ;保护状态字
       PUSH   ACC                  ;保护累加器
       SETB   RS0                  ;转至工作寄存器1区
       INC    BUF                  ;0.1 秒单元加 1
       MOV    A,BUF                ;0.1 秒单元内容送到 A
       CJNE   A,#0AH,DONE          ;不等于 10 返回
       MOV    BUF,#00H             ;等于 10 则 0.1 秒单元清零
       MOV    A,SBF                ;取出秒的值
       INC    A                    ;秒单元内容加 1
       DA     A                    ;十进制调整
       MOV    SBF,A                ;送回秒单元
       CJNE   A,#60H,DONE          ;不等于 60 则转出
```

MOV	SBF,#00H	;等于60,秒单元置0
MOV	A,MBF	;取出分值
INC	A	;分单元内容加1
DA	A	;十进制调整
MOV	MBF,A	;送回分单元
CJNE	A,#60H,DONE	;不等于60则转出
MOV	MBF,#00H	;等于60分单元清零
MOV	A,HBF	;取出小时值
INC	A	;小时单元内容加1
DA	A	;十进制调整
MOV	HBF,A	;送回小时单元
CJNE	A,#24H,DONE	;不等于24则转出
MOV	HBF,#00H	;等于24则小时单元置0
DONE：POP	ACC	;恢复现场
POP	PSW	
RETI		;中断返回

以上程序中规定了7段显示字形口的地址为E1H,字位口的地址为E3H。

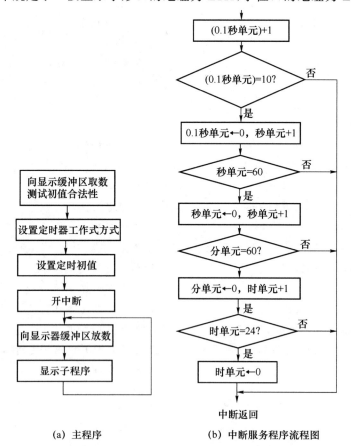

(a) 主程序　　　　　　　　(b) 中断服务程序流程图

图 7.19　电脑时钟程序流程图和中断服务程序流程图

键入程序机器码后,输入时间起始值,执行程序,电脑时钟便可开始运转,若起始值输错(如 61 s),则程序停止执行,需重新置入正确值。

7.4.5　复用方式

MCS-51 内部只有两个定时/计数器。如果需要进行定时或计数的控制多于两个,它的内部定时/计数器就会不够使用。

解决的办法当然有很多,最简单的方法就是增加一个外部的定时/计数器。现在这样的部件也有很多,一般可以将它们当做接口部件来使用。这种外接的定时/计数器的工作原理和 MCS-51 内部定时/计数器没有什么不同,但是在计数溢出的时候一般不会像 MCS-51 内部定时/计数器那样产生一个内部的定时中断。但这种计数溢出的结果肯定可以表现出来,并被用来向 CPU 申请中断。

另外一种办法是通过软件的方法来复用 MCS-51 内部定时/计数器,把一个 MCS-51 内部定时/计数器当做几个这样的部件来使用。

在上面的电脑时钟的例子中,实际上已经是将一个定时/计数器当做了几个定时器来使用:既作为秒计时,也作为分计时和小时的计时。它们都是以 0.1 s 的计时作为基本的计时单位,差别在于秒计时使用了 10 个基本的计时单位,分计时使用了 60×10 个基本计时单位,小时的计时使用了 $60 \times 60 \times 10$ 个基本计时单位。

由此可见,几个定时/计数应用复用同一个定时/计数器的条件是可以找到一个公共的基本定时单位。从数学上说,就是找到几个数的公因子。如果有几个不同的公因子,一般可以取最大公因子。例如,有 3 个定时控制分别要求定时值为 30 ms、24 ms 和 18 ms。容易找出它们的最大公因子是 6。也就是说,对于这 3 个定时控制来说,可以通过一个 MCS-51 内部定时/计数器来实现 3 个不同定时值的控制。

在存在这种定时值公因子的情况下,为了实现具体的定时,应该为每一个不同的定时控制分别设置一个软件计数器,当这些计数器达到了预定的计数值时,就是达到了各自的定时值。例如,在上述 30 ms,24 ms 和 18 ms 定时值的情况下,当确定公因子是 6 以后,3 个软件计数器的预定值应该分别是 5、4、3。

当软件计数器达到了预定值后,就可以用指令实现各自的定时控制任务,并将软件计数器重新设置为 0,以准备下一次的定时控制过程。

以上述 3 种定时值为例的中断服务程序的流程图如图 7.20 所示。流程图中的 COUN1、COUN2 和 COUN3 是 3 个软件计数器,实际上是在程序中所规定的 3 个 RAM 单元,应该通过具体的伪指令来实现。

COUN1、COUN2 和 COUN3 的预定值应该分别是 5、4、3。

在 COUN1、COUN2 和 COUN3 的定时控制程序段中,都必须有指令使软件计数器 COUN1、COUN2 和 COUN3 清零。

如果几个定时控制的定时值或计数值不能找到公因子,则不能用以上所介绍的方法复用 MCS-51 的内部定时/计数器。

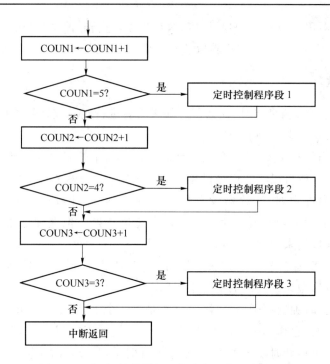

图 7.20　定时/计数器复用的中断服务程序流程图

7.5　单片机应用实例

7.5.1　液晶显示器

1. 功能

按 4×4 小键盘上的某个键,液晶显示屏上即显示相应的数字或字符。

2. 液晶显示介绍

液晶显示器 LCD 是一种新型的显示器件,具有低压微功耗,显示信息量大,清晰度高,无电磁辐射,易做成平板结构等优点而广泛应用在家用电器、计算机、自动化仪表等领域。在单片机应用系统中,最常用的液晶显示器主要有段型和点阵型两类。

(1) 段型液晶显示器

段型液晶显示器是指以长条状显示像素组成一位的液晶显示器,主要用于数字显示,也可以用于显示某些西文字符等。从显示形状上分类,段型液晶显示器可分为 6 段显示、7 段显示、8 段显示、14 段显示和 16 段显示等,在形状上总是围绕数字 8 的结构变化。其中以 7 段显示最为常用,被广泛应用于各种数字仪表、计数器中。

从段型液晶显示器的驱动方式上分类,可分成静态显示和动态显示驱动两种。一个段型显示器的驱动方式主要区别在于该器件各显示像素外引线的引出和排列方式。由于引线电极排列不同,故其驱动方式也就不同,所以在使用时一定要先弄清楚,不同的电极排列要配不同的驱动器,使用不同的控制方法。

(2)点阵液晶显示器

点阵液晶显示器引线较多,用户使用极不方便,所以制造商将点阵液晶显示器和驱动器做在一块板上成套出售,这种产品称为液晶显示模块(LCM)。在液晶显示模块上,线路板为双面印刷线路板,正面布有电极引线,并固定液晶显示器件;背面装配好液晶显示驱动电路和分压电路,并提供驱动电路的接口。有的液晶显示模块内部有控制电路,这种内置控制器的液晶显示模块所给出的接口可以直接与微处理器连接,用户可以把主要的精力投入到显示屏画面的软件设计上。

字符型液晶显示模块是一类专门用于显示字母、数字、符号等的点阵液晶显示模块。在显示器件的电极图形设计上,它是由若干个 5×5 或 5×11 点阵字符位组成。每一个点阵字符位都可以显示一个字符。点阵字符位之间有一个点距的间隔,起到了字符间距和行距的作用,字符型液晶显示模块安装在一块双面印刷线路板上,它的一面用导电橡胶将电路与液晶显示器件连接,另一面装配所需要的驱动器、控制器以及驱动所需的分压电路。

3. 液晶控制模块接口方式

下面以香港精电公司的数字字符型液晶显示模块 MDLS16265B 为例,介绍液晶显示器的功能、使用方法及与单片机的接口。

MDLS16265B 液晶显示模块主要由驱动控制器和 LCD 控制器 HD44780U 来控制液晶显示。

HD44780U 是 CMOS 技术制造的点阵液晶控制器,可以直接和 8 位处理器连接,在点阵 LCD 上显示各种字符。显示的字符可以是 5×7 或者 5×10 点阵。

HD44780U 包含一个 80×8 位的显示数据 RAM,存放要显示字符的 ASCII 码。自带 8 320 位字符字库(CGROM),包括 192 个 5×7 点阵字符和 32 个 5×10 点阵字符,还有 512 bit 的用户字库(CGRAM)。

可以控制两行字符显示,每行 40 个字符。显示地址第一行从 00～27H,第二行从 40～67H。HD44780U 内部的 7 位地址计数器 AC 存放显示的地址。

HD44780U 有 8 个数据端,3 个控制信号,RS 是内部寄存器选择信号,RS=0 选择内部命令寄存器,RS=1 选择数据寄存器,读写显示的字符数据。E 是片选信号。R/W 是读写控制信号:R/W=0 为写入,R/W=1 是读出。模块引脚功能如表 7.8 所示。

表 7.8　HD44780U 引脚及其功能

引线号	符　号	名　称	功　能
1	V_{SS}	接地	0V
2	V_{DD}	电源	5(1±10%)V
3	V_{EE}	液晶驱动电压	0～5 V 可调
4	RS	寄存器选择信号	1:数据寄存器 0:指令寄存器
5	R/W	读/写信号	1:读,0:写
6	E	片选信号	下降沿触发
7～14	$DB_0 \sim DB_7$	数据线	数据传送

字符型液晶显示模块与单片机的连接方法分为直接访问和间接访问两种。

（1）直接访问方式

把字符型液晶显示模块作为存储器或 I/O 口设备直接连接到单片机总线上，单片机的 8 条数据线直接和 HD44780U 的 8 条数据线连接，RS 信号和 R/W 信号可以利用单片机的高 8 位地址线中的几条来控制，这意味着读/写操作需要不同的地址。片选 E 信号由单片机的 $\overline{RD}$ 和 $\overline{WR}$ 信号以及高位译码的输出共同控制。相应的逻辑保证在译码输出有效，并且读或者写信号有效时，给 E 输入一个正脉冲，利用正脉冲的下降沿选通 HD44780U 控制器。图 7.21 是直接访问方式下 8031 和 HD44780U 的连接图。

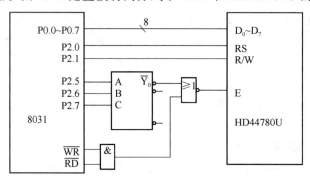

图 7.21　直接访问方式下，8031 和 HD44780U 的连接图

（2）间接访问方式

间接访问方式是将字符型液晶显示模块的 8 条数据线与单片机的某个并行 I/O 口连接，再用另外的几条 I/O 线连接片选 E，寄存器选择输入 RS 和读写控制 R/W。通过对于这几条 I/O 线的操作，控制 HD44780U 控制器的工作。

以下的应用编程中，将使用间接控制方式。

4. HD44780U 控制器的操作命令

HD44780U 有 9 条控制命令，两条数据读写命令，命令的格式一览表如表 7.9 所示。

表 7.9　HD44780U 控制器的操作命令

指　令	标　记									功　能
	RS	R/W	DB_7	DB_6	DB_5	DB_4	DB_3	DB_2	DB_1	DB_0	
清　屏	0	0	0	0	0	0	0	0	0	1	清屏
归　位	0	0	0	0	0	0	0	0	1	※	返回显示的起始位置
输入方式	0	0	0	0	0	0	0	1	I/D	S	设置光标移动方向及显示画面是否移动
显示开关控制	0	0	0	0	0	0	1	D	C	B	D:显示开/关 C:光标开/关 B:光标闪烁开/关
光标或显示位移	0	0	0	0	0	1	S/C	R/L	×	×	光标或显示画面移动
功能设置	0	0	0	0	1	DL	N	F	×	×	DL:接口数据宽度选择 N:显示行数 F:字符点阵

指　令	标　记										功　能
	RS	R/W	DB$_7$	DB$_6$	DB$_5$	DB$_4$	DB$_3$	DB$_2$	DB$_1$	DB$_0$	
CGRAM 地址设置	0	0	0	1	CGRAM 地址						设置 CGRAM 地址
DDRAM 地址设置	0	0	1	DDRAM 地址							设置 DDRAM 地址
读忙标志和地址	0	1	BF	AC 计数器（DDRAM 或 CGRAM 地址）							BF:忙标志,地址计数器 AC
写数据到 CG 或 DDRAM	1	0	显示数据								写数据到 DDRAM 或 CGRAM
从 CG 或 DDRAM 读数据	1	1	显示数据								从 DDRAM 或 CGRAM 读数据

命令中的标记说明如下。

I/D＝1:AC 自动加 1。　　　　　　I/D＝0:AC 自动减 1。

S＝1:显示有效。

S/C＝0:光标位移。　　　　　　　S/C＝1:显示位移。

R/L＝0:左移。　　　　　　　　　R/L＝1:右移。

DL＝0:表示数据总线宽度为 4 位。　DL＝1:表示数据总线宽度为 8 位。

N＝0:表示字符行为 1 行。　　　　N＝1:表示字符行为两行。

F＝0:表示字符体为 5×7 点阵。　　F＝1:表示字符体为 5×10 点阵。

BF＝0:准备好。　　　　　　　　BF＝1:忙。

DDRAM:数据显示 RAM。　　　　CGRAM:字符发生器 RAM。

在编写驱动程序时,要注意时序的配合。在写操作时,片选信号 E 是下降沿有效。在软件设置顺序上,先设置 RS、R/W 状态,再设置数据,然后产生 E 信号的脉冲,最后复位 RS、R/W 状态。在读操作时,片选信号 E 是高电平有效,所以在软件设置顺序上,先设置 RS、R/W 状态,再设置 E 信号为高,这时从数据口读取数据,然后将 E 信号置低,最后复位 RS、R/W 状态。

5. 设计说明及源程序

实例中使用的 4×4 小键盘的操作,实际上分为两个任务:一是检测是否有键被按下;二是识别被按下的键是哪一个。这里采用的是"反转扫描法",可以同时完成上述两项任务。其基本思路是,先让行线全输出逻辑 0,接着读取列线,得到与按键横向位置对应的 4 位列码。如果有键被按下,则对应的列线必然会被读到逻辑 0,如果无键被按下,则读取的列码必定全为 1。当有键按下时,将从列线上读得的列码从列线输出,然后再读取行线,得到与按键纵向位置对应的 4 位行码,最后将先后两次读得的行码和列码组合在一起,就构成了可以准确确定按键位置的位置码。

用单片机的 P0 口连接 HD44780U 的 8 条数据线。P3.5 作为片选 E 的输入,P3.3 作为 RS 的输入。因为只有写操作,读写控制 R/W 固定接地。这个例子还是以原理性说明为主。

液晶显示间控制方式的接口电路如图 7.22 所示。

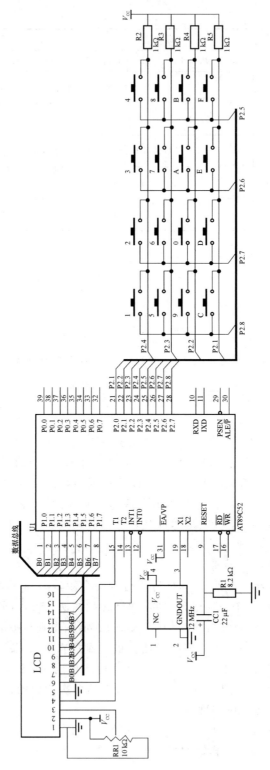

图7.22 液晶显示间接控制方式的接口电路

程序清单:

; ＊＊＊＊＊＊＊＊＊＊＊＊＊＊＊＊＊＊＊＊＊＊＊＊＊＊＊＊＊＊＊＊＊＊＊＊＊＊

; 宏定义

; ＊＊＊＊＊＊＊＊＊＊＊＊＊＊＊＊＊＊＊＊＊＊＊＊＊＊＊＊＊＊＊＊＊＊＊＊＊＊

```
    E      EQU    P3.5          ;液显使能位
    RS     EQU    P3.3          ;寄存器选择位
```

; ＊＊＊＊＊＊＊＊＊＊＊＊＊＊＊＊＊＊＊＊＊＊＊＊＊＊＊＊＊＊＊＊＊＊＊＊＊＊

; 主程序

; ＊＊＊＊＊＊＊＊＊＊＊＊＊＊＊＊＊＊＊＊＊＊＊＊＊＊＊＊＊＊＊＊＊＊＊＊＊＊

```
    ORG   00H
MAIN:
    SETB C                      ;C = 1
    LCALL   INIT_LCD            ;跳至液显初始化
```

; ＊＊＊＊＊＊＊＊＊＊＊＊＊＊＊＊＊＊＊＊＊＊＊＊＊＊＊＊＊＊＊＊＊＊＊＊＊＊

; 键盘扫描部分程序

; ＊＊＊＊＊＊＊＊＊＊＊＊＊＊＊＊＊＊＊＊＊＊＊＊＊＊＊＊＊＊＊＊＊＊＊＊＊＊

```
L6:     MOV    R3,＃0F7H        ;从第一行开始扫描
        MOV    R1,＃00H         ;取码指针
L7:     MOV    A,R3            ;开始扫描
        MOV    P2,A            ;将扫描值输出至 P2
        NOP                    ;延时等待
        NOP
        MOV    A,P2            ;读入 P2 值,判断是否有键按下
        MOV    R4,A            ;存入 R4,以判断是否放开
        SETB   C               ;C = 1
        MOV    R5,＃04H         ;扫描 P2.4～P2.7
L8:     RLC    A               ;将按键值左移一位
        JNC    KEYIN           ;判断 C = 0? 有键按下则 C = 0,跳至 KEYIN
        INC    R1              ;C = 1 则表示没按,将取码指针值加 1
        DJNZ   R5,L8           ;列扫描完毕?
        MOV    A,R3            ;扫描值载入
        SETB   C               ;C = 1
        RRC    A               ;扫描下一行
        MOV    R3,A            ;存回扫描寄存器
        JC     L7              ;C = 1 则表示 P20 没扫描到
        JMP    L6              ;C = 0 则 4 行扫描完毕
KEYIN:  MOV    R7,＃60          ;消除抖动,延时 30 ms
D2:     MOV    R6,＃248
```

```
        DJNZ    R6,$
        DJNZ    R7,D2           ;延时结束
D3:     MOV     A,P2            ;再次读取按键值
        XRL     A,R4            ;跟上一次的按键值比较,一致则跳至下一步
        JZ      D3              ;否,再次检测
        MOV     A,R1            ;取码指针载入寄存器
        MOV     DPTR,#TABLE     ;数据指针指到 TABLE
        MOVC    A,@A+DPTR       ;至 TABLE 取码
        MOV     R2,A            ;保存码值
        LCALL   DISP            ;跳至显示子程序
        JMP     L6
```

;**
;液晶显示器初始化子程序
;**

```
INIT_LCD:
        LCALL   DELAY16MS       ;电源开,时延 16 ms
        MOV     A,#38H          ;送初始化指令至 P1 口
        MOV     P1,A
        MOV     A,#20H          ;使能液显,输入为指令
        MOV     P3,A
        CLR     E               ;关闭液显
        LCALL   DELAY5MS        ;延时 5 ms
        MOV     A,#38H          ;送初始化指令至 P1 口
        MOV     P1,A
        MOV     A,#20H          ;使能液显,输入为指令
        MOV     P3,A
        CLR     E               ;关闭液显
        LCALL   DELAY120US      ;延时 120 μs
        MOV     A,#38H          ;送初始化指令至 P1 口
        MOV     P1,A
        MOV     A,#20H          ;使能液显,输入为指令
        MOV     P3,A
        CLR     E               ;关闭液显
        LCALL   DELAY40US       ;延时 40 μs
        MOV     A,#38H          ;设置字符大小为 8 位,2 行,5×7 点阵模式
        MOV     P1,A
        MOV     A,#20H          ;使能液显,输入为指令
        MOV     P3,A
```

```
        CLR     E                  ;使 E 信号下降为 0,读入命令
        LCALL   DELAY40US          ;延时 40 μs
        MOV     A,♯08H             ;光标关,显示屏关
        MOV     P1,A
        MOV     A,♯20H             ;使能液显,输入为指令
        MOV     P3,A
        CLR     E                  ;使 E 信号下降为 0,读入命令
        LCALL   DELAY40US          ;延时 40 μs
        MOV     A,♯01H             ;清屏
        MOV     P1,A
        MOV     A,♯20H             ;使能液显,输入为指令
        MOV     P3,A
        CLR     E                  ;使 E 信号下降为 0,读入命令
        LCALL   DELAY1MS
        LCALL   DELAY640US         ;延时 1 640 μs
        MOV     A,♯06H             ;正常操作模式,显示移动
        MOV     P1,A
        MOV     A,♯20H             ;使能液显,输入为指令
        MOV     P3,A
        CLR     E                  ;使 E 信号下降为 0,读入命令
        LCALL   DELAY40US          ;延时 40 μs
        MOV     A,♯0DH             ;打开液显屏
        MOV     P1,A
        MOV     A,♯20H             ;使能液显,输入为指令
        MOV     P3,A
        CLR     E                  ;使 E 信号下降为 0,读入命令
        LCALL   DELAY40US
        RET
;*******************************************
;液晶显示子程序
;*******************************************
DISP:
        MOV     A,R2               ;取出码值
        MOV     P1,A               ;码值送到 P1
        NOP                        ;等待稳定
        NOP
        MOV     A,♯28H             ;使能液显,选择数据寄存器
        MOV     P3,A
        CLR     E                  ;使 E 信号下降为 0,读入数据
```

```
        LCALL   DELAY40US              ;时延 40 μs
        RET                            ;液显子程序返回
;*********************************************************
;时延 1 ms 子程序
;*********************************************************
DELAY1MS:MOV     R7,#250
L11：   NOP
        NOP
        DJNZ    R7,L11
        RET
;*********************************************************
;时延 16 ms 子程序
;*********************************************************
DELAY16MS:MOV    R6,#16
L12：   LCALL   DELAY1MS
        DJNZ    R6,L12
        RET
;*********************************************************
;时延 5 ms 子程序
;*********************************************************
DELAY5MS:MOV     R6,#5
L13：   LCALL   DELAY1MS
        DJNZ    R6,L13
        RET
;*********************************************************
;时延 40 s 子程序
;*********************************************************
DELAY40US:MOV    R7,#10
L14：   NOP
        NOP
        DJNZ    R7,L14
        RET
;*********************************************************
;时延 120 μs 子程序
;*********************************************************
DELAY120US:MOV    R6,#3
L15：   CALL    DELAY40US
        DJNZ    R6,L15
        RET
```

```
;**********************************************
;时延 640 μs 子程序
;**********************************************
DELAY640US:MOV    R6,#16
L16：   LCALL   DELAY40US
        DJNZ    R6,L16
        RET
;**********************************************
;时延 100 ms 子程序
;**********************************************
DELAY100MS:MOV    R6,#100
L1：    LCALL   DELAY1MS
        DJNZ    R6,L1
        RET
;**********************************************
;时延 1 s 子程序
;**********************************************
DELAY1S:MOV    R5,#10
L3：    LCALL   DELAY100MS
        DJNZ    R6,L3
        RET
;按键表
        ORG     500H
TABLE：DB   31H,32H,33H,34H
        DB   35H,36H,37H,38H
        DB   39H,30H,41H,42H
        DB   43H,44H,45H,46H
        END
```

以上液晶初始化程序的前 19 行,是业界对于 HD44780U 控制器初始化的一般做法。第 4 次出现的"MOV A，38H"才是第一条要输入的命令。

7.5.2　车辆计费器

1. 功能

车辆在行驶时,计数器记录公里数,计费器内设定了每公里的价格,总费用是公里数乘以每公里的价格在 4 个数码管上根据行程变化不停地刷新显示出来。

2. 原理说明

假设车辆厂生产的车辆,车轮直径为 66 cm,那么该车行走一公里需要车轮运转约 483 圈,在车体上找一个能够检测车轮转动的适当位置,安装一个磁敏传感器(例如廉价易购的三脚霍尔器件)或者光电传感器。在与磁敏传感器位置相对的车辆转动部件上,安装一块小磁铁。这样车轮转动时形成磁敏传感器与小磁铁之间的相对位移,从而产生一系列的电脉冲信号。将该信号作为单片机内部可编程计数器的外接引脚输入的触发信号,供计数器累加计数,每计满一公里,总公里数与预设的价格相乘并送 LED 数码管上显示。

LED 数码管内部包含 8 只发光二极管,其中 7 只发光二极管构成字型笔段(A～G),1 只发光二极管构成小数点(DP),对于任何一只发光二极管,只要阳极为高电平,阴极为低电平,并且有一定的电平差(约为 1.7～2.1 V)就会被点亮。根据各二极管公共端连接方式的不同,又有共阳极和共阴极 LED 数码管之分如图 7.23 所示。驱动 LED 数码管点亮的笔段码和 LED 数码管所显示字符之间的关系如表 7.10 所示。

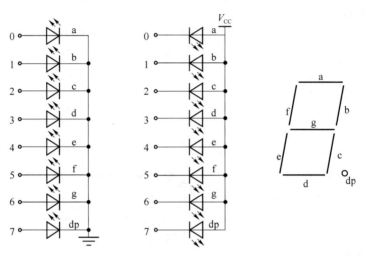

图 7.23 数码管结构示意图

表 7.10 7 段显示器的笔段码

显示字符	共阴极笔段码	共阳极笔段码	显示字符	共阴极笔段码	共阳极笔段码
0	3FH	C0H	A	77H	88H
1	06H	F9H	B	7CH	83H
2	5BH	A4H	C	39H	C6H
3	4FH	B0H	D	5EH	A1H
4	66H	99H	E	79H	86H
5	6DH	92H	F	71H	8EH
6	7DH	82H	P	73H	8CH
7	07H	F8H	U	3EH	C1H
8	7FH	80H	全熄	00H	FFH
9	6FH	90H	全亮	FFH	00H

3. 软、硬件设计结果

车辆计费器实验电路如图 7.24 所示。

本实验电路,用 4 只共阴极 LED 数码管作为计费器价格显示器。用一个通用 TTL 数字集成电路 74LS04 与电阻、电容构成多谐振荡器产生电脉冲信号,作为单片机内部可编程计数器的外接引脚输入的触发信号,来代替车辆在行驶时传感器产生的一系列电脉冲信号,振荡频率可以用一个电位器调节,模拟车辆的车速,频率越高就相当于车辆跑得越快。

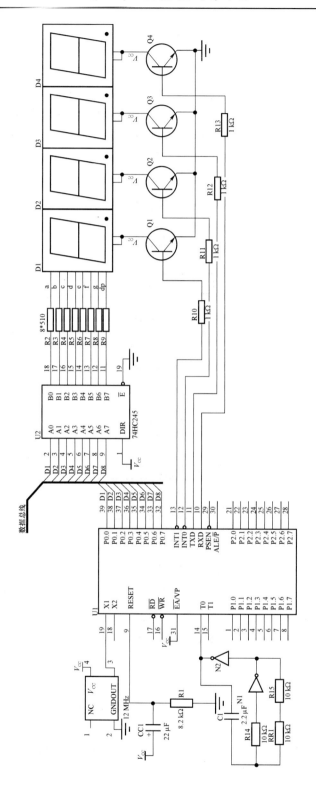

图7.24 车辆计费器实验电路

这个实验也可以在 P2 口扩展 4×4 小键盘,用以随时改变每公里的价格。

软件设计思路是:让 TIMER0 工作在计数模式,要求当送入 483 个脉冲时,计数器产生一次溢出,里程数寄存器作一次加一操作,由于存储器中的原始数据与输出到数码管的值之间存在一一对应的关系,所以在程序设计中需特别引起注意。在下面的程序中,作了如下处理,首先把原始数据(31H~34H)复制到 38H~3BH 中;然后进行逐个数据的转换;最后价格在数码管上显示。同时还需注意一个问题,数据码显示的是十进制数,而原始累加值(费用值)为十六进制数,所以在程序中还应对此做相应的处理。

程序流程图如图 7.25 所示。

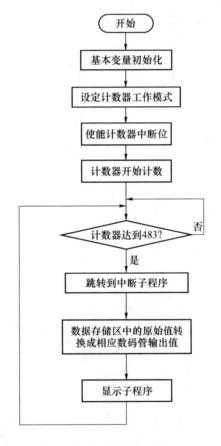

图 7.25　程序流程图

程序清单:

```
        ORG     00H
        JMP     MAIN                        ;跳至主函数
        ORG     0BH
        JMP     TMR0                        ;计数器中断入口
;********************************************************
;主程序
```

```
; * * * * * * * * * * * * * * * * * * * * * * * * * * * * * * * * * * * * * * *
MAIN:                                          ;主函数入口
        MOV     31H,#00H                       ;小数位保存地址
        MOV     32H,#00H                       ;个位数保存地址
        MOV     33H,#00H                       ;十位数保存地址
        MOV     34H,#00H                       ;百位数保存地址
        MOV     35H,#00H                       ;里程数
        MOV     36H,#02H                       ;每公里费用的小数位保存地址
        MOV     37H,#01H                       ;每公里费用的个数位保存地址
        MOV     TMOD,#04H                      ;设置为计数器 0 模式
        MOV     TH0,#(8192-483)/32             ;设置计数器高位
        MOV     TL0,#(8192-483)MOD32           ;设置计数器低位
        SETB    TR0                            ;启动计数器
        MOV     IE,#82H                        ;打开计数器中断
; * * * * * * * * * * * * * * * * * * * * * * * * * * * * * * * * * * * * * * *
;数据转移子程序
; * * * * * * * * * * * * * * * * * * * * * * * * * * * * * * * * * * * * * * *
CHANGE:
        MOV     A,31H                          ;把小数位移到累加器 A 中
        MOV     38H,A                          ;把小数位转移到 38H 中
        MOV     A,32H                          ;把个数位移到累加器 A 中
        MOV     39H,A                          ;把个数位转移到 39H 中
        MOV     A,33H                          ;把十数位移到累加器 A 中
        MOV     3AH,A                          ;把十数位转移到 3AH 中
        MOV     A,34H                          ;把百数位移到累加器 A 中
        MOV     3BH,A                          ;把百数位转移到 3BH 中
        MOV     R0,#38H                        ;数据转移首地址
        MOV     R7,#04H                        ;设置数据转移次数
LOOP1:  MOV     A,@R0                          ;数据送到累加器 A
        XRL     A,#00H                         ;累加器值为 0? 否,跳下一步
        JZ      CHAN0                          ;是,跳至 CHAN0
        MOV     A,@R0                          ;数据送到累加器 A
        XRL     A,#01H                         ;累加器值为 0? 否,跳下一步
        JZ      CHAN1                          ;是,跳至 CHAN1
        MOV     A,@R0                          ;数据送到累加器 A
        XRL     A,#02H                         ;累加器值为 0? 否,跳下一步
        JZ      CHAN2                          ;是,跳至 CHAN2
        MOV     A,@R0                          ;数据送到累加器 A
```

XRL	A,♯03H	；累加器值为 0？ 否，跳下一步
JZ	CHAN3	；是，跳至 CHAN3
MOV	A,@R0	；数据送到累加器 A
XRL	A,♯04H	；累加器值为 0？ 否，跳下一步
JZ	CHAN4	；是，跳至 CHAN4
MOV	A,@R0	；数据送到累加器 A
XRL	A,♯05H	；累加器值为 0？ 否，跳下一步
JZ	CHAN5	；是，跳至 CHAN5
MOV	A,@R0	；数据送到累加器 A
XRL	A,♯06H	；累加器值为 0？ 否，跳下一步
JZ	CHAN6	；是，跳至 CHAN6
MOV	A,@R0	；数据送到累加器 A
XRL	A,♯07H	；累加器值为 0？ 否，跳下一步
JZ	CHAN7	；是，跳至 CHAN7
MOV	A,@R0	；数据送到累加器 A
XRL	A,♯08H	；累加器值为 0？ 否，跳下一步
JZ	CHAN8	；是，跳至 CHAN8
MOV	A,@R0	；数据送到累加器 A
XRL	A,♯09H	；累加器值为 0？ 否，跳下一步
JZ	CHAN9	；是，跳至 CHAN9

LP0：	INC	R0	；下一位转移
	DJNZ	R7,LOOP1	；转移完毕？ 否，循环
	LCALL	DISP	；是，调用显示子程序
	JMP	CHANGE	；进行下一次的转换

```
;* * * * * * * * * * * * * * * * * * * * * * * * * * * * * * * *
;数据转换子程序
;* * * * * * * * * * * * * * * * * * * * * * * * * * * * * * * *
```

CHAN0：
MOV	@R0,♯3FH	；把数据 0 转换为数码管显示输出 0 ASCII 码
JMP	LP0	；返回

CHAN1：
MOV	@R0,♯06H	；把数据 1 转换为数码管显示输出 1 ASCII 码
JMP	LP0	

CHAN2：
MOV	@R0,♯5BH	；把数据 2 转换为数码管显示输出 2 ASCII 码
JMP	LP0	

CHAN3：
MOV	@R0,♯4FH	；把数据 3 转换为数码管显示输出 3 ASCII 码

```
        JMP     LP0
CHAN4:
        MOV     @R0,#66H            ;把数据 4 转换为数码管显示输出 4  ASCII 码
        JMP     LP0
CHAN5:
        MOV     @R0,#6DH            ;把数据 5 转换为数码管显示输出 5  ASCII 码
        JMP     LP0
CHAN6:
        MOV     @R0,#7DH            ;把数据 6 转换为数码管显示输出 6  ASCII 码
        JMP     LP0
CHAN7:
        MOV     @R0,#07H            ;把数据 7 转换为数码管显示输出 7  ASCII 码
        JMP     LP0
CHAN8:
        MOV     @R0,#7FH            ;把数据 8 转换为数码管显示输出 8  ASCII 码
        JMP     LP0
CHAN9:
        MOV     @R0,#6FH            ;把数据 9 转换为数码管显示输出 9  ASCII 码
        JMP     LP0
;************************************************
;计数器中断子程序
;************************************************
TMR0:
        PUSH    ACC                ;将 ACC 的值暂存于堆栈
        PUSH    PSW                ;将 PSW 的值暂存于堆栈
        MOV     TH0,#(8192-483)/32 ;重新设置计数器值
        MOV     TL0,#(8192-483) MOD 32
        MOV     A,35H              ;里程数加 1
        ADD     A,#01H
        MOV     35H,A
        CLR     C                  ;进位位清零
        MOV     R0,#36H            ;计费地址首位
        MOV     A,31H              ;将 31H 地址中的数据移至累加器 A
        ADDC    A,@R0              ;小数位相加
        DA      A                  ;十进制转换
        JBC     ACC.4,L11          ;数据大于 10,则跳至 L11
        JMP     L12                ;小于 10,则跳至 L12
```

```
L11:SETB    C                    ;进位位置1
L12:ANL     A,♯0FH               ;屏蔽高4位
    MOV     31H,A                ;把值放回31H地址中
    MOV     A,32H                ;将32H地址中的值移至累加器A
    ADDC    A,♯00H               ;叠加进位位
    CLR     C                    ;进位位清零
    DA      A                    ;十进制转换
    JBC     ACC.4,L13            ;数据大于10,则跳至L13
    JMP     L14                  ;小于10,则跳至L14
L13:SETB    C                    ;进位位置1
L14:ANL     A,♯0FH               ;屏蔽高4位
    MOV     32H,A                ;把值放回32H地址中
    MOV     A,33H                ;将33H地址中的值移至累加器A
    ADDC    A,♯00H               ;叠加进位位
    CLR     C                    ;进位位清零
    DA      A                    ;十进制转换
    JBC     ACC.4,L15            ;数据大于10,则跳至L15
    JMP     L16                  ;小于10,则跳至L16
L15:SETB    C                    ;进位位置1
L16:ANL     A,♯0FH               ;屏蔽高4位
    MOV     33H,A                ;把值放回33H地址中
    MOV     A,34H                ;将34H地址中的值移至累加器A
    ADDC    A,♯00H               ;叠加进位位
    CLR     C                    ;进位位清零
    DA      A                    ;十进制转换
    JBC     ACC.4,L17            ;数据大于10,则跳至L17
    JMP     L18                  ;小于10,则跳至L18
L17:SETB    C                    ;进位位置1
L18:ANL     A,♯0FH               ;屏蔽高4位
    MOV     34H,A                ;把值放回34H地址中
    INC     R0                   ;计费地址加1
    MOV     A,32H                ;将32H地址中的值移至累加器A
    ADDC    A,@R0                ;个数位相加
    DA      A                    ;十进制转换
    JBC     ACC.4,L19            ;数据大于10,则跳至L19
    JMP     L20                  ;小于10,则跳至L20
L19:SETB    C                    ;进位位置1
L20:ANL     A,♯0FH               ;屏蔽高4位
```

MOV	32H,A	;把值放回 32H 地址中
MOV	A,33H	;将 32H 地址中的值移至累加器 A
ADDC	A,#00H	;叠加进位位
CLR	C	;进位位清零
DA	A	;十进制转换
JBC	ACC.4,L21	;数据大于 10,则跳至 L21
JMP	L22	;小于 10,则跳至 L22
L21:SETB	C	;进位位置 1
L22:ANL	A,#0FH	;屏蔽高 4 位
MOV	33H,A	;把值放回 33H 地址中
MOV	A,34H	;将 34H 地址中的值移至累加器 A
ADDC	A,#00H	;叠加进位位
CLR	C	;进位位清零
DA	A	;十进制转换
JBC	ACC.4,L23	;数据大于 10,则跳至 L23
JMP	L24	;小于 10,则跳至 L24
L23:SETB	C	;进位位置 1
L24:ANL	A,#0FH	;屏蔽高 4 位
MOV	34H,A	;把值放回 34H 地址中
MOV	A,33H	;将 33H 地址中的值移至累加器 A
ADDC	A,#00H	;叠加进位位
CLR	C	;进位位清零
DA	A	;十进制转换
JBC	ACC.4,L25	;数据大于 10,则跳至 L25
JMP	L26	;小于 10,则跳至 L26
L25:SETB	C	;进位位置 1
L26:ANL	A,#0FH	;屏蔽高 4 位
MOV	33H,A	;把值放回 33H 地址中
MOV	A,34H	;将 34H 地址中的值移至累加器 A
ADDC	A,#00H	;叠加进位位
CLR	C	;进位位清零
DA	A	;十进制转换
JBC	ACC.4,L27	;数据大于 10,则跳至 L27
JMP	L28	;小于 10,则跳至 L28
L27:SETB	C	;进位位置 1
L28:ANL	A,#0FH	;屏蔽高 4 位
MOV	34H,A	;把值放回 34H 地址中
MOV	A,34H	;将 34H 地址中的值移至累加器 A

```
        ADDC    A,＃00H                  ;叠加进位位
        CLR     C                       ;进位位清零
        DA      A                       ;十进制转换
        JBC     ACC.4,L29               ;数据大于10,则跳至L27
        JMP     L30                     ;小于10,则跳至L30
L29:SETB    C                       ;进位位置1
L30:ANL     A,＃0FH                 ;屏蔽高4位
        MOV     34H,A                   ;把值放回34H地址中
        POP     PSW                     ;至堆栈取回PSW的值
        POP     ACC                     ;至堆栈取回ACC的值
        RETI                            ;中断返回
```

;＊＊＊＊＊＊＊＊＊＊＊＊＊＊＊＊＊＊＊＊＊＊＊＊＊＊＊＊＊＊＊＊＊＊＊＊＊＊

;显示子程序

;＊＊＊＊＊＊＊＊＊＊＊＊＊＊＊＊＊＊＊＊＊＊＊＊＊＊＊＊＊＊＊＊＊＊＊＊＊＊

```
DISP:
        MOV     A,38H                   ;将38H地址中的值移至累加器A
        MOV     P0,A                    ;将累加器值至P0口输出
        MOV     A,＃01H                 ;选中第1个数码管
        MOV     P3,A
        LCALL   DELAY3MS                ;延时3 ms
        MOV     A,39H                   ;将39H地址中的值移至累加器A
        ADD     A,＃80H                 ;点亮小数点
        MOV     P0,A                    ;将累加器值至P0口输出
        MOV     A,＃02H                 ;选中第2个数码管
        MOV     P3,A
        LCALL   DELAY3MS                ;延时3 ms
        MOV     A,3AH                   ;将3AH地址中的值移至累加器A
        MOV     P0,A                    ;将累加器值至P0口输出
        MOV     A,＃04H                 ;选中第3个数码管
        MOV     P3,A
        LCALL   DELAY3MS                ;延时3 ms
        MOV     A,3BH                   ;将3BH地址中的值移至累加器A
        MOV     P0,A                    ;将累加器值至P0口输出
        MOV     A,＃08H                 ;选中第4个数码管
        MOV     P3,A
        LCALL   DELAY3MS                ;延时3 ms
        RET
```

;＊＊＊＊＊＊＊＊＊＊＊＊＊＊＊＊＊＊＊＊＊＊＊＊＊＊＊＊＊＊＊＊＊＊＊＊＊＊

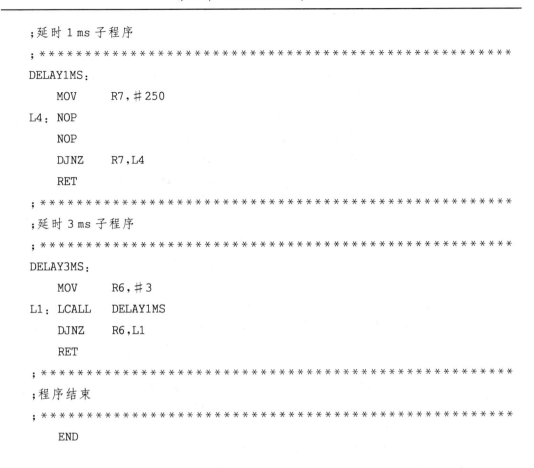

```
;延时 1 ms 子程序
;*********************************************
DELAY1MS：
     MOV       R7,＃250
L4： NOP
     NOP
     DJNZ      R7,L4
     RET
;*********************************************
;延时 3 ms 子程序
;*********************************************
DELAY3MS：
     MOV       R6,＃3
L1： LCALL     DELAY1MS
     DJNZ      R6,L1
     RET
;*********************************************
;程序结束
;*********************************************
     END
```

习题和思考题

7.1　用 8031 单片机的 P1 口和微型打印机连接以输出数据。数据传送采用中断方式。现要把外部数据 RAM 中从 20H 单元开始的 100 个数据送到打印机中去打印。试写出有关的程序,包括主程序和中断服务程序。

7.2　若题 7.1 中的数据是从外部 RAM 的 1000H 单元开始存放,则应如何修改程序?

7.3　用 8255 芯片扩展单片机的 I/O 口。8255 的 A 口用做输入,A 口的每一位接一个开关,用 B 口作为输出,输出的每一位接一个显示发光二极管。现要求某个开关接 1 时,相应位上的发光二极管就亮(输出为 0),试编写相应的程序。

7.4　用单片机进行程序控制。很多过程,例如生产过程,都是按照一定顺序完成预定的动作。设某一个生产过程有 6 个工序,每个工序的时间设为相等,都是 10 s。生产循环地进行。现用单片机通过 8255 的 A 口来进行控制。A 口中的一位可控制某一工序的启停,延时用延迟程序 DYLA 来实现。试编写有关的程序。

7.5　在顺序控制的过程中,每道工序的时间不一定相同。若仍然是 6 道工序,但每道工序的时间分别为 10 s、8 s、12 s、15 s、9 s 和 6 s。设延迟程序 DYLA 的延时为 1 s,仍用单片机通过 8255 的 A 口来进行控制。试编写有关的程序。

7.6 在顺序控制过程中,有时还会需要一些告警信号,以便在出现不正常情况时进行处理。设单片机通过 8155 来进行控制,A 口输出顺序控制信号。设仍为 6 道工序,每道工序 10 s。C 口的某一位来接收告警信号。出现告警时,单片机中断。然后停止送出顺序控制信号,同时从 B 口输出告警控制信号,使警铃或灯发出指示(亦只需 1 位输出)。试说明告警信号对 C 口如何连接,并编写有关的程序。

7.7 希望 8051 单片机定时器 0 的定时值以内部 RAM 的 20H 单元的内容为条件而变化:当(20H)=00H 时,定时值为 10 ms,当(20H)=01H 时,定时值为 20 ms。请根据以上要求对定时器 0 初始化。单片机时钟频率为 12 MHz。

7.8 外部 RAM 以 DAT1 开始的数据区中有 100 个数,现在要求每隔 150 ms 向内部 RAM 以 DAT2 开始的数据区传送 10 个数。通过 10 次传送把数据全部传送完。以定时器 1 作为定时,8155 作为接口芯片。试编写有关的程序。单片机时钟频率为 6 MHz。

7.9 用单片机定时器进行定时以产生顺序控制信号。设仍为 6 道工序,每道工序的时间为 10 s。告警信号有两路接到 C 口,用查询方法来获得告警信息。告警之后从 B 口送出控制信号,分别应为 06H 和 05H。试编写有关的程序,包括主程序和中断服务程序。

7.10 在单片机实验器上实现变速的"8"字循环。即以每个"8"字显示 20 ms 的速度循环 10 次。然后变为慢速,以每个"8"字显示 0.1 s 的速度循环 1 次。然后再变为 10 次快速循环,如此不断重复。试编写有关的程序。

7.11 用单片机和内部定时器来产生矩形波。要求频率为 100 kHz,占空比为 2:1(高电平的时间长)。设单片机时钟频率为 12 MHz,写出有关的程序。

7.12 用 8031 的定时器 0 进行 3 种不同的定时控制,使得在 P1 口的 3 个引脚上输出 3 个不同频率的方波,方波的周期分别是 15 ms,20 ms 和 30 ms。8031 时钟的频率是 12 MHz。试写出相应的主程序和中断服务子程序。

第8章 单片机与数/模及模/数转换器的接口

单片机的外设不一定都是数字式的,经常也会和模拟式的设备连接。例如,当用单片机来控制温度、压力时,温度和压力都是连续变化的,都是模拟量。在单片机与这类外部环境通信的时候,就需要有一种转换器来把模拟信号变为数字信号,以便能够输入单片机处理。而单片机送出的控制信号,也必须经过变换器变成模拟信号,才能为模拟电路所接受。这种变换器就称为数/模(D/A)转换器和模/数(A/D)转换器。也就是说,单片机要通过 D/A 和 A/D 转换器来和模拟的环境相联系。本章将介绍单片机如何和 A/D 及 D/A 转换器连接,以及有关的应用。

8.1 D/A 转换器

D/A 转换器用来将数字量转换成模拟量。它的基本要求是输出电压 V_o 应该和输入数字量 D 成正比,即

$$V_o = DV_{REF}$$

其中 V_{REF} 为参考电压。

$$D = d_{n-1}2^{n-1} + d_{n-2}2^{n-2} + \cdots + d_1 2^1 + d_0 2^0$$

每一个数字量都是数字代码的按位组合,每一位数字代码都有一定的"权",对应一定大小的模拟量。为了将数字量转换成模拟量,应该将其每一位都转换成相应的模拟量,然后求和,即得到与数字量成正比的模拟量。一般的 D/A 转换器都是按这一原理设计的。

D/A 转换器的类型很多。目前在集成化的数模转换器中经常使用的是一种 T 型网络 D/A 转换器,其基本电路如图 8.1 所示。

这个电路由 T 型解码网络、模拟电子开关及求和放大器组成。其框图如图 8.2 所示。

模拟电子开关受数字量的数字代码所控制。代码为 0 时开关接地,代码为 1 时开关接到参考电源 V_{REF}。T 型电阻网络用来把每位代码转换成相应的模拟量。

这里所用的 T 型电阻有个特点——电阻的种类只有两种,即 R 或者 $2R$。这些电阻在具体实现时,特别是在用集成电路实现时就比较方便,因为主要是要求两种电阻的比例

关系,而对于它们的绝对值并不要求太高。

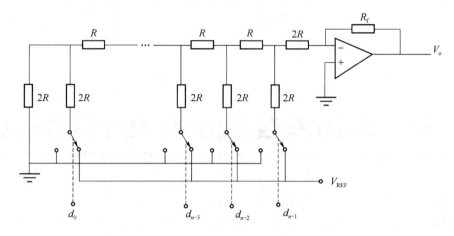

图 8.1　T 型网络 D/A 转换器

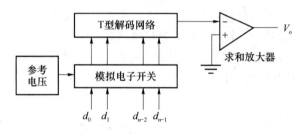

图 8.2　T 型网络 D/A 转换器框图

为了理解电路的转换原理,现在假设只有 $d_0 = 1$,其余各位都为 0。根据等效电源定理不难看出,每经过一个并联支路,等效电源电压减少一半,而等效电阻不变,总是为 R,如图 8.3 所示。这样传递到最右端,运算放大器输入前的等效电源内阻仍然是 R。而等效电源电压经过 n 个支路的传递则减为 $V_{\text{REF}}/2^n$。类似地,当 d_i 支路接 1,其余支路都接 0 时,传递到运算放大器输入端的等效电源内阻也为 R,而等效电势则为 $V_{\text{REF}}/2^{n-i}$。

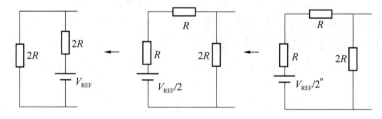

图 8.3　T 型网络的信号传递

根据叠加原理,总的等效电势应等于各个支路的等效电势之和,即

$$V_{\text{o}} = \frac{V_{\text{REF}}}{2}(d_{n-1}2^{n-1} + d_{n-2}2^{n-2} + \cdots + d_1 2^1 + d_0 2^0)$$

运算放大器输入端的电流为

$$I_{\text{r}} = \frac{V_{\text{REF}}}{3R \times 2^n}(d_{n-1}2^{n-1} + d_{n-2}2^{n-2} + \cdots + d_1 2^1 + d_0 2^0)$$

若运算放大器的反馈电阻为 $R_f = 3R$,则输出电压为

$$V_o = I_r R_f = \frac{V_{REF}}{2^n}(d_{n-1}2^{n-1} + d_{n-2}2^{n-2} + \cdots + d_1 2^1 + d_0 2^0)$$

从而实现了 D/A 转换的基本要求:输出模拟量和输入数字量成正比。

以上分析是在理想情况下进行的。在实际电路中,由于参考电压 V_{REF} 偏离标准值,运算放大器的温度误差、零点漂移,模拟开关的不理想所造成的传输误差,以及电阻阻值误差等,都可以引起转换的误差,使得输出模拟量和输入数字量不完全成比例。为了改进 D/A 转换器的性能,可以采用图 8.4 所示的权电流 D/A 转换器。

这个电路由电流源解码网络、模拟电子开关和运算放大器组成。即用电流源代替了各支路的电阻。各支路的电流源的电流是和代码的权值成正比的。各个支路的电流是直接连接到运算放大器的输入端,不像在 T 型网络中要经过网络的传输,因而避免了各支路电流到达运算放大器输入端的传输误差,也有利于提高转换的精度。采用电流源以后,对于模拟开关的要求可以降低,因为支路电流也可以不受开关内阻的影响。由图 8.4 不难得出:

$$V_o = -I_r R_f = -\frac{V_{REF}}{2^n}(d_{n-1}2^{n-1} + d_{n-2}2^{n-2} + \cdots + d_1 2^1 + d_0 2^0)$$

从而也实现了按比例的 D/A 转换,并改进了性能。

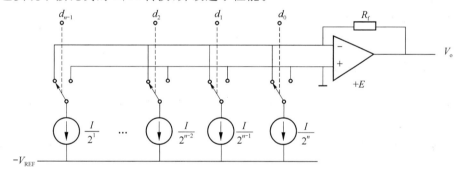

图 8.4 权电流 D/A 转换器

以上介绍的 D/A 转换器都是并行工作的,即各位代码的输入是并行的,各位代码转换成模拟量也是同时开始的,因此 D/A 转换的速度一般都是比较快的。这类电路若和单片机及其他微处理器连接,速度配合比较简单,信息传送可以采取无条件传送方式,而可以不必采用查询或中断方式。

描述 D/A 转换器性能的参数很多,主要有以下几个。

(1) 分辨率(Resolution)。它反映了数字量在最低位上变化 1 位时输出模拟量的变化,一般用相对值表示。对于 8 位 D/A 转换器来说,分辨率为最大输出幅度的 0.39%,即为 1/256。而对于 10 位 D/A 转换器来说,分辨率可以提高到 0.1%,即 1/1 024。

(2) 偏移误差(Offset Error)。它是指输入数字量为 0 时,输出模拟量对 0 的偏移值。这种误差一般可在 D/A 转换器外部用电位器调节到最小。

(3) 线性度(Linearity)。它是指 D/A 转换器的实际转移特性与理想直线之间的最大误差,或最大偏移。一般情况下,偏差值应小于 $\pm\frac{1}{2}$LSB。这里 LSB 是指最低一位数

字量变化所带来的幅度变化。

（4）精度（Accuracy）。它是指实际模拟输出与理想模拟输出之间的最大偏差。除了线性度不好会影响精度之外，参考电源的波动等因素也会影响精度。可以理解为线性度是在一定测试条件下得到的 D/A 转换器的误差，而精度是指在实际工作时的 D/A 转换器的误差，一般质量的 D/A 转换器的精度为满量程的 $0.2\% \pm \frac{1}{2} \mathrm{LSB}$。

（5）转换速度（Conversion Rate）。即每秒可以转换的次数，其倒数为转换时间。

（6）温度灵敏度（Temperature Sensitivity）。是指输入不变的情况下，输出模拟信号随温度的变化。一般 D/A 转换器的温度灵敏度约为 $\pm 50 \times 10^{-6} / \text{℃}$。

8.2 MCS-51 单片机与 D/A 转换器的接口

集成化的 D/A 转换器有两类不同的芯片。一类是不便和微处理器/微计算机接口的，这类芯片只有数字输入、模拟输出等端子，不带使能端及其他控制端；另一类 D/A 芯片是为微机系统设计的，因而带有使能端等控制输入，以便和微机接口。

能与微机接口的 D/A 芯片也有许多种，其中有的是不带数据锁存器的，这类 D/A 转换器与微机连接时不够方便；也有的是带有数据锁存器的，目前应用较广泛，本节通过典型芯片来介绍单片机与这类 D/A 转换器的接口。

8.2.1 DAC0832 D/A 转换器

DAC0832 是 DAC0800 系列产品中的一种，其他的产品有 DAC0830、DAC0831 等，它们都是 8 位数模转换器，可以互相代换。

DAC0832 数模转换器的内部结构示意图如图 8.5 所示。它由两个数据锁存器、T 型网络 D/A 转换器和控制电路等组成。

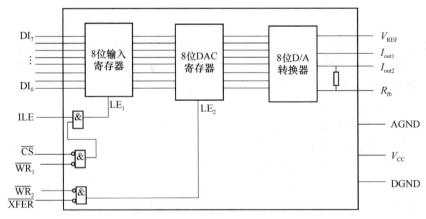

图 8.5　DAC0832 D/A 转换器内部结构示意图

（1）8 位输入寄存器。由 8 个 D 锁存器组成，用来作为输入数据的缓冲寄存器，它的 8 个数据输入可以直接和微机的数据总线相连。$\mathrm{LE_1}$ 为其控制输入，$\mathrm{LE_1} = 1$ 时，D 触发器接收信号；$\mathrm{LE_1} = 0$ 时，为锁存状态。

（2）8 位 DAC 寄存器。也由 8 个 D 锁存器组成。8 位输入数据只有经过 DAC 寄存器才能送到 D/A 转换器去转换。它的控制端为 LE_2，当 $LE_2 = 1$ 时，输出跟随输入；而 $LE_2 = 0$ 时为锁存状态。DAC 寄存器的输出直接送到 8 位 D/A 转换器进行 D/A 转换。

（3）8 位 D/A 转换器。采用 T 型网络的 D/A 转换器。它的输出是与数字量成比例的电流。V_{REF} 为参考电压输入，R_{fb} 为运算放大器的反馈电阻。引脚 R_{fb} 则是这个反馈电阻的一端，接到运算放大器的输出端。

（4）控制逻辑部分。共有 5 个信号来控制 D/A 转换器的工作。

ILE：输入锁存允许信号，高电平有效。只有当 ILE＝1 时，输入数字量才可能进入 8 位输入寄存器。

$\overline{CS}$：片选输入，低电平有效。只有 $\overline{CS}$＝0 时，这片 0832 才被选中工作。

$\overline{WR_1}$：写信号 1，低电平有效，控制输入寄存器的写入。

$\overline{WR_2}$：写信号 2，低电平有效，控制 DAC 寄存器的写入。

$\overline{XFER}$：传送控制信号，低电平有效。控制数据从输入寄存器到 DAC 寄存器的传送。

控制逻辑关系为：当 ILE、$\overline{CS}$ 和 $\overline{WR_1}$ 都有效时，数据由输入端存入输入寄存器。而当 $\overline{WR_2}$ 和 $\overline{XFER}$ 有效时，数据从输入寄存器传送到 DAC 寄存器，并进行数据到模拟的转换。

DAC0832 是 CMOS 工艺，双列直插式 20 引脚。V_{CC} 电源可以在 5～15 V 内变化。典型使用时用 15 V 电源。AGND 为模拟量地线，DGND 为数字量地线，使用时，这两个接地端应始终连在一起。参考电压 V_{REF} 接外部的标准电源，V_{REF} 一般可在＋10 V 到－10 V 的范围内选用。有两个电流输出端：I_{out1} 为 DAC 电流输出 1，当 DAC 寄存器中为全 1 时，输出电流最大，当 DAC 寄存器中为全 0 时，输出电流为 0。I_{out2} 为 DAC 电流输出 2，I_{out2} 为一常数与 I_{out1} 之差，即 $I_{out1} + I_{out2} =$ 常数。在实际使用时，总是将电流转为电压来使用，即将 I_{out1} 和 I_{out2} 加到一个运算放大器的输入，具体连接如图 8.7 所示。

DAC0832 对于写信号（$\overline{WR_1}$ 或 $\overline{WR_2}$）的宽度，要求不小于 500 ns，若 $V_{CC} =$ 15 V，则可为 100 ns。对于输入数据的保持时间亦不应小于 100ns。这在与微机接口时都不难得到满足。

8.2.2　DAC0832 和 MCS-51 单片机的连接

DAC0832 转换器可以有 3 种工作方法，即直通方式、单缓冲方式和双缓冲方式。

直通方式：这时两个 8 位数据寄存器都处于数据接收状态，即 LE_1 和 LE_2 都为 1。因此，外部的引脚 ILE＝1，而 $\overline{CS}$、$\overline{WR_1}$、$\overline{WR_2}$ 和 $\overline{XFER}$ 都为 0。输入数据直接送到内部 D/A 转换器去转换。这种方式可用于一些不带微机的控制系统中。

单缓冲方式：这时两个 8 位数据寄存器中有一个处于直通方式（数据接收状态），而另一个则受微机送来的控制信号控制。

双缓冲方式：这时两个 8 位数据寄存器都不处于直通方式，单片机或其他微机必须送两次写信号才能完成一次 D/A 转换。

MC5-51 单片机和 D/A 转换器连接时，也是把 D/A 转换器作为外部数据存储器（RAM）的单元来处理的。具体的连接则和 DAC0832 的工作方式有关。

1. 单缓冲方式

在单缓冲工作方式时,0832 中两个数据寄存器有一个处于直通方式,一般都是将 8 位 DAC 寄存器置于直通方式。为此,应使 $\overline{WR_2}$ 和 $\overline{XFER}$ 固定接零。而输入寄存器是工作于锁存器状态,它对于 8031 单片机来说,相当于一个外部 RAM 单元。用一条 MOVX 指令就可以实现 8031 和 D/A 转换器之间的数据交换和数据转换。用 MOVX 指令执行时所产生的 $\overline{WR}$ 信号来控制 0832 的 $\overline{WR_1}$,从而实现对输入寄存器的写入控制。$\overline{CS}$ 接到译码器输出。单缓冲工作方式下 8031 和 DAC0832 的连接图如图 8.6 所示。当然,具体的译码器连接要取决于译码方式和所用的译码器。设分配给 0832 的地址为 FEH,则用以下两条指令就可以将一个数字量转换为模拟量:

```
MOV    R0,#0FEH
MOVX   @R0,A
```

当然,假设要转换的数字量已放在累加器 A。

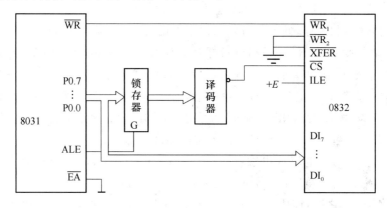

图 8.6　单缓冲方式 8031 和 DAC0832 的连接

2. 双缓冲方式

若采用双缓冲方式,则 DAC0832 应被看成是外部 RAM 的两个单元而不是一个单元。即应分配给 DAC0832 两个 RAM 地址,然后使用两条 MOVX 指令,才能将一个数字量转换成模拟量。具体来说,一个地址分配给输入寄存器,另一个地址是给 DAC 寄存器。第一条指令使用输入寄存器的地址,将数据写入 DAC0832 的输入寄存器。第二条 MOVX 指令使用 DAC 寄存器的地址,打开 DAC 寄存器,使得输入寄存器中的数据可以通过 DAC 寄存器到 D/A 转换器中去转换。

图 8.7 是双缓冲方式下 DAC0832 与单片机的连接,同时还给出了 DAC0832 与运算放大器的连接。这是属于单极性输出的连接,这样的连接对于单缓冲甚至直通方式都是一样的。图中设 DAC0832 的输入寄存器地址为 FEH,DAC 寄存器地址为 FFH。$\overline{XFER}$ 接译码器 FFH 输出端,$\overline{CS}$ 接译码器 FEH 输出端,则要用以下几条指令才能完成一次数模转换。

```
MOV    R0,#0FEH        ; 输入寄存器地址
MOVX   @R0,A           ; 数据装入输入寄存器
INC    R0              ; DAC 寄存器地址
MOVX   @R0,A           ; 数据通过 DAC 寄存器
```

第一次执行 MOVX 指令时,打开 DAC0832 的输入寄存器,把累加器 A 中的数据送入并锁存起来。第二次 MOVX 指令则是用来打开 DAC 寄存器,使输入寄存器中的数据通过 DAC 寄存器送到 8 位 D/A 转换器去转换。这次指令执行时,实际上并没有数据信号从 8031 单片机送入 DAC0832,因为输入寄存器是关闭的,P0 口过来的数据不可能进入 0832。所以,从指令来看这是一条累加器 A 到 DAC0832 的传送指令,实际上这种传送并不进行。这条指令在这里只起到打开 0832 的 DAC 寄存器的作用。

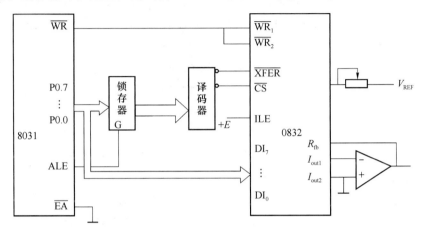

图 8.7　双缓冲方式 8031 和 DAC0832 的连接

3. 8031 和多片 DAC0832 的接口

双缓冲工作方式有不少用途。例如可以用来实现 8031 和多个 DAC0832 的接口,以便同时输出两个模拟量到外部系统。图 8.8 是 8031 和两片 DAC0832 转换器的接口连

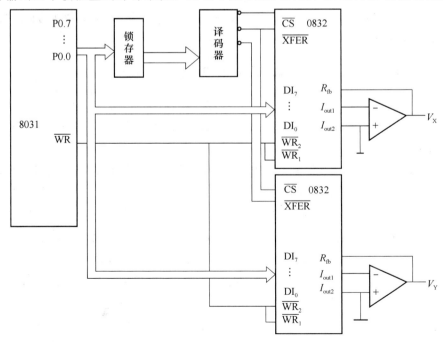

图 8.8　8031 和两片 DAC0832 的接口

接。这时两片 DAC0832 占用外部 RAM 的 3 个单元:两个输入寄存器各占一个地址单元,而两个 DAC 寄存器则占用同一个地址单元。操作时,先用一条 MOVX 指令把一个数据送到一片 0832 的输入寄存器,再用一条 MOVX 指令把另一个数据送到另一片 DAC0832 的输入寄存器,最后再用一条 MOVX 指令同时打开两个 DAC0832 的 DAC 寄存器,同时完成两个 8 位数字量的 D/A 转换。

设两片 DAC0832 的输入寄存器地址分别为 20H 和 21H,两个 DAC 寄存器都用地址 22H,则将 DIGIT 和 DIGIT+1 两个单元的 8 位数据同时转换为模拟量的程序段为

```
MOV    R1,♯DIGIT          ;第一个数据单元地址
MOV    R0,♯20H            ;0832(1)输入寄存器地址
MOV    A,@R1              ;取数据到累加器 A
MOVX   @R0,A              ;送数据到 0832(1)
INC    R1                 ;指向另一个数据
INC    R0                 ;另一片 0832 输入寄存器地址
MOV    A,@R1              ;取第二个数据到 A
MOVX   @R0,A              ;送数据到 0832(2)
INC    R0                 ;两片 0832 的 DAC 寄存器地址
MOVX   @R0,A              ;完成转换
```

如同一般双缓冲方式的数据传送一样,第二次 MOVX 指令并不从 CPU 送数据到 0832,所以这时累加器 A 中究竟是什么内容并不重要,它不会影响已经装入到两个输入寄存器中的数据。

如果外部 RAM 扩展的单元数大于 256,或者分配给 0832 的各寄存器的地址是 16 位地址,则所用传送指令要改为"MOVX @DPTR,A"。

8.2.3 8051 单片机和 12 位 D/A 转换器的接口

8 位 D/A 转换器的分辨率是比较低的,因此,现在已生产有 10 位、12 位以及更多位的 D/A 转换器,以提高分辨率。本节以 12 位 D/A 转换器为例,讨论 8031 和这类 D/A 转换器的接口问题。

图 8.9 是 12 位 D/A 转换器 1208 的结构示意图。其结构和 DAC0832 很相似,也是双缓冲的结构,只是把 8 位部件换成了 12 位部件。但对于输入寄存器来说,不是用一个 12 位寄存器,而是用一个 8 位寄存器和一个 4 位寄存器,以便和 8 位 CPU 相连接。

输入控制线基本上也和 0832 相同。$\overline{CS}$ 和 $\overline{WR_1}$ 用来控制输入寄存器,$\overline{XFER}$ 和 $\overline{WR_2}$ 用来控制 DAC 寄存器。但是为了区分输入 8 位寄存器和 4 位寄存器,增加了一条控制线 $BYTE_1/\overline{BYTE_2}$。当 $BYTE_1/\overline{BYTE_2}$ 为 1 时,选中 8 位输入寄存器,$BYTE_1/\overline{BYTE_2}$ 为 0 时则选中 4 位输入寄存器。有了这条控制线,两个输入寄存器可以接同一条译码器输出(接至 $\overline{CS}$ 端)。实际上,在控制线 $BYTE_1/\overline{BYTE_2}=1$ 时,8 位和 4 位输入寄存器都被选中,而在 $BYTE_1/\overline{BYTE_2}=0$ 时,只选中 4 位输入寄存器。可以用一条地址线 A_0 来控制

$BYTE_1/\overline{BYTE_2}$,用两条译码器输出控制$\overline{CS}$和$\overline{XFER}$。这样,实际上一片 1208 芯片占用 4 个 RAM 单元的地址。

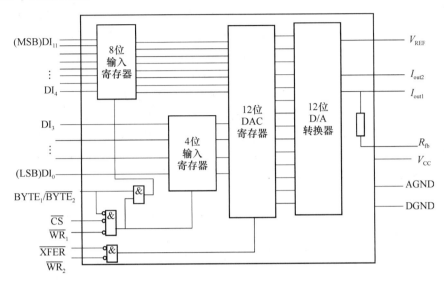

图 8.9　12 位 D/A 转换器 1208 的结构示意图

8031 单片机和 DAC1208 转换器的连接如图 8.10 所示。设 8 位输入寄存器地址为 21H,4 位输入寄存器地址为 20H,而 DAC 寄存器地址为 22H,则对应的译码器输入线为

$$Q_7 Q_6 Q_5 Q_4 Q_3 Q_2 Q_1 = 0010000$$

和

$$Q_7 Q_6 Q_5 Q_4 Q_3 Q_2 Q_1 = 0010001$$

实际译码器输出的地址是 20H 和 22H。因为 Q_0 固定接到了 $BYTE_1/\overline{BYTE_2}$,产生了输入寄存器的两个地址 20H 和 21H,而 22H 用来选择 DAC 寄存器。实际上,由于 Q_0 没有接到译码器,23H 也可以选择 DAC 寄存器。所以说,1208 占用的是 4 个 RAM 单元地址,而不是 3 个地址。

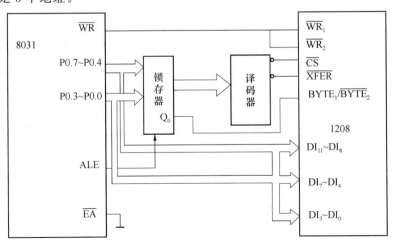

图 8.10　8031 单片机和 DAC1208 的接口

D/A 转换器 1208 的工作采用双缓冲的方式。在送入数据时要注意输入数据的顺序:先送入 12 位数据中的高 8 位数据 $DI_{11} \sim DI_4$,然后再送入低 4 位数据 $DI_3 \sim DI_0$,而不能按相反的顺序传送。这是因为在输入 8 位寄存器时,4 位输入寄存器也是打开的,如果先送低 4 位后送高 8 位,结果就会将已经输入的低 4 位数据覆盖掉,结果只是输入了高 8 位的数据,得不到正确的输入 12 位数据的结果。

在 12 位数据分别正确地进入两个输入寄存器后,再打开 DAC 寄存器,就可以把 12 位数据送到 12 位 D/A 转换器去转换。单缓冲方式在这里是不合适的。在 12 位数据不是一次送入的情况下,边传送边转换会使输出产生错误的瞬间毛刺。

设 12 位数字量存放在内部 RAM 的两个单元——DIGIT 和 DIGIT＋1。12 位数的高 8 位在 DIGIT 单元,低 4 位在 DIGIT＋1 单元的低 4 位。现在按图 8.10 的连接送到 1208 转换器去转换,有关的控制程序如下:

```
MOV    R0,♯21H          ;8 位输入寄存器地址
MOV    R1,♯DIGIT         ;高 8 位数据地址
MOV    A,@R1             ;取出高 8 位数据
MOVX   @R0,A            ;高 8 位数据送 1208
DEC    R0               ;4 位输入寄存器地址
INC    R1               ;低 4 位数据地址
MOV    A,@R1             ;取出低 4 位数据
SWAP   A                ;低 4 位与高 4 位交换
MOVX   @R0,A            ;低 4 位数据送 1208
MOV    R0,♯22H          ;DAC 寄存器地址
MOVX   @R0,A            ;完成 12 位 D/A 转换
```

程序段中使用了一条 SWAP 指令来交换高/低 4 位数据,这是因为在硬件的连接中,4 位输入寄存器的输入线是和 8 位寄存器的高 4 位输入线复连的,因此要把低 4 位数据交换到高 4 位来输入。

如果 DAC8031 和 DAC1208 的连接与图 8.10 不完全相同,则相应的程序也要有所修改。

12 位 D/A 转换器的种类也很多。DAC1230 的结构和 DAC1208 很相似,但对 CPU 的数据线只有 8 条,而是在 D/A 转换器芯片的内部把 8 位输入寄存器的高 4 位输入与 4 位输入寄存器的输入接在一起。因此,使用时与 1208 转换器没什么不同,只是与 CPU 的连接更方便一些。

除了并行输入数据的 D/A 转换器外,还有串行输入数据的 D/A 转换器。这种 D/A 转换器的输入要与单片机的串行口相连才能按位输入数据,送完一组数后,再进行 D/A 转换。

8.2.4　D/A 转换器的应用

D/A 转换器可以应用在许多场合,这里介绍用 D/A 转换器来产生各种波形。

1. 阶梯波的产生

阶梯波是在一定的时间范围内每隔一段时间,输出幅度递增一个恒定值的波形。如

图 8.11 中,每隔 1 ms 输出幅度增长一个定值,经 10 ms 后重新循环。用 DAC0832 在单缓冲方式下就可以输出这样的波形。所需的 1 ms 延迟可以通过延迟程序获得,也可以通过单片机内的定时器来定时。

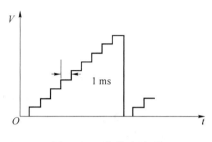

图 8.11　阶梯波波形

通过延迟程序产生阶梯波的程序如下:

```
START:MOV    A,♯00H
      MOV    R0,♯20H        ;D/A 转换器地址送 R0
      MOV    R1,♯0AH        ;台阶数为 10
LOOP: MOVX   @R0,A          ;送数据至 D/A 转换器
      CALL   DELAY          ;1 ms 延迟
      DJNZ   R1,NEXT        ;不到 10 个台阶转移
      SJMP   START          ;产生下一个周期
NEXT: ADD    A,♯10          ;台阶增幅
      SJMP   LOOP           ;产生下一个台阶
DELAY:MOV    20H,♯249       ;开始 1 ms 延迟程序
AGAIN:NOP
      NOP
      DJNZ   20H,AGAIN
      RET
```

2. 三角波的产生

三角波是由两段直线组成的,先送出一个线性增长的波形,达到最大值时,再进出一个线性减少的波形,两者结合,就成为三角波。然后使之不断地重复,就能得到一个连续的波形。

实际上这里所说的线性波形仍是一些台阶很小的阶梯波形。为了更逼近线性增长,应使台阶的幅度尽可能小(1 位 LSB),并且整个波形中台阶的高度和宽度应保持不变。为此,要特别注意转折处的处理,避免出现台阶的宽度变宽或其他影响波形线性的现象出现。

```
START:CLR    A              ;从 0 开始
      MOV    R0,♯20H        ;D/A 转换器地址
UP:   MOVX   @R0,A          ;上升段线性输出
      INC    A              ;线性增长
```

```
        JNZ     UP                  ;未到最大值则继续
        MOV     A,#254              ;调整A准备下降
DOWN:   MOVX    @R0,A               ;下降段输出
        DEC     A                   ;线性递减
        JNZ     DOWN                ;未到最小值则继续
        SJMP    UP                  ;开始下一周期
```

上升段波形的幅度从 0～255,每步增加 1,为最小台阶幅度。到达 255 以后再加 1 就为 256。对 8 位二进制数实际是使 Cy＝1 和 A＝0,此时应结束上升段而进入下降段。但是若不调整 A 值而直接进入标号为 DOWN 的语句,则会在转折处先输出一次 A＝0,然后再输出 255,并逐渐下降。这样就在波形的转折处出现一个负的毛刺,显然这是不希望出现的。为避免这一现象出现,对 A 值作一次调整,由 0 变为 254,然后再行输出,这样也可以避免在顶部输出两次 A＝255 而拉宽了顶部台阶的宽度。

用 8 位 D/A 转换器输出三角波,精度不是很好,若能用 10 位或 12 位 D/A 转换器,效果会改善不少。

上述三角波的周期已不能进一步减小(除非减小幅度),每个台阶持续的时间为执行 3 条指令所需的时间(MOVX、INC、JNZ),共需 4 个机器周期。根据单片机的时钟频率不难计算出每个台阶的持续时间,把这个时间乘上台阶数,就是一个三角波的周期。

3. 同步波形输出:同时输出 X 和 Y 波形到示波器

示波器显示波形时需要在 x 轴加上锯齿波电压,以产生光点的水平移动。为了得到稳定的显示波形,X 信号和 Y 信号的频率应保持一定的比例关系。为了便于波形显示的同步,或者为了显示更复杂的波形,可通过两个 D/A 转换器同时产生周期相同的 X 和 Y 信号:X 为线性锯齿波,Y 为待显示的波形。8031 单片机和两个 8 位 D/A 转换器的连接可参看图 8.9。此时 D/A 转换器必须采用双缓冲方式。

为了输出不规则信号,可以把这些信号的采样值,储存在程序存储器中,然后用查表的方法取出这些采样值,送到 D/A 转换器转换后输出,同时往 x 轴上送出锯齿波。当然也可以用这样的方法来显示规则的波形,如正弦波等。双缓冲工作的两个 D/A 转换器地址仍取为 20H、21H(输入寄存器)和 22H(DAC 寄存器),即与图 8.8 中原来规定相同。待显示的信号分解为 100 个采样点。

```
START:MOV    R1,#100               ;100 个采样点
      MOV    DPTR,#DTAB            ;Y 信号数据表首地址
      MOV    R2,#0                 ;锯齿波初值
LOOP: MOV    R0,#20H               ;0832(1)输入寄存器地址
      MOV    A,R2
      MOVX   @R0,A                 ;锯齿波送 0832(1)
      INC    R0                    ;0832(2)输入寄存器地址
      MOVC   A,@A+DPTR             ;查表取 Y 数据
      MOVX   @R0,A                 ;输出 Y 信号到 0832(2)
      INC    R0                    ;DAC 寄存器地址
```

```
        MOVX    @R0,A               ; X、Y 同时完成 D/A 转换
        INC     R2
        DJNZ    R1,LOOP
        SJMP    START
DTAB:   DB      D1,D2,…            ; 100 个数据
        END
```

以上仅举了几例说明单片机如何通过 D/A 转换器产生模拟波形。用这种方法产生信号波形时,输出频率不可能太高。一方面受单片机本身工作速度的限制(12 MHz 晶振频率时,机器周期为 1 μs)。另一方面,为了有一定的显示质量,在信号的一个周期内采样点也不可能太少,这就进一步限制了信号的频率。但是,用单片机产生波形比较灵活,特别是可以产生各种不规则波形,因此还是有它的独到之处。

8.3   A/D 转换器

将模拟信号转换为数字信号的转换器称为模数转换器,即 A/D 转换器,或简写为 ADC。

模数转换器的种类也很多,在这里只介绍在集成化 A/D 转换器芯片中用得较多的两种类型。

8.3.1   逐次比较型 A/D 转换器

逐次比较型 A/D 转换器的框图如图 8.12 所示。

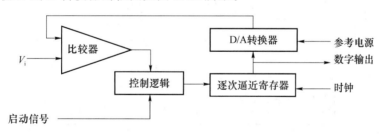

图 8.12   逐次比较型 A/D 转换器框图

这种转换器采用中分比较的原理。它的组成是以一个同样位数的 D/A 转换器为中心,再加上比较器、逐次逼近寄存器以及控制逻辑组成。

当一个模拟量输入后,先令其和 1/2 最大值进行比较,若大于 $V_m/2$,则数字量的最高位为 1,否则,最高位为 0,并把这结果存入逐次逼近寄存器中。下一次比较对象就是 $V_m/2$ 的一半,即 $V_m/4$。如果上一次比较和转换结果数字量为 1,则下一次就和 $(V_m/2+V_m/4)$ 作比较;若上次数字量为 0,则上一次的比较值就不计入,只和 $V_m/4$ 作比较。根据比较结果,又可以决定下一位数字量是取 1 还是取 0。这样逐次比较下去,最后一次所取的比较值为 $V_m/2^n$,其中 n 为数字量的位数,这样,就可以得到与模拟量成比例的数字量。

在图 8.12 中,所需要的比较值(数字量)和转换后的结果都由逐次逼近寄存器来产生或保存。转换开始时,控制逻辑使其最高位为 1,经过 D/A 转换得到 $V_m/2$ 的模拟输出,然后在比较器中和 V_i 作比较。若比较结果是 V_i 大,则寄存器中的这一位保存;反之,就把这一位 1 清除为 0。然后,控制逻辑使寄存器的下一位为 1,这样就准备好了下一次的比较值,然后再经过 D/A 转换器才可变成模拟量去和输入比较。这样重复以上的步骤,经过 n 次比较就可得到转换后的数字量。

图 8.13 是一个 3 位逐次比较式 A/D 转换器的逻辑图。其中 $Q_2Q_1Q_0$ 组成三位逐次逼近寄存器,下面的逻辑门和 5 位环形计数器($Q_A \sim Q_E$)构成控制逻辑。比较器输出为 C_0,当 $V_i < V_0$ 时,$C_0=1$;当 $V_i > V_0$ 时,$C_0=0$。Q_2、Q_1 和 Q_0 为钟控 RS 触发器,输入方程分别为

$$S_2 = Q_A^n \qquad\qquad S_1 = Q_B^n \qquad\qquad S_0 = Q_C^n$$

$$R_2 = C_0 Q_B^n \qquad R_1 = Q_A^n + C_0 Q_C^n \qquad R_0 = Q_A^n + C_0 Q_D^n$$

5 位环形计数器用来产生节拍控制脉冲。整个转换过程分为 5 拍:第一拍($Q_A=1$)是用来准备比较的初值 100;第三拍用来进行 A/D 转换;最后一拍($Q_E=1$)用来输出转换结果,即用 $Q_E=1$ 来打开输出与门,以输出一组 $A_2 A_1 A_0$ 的值。

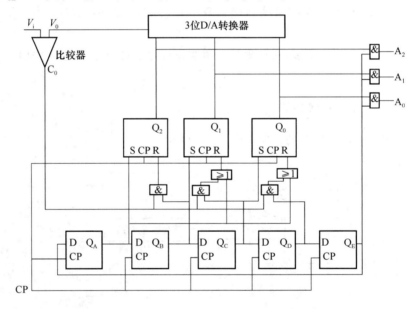

图 8.13　3 位逐次比较式 A/D 转换器逻辑图

图 8.14 显示了 3 位 A/D 转换器的工作波形。设模拟输入量幅度为 3。在一个转换周期中,当第一个时钟到来时,环形计数器 Q_A 的输出变为 1,为正式开始转换作好准备。而对于 $Q_2Q_1Q_0$ 来说,由于时钟来到之前的 RS 都为 0,所以维持上次转换后的值。

当第二个时钟上升沿时,$S_2=1$,$R_2=0$,而 $S_1=S_0=0$,$R_1=R_0=1$,因此,在 CP 作用下使 $Q_2Q_1Q_0$ 变为 100,这就是第一次准备比较的值——数字量高位为 1,其余各位为 0,实际是最大值的一半。这个数字量经 D/A 转换器转换后与输入模拟量 V_i 去比较,由于 $V_i < V_0$,因此 $C_0=1$。比较结果加到控制逻辑,准备好了逐次逼近寄存器的输入信号 R 和

S,为下一次时钟到来时的状态转换作好了准备。

$S_2 = Q_A^n = 0$

$R_2 = C_0 Q_B^n = 1 \cdot 1 = 1$

$S_1 = Q_B^n = 1$

$R_1 = Q_A^n + C_0 Q_C^n = 0 + 0 = 0$

$S_0 = Q_C^n = 0$

$R_0 = Q_A^n + C_0 Q_D^n = 0 + 0 = 0$

因此,当第 3 个时钟到来时,$Q_2 Q_1 Q_0 = 010$,即由于输入量小于最大值的一半,最高位的 $Q_2 = 1$ 被清除,同时准备好了下一次的比较值。如果输入量大于或等于最大值的一半,则比较后 $C_0 = 0$,使 $R_2 = S_2 = 0$,这样,第 3 个时钟到来时 $Q_2 = 1$ 将保持不变,从而使下一次的比较值为 110。

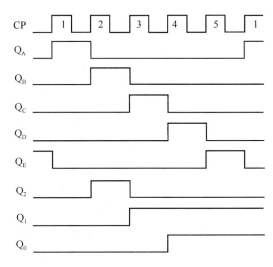

图 8.14 3 位 A/D 转换器的工作波形

现在,经 D/A 转换后,由于 $V_i > V_0$,所以使 $C_0 = 0$。C_0 的值加到控制逻辑后,就能维持 Q_1 的输出 1。不难求出此时的 $R_2 S_2 = 00$,$R_1 S_1 = 00$,$R_0 S_0 = 10$。因此,第 4 个时钟到来时,$Q_1 = 1$ 不变,并使 Q_0 置为 1,使 $Q_2 Q_1 Q_0 = 011$。

经 D/A 转换并比较之后,由于 $V_i = V_0$,所以 $C_0 = 0$,从而使 $R_2 S_2 = 00$,$R_1 S_1 = 00$,$R_0 S_0 = 00$。第 5 个时钟到来时,$Q_2 Q_1 Q_0 = 011$ 保持不变,而环形计数器的 $Q_E = 1$,打开输出与门,把逐次逼近寄存器的内容 $Q_2 Q_1 Q_0$ 送到 $A_2 A_1 A_0$,完成 A/D 转换并输出结果。

控制逻辑中的两个或门是必须的,否则就不能保证比较初值为 100。而是只能使 Q_2 置 1,但 Q_1 和 Q_0 仍维持上次转换后的值,就不一定是 00 了。

逐次比较型 A/D 转换电路从速度和转换精度来看都比较适中,即有较高的速度和精度,而且电路结构也不太复杂,因此得到了比较广泛的使用。速度最快的 A/D 转换器是并行比较型电路,但其电路结构复杂。从转换精度来看,下面介绍的双积分型电路将优于逐次比较型电路,但转换速度要慢得多。

8.3.2 双积分型 A/D 转换器

这是一种间接转换的 A/D 转换器,其内部没有 D/A 转换器。它的基本工作原理是产生一个与输入模拟量的平均值成正比的时间宽度信号,然后用计数器测出这个时间宽度。计数结果就是与输入模拟量成正比的数字量输出。因此是把模拟信号先转换为时间,再由时间转换为数字量的转换器,故属于间接转换。

图 8.15 为双积分型 A/D 转换器的原理方框图。它由一个积分器,一个回零比较器,一个 $N+1$ 位计数器和若干控制开关组成。

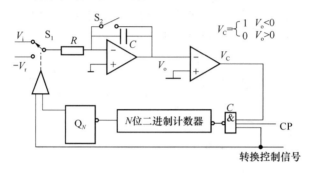

图 8.15　双积分型 A/D 转换器的原理方框图

电路的工作分为两步。转换开始以前应使计数器为零,积分电容 C 两端电压为零(S_2 闭合)。开始转换后第一步先使开关 S_1 接到输入信号 V_i,开关 S_2 打开,输入信号 V_i 对积分电容 C 充电,积分器输出电压 V_o 线性下降。比较器输入为负信号,使比较器输出 $V_C=1$,从而打开控制门 C,计数脉冲使计数器开始计数。这样一边是 V_o 线性下降,一边是计数器不断地计数。当 N 位计数器计满溢出时,使第 $N+1$ 位触发器的输出 $Q_N=1$。这个信号使得开关 S_1 改变位置:由原来接到输入信号 V_i 而改接到一个固定的参考电压 $-V_r$。转换的第一阶段到此结束。这个阶段就是在一个固定的时间间隔内对电容充电的过程。时间由计数器控制,即 N 位计数器从 0 计数到溢出所需的计数时间 T_1 为

$$T_1 = 2^N T_{CP}$$

其中的 T_{CP} 是时钟周期。

而积分器的输出 V_o 和输入信号 V_i 的平均值 V_{iA} 成比例:

$$V_{iA} = \frac{1}{T}\int_{t_0}^{t_1} V_A \, dt$$

$$V_o = -\frac{V_{iA}}{RC} \cdot T_1$$

其中 RC 为充电时间常数。显然,当 V_i 的值不同时,在 t_1 时刻 V_o 的大小也不相同。在图 8.16 中给出了在两种不同的 V_i 作用下,V_o 信号的变化情况。当 T_1 结束时(t_1 时刻),不同的 V_i 有不同的 V_{om} 值。

转换的第二步就是求出和 V_o 成正比例的时间间隔 T_2。当 S_1 倒向 $-V_r$ 时,第二阶段就开始了,这时 N 位计数器的状态亦为全 0。在 $-V_r$ 电压作用下。电容 C 的电压开始线性上升,对比较器来说,由于输入仍为负,故输出仍为 1,使 N 位计数器重新由零开始计

数。这样,在第二阶段中是 V_o 一边线性上升,一边计数器不断计数。到 V_o 上升到等于零时,比较器的输出由 1 变为 0,作用到控制门 C,切断了时钟脉冲的通路,计数器停止计数,第二阶段到此结束。在图 8.16 中就是 $t=t_2$ 的时刻。

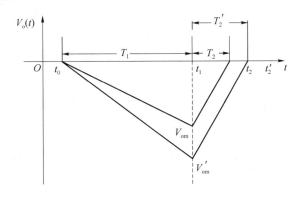

图 8.16 双积分式 A/D 转换器工作波形

在这个阶段中,信号源 $-V_r$ 是固定的,时间常数 RC 也是固定的,因此,放电的速率是相同的。只是对不同的 V_i 来说,第一阶段结束时的 V_o 是不同的,也就是放电的初始条件 V_{om} 是不同的,因而 V_o 上升到零所需的时间 T_2 是不同的,它将和输入信号 V_i 的平均值 V_{iA} 成正比:

$$V_o(t) = V_{om} - \int_{t_1}^{t_2} \frac{V_r}{RC} dt$$

$$= V_{om} - \frac{V_r}{RC}(t_2 - t_1)$$

在 $t = t_2$ 时,$V_o(t) = 0$,故可求出 T_2:

$$0 = V_{om} - \frac{V_r}{RC}(t_2 - t_1) = V_{om} - \frac{V_r}{RC} T_2$$

$$T_2 = \frac{V_{om}}{V_r} RC$$

结合 V_{om} 的表达式,有

$$T_2 = \frac{T_1}{|V_r|} V_{iA}$$

这样就把输入模拟电压转换为与电压幅度成比例的时间,而在 t_2 时刻 N 位计数器的状态 $d_{n-1}d_{n-2}\cdots d_1 d_0$,就是模拟转换的结果。

简言之,双积分 A/D 转换器先在一段固定的时间内($2^n T_{CP}$)由输入模拟电压对积分电容充电,得到与输入电压成正比的积分输出。然后把这个积分器输出转换为时间间隔,并在这个时间间隔内计数,计数的结果便是所求的 A/D 转换的结果。

双积分型 A/D 转换器有较高的精度。其精度主要取决了参考电压源 $-V_r$ 的稳定度。而 RC 元件及电路延迟所造成的误差,经过两次积分可以抵消掉,所以转换精度较高。它的缺点是转换速度较慢。在同样的时钟速率之下,双积分型 A/D 转换器的转换时间与 2^n 成比例,而逐次比较型 A/D 转换器的转换时间只与 n 成比例,n 为 A/D 转换器的位数。

一般来说,与 D/A 转换器相比,A/D 转换器的转换速度是比较慢的。在和微处理器接口时,就有一个速度配合问题。因此,一般不能采用无条件传送,而宜采用查询式传送或是中断传送的数据变换方式。

在选用 A/D 转换器时,主要关心的指标是分辨率、转换速度以及输入电压的范围。分辨率主要由位数来决定。转换时间的差别很大,可以从 $100~\mu s$ 到几个微秒之间选择。位数增加,转换速率提高,A/D 转换器的价格也急剧上升。故应从实际需要出发,慎重选择。

8.4 MCS-51 单片机与 A/D 转换器接口

A/D 转换器的种类也有许多。这里介绍几种 8 位和 12 位 A/D 转换器,以及它们和单片机的接口。

8.4.1 ADC0809 A/D 转换器

ADC0809 是 CMOS 工艺的逐次比较型 A/D 转换器,它是 8 位 A/D 转换器。图8.17为 ADC0809 的组成框图。

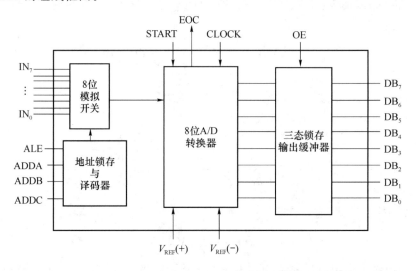

图 8.17 ADC0809 转换器的组成框图

它由 8 路模拟开关、地址锁存、译码器、8 位 A/D 转换器以及三态输出锁存器构成。0809 芯片可以处理 8 路模拟输入信号而不是一路,许多可以和微机接口的 A/D 转换器芯片都有这种特性。为了区分是对哪一路输入信号进行 A/D 转换,由 3 个通道地址信号 ADDA、ADDB 和 ADDC 来决定是哪一路模拟信号被选中并送到内部的 A/D 转换器去转换。输出为 8 位数字量 $DB_7 \sim DB_0$。主要的控制信号如下。

(1) START:启动信号。加上正脉冲后,A/D 转换才开始。

(2) ALE:地址锁存信号。高电平有效时把 3 个通道地址信号送入地址锁存器,并经译码器得到地址输出,以选择相应的模拟输入通道。

（3）EOC：转换结束信号，是芯片的输出信号。转换一开始，EOC 信号变低，转换结束时，EOC 返回高电平。这个信号可以作为 A/D 转换器的状态信号来查询，也可以直接用做中断申请信号。

（4）OE：输出控制信号，高电平输入有效时，打开输出缓冲器。

（5）CLOCK 时钟信号。最高允许值为 640 kHz。

（6）$V_{REF(+)}$ 和 $V_{REF(-)}$ 都是 A/D 转换器的参考电压。

（7）V_{CC} 电源电压。由于是 CMOS 芯片，允许的电源范围较宽，可从 +5～+15 V。

8 位模拟开关的地址输入和输入通道的关系见表 8.1。模拟开关的作用和 8 选 1 数据选择器的作用相似，但输入和输出都不是数字量而是模拟量。当通道被选中时，模拟开关输出应和该通道的模拟输入尽量一致，以避免模拟失真。

表 8.1　8 位模拟开关和输入通道的关系

ADDC	ADDB	ADDA	输入通道
0	0	0	IN_0
0	0	1	IN_1
0	1	0	IN_2
0	1	1	IN_3
1	0	0	IN_4
1	0	1	IN_5
1	1	0	IN_6
1	1	1	IN_7

ADC0809 芯片的转换速度在最高时钟频率下为 100 μs 左右，在目前的工艺水平下不算很高。正因为速度低，在和 CPU 接口时要求采用查询方式或者中断方式。

ADC0809 的时序图如图 8.18 所示。在 ALE＝1 期间，模拟开关的地址（ADDA、ADDB、ADDC）存入地址锁存器。在 ALE＝0 时，地址锁存。输入启动信号 START 的上升沿复位 ADC0809，它的下降沿启动 A/D 转换。EOC 为输出的转换结束信号，正在转换时为 0，转换结束时为 1。OE 是另一个输入控制信号，在转换结束后开始有效，用来打开输出三态门，以便从 0809 输出这次转换的结果。

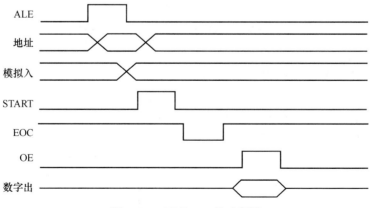

图 8.18　ADC0809 的时序图

A/D 转换器一般是和取样保持电路在一起使用,如 LF398 采样保持器,(一种单片的模拟集成电路)。采样所得的模拟信号也在同一芯片中保持,亦即暂存,所以 A/D 转换器一般不需要数据锁存器。

8.4.2 ADC0809 和 8031 的连接

接口的方法可以有多种,但一般可分为两种类型。一种是将 ADC0809 直接与 8031 单片机连接,也就是直接把 ADC0809 当做 8031 的外扩 RAM 单元来处理。另一种是将 ADC0809 通过并行接口芯片,如 8255A 和 8031 单片机连接。

ADC0809 直接和 8031 连接时,应该分配给 ADC0809 一个外部 RAM 单元的地址。但是 ADC0809 没有片选输入信号 $\overline{CS}$,因此不能单独用地址译码器的输出来选中 ADC0809 芯片。但是可以用地址译码信号来选通控制产生 START 信号和 OE 信号,前者用来启动 A/D 转换,后者用来把转换结果读入 CPU。一般的控制电路如图 8.19 所示。其中 $\overline{WR}$ 和 $\overline{RD}$ 为单片机送出的控制信号,它们都是负脉冲,在地址信号有效的前提下(低电平有效)就能产生一个正脉冲给 ADC0809。在一般应用时,用同一条信号线来产生 ALE 和 START 信号最为方便。在 ALE 为 1 时,应存入模拟通道的选择地址。至于如何取得模拟通道的地址则取决于 ADDA、ADDB 和 ADDC 如何和 8031 连接,若它们是连接到 8031 的 P0 口的某几位,则由于在 $\overline{WR}$ 有效时,P0 口上出现的是数据,因此,AD-DA~ADDC 上的信号就应该是数据 A 中的一部分。如果 ADDA~ADDC 是接到 P2 口的某几位,由于在 MOVX 指令执行时,P2 口上总是出现高 8 位 RAM 地址,在这种情况下,ADDA~ADDC 则应是 P2 口上出现的高 8 位地址的一部分。在使用时或者参考现有的连接图时要注意这两种区别。

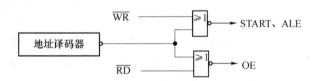

图 8.19　ADC0809 控制信号的产生

图 8.20 是一种 ADC0809 和 8031 连接图。数据采集采用中断方式。其工作过程如下。

在主程序中完成对 8031 中断系统初始化以及数据采集的必要准备后,用

  MOVX　　@R0,A

指令启动 A/D 转换,其中 R0 中为 ADC0809 的地址,A 中则应包含所选模拟通道的地址,然后等待 A/D 转换结束。当 ADC0809 发出有效的 EOC 信号后,经反相器送到 8031 的外中断入口 $\overline{INT1}$ 申请中断。在中断服务程序中,把转换结果读入 CPU,具体来说则是执行

  MOVX　　A,@R0

指令,用 $\overline{RD}$ 信号经或非门产生有效的 OE 信号,打开 0809 的输出三态门,把转换结果从 P0 口读入 8031。

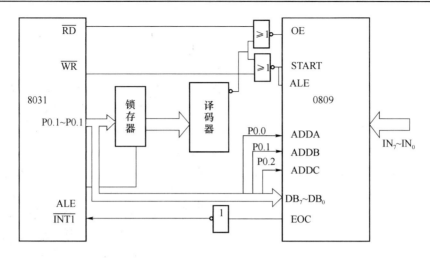

图 8.20　8031 和 ADC0809 的连接图

　　结合图 8.20 的连接图,可以写出对 8 路模拟输入依次进行 A/D 转换并把结果依次存入存储器的程序。设数据区的首地址为 30H,ADC0809 的地址定为 0F0H。由于 ADDA～ADDC接到 P0.0～P0.2,故模拟通道地址定为 00H～07H 变化。参考程序如下。

```
            ORG     0013H           ;外中断 1 入口地址
            AJMP    BINT1           ;转至中断服务程序
主程序:
            MOV     R1,＃30H         ;数据区首地址
            MOV     R4,＃8           ;8 路模拟信号
            MOV     R2,＃0           ;模拟通道 IN₀
            SETB    EA              ;CPU 中断开放
            SETB    EX1             ;允许外中断 1
            SETB    IT1             ;外中断边沿触发
            MOV     R0,＃0F0H        ;送 0809 地址
            MOV     A,R2
            MOVX    @R0,A           ;启动 A/D 转换
            SJMP    $               ;等待中断
中断服务子程序:
BINT1：MOV       R0,＃0F0H        ;0809 地址
            MOVX    A,@R0           ;输入转换结果
            MOV@    R1,A            ;存入内存
            INC     R1              ;数据区指针加 1
            INC     R2              ;修改模拟通道地址
            MOV     A,R2            ;下一个模拟通道
            MOVX    @R0,A           ;启动转换
```

```
        DJNZ    R4,LOOP              ;8 路未采集完,循环
        CLR     EX1                  ;关中断
LOOP:   RETI                         ;中断返回
```

ADC0809 若是通过并行接口芯片 8255A 来与 8031 接口,则需要占用 8255A 的两个端口,如 A 口和 C 口。用 A 口将转换结果输入到 CPU,用 C 口输出对 0809 的控制信号,实际上就是模拟所需要的 ALE、START、ADDA、ADDB、ADDC 以及 OE 信号。有关的接口连接图及信号采样程序作为练习留给读者去完成。

0809 转换时所需的时钟信号可以由 8031 单片机的 ALE 信号来提供。在一般情况下,ALE 信号是每个机器周期出现两次,故它的频率是单片机时钟频率的 1/6。若时钟为 6 MHz,则 ALE 信号为 1 MHz 频率。可用一个双稳态触发器对 ALE 信号作二分频,得到 500 kHz 的信号用做 ADC0809 的时钟。当然,在执行 MOVX 指令时,ALE 信号在一个机器周期中少出现一次。但在要求不太高时,仍可用 ALE 信号分频后作为 ADC0809 的时钟。

8 位 A/D 转换芯片还有许多种,有的芯片直接带有 $\overline{CS}$ 端,使用时就更为方便。有的芯片内部不带模拟开关,故只能处理一路模拟信号。但可在芯片之外再加一片模拟开关,同样可以完成多路 A/D 转换的功能。

8.4.3 对 12 位 A/D 转换器的接口

为了提高 A/D 转换的精度,可以采用多于 8 位的 A/D 转换器,如可以采用 12 位的 A/D 转换器。AD 公司出品的 AD574A 是 12 位逐次比较型模数转换器,它的主要特性如下:

(1) 具有内部参考电压源和内部时钟,输出带有三态输出缓冲器,因此使用方便,也便于和微机直接接口;

(2) 转换时间 25 μs,属于中档速度;

(3) 输入模拟信号范围可为 0~+10 V、0~+20 V,也可为双极性±5 V 或±10 V;

(4) 数模转换可以为 12 位,也可以为 8 位,故可适用于不同场合。

AD574A 有两个模拟输入端,分别用于不同的电压范围:$10V_{IN}$ 适用于±5 V 的模拟输入,$20V_{IN}$ 适用于±10 V 的模拟输入。输出为 12 位,即 DB_0~DB_{11}。

输入控制信号如下。

$\overline{CS}$:片选端,低电平有效,

CE:片使能,高电平有效。必须 $\overline{CS}$ 和 CE 同时有效时,AD574A 才工作,否则处于禁止状态。

$R/\overline{C}$:读出和转换控制。当 $R/\overline{C}=0$ 时,启动模数转换过程,当 $R/\overline{C}=1$ 时,读出模数转换的结果。

A_0 和 $12/\overline{8}$:这两个控制信号用来决定是进行 12 位转换还是进行 8 位转换。具体的功能可见表 8.2。

STS:转换结束信号。当开始 A/D 转换后,STS 信号变为高电平。表示转换正在进行。转换完成后,STS 变为低电平。这个信号可用来供 CPU 查询或直接申请中断。

表 8.2　AD574A 控制功能表

CE	$\overline{\text{CS}}$	R/$\overline{\text{C}}$	12/$\overline{8}$	A_0	功能
0	×	×	×	×	不工作
×	1	×	×	×	不工作
1	0	0	×	0	12 位转换
1	0	0	×	1	8 位转换
1	0	1	接+5 V	×	12 位输出
1	0	1	接地	0	高 8 位输出
1	0	1	接地	1	低 4 位输出

对于表 8.2 还应说明两点:一是只有 CE=1 和 $\overline{\text{CS}}$=0,R/$\overline{\text{C}}$ 为低电平时,才能开始转换。在时序安排上,应先让 R/$\overline{\text{C}}$ 为低电平,然后 CE 或 $\overline{\text{CS}}$ 变为有效(有一个已先有效),以避免出现不需要的读出操作。二是表中所说的+5 V 即为芯片的+5 V 引脚,地是指数字地 DC(Digital Common)引脚。

图 8.21 是 8031 单片机和 AD574A 的接口连接图。它利用 8031 的 $\overline{\text{WR}}$ 和 $\overline{\text{RD}}$ 信号自动产生 R/$\overline{\text{C}}$ 号。在平时,R/$\overline{\text{C}}$ 信号总是为 0,即随时都为进行 A/D 转换作好准备,只有在执行外部 RAM 的读指令时(如"MOVX A,@R0")才使得 R/$\overline{\text{C}}$=1,以完成读出转换结果的操作。分配给 A/D 转换器两个地址,分别对应于 A_0=0 和 A_0=1,具体地址值取决于译码器输出的选用,设取为 0F0H 和 0F1H。12/$\overline{8}$ 端子固定接地,表示读取转换结果时要分两次读取:高 8 位一次,低 4 位一次,以组成 12 位输出。转换结束信号 STS 连接到 P1.0,作为查询输入。

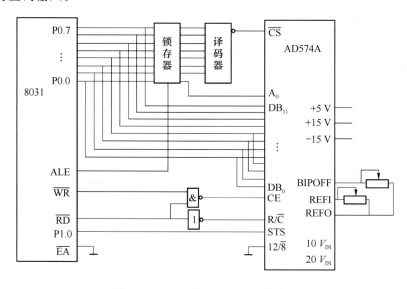

图 8.21　8031 和 AD574A 的连接图

操作过程是这样的:取地址 0F0H(A_0=0),用一条"MOVX @R0,A"指令启动 A/D 转换。这条指令产生有效的 $\overline{\text{CS}}$、CE 信号,而 R/$\overline{\text{C}}$ 早已置为 0,故可启动 12 位 A/D 转换,这时 A 的具体数值无关紧要。然后通道对 P1.0 的查询,确定转换是否结束。转换结束

后,分别对地址 0F0H 和 0F1H 用两次 MOVX 读指令,把转换结果读入 8031 CPU。有关的程序段如下:

```
MOV     R0,#0F0H              ; 选 AD574A 地址
MOV     R1,#20H               ; 数据区地址
MOVX    @R0,A                 ; 启动 A/D 转换
JNB     P1.0,$                ; 查询 STS 信号
MOVX    A,@R0                 ; 读低 4 位转换结果
MOV     @R1,A                 ; 低 4 位存入数据区
INC     R0                    ; 取地址 0F1H
INC     R1                    ; 数据区指针加 1
MOVX    A,@R0                 ; 读出转换结果高 8 位
MOV     @R1,A                 ; 高 8 位存入数据区
```

12 位 A/D 转换器和 8 位 CPU 接口的基本特点就是分两次读入转换的结果。掌握了这个特点,再结合各芯片的具体结构和引脚,就不难举一反三,完成各自的接口连接与编程。

8.5 数据采集和处理系统

利用单片机控制的 D/A 和 A/D 芯片可以组成数据采集和处理系统。在各种实际的控制系统中,数据采集和处理都起着重要的作用。根据需要这种系统中还可以配有显示、打印、告警等装置。在这一节中则只介绍最基本的组成。

8.5.1 数据采集和处理系统的硬件

系统的基本硬件配置如图 8.22 所示。其中硬件连接的细节可参见有关的章节。

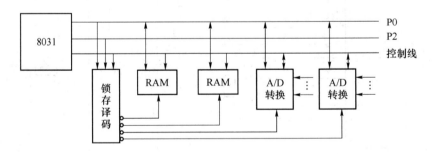

图 8.22 数据采集和处理系统的基本硬件配置

整个系统受 8031 CPU 的控制。定时器用来产生定时信号,因为一般模拟信号的采集都是每隔一段时间进行的,利用 8031 的片内定时/计数器配合,用相应的软件就可完成这一功能。外扩的 ROM 是用来存放用户程序,亦即系统的控制程序。外扩的 RAM 用

来存放采集到的数据,有时采集的数据量较大,只用片内 RAM 一般是不够的,故要扩充片外 RAM。若是数据量特别大,则还可以配备磁带机来保存采集的数据。A/D 和 D/A 转换器无疑是用来采集数据和进行输出控制。

系统中还可以配置并行接口芯片(如 8255A)以输出开关控制信号或进行显示、打印等操作。

8.5.2　数据采集和处理系统的软件

根据数据采集的不同方式,软件的编制亦会有所不同。如有的系统是对瞬间收集到的数据作出反应,有的系统则是对连续抽样的结果进行统计后再作出处理,也可能有的系统只是连续地采集数据并加以储存,但基本上它们都是在定时器/计数器控制下的数据采集和处理过程。其基本流程图如图 8.23 所示。

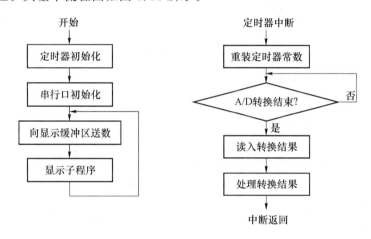

图 8.23　数据采集和处理系统基本流程图

在主程序中完成对 8031 定时器的初始化,设置定时器初值。若配置 8255A 并行接口芯片亦完成相应的初始化,然后进入显示子程序并等待定时器中断。

在中断服务程序中完成数据的采集和处理。若采用逐次比较 A/D 转换器,可采用查询方式来等待 A/D 转换的结束,而不必采用中断和中断嵌套的方式来处理。若在 A/D 转换过程中系统还有其他工作要做,当然也可采用中断嵌套。

数据采集和处理系统中基本上综合了所学过的有关单片机的各种知识,只要能灵活运用有关的知识,就不难处理各种具体问题。

习题和思考题

8.1　用 8031 单片机通过 DAC0800 芯片输出各种波形的连接图如图 8.24 所示。0800 是不带输入数据寄存器的,故直接用 P1 口来交换数据。

下面的程序用来产生频率和幅度均为可变的锯齿波:

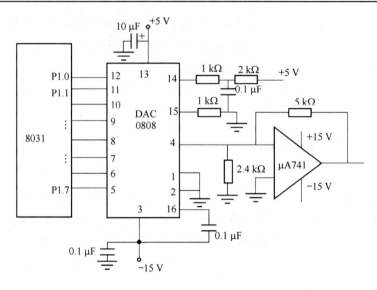

图 8.24　题 8.1 附图

```
        MOV    P1,＃00H               ;P1 为输出方式
        MOV    R1,＃data1
        MOV    R2,＃data2
        MOV    A,R2
        MOV    B,R1
        DIV    AB
        MOV    B,R1
        MUL    AB
        MOV    R2,A
LOOP：  CLR    A
LOOP1: MOV    P1,A                  ;开始输出波形
        ADD    A,R1                  ;幅度递增
        CJNE   A,R2,LOOP1
        MOV    P1,A
        SJMP   LOOP                  ;产生下一周期波形
```

仔细阅读以上程序,并回答下述问题:

(1) 调节哪个寄存器的初始值可以改变锯齿波频率? 调节哪个寄存器的初始值可以改变锯齿波的幅度?

(2) 程序中的 DIV 和 MUL 指令起什么作用,不用行不行?

(3) 当 data1＝0DH, data2＝9FH 时,三角波的频率为多少? 设 8031 的时钟周期为 6 MHz。

8.2　把题 8.1 中的程序加以修改,以输出幅度和频率都可以控制的三角波,即从 0 上升到最大值,再从最大值下降到 0,并不断重复。

8.3　用 8031 单片机和 0832 数模转换器产生梯形波。梯形波的斜边采用步幅为 1 的线性波,幅度为 00H～80H,水平部分靠调用延迟程序来维持。写出梯形波产生的程序。

8.4　梯形波的水平部分若用 8031 内部定时器来维持,如何编写梯形波产生的程序?

8.5　用两片 0832 芯片和 8031 单片机(连接如图 8.8),编制一个产生等腰三角形的程序。即用一片 0832 产生水平锯齿波扫描信号,用另一片 0832 产生垂直信号。等腰三角形图形可用两次扫描产生,第一次扫描产生等腰三角波,第二次扫描产生三角形的底边,然后不断重复即可得到稳定的波形。

8.6　8033 单片机和 0809 模数转换器采用如图 8.25 所示的连接方法。请按照这种连接方式,写出对 8 路模拟信号连续采集并存入存储器的程序。

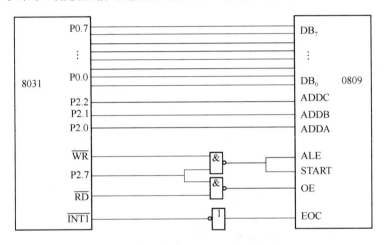

图 8.25　题 8.6 的附图

8.7　用 8031 内部定时器来控制对模拟信号的采集。8031 和 0809 的连接采用图 8.20 的方式。要求每分钟采集一次模拟信号,写出对 8 路信号采集一遍的程序。

8.8　若要求每 5 min 对输入信号采集一次,写出对 8 路输入信号连续采集 24 h 的程序。由于数据量比较大,采集到的数据应存放在外部数据 RAM 的数据区中。

8.9　用 8031 内部定时器来控制对 0809 的 0 通道信号进行数据采集和处理。连接仍采用图 8.20 方式。每 1 min 对 0 通道采集一次数据,连续采集 5 次。若平均值超过 80H,则由 P1 口的 P1.0 输出控制信号 1,否则就使 P1.0 输出 0。

第9章 MCS-51 系统的串行接口

微型计算机和外设交换数据的方式除了并行通信之外,还常使用串行通信的方式。并行通信一次就可以传送 8 位甚至更多位的数据,因此传送的速度快,但是需要的传输线的数目也多。在较长距离通信时,传输线的成本急剧增加,因此,不宜采用并行通信而改用串行通信的方式。本章将介绍串行通信的一般知识,MCS-51 系统本身的串行口及其应用,以及关于串行口扩展的一些问题。

9.1 串行通信的基本知识

在实际工作中,计算机的 CPU 与其外设之间常常要进行信息的交换,一台计算机与其他的计算机之间也往往要交换信息。所有这些信息交换均可称为"通信"。

通信的基本方式可分为并行通信和串行通信两种。

并行通信是指数据的各位同时进行传送的通信方式。其优点是传送速度快,缺点是数据有多少位,就需要多少根传输线。这在位数较多、传输距离又远时就不太适宜。

串行通信是指数据是一位一位地按顺序传送的通信方式。它的突出优点是只需一根传输线,并且可以利用电话线作为传输线,这样就可大大降低传输成本,特别适用于远距离通信。其缺点是传送速度较低,假设并行传送 N 位数据所需时间为 T,那么串行传送的时间至少为 NT,而实际上总是大于 NT 的。

9.1.1 串行通信的两种基本方式

串行通信本身又分为异步传送和同步传送两种基本方式。

1. 异步传送方式

异步传送的特点是数据在线路上的传送是不连续的。在线路上数据是以一个字(或称字符)为单位来传送的。异步传送时,各个字符可以是接连传送的,也可以是间断传送的,这完全由发送方根据需要来决定。另外,在异步传送时,时钟脉冲并不传送到接收方,即双方各用自己的时钟源来控制发送和接收。

由于字符的发送是随机进行的,对于接收方来说就有一个判别何时有字符送来,何时是一个新的字符开始的问题。因此,在异步通信时,对字符必须规定一定的格式。异步通信字符格式如图 9.1 所示。

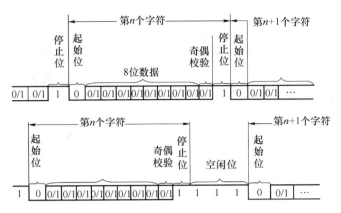

图 9.1　异步通信的字符格式

一个字符由 4 个部分组成:起始位、数据位、奇偶校验位和停止位。一个字符由起始位开始,停止位结束。

起始位为 0 信号,占用 1 位,用来通知接收设备一个新的字符的开始。

线路上在不传送字符时,应保持为 1。接收端不断检测线路的状态,若连续收到 1 以后又测到一个 0,就知道是发来一个新的字符,马上应准备接收。字符的起始位还被用来同步接收的时钟,以保证以后的接收能正确进行。

起始位后面紧接着就是数据位,它可以是 5 位、6 位、7 位或 8 位。由于串行通信的速度是与数据的位数成比例的,所以要根据需要来确定数据的位数。另外要注意的是在发送时,总是最低位先传送,因此在图 9.1 中,紧挨起始位的是最低位(LSB),这和并行传送时的表示不一致。

奇偶校验位只占一位。但在字符中也可以规定不用奇偶校验位,则这一位就省去。

停止位用来表征字符的结束。它一定是用逻辑 1 表示。停止位可以是 1 位、1.5 位或 2 位。接收端收到停止位时,就表征这一字符的结束。同时,也为接收下一个字符作好准备:只要再收到 0 就是新的字符的起始位。若停止位以后不是紧接着传送下一个字符,则让线路上保持为 1。

图 9.1 的上半部分是表示一个字符紧接一个字符传送的情况,上一个字符的停止位和下一个字符的起始位是紧邻的。图 9.1 下半部分则是两个字符间有空闲位的情况,空闲位为 1,线路处于等待状态。从传送效率来说当然是前一种情况效率高,但存在空闲位则正是异步通信的特征之一。

在串行通信中有个重要的指标叫"波特率"。它定义为每秒传送二进制数码的位数(亦称比特数),以位/s 作为单位。波特率反映了串行通信的速率,也反映了对于传输通道的要求:波特率越高,要求传输通道的频带越宽。在异步通信中,波特率为每秒传送的字符数和每个字符位数的乘积。例如,每秒传送的速率为 120 字符/s,而每个字符又包含 10 位(1 位起始位,7 位数据位,1 位奇偶校验,1 位停止位),则波特率为

$$120 字符/s×10 位/字符＝1\ 200 位/s＝1\ 200\ Baud$$

一般异步通信的波特率在 50～9 600 Baud 之间。

波特率和时钟频率并不是一回事,时钟频率比波特率要高得多。一般有两种选取的方法:即高 16 倍或者高 64 倍。由于异步通信双方各用自己的时钟源,若是时钟频率等于波特率,则频率稍有偏差便会产生接收错误。采用较高频率的时钟,在一位数据内就有 16 或 64 个时钟,捕捉正确的信号就可以得到保证。

因此,在异步通信中,收发双方必须事先规定两件事:一是字符格式,即规定字符各部分所占的位数,是否采用奇偶校验,以及校验的方式(偶校验还是奇校验);二是所采用的波特率以及时钟频率和波特率的比例关系。

异步传送由于不传送时钟脉冲,所以设备比较简单,实现起来较方便。它还可根据需要连续或有间隙地传送数据,对各字符间的间隙长度没有限制。缺点是在数据字符串中要加上起同步作用的起始位和停止位,降低了传输效率。

2. 同步传送方式

同步传送是一种连续传送数据的方式。在通信开始以后,发送端连续发送字符,接收端也连续接收字符,直到通信告一段落。同步传送时,字符与字符之间没有间隙,也不用起始位和停止位,仅在数据块开始时用同步字符 SYNC 来指示,其数据格式如图 9.2 所示。

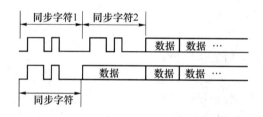

图 9.2　同步传送的数据格式

同步字符的插入可以是单同步字符方式或者双同步字符方式,如图 9.2 中所示分别表示这两种情况。在同步字符后面是连续的数据块。同步字符可以由用户约定,当然也可以采用 ASCII 码中规定的 SYN 代码,即 16H。按同步方式通信时,在发送时要插入同步字符,接收方检测到同步字符时,即准备开始接收。因此,在硬件设备上需要有插入同步字符或相应的检测手段。

在同步传送时,无论接收或发送,都要求×1 时钟,即时钟频率和波特率一致。为了保证接收正确无误,发送方除了传送数据外,还要把时钟信号同时传送。

同步传送的优点是传送速率可以提高,传送效率也高。

9.1.2　串行通信中数据的传送方式

通常在串行通信中,数据在两个站之间是双向传送的,既可以 A 作为发送端,B 站作为接收端;也可以 B 站作为发送端,A 站作为接收端。

根据具体的需要,又可分为半双工(Half Duplex)和全双工(Full Duplex),如图 9.3 所示。

半双工只有一条传输线,尽管传输也可以双向进行,但每次只能有一个站发送,另一个站接收。可以是 A 发送到 B,也可以从 B 发送到 A,但 A、B 不能同时发送,当然也不能同时接收。

全双工有两条传输线,因此两个站既可以同时发送,又可以同时接收。或者说一个站同时又可以发,也可以收。

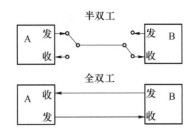

图 9.3　串行通信中数据传送方式

对于微机控制的串行通信来说,由于微机的CPU 同时只能执行一条指令,计算机不可能同时执行"发送"和"接收"两种操作。因此"同时收发"与其对机器而言,不如说是对用户而言。CPU 总是将数据发送到串行接口,也从串行接口上接收数据。结果是在串行接口的发送和接收两条线上,也的确可以同时有收、发两个方向的信号在上面传送。对用户来说,就是实现了全双工的传输方式。

实际上,由于数据复用技术的使用,传输线上不仅能双工地传输一对计算机之间的信号,而且可以传送多台计算机之间的信号。关于线路复用的详细论述,可参看关于数据通信的书籍。

9.1.3　并/串变换和串行口

CPU 通常是并行地输入/输出数据,但和某些外设或其他计算机则可采用串行通信方式。这就要求把从 CPU 来的并行数据转换为串行数据送给 I/O 设备,或者把 I/O 设备送来的串行数据转换为并行数据送给 CPU。在串行通信中,这种串/并变换总是不可避免的。

串/并(或并/串)变换可以通过软件来实现。现以异步通信的发送为例说明并/串变换的原理。

首先要确定异步通信的字符格式。然后按照字符格式,从起始位开始,以一定的延迟时间一位一位地传送出去,最后形成停止位,则一个字符的传送结束。

设字符格式为 1 位起始位,8 位数据,2 位停止位,一共是 11 位。在传送以前先设一个计数器初值为 11(0BH),设从 P1.0 端子输出串行数据,故只需用向右移位的操作就可把数据一位一位地输出。

为了得到起始位和停止位,则可适当地给进位标志 Cy 赋值,并用循环移位指令,将它移入数据的适当位置即可。具体操作是先通过循环左移指令,将 0 移入到 ACC.0,输出起始位。再通过循环右移指令,恢复 ACC 中的数据,然后一位一位地输出。在输出过程中,将 1 逐渐从 ACC 的左端移入。等到数据输出后,接着就可以输出停止位 1。停止位的数目由起始的计数器来控制,从而完成一次数据的串行输出。

设准备串行输出的数据在内部 RAM 的 20H 单元。并/串转换的程序段如下:

```
MOV     R1,#0BH              ;位计数器置为 11
MOV     A,20H                ;取出数据到 A
CLR     C                    ;清进位位 Cy
RLC     A                    ;起始位 0 送入 ACC.0
```

```
LOOP： MOV     R2,A                 ; A暂存于R2
       ANL     A,♯01H               ; 只要ACC.0的内容
       ANL     P1,♯0FEH             ; 清P1.0
       ORL     P1,A                 ; 输出串行数据
       MOV     A,R2                 ; 恢复A的值
       ACALL   DELAY                ; 调用延迟程序
       RRC     A                    ; 准备输出下一位
       SETB    C                    ; Cy置1以产生停止位
       DJNZ    R1,LOOP              ; 一字符未发送完,循环
       RET                          ; 结束
```

用软件接收串行数据并且变换为并行数据的原理也基本相似。关键是要发现起始位作为接收的同步位,然后按发送数据相同的速率,一位一位地读入串行数据,再逐位移入累加器 A,直到数据位全部读完。

用软件实行并/串(串/并)变换不需要外加硬件电路,其缺点是速度慢,CPU 的效率不高,当字符格式变化时,软件也要改变。因此常用专门的串行接口电路再加以适当的软件控制来完成串行通信。

现在市场上有各种串行接口芯片可供选择,它们大都是可编程的多功能芯片,故称为通用异步接收/发送器(UART,Universal Asynchronous Receiver/Transmitter),或者是通用同步异步接收/发送器(USART,Universal Synchronous Asynchronous Receiver/Transmitter)。

对于 MCS-51 单片机来说,它有本身的串行接口,但它的串行口功能是很有限的。下面将先介绍 8031 的串行口,然后再介绍一种通用的 USART 芯片。

9.2 MCS-51 单片机的串行口

MCS-51 单片机内部有一个可编程的、全双工的串行接口 SBUF。它也属于特殊功能寄存器之一,占用地址 99H,是不可以位寻址的。

实际上 SBUF 有两个独立的发送缓冲器和接收缓冲器,对外也有两条独立的收、发信号线 RXD(P3.0)和 TXD(P3.1)。因此,可以同时发送、接收数据,实现全双工传送。发送缓冲器和接收缓冲器不能互相换用。对外来讲,它们只占用一个 RAM 地址 99H,通过使用不同的读/写缓冲器的指令来决定对哪一个缓冲器进行操作。

使用串行接口以后,串行收发的工作主要由串行接口来完成。在发送时,CPU 由一条写发送缓冲器的指令,把数据(字符)写入串行口,然后由串行口一位一位地向外发送。与此同时,接收端也可以一位一位地接收数据,直到把一组数据收完后,通知CPU,再用另一条指令把接收缓冲器的内容读入累加器。可见,在整个串行收发过程中,CPU 操作的时间很少,使得 CPU 还可以从事其他的各种操作,从而大大提高了CPU 的效率。

9.2.1　MCS-51 单片机串行口的控制

串行口的工作主要受串行口控制寄存器 SCON 的控制,另外也和电源控制寄存器 PCON 有些关系。SCON 寄存器用来控制串行口的工作方式,还有一些其他的控制作用。

串行口的工作方式小结于表 9.1。其中 SM0 和 SM1 是 PCON 寄存器中的两个控制位。

表 9.1　串行口的工作方式

SM$_0$	SM$_1$	工作方式	说　明	波特率
0	0	方式 0	同步移位寄存器	$f_{osc}/12$
0	1	方式 1	10 位异步接收发送	由定时器控制
1	0	方式 2	11 位异步接收发送	$f_{osc}/32$ 或 $f_{osc}/64$
1	1	方式 3	11 位异步接收发送	由定时器控制

有两个特殊功能寄存器参与对串行口的控制。图 9.4 是串行口控制寄存器 SCON 和电源控制寄存器 PCON 的有关串行口的控制位。

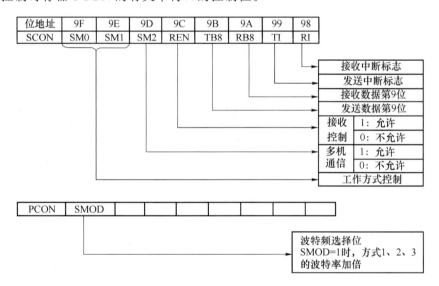

图 9.4　SCON 和 PCON 的串行口控制位

SCON 中各位的含义如下。

SM0、SM1:串行口工作方式控制位,具体控制方法见表 9.1。

SM2:多机通信控制位。主要用于方式 2 和方式 3。若允许多机通信,则 SM2＝1,然后依据收到的第 9 位数据的值来决定从机是否接收主机的信号。

REN:允许接收控制位。只有当 REN＝1 时才允许接收,相当于串行接收的开关。若 REN＝0,则禁止接收。

TB8:发送数据的第 9 位。在方式 2 和方式 3 中准备发送的第 9 位数据就存放在 TB8 位。通过对 TB8 的置 1 或置 0,就可决定发送第 9 位数据的内容。

RB8:接收数据的第 9 位。在方式 2 和方式 3 中接收到的第 9 位数据就存放在 RB8 位,故可根据 RB8 被置位的情况对接收数据进行某种控制,如奇偶校验等。

TI:发送中断标志。在一组数据发送完时被置位。由硬件在方式 0 串行发送第 8 位结束时置位,或在其他方式串行发送停止位的开始时置位。置位意味着向 CPU 提供"发送缓冲器已空"的信息,CPU 可以准备发送下一组数据。串行口发送中断被响应后,TI 不会自动复 0,必须由软件清零。

RI:接收中断标志。在接收到一组有效数据后由硬件置位,若中断允许就申请串行口接收中断,通知 CPU 可以把收到的数据读入累加器 A,也必须由软件清零。

SCON 寄存器的单元地址为 98H,是可以位寻址的。

电源控制寄存器 PCON 中只有一位 SMOD 与串行口工作有关:在方式 1、方式 2 和方式 3 时,波特率和 2^{SMOD} 成正比,亦即当 SMOD＝1 时,波特率提高一倍。

PCON 特殊功能寄存器的单元地址是 87H,是不可以位寻址的。

9.2.2　MCS-51 单片机串行口的工作方式

MCS-51 单片机串行口有 4 种工作方式,即方式 0～方式 3。除了方式 0 以外,其余都是不同的异步通信方式。

1. 方式 0:移位寄存器输入/输出方式

在方式 0 中,是用同步的方式串行输出或串行输入数据。但是和同步通信不是一回事,因为它不能插入或检出同步字符。在方式 0 时,串行口相当于一个并入串出(发送)或串入并出的移位寄存器。

MCS-51 单片机串行口工作在方式 0 时,一般总要外接一个移位寄存器。

串行数据通过 RXD 线输入或输出,也就是接到外部移位寄存器的串行输入或串行输出;而 TXD 线专用于输出时钟脉冲给外部移位寄存器,作为外部移位寄存器的时钟脉冲。

方式 0 可用来同步输出或接收 8 位数据(最低位首先输出),波特率固定为 $f_{osc}/12$,其中 f_{osc} 为单片机的时钟频率。

方式 0 的发送操作是在 TI＝0 的情况下,由一条写发送缓冲器 SBUF 的指令开始的:

```
MOV    SBUF,A
```

然后,在 RXD 线上发出 8 位数据,同时,在 TXD 线上发出同步移位脉冲。8 位数据发送完后,由硬件置位 TI＝1。若中断开放,就可以申请串行口发送中断。若中断不开放,则可通过查询 TI 来确定是否发送完一组数据。当 TI＝1 以后,要用软件使 TI 清零,然后再发送下一组数据。

方式 0 的接收是在 RI＝0 的条件下,使 REN＝1 来启动接收过程。接收数据由 RXD 输入,TXD 仍输出同步移位脉冲。收到 8 位数据以后,由硬件使 RI＝1,在中断允许时,同样可以发出串行口接收中断申请。RI＝1 表示接收数据已装入接收缓冲器,可以由 CPU 用指令读入到累加器 A 或其他的 RAM 单无。RI 也必须由软件清零,以准备接收下一组数据。

在方式 0 中，SCON 寄存器中的 SM2、RB8、TB8 都不起什么作用，一般设它们为 0 就可以了。

方式 0 并不能用于串行同步通信，它的主要用途是可以和外接的移位寄存器结合起来进行并行 I/O 口的扩展。

2. 方式 1：10 位异步接收/发送

异步接收或发送的一个字符包括 1 位起始位（逻辑 0），8 位数据位和 1 位停止位（逻辑 1）。MCS-51 的串行接口电路在发送时能自动插入起始位和停止位。在接收时，停止位进入特殊功能寄存器 SCON 的 RB8。方式 1 的传送波特率是可变的，可通过改变内部定时器的定时值来改变波特率。

方式 1 的发送也是在发送中断标志 TI＝0 时由一条写发送缓冲器的指令开始的。这样的指令有许多，实际上，任何一条以 SBUF 为目的寄存器（目的地址）的指令都能启动一次发送。如：

```
MOV    SBUF,@R0
MOV    SBUF,R0
```

启动发送后，串行口能自动地插入一位起始位（逻辑 0），在字符结束前插入一位停止位（逻辑 1），然后在发送移位脉冲作用下，依次由 TXD 线上发出。10 位一个字符发完之后，自动维持 TXD 线的信号为 1。在 8 位数据发出之后，也就是在停止位开始时，使 TI 置 1，用以通知 CPU 可以发出下一个字符。

方式 1 发送时的定时信号，也就是发送移位时钟，是由定时器 1 送来的溢出信号经过 16 或 32 分频（取决于 SMOD 的值是 0 还是 1）而取得的。因此，方式 1 的波特率可以有两种选择。

方式 1 的接收是在 SCON 寄存器中 REN 位等于 1 的前提下，从搜索到起始位而开始的。在无信号时，RXD 线的状态为 1，当检测到存在由 1 到 0 的变化时，即认为收到一个字符的起始位，接收过程开始。在接收移位脉冲的控制下，把收到的数据一位一位地移入接收移位器，直到 9 位数据全部收齐（包括 1 位停止位）。

在接收操作时，定时信号有两种，一种是接收移位脉冲，它的频率和发送波特率相同，也是由定时器 1 的溢出信号经过 16 或 32 分频而得到的；另一种是接收字符的检测脉冲，它的频率是接收移位脉冲的 16 倍。亦即在一位数据的期间有 16 个检测脉冲，并以其中的第 7、8、9 三个脉冲作为真正的对接收信号的采样脉冲。对这 3 次采样结果采用三中取二的原则来决定所检测到的值。采取这种措施的目的在于抑制干扰。采样信号总是在接收位的中间位置，这样既可以避开信号两端的边沿失真，也可以防止由于收发时钟频率不完全一致而带来的接收错误。

在 9 位数据收齐之后（8 位信号，1 位停止位），必须同时满足以下两个条件，这次接收才真正有效：

（1）RI＝0；

（2）SM2＝0 或者接收到的停止位为 1。

在满足这两个条件时，则将接收移位器中的 8 位数据转存入串行口寄存器 SBUF，收到的停止位则进入 RB8，并使接收中断标志 RI 置 1。若这两个条件不满足，则这一次收到的数据就不装入 SBUF,实际上就意味着丢失了一组数据。因为串行口马上又开始寻找下一个起始位准备接收下一组数据了。

实际上,这两个有效接收的条件对于方式 1 来说是极容易满足的。这两个条件真正起作用是在方式 2 或方式 3 中。

3. 方式 2:11 位异步接收/发送

方式 2 异步通信时,除了 1 位起始位,8 位数据位,1 位停止位之外,还可以插入第 9 位数据位。字符格式如图 9.5 所示。在发送时第 9 位数据的值可指定为 0 或 1,用一些附加指令可使这一位用做奇偶校验位;在接收时,第 9 位数据位进入特殊功能寄存器 SCON 的 RB8。方式 2 的波特率可以从两个数值中选取,即可为 $f_{osc}/32$ 或 $f_{osc}/64$。

图 9.5 方式 2/方式 3 的字符格式

方式 2 的发送包括 9 位有效数据。必须在启动发送之前把要发送的第 9 位数值装入 SCON 寄存器中的 TB8 位,这第 9 位数据起什么作用串行口不作规定,完全由用户来安排。因此,它可以是奇偶校验位,也可以是其他控制位。可以用指令

      SETB   TB8

或

      CLR   TB8

来使该位置 1 或复 0。

准备好 TB8 的值以后,就可以用一条以 SBUF 为目的地址的指令启动发送过程。串行口能自动把 TB8 取出,并装入到第 9 位数据的位置,再逐一发送出去。发送完毕,使 TI=1。这些过程都和方式 1 是相同的。

方式 2 的接收与方式 1 也基本相似。不同之处是要接收 9 位有效数据。在方式 1 时是把停止位当成第 9 位数据来处理,而在方式 2(方式口)中存在着真正的第 9 位数据。因此,现在有效接收数据的条件如下:

(1) RI=0;

(2) SM2=0 或收到的第 9 位数据为 1。

第一个条件是提供"接收缓冲器空"的信息,即用户已把 SBUF 中上次收到的数据读走,故可以再次写入;第 2 个条件则提供了某种机会来控制串行接收。若第 9 位是一般的奇偶校验位,则可令 SM2=0,以保证可靠的接收。若第 9 位数据参与对接收的控制,则可令 SM2=1,然后依据所置的第 9 位数据来决定接收是否有效。

若这两个条件成立,接收到的第 9 位数据进入 RB8,而前 8 位数据进入 SBUF 以准备让 CPU 读取,并且置位 RI。若以上条件不成立,则这次接收无效,也不置位 RI。

4. 方式 3:11 位异步接收和发送方式(波特率可变)

方式 3 的字符格式和工作方式和方式 2 相同,也是有 9 位数据位。只是方式 3 的波特率是受定时器控制的,是可以随着定时器初值的不同而变化的,而不仅仅是和电源控制

寄存器中的 SMOD 位有关。在这一点上,方式 1 和方式 3 是相同的。

9.3　MCS-51 单片机串行口的应用

MCS-51 单片机的串行口基本上是异步通信接口,但在方式 0 时是同步操作,另外,利用串行口控制寄存器 SCON 中的有关控制位,还可以实现多机通信。这一节中对这些应用进行介绍。

9.3.1　MCS-51 单片机串行通信的波特率

MCS-51 单片机串行口的 4 种工作方式对应着 3 种波特率。

对于工作方式 0,波特率是固定的,发送的同步脉冲的频率为单片机时钟频率的 1/12,即 $f_{osc}/12$。

对于方式 2,有两种波特率可供选择,即 $f_{osc}/32$ 和 $f_{osc}/64$。对应于公式

$$波特率(方式\ 2) = \frac{2^{SMOD}}{64} \cdot f_{osc}$$

其中的 SMOD 为 PCON 寄存器中的控制位。

对于方式 1 和方式 3,波特率都由定时器 1 的溢出率来决定,对应于公式

$$波特率 = \frac{2^{SMOD}}{32} \times 定时器\ 1\ 的溢出率$$

而定时器 1 的溢出率则和所采用的定时器工作方式有关,并可用以下公式表示:

$$定时器\ 1\ 的溢出率 = \frac{f_{osc}}{12}\left(\frac{1}{2^K - 初值}\right)$$

其中 K 为定时器 1 的位数。

- 定时器方式 0:$K = 13$;
- 定时器方式 1:$K = 16$;
- 定时器方式 2 和方式 3:$K = 8$。

结合以上两式,对于串行口方式 1 和方式 3 的波特率为

$$波特率 = \frac{2^{SMOD}}{32} \cdot \frac{f_{osc}}{12}\left(\frac{1}{2^K - 初值}\right)$$

在串行通信时,定时器经常采用定时器方式 2 即 8 位重装计数方式,这样不但操作方便,也可避免用指令重装时间常数带来的定时误差。如果用定时器 1 设置在方式 2 作为串行口的波特率发生器,定时器 0 就可以设置在定时器工作方式 3,定时器 0 可以拆为两个 8 位定时/计数器用。因为方式 3 要借用定时器 1 的控制位,而方式 2 本身不需要使用定时中断的控制位,两者可以很好地配合工作。

表 9.2 中给出了若干常用波特率及其所对应的定时器 1 的初装值。

表 9.2　常用波特率和定时器 1 的初值

波特率	f_{osc}/MHz	SMOD	定时器 1		
			C/$\overline{T}$	方式	初值
方式 0：　0.5 MHz	6	×	×	×	×
方式 2：　187.5 kHz	6	1	×	×	×
方式 1、3：　10.2 kHz	6	1	0	2	FEH
9.6 kHz	6	1	0	2	FDH
4.8 kHz	6	0	0	2	FDH
2.4 kHz	6	0	0	2	FAH
1.2 kHz	6	0	0	2	F4H
0.6 kHz	6	0	0	2	E8H
110 Hz	6	0	0	2	72H
55 Hz	6	0	0	1	FEEBH

但要注意,以上的初装值和波特率之间是有一定误差的。例如,用初值 FDH,在 6 MHz时钟下算出的波特率为 10 416 Baud,和要求的 9 600 Baud 有一定的误差。若要求比较准确的波特率,只能靠调整单片机的时钟频率 f_{osc}。

9.3.2　串行口方式 0 用做扩展并行 I/O 口

MCS-51 单片机的串行口在方式 0 时外接一个串入并出的移位寄存器,就可以扩展一个并行输出口。使用并入串出的移位寄存器扩展一个并行的输入口。

74LS164 是串行输入、8 位并行输出的移位寄存器,它有两个串行输入端 DA 和 DB。两个输入逻辑与以后作为串行输入。一般将其中一个输入接高电位,另一个接串行输入;也可以两个输入端并接在一起作为输入。但是 74LS164 没有输出控制,串行输入和移位的结果随时在输出端上出现。

74LS165 是 8 位并行输入、串行输出的移位寄存器。它有一个移位/预置控制端 SH/$\overline{LD}$,当 SH/$\overline{LD}$=0 时,执行并行输入;SH/$\overline{LD}$=1 时实现串行移位。两个时钟输入 CP_0 和 CP_1,只要其中一个接低电平时,另一个就可以输入时钟。它也有一个串行输入的端子 SIN,以便构成串入串出的应用模式。

图 9.6 是使用 74LS165 和 74LS164 来扩展并行口的一般连接图。

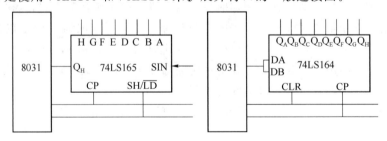

图 9.6　串行口方式 0 扩展并行 I/O 口

A～H 是移位寄存器的 8 个并行输入端。在扩展并行输入口时,要先控制 SH/$\overline{\text{LD}}$=0,完成并行输入,再使得 SH/$\overline{\text{LD}}$=1,把并行输入的数据经过串行口输入。

扩展并行输出口更加简单。因为 74LS164 没有输出控制端,串行输出的数据就直接显示在 8 个并行输出端。如果希望 8 位数据全部移入到 74LS164 后再输出,还需要在并行输出端接一个锁存器。

串行口方式 0 的数据传送可以采用中断方式,也可以采用查询方式。无论哪种方式都要借助于 TI 或 RI 标志。在串行口发送时,或者靠 TI 置位后引起中断申请,在中断服务程序中发送下一组数据。或者通过查询 TI 的值,只要 TI 为 0 就继续查询,直到 TI 为 1 后结束查询,然后进入下一个字符的发送。在串行口接收时,则由 RI 引起中断或对 R1 查询来决定何时接收下一个字符。

无论采用什么方式,在开始串行通信前,都要先对 SCON 寄存器初始化,进行工作方式的设置。

在方式 0 中,SCON 寄存器的初始化只是简单地把 00H 送入 SCON 就可以了。

例 9.1　如图 9.7 所示,用 8031 串行口连接两片 74LS165,扩展一个 16 位的并行输入口。编程实现从 16 位并行输入口中输入 10 次数据(20 次 8 位数据),存入到内部 RAM 数据区。

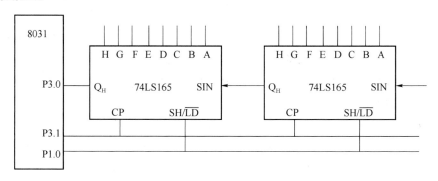

图 9.7　例 9.1 的附图

解　设数据串行接收采用查询方式。P3.0(RXD)直接接收串行输入数据。P3.1 用做时钟输出。P1.0 用来控制并行输入和串行移位的转换。相应的程序段如下:

```
        MOV    R7,#14H      ;设置读入字节数
        MOV    R0,#50H      ;设片内 RAM 指针
        SETB   F0           ;F0 = 1,标记读入前 8 位数据
RCV0:   CLR    P1.0         ;SH/LD = 0,并行输入数据(16 位)
        SETB   P1.0         ;SH/LD = 1,开始串行输入
RCV1:   MOV    SCON,#10H    ;设串行口方式 0 并启动接收
        JNB    RI,$         ;等待接收一帧数据
        CLR    RI           ;清接收中断标志
        MOV    A,SBUF       ;取出输入缓冲器数据
        MOV    @R0,A        ;存入收到的数据
        INC    R0
```

```
        CPL     F0                  ;F0 取反,标记一个 8 位数据接收完毕
        JB      F0,RCV2             ;判断是否接收完 16 位,接收完则重新并行置入
        DEC     R7
        SJMP    RCV1                ;否则再接收一帧
RCV2:   DJNZ    R7,RCV0             ;判断是否已读入预定的字节数
```

例 9.2　用 8051 串行口外加移位寄存器扩展 16 位输出口,输出 2 位 7 段显示码,在 LED 显示器上显示。连接如图 9.8 所示。

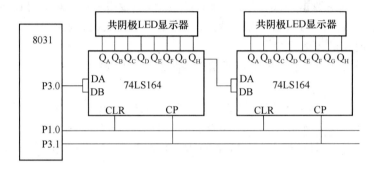

图 9.8　例 9.2 的附图

解　用查询法进行编程。设两位显示码存放在 RAM 20H 和 RAM 21H 单元。通过查表找到 7 段显示码,从串行口输出,由 7 段显示器来显示。

74LS164 和显示器之间可以加上输出锁存器,使得输出更加稳定。

参考程序如下:

```
        MOV     R7,♯02H             ;设置显示位数
        MOV     R0,♯20H             ;设显示数据区指针
        MOV     SCON,♯00H           ;设串行口方式 0
DISP1:  MOV     A,@R0
        MOV     DPTR,♯TABH
        MOVC    A,@A + DPTR         ;取显示码
        MOV     SBUF,A              ;启动串行口发送过程
        JNB     TI,$                ;等待发送一帧数据
        CLR     TI                  ;清串行口发送中断标志
        INC     R0                  ;修改指针取下一个数
        DJNZ    R7,DISP1
        RET
TAB:    DB      C0H,F9H,A4H,B0H,99H ;0,1,2,3,4 的显示代码
        DB      92H,82H,F8H,80H,98H ;5,6,7,8,9 的显示代码
```

9.3.3　串行口方式 1 和方式 3 的发送和接收

串行口方式 1 和方式 3 都是异步通信方式,方式 1 为 8 位数据位,方式 3 为 9 位数据

位。两种方式的波特率都是受定时器 1 的溢出率控制。

用方式 1 或方式 3 实现串行异步通信,初始化程序要设定串行口的工作方式,还要对定时器 1 实现初始化,即设定定时器方式和定时器初值。此外,当然还要编写发送子程序和接收子程序。

MCS-51 单片机串行口是全双工的,在全双工通信时,既要有发送子程序,也要有接收子程序。

例 9.3　8031 串行口按双工方式收发 ASCII 字符,最高一位用来做奇偶校验位,采用奇校验方式。要求传送的波特率为 1 200 Baud。编写有关的通信程序。

解　7 位 ASCII 码加 1 位奇校验共 8 位数据,故可采用串行口方式 1。

MCS-51 单片机的奇偶校验位 P 是当累加器 A 中 1 的数目为奇数时,P=1。如果直接把 P 的值放入 ASCII 码的最高位,恰好成了偶校验,与要求不符。因此要把 P 的值取反以后放入 ASCII 码最高位,才是要求的奇校验。

双工通信要求收、发能同时进行,实际上收、发操作主要是在串行接口中进行,CPU 只是把数据从接收缓冲器读出和把数据写入发送缓冲器。数据传送用中断方式进行,响应中断以后,通过检测是 RI 置位还是 TI 置位来决定 CPU 是进行发送操作还是接收操作。发送和接收都通过调用子程序来完成。设发送数据区的首地址为 20H,接收数据区的首地址为 40H。

设单片机的 f_{osc} 为 6 MHz,通过查表 9.2 可知定时器的初装值为 F4H。定时器 1 采用工作方式 2,可以避免计数溢出后用软件重装定时初值的工作。

主程序:

```
        MOV     TMOD,#20H        ;定时器 1 设为方式 2
        MOV     TL1,#0F4H        ;定时器初值
        MOV     TH1,#0F4H        ;8 位重装值
        SETB    TR1              ;启动定时器 1
        MOV     SCON,#50H        ;串行口设为方式 1,REN=1
        MOV     R0,#20H          ;发送数据区首址
        MOV     R1,#40H          ;接收数据区首址
        ACALL   SOUT             ;先输出一个字符
LOOP：   SJMF    $               ;等待中断
```

中断服务程序:

```
        ORG     0023H            ;串行口中断入口
        AJMP    SBR1             ;转至中断服务程序
SBR1：   JNB     RI,SEND         ;TI=1,为发送中断,转至 SEND
        ACALL   SIN              ;RI=1,为接收中断
        SJMP    NEXT             ;转至统一的出口
SEND：   ACALL   SOUT            ;调用发送子程序
NEXT：   RETI                    ;中断返回
```

发送子程序:

```
SOUT:  MOV   A,@R0                ;取发送数据到 A
       MOV   C,P                  ;奇偶标志赋予 C
       CPL   C                    ;奇校验
       MOV   ACC.7,C              ;加到 ASCII 码高位
       INC   R0                   ;修改发送数据指针
       MOV   SBUF,A               ;发送 ASCII 码
       CLR   TI                   ;清发送中断标志
       RET                        ;返回
```

接收子程序：

```
SIN:   MOV   A,SBUF               ;读出接收缓冲区内容
       MOV   C,P                  ;取出校验位
       CPL   C                    ;奇校验
       ANL   A,#7FH               ;删去校验位
       MOV   @R1,A                ;读入接收缓冲区
       INC   R1                   ;修改接收数据指针
       CLR   RI                   ;清接收中断标志
       RET                        ;返回
```

以上程序基本上具备了双工通信的能力，但不能说是很完善的。例如，在接收子程序中，虽然检出了奇偶校验位，但没有进行出错处理。另外发送和接收数据区的范围都很有限，也不能满足实际需要。但有了一个基本的框架之后，逐渐完善还是可以做到的。

例 9.4　串行通信出错处理子程序。当接收到字符后发现奇偶校验出现错误时，向对方发送错误信息，并发回所收到的错误字符。

解　错误信息常常是某种固定的字符串，它们可以预先储存在内存中，需要时作为数据调出并发送出去即可。

为节省单片机中相对来说比较宝贵的 RAM 资源，可以将错误信息存放在 ROM 之中，在需要的时候通过查表的方法取出并传送。字符串的起始要安排标识符。现采用 ASCII 码中的 CR、LF 作为起始标识符，以 ESC 符号为结束标识符。

```
SIN:    MOV   A,SBUF              ;接收一个字符
        MOV   C,P                 ;取出校验结果
        CPL   C                   ;变为奇校验
        JC    ERROR               ;有错转至出错处理
        ANL   A,#7FH
        MOV   @R1,A
        INC   R1
        CLR   RI
        RET
ERROR:  MOV   R7,A                ;先保存错误字符
        ACALL XSTR                ;准备送出错信息
```

```
          DB      0DH,0AH                  ;符号 CR 和 LF
          DB      "WRONG MASSAGE"
          DB      1BH                      ;结束标识符
          MOV     A,R7                     ;取出错误字符
          MOV     SBUF,A                   ;发送出去
          RET
XSTR:     POP     DPH
          POP     DPL                      ;弹出 CR 的地址到 DPTR
          CLR     A
          MOVC    A,@A+DPTR                ;查表取第一个字符 CR
LOOP:     MOV     SBUF,A                   ;发送一个字符
          JNB     TI,$                     ;查询 TI
          CLR     TI                       ;清 TI 为 0
          INC     DPTR                     ;准备取下一个字符
          CLR     A
          MOVC    A,@A+DPTR                ;取下一个字符
          CJNE    A,♯1BH,LOOP              ;不是结束符循环
          MOV     A,♯1
          JMP     @A+DPTR                  ;返回调用程序
```

这个程序的写法有些特点。查表是采用指令"MOVC A,@A+DPTR",为此,应把字符表的首地址送 DPTR。但这里是采用子程序调用的方法来置入表的首地址。在调用 XSTR 子程序后,应把下一条指令的地址压入堆栈,而现在实际是把 CR 符号的所在地址压入了堆栈。在 XSTR 子程序一开始的堆栈弹出操作,就是把 CR 符号的所在地址弹出到 DPTR,也就是把字符串首地址弹出到 DPTR,接下去就可以查表发送了。查表结束后应返回调用程序继续执行,现在是通过一条 JMP 指令来实现的。而没有用 RET 指令。

9.3.4　多机通信

主从式多机通信只有一台主机,从机则有多台。主机发送的信息可传到各个从机或指定的从机,而各从机发送的信息只能被主机接收。其连接方式如图 9.9 所示。

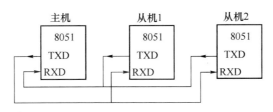

图 9.9　主从式多机通信的连接方式

在多机通信时,主机发出的信息有两类,即地址和数据。地址是用来传送需要和主机通信的从机地址,特征是串行数据的第9位为1,而发送数据的特征则是第9位数据为0。对从机来讲就要利用 SCON 寄存器中 SM2 位的控制功能。在接收时,若 RI=0,则只要 SM2 为1,接收总能实现;而若 SM2 为0,则必须发送第9位数据 TB8 为0,接收才能进行。因此,对从机来讲,在发送地址时,让 SM2=1,以便收下地址,以确认主机是否打算和自己通信,一经确认后,从机应将 SM2=0,以便收下 TB8=0 的数据。

多机通信的具体方式当然很多,下面是其中的一种。其过程如下:

(1) 所有从机的 SM2 位置1,以便能接收主机发来的地址;

(2) 主机令第9位数据为1,发送出需要与之通信的从机地址到各个从机;

(3) 所有从机都收到地址,向本机的 CPU 申请中断,进入服务程序后比较和确认地址;

(4) 被寻址的从机,用指令清除 SM2,准备接收数据,并向主机发回地址以便核对,这次不参与通信的其余从机退出中断服务程序;

(5) 主机发送控制信号和数据给已被寻址的从机。

例 9.5 多机通信。

假定:

(1) 从机的地址为 00H~0FEH,即允许接入 255 台从机;

(2) 地址 0FFH 作为一条控制命令,使所有的从机都处于 SM2=1 的状态;

(3) 其余的控制命令有:00H——接收命令;01H——发送命令,要求从机作相应的操作,注意这两条命令是作为数据(第9位数据为0)发送的;

(4) 从机状态字格式如图 9.10 所示。

图 9.10 从机状态字格式

ERR=1,表示收到非法命令。

TRDY=1,表示发送准备完毕。

RRDY=1,表示接收准备完毕。

图 9.11 是多机通信的流程图,(a)、(b)两图都以子程序形式出现,所不同的是从机为中断服务子程序。

寄存器分配如下。

R0:主机接收的数据块首地址。

R1:主机发送的数据块首地址。

R2:被寻址的从机地址。

R3:主机发出的命令。

R4:数据块长度。

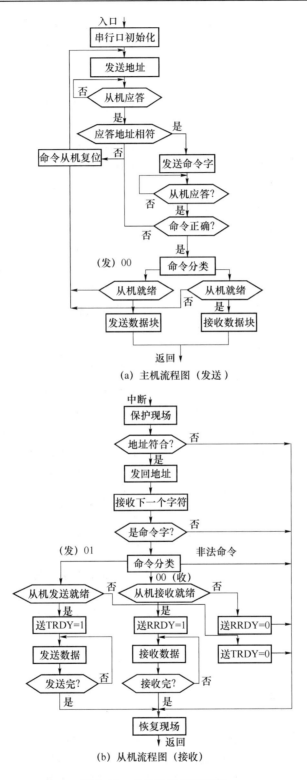

(a) 主机流程图（发送）

(b) 从机流程图（接收）

图 9.11　多机通信的流程图

主机串行口设为方式 3,允许接收,并置 TB8 为 1,故控制字为 11011000B,即 D8H。

```
            MOV     SCON,♯0D8H        ；串行口初始化
MSIO1：     MOV     A,R2
            MOV     SBUF,A            ；发送从机地址
            JNB     RI,$              ；等待从机应答
            CLR     RI                ；从机应答后清 RI
            MOV     A,SBUF            ；取出从机应答地址
            XRL     A,R2              ；核对地址
            JZ      MSIO3             ；相符转 MSIO3
MSIO2：     MOV     SBUF,♯0FFH        ；准备重发地址
            SETB    TB8               ；地址帧标志
            SJMP    MSIO1             ；重发地址
MSIO3：     CLR     TB8               ；准备发送命令
            MOV     SBUF,R3           ；送出命令
            JNB     RI,$              ；等待从机应答
            CLR     RI                ；清 RI 为 0
            MOV     A,SBUF            ；取出应答信息
            JNB     ACC.7,MSIO4       ；核对命令接收是否出错
            SJMP    MSIO2             ；命令收错,重发
MSIO4：     CJNE    R3,♯00,MSIO5      ；若为发送命令,则转出
            JNB     ACC.0,MSIO2       ；从机未准备好接收,重新联络
STX：       MOV     SBUF,@R0          ；从机准备好,开始发送
            JNB     TI,$              ；等待发送结束
            CLR     TI                ；为下一发送清 TI
            INC     R0                ；指向下一数据
            DJNZ    R4,STX            ；未发送完,继续
            RET
MSIO5：     JNB     ACC.1,MSIO2       ；从机未准备好发送,重新联络
SRX：       JNB     RI,$              ；等待接收完毕
            CLR     RI                ；为下次接收准备
            MOV     A,SBUF            ；取出收到的数据
            MOV     @R1,A             ；存入内存
            INC     R1                ；修改接收数据指针
            DJNZ    R4,SRX            ；未完,继续
            RET
```

在调用以上子程序之前,应先准备好 R0、R1、R2、R3 和 R4 中的参数。

从机工作采用中断方式,即收到地址帧后就进行串行口中断申请。CPU 响应之后,进入中断服务程序。因此串行口的初始化、定时器初始化、中断系统初始化等都不包括在内,这些内容应在主程序(调用程序)中完成。SLAVE 为本机地址,并用 F0 和 PSW.1 作

为从机本身发送和接收准备就绪的状态位。

从机串行口中断服务程序：

SSIO：	CLR	RI	
	PUSH	ACC	
	PUSH	PSW	
	SETB	RS1	；选 1 区工作寄存器
	CLR	RS0	
	MOV	A,SBUF	
	XRL	A,♯SLAVE	；核对是否收到本机地址
	JZ	SSIO1	；是,继续
RETURN：	POP	PSW	；不是呼叫本机,返回
	POP	ACC	
	RETI		
SSIO1：	CLR	SM2	；准备接收数据/命令
	MOV	SBUF,♯SLAYE	；发回地址供核对
	JNB	RI,$	；等待主机发送数据/命令
	CLR	RI	
	JNB	RB8,SSIO2	；是数据/命令,继续
	SETB	SM2	；是复位信号,返回
	SJMP	RETURN	
SSIO2：	MOV	A,SBUF	；取出命令
	CJNE	A,♯02H,NEXT	；检查命令是否合法
NEXT：	JC	SSIO3	；合法命令,继续
	CLR	TI	；准备发送
	MOV	SBUF,♯80H	；非法命令,发出 ERR＝1 的状态字
	SJMP	RETURN	；返回
SSIO3：	JZ	CMOD	；是接收命令,转接收模块
CMD1：	JB	F0,SSIO4	；发送准备就绪,继续
	MOV	SBUF,♯00H	；未准备好,发出状态字 TRDY＝0
	SJMP	RETURN	；返回
SSIO4：	MOV	SBUF,♯02H	；发出 TRDY＝1 的状态字
	CLR	TI	
LOOP1：	MOV	SBUF,@R0	；发出一个字符
	JNB	TI,$	；等待发送完毕
	CLR	TI	；准备下次发送
	INC	R0	；修改数据指针
	DJNZ	R2,LOOP1	；未发送完,继续
	SETB	SM2	；发送完,置 SM2,准备下一次
	SJMP	RETURN	；返回
CMOD：	JB	PSW.1,SSIO5	；接收准备就绪,继续

```
            MOV     SBUF,♯00H          ;未准备好,发出 RRDY = 0 状态
            SJMP    RETURN             ;返回
SSIO5:      MOV     SBUF,♯01H          ;发出 RRDY = 1 状态字
LOOP2:      JNB     RI,$               ;接收一个字符
            CLR     RI                 ;准备下次接收
            MOV     @R1,SBUF           ;存入存储器
            INC     RI                 ;修改接收数据指针
            DJNZ    R3,LOOP2           ;未完,继续
            SJMP    RETURN             ;返回
```

其中的 R0、R1 为发送和接收数据区地址指针,R2、R3 为发送和接收数据块的长度,都应在进入子程序前准备好。

以上程序只是介绍了多机通信的基本过程,还可以根据实际情况修改补充。

9.4 MCS-51 单片机 RS-232 串行口

由于串行通信的广泛使用,为了便于计算机和各种外围设备的串行通信连接,更广义来讲是为了各种数据终端设备(DTE)和数据通信设备(DCE)之间的连接,制定了若干种串行通信接口标准。只要是符合某种标准的设备之间就可以直接互相连接、互相通信。

RS-232 串行口标准是目前最常用的标准之一,其引脚功能如表 9.3 所示。完整的 RS-232 接口有 25 根线,采用一种 25 芯(针)的插头座,彼此连接十分方便。现在经常采用一种 9 针的插座来互相连接,因为 25 条线中最经常使用的只有 9 条线。

表 9.3 RS-232 引脚功能表

引　脚	说　明	附　注
1	保护地	
*2	发送数据	TxD:Transmitted Data
*3	接收数据	RxD:Received Data
*4	申请发送	RTS:Request To Send
*5	允许发送	CTR:Clear To Send
*6	数据通信设备准备好	DSR:Data Set Ready
*7	信号地(公共地)	GRD
*8	载波检测	DCD:Data Carrier Detector
9	未用,为测试保留	
10	未用,为测试保留	
11	未定义	
12	辅信道载波检测	
13	辅信道允许发送	
14	辅信道的发送数据	
15	发送信号定时(DCE 为源)	
16	辅信道的接收数据	
17	接收信号定时	
18	未定义	
19	辅信道申请发送	

引 脚	说 明	附 注
* 20	数据终端准备好	DTR：Data Terminal Ready
21	信号质量检测	
* 22	振铃指示	RI：Ring Indicator
23	数据信号速率检测	
24	发送信号定时(DTE 为源)	
25	未定义	

表 9.3 中 25 根线每条都规定了固定的功能。其中主要的是打"＊"号的 9 条线。另外一些为供辅信道用的或未定义。辅信道也是一个串行信道，但速率要比主信道低，一般不用。对大多数计算机终端来说，只使用其中的 9 条线就可以工作。图 9.12 是计算机和终端的一种直接连接方法。其中提供了两个方向的数据线以及控制接收/发送的联络线。在最简单的双工系统中只需用到收、发数据线和信号地 3 条线就可以。

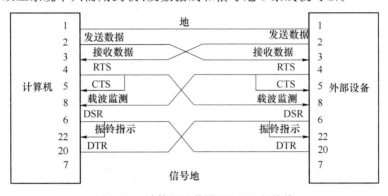

图 9.12　计算机和外设 RS-232 的接线

RS-232 接口适用范围为设备间的通信距离不大于 15 m，传送速率不超过 20 kBaud。在电气特性上，RS-232 采用负逻辑，要求高、低两信号间有较大的幅度，标准如下。

- 逻辑"1"：−15～−5 V；
- 逻辑"0"：+5～+15 V。

通常采用−10 V 左右为逻辑 1，+10 V 左右为逻辑 0。

若 MCS-51 的串行口要和其他带有 RS-222 接口的设备连接，则必须把信号电平转变为与 RS-232 的标准一致。由于 MCS-51 系统的信号电平是与 TTL 电平兼容的，逻辑 1 为大于+2.4 V，逻辑 0 为+0.4 V 以下。为此必须外接电路或用集成块来完成电平转换。若用集成块可采用传输线驱动器 MC1488 完成 TTL 电平到 RS-232 电平转换，用传输线接收器 MC1489 完成相反的转换，如图 9.13 所示。

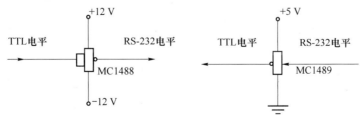

图 9.13　TTL 电平和 RS-232 电平转换

9.5 用 USART 器件扩展 MCS-51 单片机串行口

MCS-51 单片机的串行口基本上是异步通信接口,而且可编程控制的能力并不很强。有时为了使系统有若干个串行口,或者希望有功能更强的串行口时,可以采用 USART 器件来进行扩展。

9.5.1 8251A 通用同步/异步接口芯片特性

8251A 是一种功能比较齐全的串行通信接口芯片,它可以用于同步通信,也可以用于异步通信。主要特性如下:

(1) 可用于串行异步通信,也可用于串行同步通信;

(2) 对于异步通信,可设定停止位为 1 位、1 位半或 2 位;

(3) 对于同步通信,可设为单同步、双同步或者外同步,同步字符可由用户自己设定;

(4) 异步通信的时钟频率可设为波特率的 1 倍(相同)、16 倍或 64 倍;

(5) 传送的数据位可在 5～8 位之间选择;

(6) 可以设定奇偶校验的方式,也可以不校验,校验位的插入、检出以及检错,都由芯片本身完成;

(7) 在异步通信时,波特率可为 0～9.6 kBaud,同步通信时,波特率为 0～56 kBaud;

(8) 提供与外设特别是调制解调器的联络信号,便于直接和通信线路连接;

(9) 收、发数据分别有各自的缓冲器,可以进行全双工通信。

9.5.2 8251A 的结构和引脚功能

8251A 的内部结构框图如图 9.14 所示,共由 5 个部件构成,对外为 28 条引线,

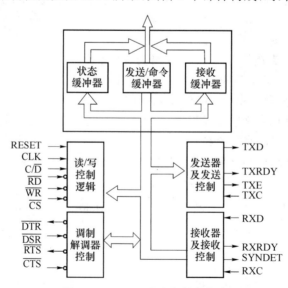

图 9.14 8251A 的内部结构框图

1. 输入/输出缓冲器

与 CPU 互相交换的数据和控制字就存放在这个区域,共有 3 个缓冲器。

接收缓冲器:串行口收到的数据,变成并行字符后,存放在这里,以供 CPU 读取。

发送/命令缓冲器:这是一个分时使用双功能缓冲器,CPU 送来的并行数据存放在这里,准备由串行口向外发送。另外,CPU 送来的命令字也放在这里,以指挥串行接口的工作。由于命令一输入,马上就执行,不必长期存放,所以不会影响存放发送数据。

状态字缓冲器:存放 8251A 内部的工作状态,供 CPU 查询。其中包括类似于 MCS-51单片机中 RI、TI 标志的状态信息 RXRDY 和 TXRDY 等。

2. 读/写控制逻辑

这一部分包含芯片的端口选择和读/写控制功能,有关的引脚和功能如下。

$\overline{CS}$:片选信号。低电平有效时芯片才被 CPU 选中。

$C/\overline{D}$:控制口/数据口选择信号。$C/\overline{D}=1$ 时选择控制端口,可以写入命令字或读取状态字,而 $C/\overline{D}=0$ 时选择数据口,可以写入(发送)或读出(接收)数据。

$\overline{RD}$:读信号。低电平有效时,CPU 读取 8251A 的信息。

$\overline{WR}$:写信号。低电平有效时,CPU 把信息写入 8251A。

这样,由 $\overline{CS}$ 和 $C/\overline{D}$ 来决定 8251A 的端口地址。一片 8251A 至少要占用两个外设地址单元。若将 $C/\overline{D}$ 与地址线 A_0 相连接,则 $A_0=0$ 时选中数据口,$A_0=1$ 时选中控制口。

CLK:时钟信号。输入线,这是 8251A 本身操作的定时信号。在同步方式时,CLK 的频率至少为发送时钟或接收时钟的 20 倍;在异步方式时,则至少为 4.5 倍。

RESET:复位信号。高电平有效时,8251A 被复位,可以重新设置工作状态。

3. 接收器和接收控制器

接收器有 4 条信号线和控制线。

RXD:接收数据输入线。来自外设或串行通信线路的串行输入信号加在此引脚。

RXRDY:接收器准备好。这是一个状态信息,输出信号。RXRDY=1 时表示一个字符已收到并装入接收缓冲器,可用来控制 CPU 的中断或供查询用。设置这一状态的前提是必须先有一个命令允许接收,具体来说就是先输入一个命令字中的 RXE 位(允许接收)为 1 的命令,否则,接收不会真正进行,RXRDY 也不能被置 1。

SYNDET:同步检出信号,可输出或输入。当检出同步字符后被置 1 输出,表示同步已经实现。或者在外同步时,作为同步信号的输入线。

RXC:接收时钟。接收器的工作时钟,控制接收的速率。在同步方式中,RXC 频率等于波特率;异步方式时,则为波特率的 1 倍、16 倍或 64 倍,由工作方式来设定。

4. 发送器和发送控制器

发送器把 CPU 发送来的并行数据加上起始位、停止位等串行输出。在同步发送时,发送是连续进行的,若 CPU 不能及时提供新字符,就自动发 SYNC 字符。

发送器也有 4 条信号线和控制线。

TXD:发送数据输出端。

TXE:发送器空。输出信号高电平有效时表示发送器中字符已发送完。

TXRDY:发送器准备好。输出信号高电平有效时表示上一个字符已发送完毕,可以接受 CPU 发来的新的字符,可用做中断申请或供查询。TXRDY 被置 1,除了要发送器空之外,还要两个前提:一是收到命令字中 TXEN 位为 1 的命令,即允许发送;二是外设或调制解调器送来的联络信号 CTS 为 0(有效),表示外设也准备好接收。在外设不提供 CTS 信号时,可用软件使之为 0。

TXC:发送时钟。输入信号控制发送字符的波特率。TXC 和波特率的关系与 RXC 相同。

5.调制解调控制器控制

这部分向调制解调器提供 4 种联络信号,也可用来和其他外设联络。

DTR:数据终端准备好,输出线。低电平有效时向外设或调制解调器表示数据终端已经准备好。

DSR:数传机准备好,输入线。低电平有效时表示外设或调制解调器准备好。

RTS:申请发送,输出线。低电平有效时通知外设或调制解调器数据终端准备发送数据,请做好准备。

CTS:允许发送,输入线。低电平有效时外设或调制解调器通知数据终端它们已做好准备,数据终端可以发送。

以上几个联络信号在命令字或状态字中都有反映,都可以通过软件来置位或查询。

9.5.3　8251A 的控制字格式

作为可编程器件,8251A 需要两个控制字:方式控制字和命令控制字。方式控制字应在复位情况下写入,用以规定通信方式,只需写入一次。命令控制字应在方式控制字以后写入,控制 8251A 的工作,可以多次写入。

8251A 方式控制字的格式如图 9.15 所示。由图可见,8 位控制字分为 4 组,每两位控制一种功能选择。D_1D_0 首先是用来决定是同步方式还是异步方式,若是异步方式又可决定 RXC 和 TXC 时钟和波特率的关系。D_3D_2 组和 D_5D_4 组的功能很清楚。D_7D_6 的功能则和 D_1D_0 的值有关,即和通信是异步方式还是同步方式有关。

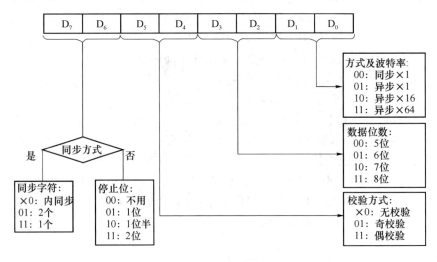

图 9.15　8251A 方式控制字的格式

8251A 的命令字也是 8 位控制字,主要控制是否允许接收/发送、复位和出错复位、中断发送等操作。具体格式及功能如图 9.16 所示。

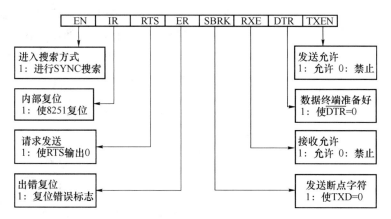

图 9.16　8251A 命令字的具体格式及功能

除了以上两种 CPU 送来的控制字以外,CPU 还可以读取 8251A 状态缓冲器的内容,以检测有关控制引脚的信号,以及进行出错检查等。状态字也是 8 位数据。其中的 3 位给出 3 种出错信息,其余 5 位反映引脚和缓冲器状态。8251A 的状态字格式如图 9.17 所示。3 种出错信息都不影响 8251A 继续操作,而且都可被命令字中的 ER 位置 1 或复位。

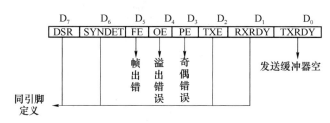

图 9.17　8251A 状态字的格式

FE:异步字符出错,也叫帧出错。为 1 时表示检测不到异步字符的停止位。

OE:溢出错误。由于 CPU 没有把接收缓冲器中字符读走,新收到的字符无法写入,造成丢失,也称之为溢出。

PE:奇偶校验出错。8251A 自动进行奇偶校验(如果设置的话),并通过 PE 位报告检错的结果。

反映引脚状态的状态位有 DSR、SYNDET、TXE、RXRDY,它们的状态与相应引脚的状态一致。另外一位 TXRDY 虽然和引脚同名,但反映的状态不同。状态位 TXRDY 在发送缓冲器空时置 1,反映发送缓冲器状态。而引脚 TXRDY 表示是否可以发送,需要发送缓冲器空,以及 TXEN 位(命令字中)和 CTS 同时有效才被置成 1。

9.5.4　8251A 的初始化

像所有可编程器件一样,8251A 在使用前也要进行初始化。初始化要在 8251A 处于复位状态时开始,过程如下:首先输入方式控制字,以决定通信方式、数据位数、校验方式等。若是同步通信方式则紧接着输入 1 个或 2 个同步字符,若是异步方式则这一步可省略。最后送入命令字,就可以开始发送或接收数据了。初始化过程的信息全部写入控制端口,特征是 C/$\overline{D}$=1,即地址线 A_0=1 的地址。由于各个控制字没有特征位,所以写入的顺序不能错,否则就会张冠李戴,达不到初始化的目的。8251A 的初始化流程如图 9.18 所示。

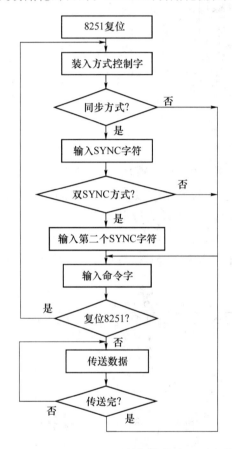

图 9.18　8251A 的初始化流程

9.5.5　8251A 和 MCS-51 单片机的连接

8251A 也是作为外部 RAM 单元来和 MCS-51 单片机相连接的。它至少要占用两个 RAM 单元的地址,即控制端口(C/$\overline{D}$=1)和数据端口(C/$\overline{D}$=0)。

8251A 使用时需要一个外部时钟源提供 RXC、TXC 和 CLK 信号。RXC 和 TXC 由波特率以及时钟与波特率的倍率决定。CLK 则在 RXC(TXC)频率基础上增高若干倍。外部时钟源必须满足这一要求。

8251A 与 MCS-51 单片机通常采用中断方式交换数据。为此,两个状态信号 TXRDY 和 RXRDY 通过一个或非门接到单片机的外中断输入。其余的 $\overline{RD}$、$\overline{WR}$、RESET 都是同名端相连。

在编程时,先对 8251A 初始化,输入命令字后就可进行数据传送。在得到中断申请后,通过调用状态字来检测是接收申请(RXRDY＝1)还是发送申请(TXRDY＝1),然后转至相应的程序模块进行处理即可。在接收处理时,若要判定传输是否出错,也只需读入状态字、检测错误标志位 PE 等就可知道。这样,很方便地就能实现双工通信。整个程序比直接用单片机串行口实现双工通信要容易编写,读者可以自己完成。

习题和思考题

9.1 通过调整单片机的时钟频率,可以得到比较准确的串行通信波特率。为此,请修改表 9.2 中的 f_{osc} 值,以得到准确的 19.2 kBaud、9.6 kBaud、4.8 kBaud、2.4 kBaud、1.2 kBaud、0.96 kBaud、110 Baud、55 Baud 的波特率,并重新画一张常用波特率和 f_{osc},以及定时器初值的关系表(注:表 9.2 中的定时器初值不改变,只改变有关的 f_{osc})。

9.2 用 8031 外接两片 CD4096 串入并出移位寄存器来获得一个 16 位的并行输出口。两片移位寄存器仍为串行连接。

(1) 画出 8031 和两片 4096 的连接图。

(2) 内存(RAM)中有 10 个双字节数要从 16 位并行口输出,写出有关的控制程序(假定输出可以连续进行)。

9.3 用 8031 外接两片 CD4014 并入串出移位奇存器来扩展一个 16 位并行输入口。

(1) 画出 8031 和两片 CD4096 的连接图。

(2) 若从 16 位并行口输入 10 个数据,并存入到外部数据 RAM,数据区首地址为 20H。写出有关的程序。

9.4 设置 8031 串行口为方式 3,通信波特率为 2 400 Baud,第 9 位数据用做奇偶校验位。在这种情况下,如何编写双工通信的程序? 设数据交换采用中断方式,写出有关的程序。

9.5 用 8251A 来扩展 8031 单片机的串行口。设 8251A 控制口的地址为 A1H,数据口地址为 A0H。TXRDY 和 RXRDY 经或非后申请中断,写出利用这个串行口进行双工串行通信的程序,接收时暂不考虑检错。

第 10 章　8086CPU 及 Intel 微机系统

单片机在应用领域的普遍使用使得这一类结构上相对简单的芯片长盛不衰。但是由单片机构成的微机系统相对也是比较简单的,学习微机原理还需要对一些在微型计算机中普遍使用的其他技术有所了解。

8086CPU 在微处理器发展历史中有着相当重要的地位。而 Intel 公司不断推出的新的微处理器芯片,一直在市场上占有主导地位。了解 8086CPU 和 Intel 微机系统对于全面掌握微机原理和接口,了解微型计算机的发展,有着重要的补充作用。

10.1　8086CPU 及个人计算机

8086CPU 是 Intel 公司于 1978 年推出的 16 位微处理器,其主要性能指标如下。

- 字长:16 位;
- 外部数据总线:16 位;
- 地址总线:20 条,存储器寻址范围是 1 M;
- 时钟频率:5 MHz、8 MHz、10 MHz。

8088 是 1979 年推出的处理器,其基本结构、性能和 8086 完全相同。二者最主要的区别是 8088 的外部数据总线是 8 位,时钟频率是 4.77 MHz。1979 年 IBM 公司推出的个人计算机使用的就是 8088CPU。

10.1.1　8086CPU 结构

在具体介绍 8086CPU 结构前,需要先说明两个问题。

首先,8086 是 20 位地址线,而内部寄存器都是 16 位的。为了形成 20 位地址,使用了两个寄存器:一个称为段地址寄存器;另一个统称为偏移地址寄存器,都是 16 位寄存器。20 位地址通过两个寄存器的内容来形成:

$$20 \text{ 位地址} = \text{段地址} \times 16 + \text{偏移地址}$$

在二进制运算中,乘 16 就相当于操作数左移 4 位。如二进制数 00000100 乘 16 后就是 00100000。所以,上式可以改写为

$$20 \text{ 位地址} = \text{段地址左移 4 位} + \text{偏移地址}$$

如段地址等于 1000H,左移 4 位就是 10000H,偏移地址是 2000H,所生成的 20 位地址是 12000H。

第二个要说明的问题是指令的执行问题。在一般单片机中的指令都是按照"取指令→执行指令→取指令→执行指令→…"的顺序来执行的,也就是取指令和执行指令交替进行,也称为指令的串行执行过程。

为了加快指令的执行,提高 CPU 的速度,可以使取指令和指令执行同时进行,其过程如图 10.1 所示。

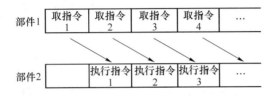

图 10.1　取指令和执行指令同时进行

在基本的 CPU 结构中,取指令和执行指令都是由控制器完成的。为了实现取指令和执行指令同时进行,需要增加新的硬件。一般来说,CPU 性能的提高都会伴随着硬件复杂度的提高。

8086 是第一片实现了取指令和执行指令同时进行的微处理器。8086CPU 的结构如图 10.2 所示。

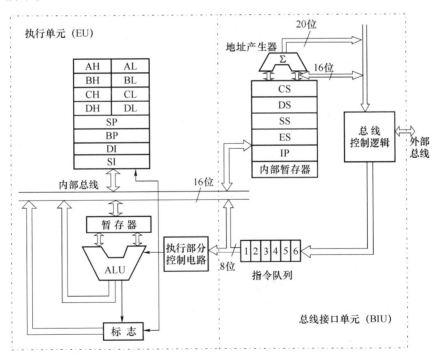

图 10.2　8086CPU 结构

8086CPU 从结构上可以分为两个部分:总线接口单元(BIU)和执行单元(EU)。

1. 总线接口单元

总线接口单元的主要功能包括 20 位地址产生、取指令和外部总线接口。

（1）20 位地址产生

总线接口单元中有 4 个段地址寄存器：CS、SS、DS、ES。另外还有一个内部暂存器存放 16 位偏移地址。段地址和偏移地址通过地址产生器得到对外的 20 位地址，通过总线接口逻辑向外传送。

（2）取指令

总线接口单元中的 IP 寄存器存放的是指令的偏移地址，它和指令的段地址 CS 结合，就是指令的 20 位地址。总线接口单元向存储器发送取指令的地址，并将取回的指令存放在指令队列。

指令队列是"先入先出"的存储结构。8086CPU 的指令队列的长度是 6 B（8088 是 4 B）。一般的指令都没有 6 B，所以指令队列中存放了不止一条指令。

指令队列是实现取指令和执行指令同时进行的关键部件，它保证了已经取回来足够的指令提供给执行单元去执行。

（3）总线接口

CPU 的内部总线是不分数据总线和地址总线的，但是对外连接时是必须要区分的。CPU 向外连接的数据线、控制线、地址线都是通过总线接口单元来接口的。

2. 执行单元

执行单元的功能基本等同于基本 CPU 的控制器和运算器。"执行单元控制器"主要就是从指令队列中取指令，然后进行指令译码，产生执行指令所需要的控制信号，准备执行指令。

执行单元中的运算器也包括 ALU、内部寄存器组和运算时所需要的数据暂存器等。与单片机结构有一点区别的是，运算器中没有突出累加器 A 的位置。在 MCS-51 单片机中，基本的运算多数都要通过累加器进行。而在 8086 中，基本运算可以通过多个寄存器进行，指令的灵活性提高了很多。

由于总线接口单元已经把指令取回并存放在指令队列中，所以执行单元只负责执行指令就可以。这样，从宏观上看，总线接口单元取指令的同时，执行单元也在执行指令，实现了取指令和执行指令同时进行的要求。

这种将指令执行分解为几个独立的步骤，重叠执行每个步骤，从而实现多条指令同时执行的技术称为"流水线技术"。

能够实现流水线技术的 CPU 称为"具有流水线结构的 CPU"。

当然，在遇到转移指令时，控制器会更新指令指针 IP 的内容，用来在指令队列中取回的指令也不能用了，需要重新从新的转移地址开始执行指令。

10.1.2 流水线技术的发展

流水线技术就是一种并行处理技术，使得 CPU 在同一个时间内可以做更多的事情。

流水线技术需要硬件设备的支持。要求 CPU 在同一个时间内做更多的事，CPU 内部的硬件一定会更加复杂。

流水线技术的发展是围绕着增加流水线的条数和流水线级数来展开的。

流水线的"条数"与"级数"是完全不同的概念。能够完整执行各种指令的一系列功能单元组成一条流水线。而关于流水线级数,可以简单理解为:在传统意义上,一条流水线所包含的功能单元一般可以被划分为多个部分,它可以被划分成几个部分,就称这条流水线是"几级"的,相当于将指令执行分解的层次数。

例如,可以将指令执行分解为 3 个层次,即三级流水线。三级流水线将指令执行过程分解为"取指令→指令译码→执行指令"3 个阶段,如图 10.3 所示。

取指令 1	取指令 2	取指令 3	取指令 4	取指令 5
	指令译码 1	指令译码 2	指令译码 3	指令译码 4
		执行指令 1	执行指令 2	执行指令 3

图 10.3　三级流水线执行指令

后来 Intel 推出的 32 位处理器采用 6 级流水线技术。

(1) 取指令。CPU 从高速缓存或内存中取一条指令。

(2) 指令译码。分析指令性质。

(3) 操作数地址生成。很多指令要访问存储器中的操作数,操作数的地址也许在指令字中,也许要经过某些运算得到。

(4) 取操作数。当指令需要操作数时,就需再访问存储器,对操作数寻址并读出。

(5) 执行指令。由 ALU 执行指令规定的操作。

(6) 存储或"写回"结果。最后运算结果存放至某一内存单元或写回累加器。

在理想情况下,每步需要一个时钟周期。当流水线完全装满时,平均每个时钟周期就可以执行一条指令。

现在 Intel 的 CPU 的流水线级数已经超过了 14 级。Intel 最新的 Prescott 核心的 CPU 流水线长达 31 级。当然,并不是说所有的指令的执行都要划分为这么多的步骤。如执行整数运算和浮点数运算的指令的流水线级数就是不一样的。

同时,流水线的条数也有所增加,现在,Intel 处理器的流水线的条数已经从 2 条增加到 3 条。每条流水线平均在一个时钟周期内执行一条指令,所以它们平均一个时钟周期分别可执行 3 条指令。

10.1.3　8086 的寄存器结构

8086CPU 有 14 个寄存器,如图 10.4 所示。每个寄存器都是 16 位的。

AH	AL
BH	BL
CH	CL
DH	DL

CS
DS
SS
ES

SP
BP
DI
SI

IP
FLAG

图 10.4　8086 寄存器组

8086 寄存器可以分为几组。

（1）通用寄存器

通用寄存器共 4 个：AX、BX、CX、DX。每个寄存器又可以拆分为两个 8 位寄存器使用。如 AX 可以拆分为 AH（高 8 位）和 AL（低 8 位），单独使用。

通用寄存器中可以存放数据，也可以存放地址。其中的 AX 寄存器有时也称为累加器。

（2）段地址寄存器

段地址寄存器共 4 个：CS、DS、SS、ES。

8086 的存储器是统一使用的，不区分程序存储器和数据存储器。1 M 地址空间中，如何划分程序存储器和数据存储器并没有明确的规定。但是，实际存放时，程序代码和数据是分开存放的。具体存放的位置由段地址来决定，所以有 4 种段地址寄存器。

CS：代码段地址寄存器，存放程序代码的段地址。

DS：数据段地址寄存器，存放数据的位置称为数据段，DS 中存放数据段的段地址。

SS：堆栈段地址寄存器，是堆栈所在位置的段地址。8086 的堆栈是向下生长的，数据压入堆栈后，堆栈栈顶的地址是减小的，和 MCS-51 的情况刚好相反。

ES：附加段地址寄存器，存放附加段的段地址。附加段实际上就是附加数据段。8086 的某些指令要求源操作数和目的操作数不在同一个数据段内，此时，需要使用另一个数据段，就是现在所说的附加段。

段地址寄存器的功能是专用的，一般不用来做其他的用途。

（3）偏移地址寄存器

偏移地址寄存器共 5 个：IP、SP、BP、SI 和 DI。

IP 是专用的代码段偏移地址寄存器，称为"指令指针"。IP 和 CS 结合可以产生代码段的 20 位物理地址。IP 寄存器是不能用指令来直接操作的，也不出现在指令中。

SP 是堆栈指针，存放堆栈顶部的偏移地址。数据存入堆栈后，SP 的值要减少。SP 和 SS 段地址寄存器结合，可以产生 20 位堆栈顶部的物理地址。SP 也是一个专用的寄存器，一般很少在指令中出现。

SI、DI 有时称为变址寄存器，一般用来存放数据在数据段的偏移地址。BP 有时称为基数指针，是存放数据在堆栈段中的偏移地址。但是，这 3 个寄存器不是专用寄存器，存放的内容可以根据需要来选择。

（4）标志寄存器 FLAG

标志寄存器有 16 位，但是 8086 只有 9 个标志。9 个标志的分布如图 10.5 所示。

15	14	13	12	11	10	9	8	7	6	5	4	3	2	1	0
				OF	DF	IF	TF	SF	ZF		AF		PF		CF

图 10.5　8086 的标志寄存器

9 个标志中，OF、SF、ZF、AF、PF 和 CF 是和运算结果有关的标志，其中溢出标志 OF、进位标志 CF、半进位标志 AF 的意义和用法和 8051 的相应标志相同。奇偶标志 PF 是根据运算结果低 8 位中"1"的数目来设置的："1"的数目是偶数时 PF＝1，否则 PF＝0，这和 8051 中奇偶标志的设置刚好相反。零标志 ZF 是根据结果是不是等于 0 来设置的：

结果等于 0 则 ZF＝1,否则 ZF＝0。符号标志 SF 是根据运算结果的符号位来设置的,SF
直接等于运算结果的符号位。

另外 3 个标志是和控制有关,分别是中断标志 IF、单步标志 TF 和方向标志 DF。中
断标志等于 1 时,CPU 允许中断。单步标志等于 1 时,进入单步调试状态。方向标志是
在一种专门的指令中起作用。

10.1.4　8086 的引脚

8086 是 40 个引脚的芯片。引脚分布图如图 10.6 所示。

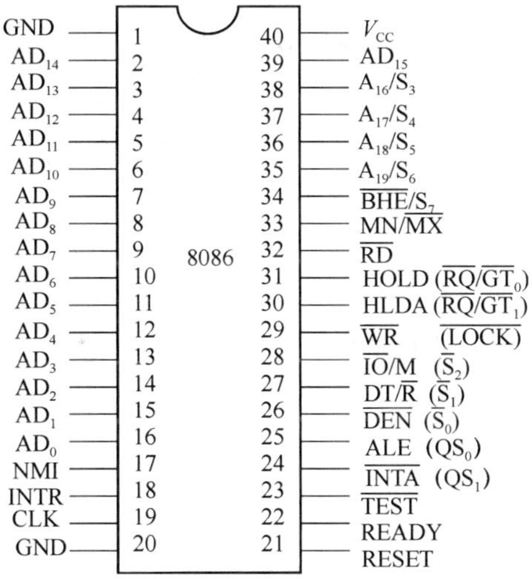

```
GND  — 1    40 — V_CC
AD₁₄ — 2    39 — AD₁₅
AD₁₃ — 3    38 — A₁₆/S₃
AD₁₂ — 4    37 — A₁₇/S₄
AD₁₁ — 5    36 — A₁₈/S₅
AD₁₀ — 6    35 — A₁₉/S₆
AD₉  — 7    34 — BHE/S₇
AD₈  — 8    33 — MN/MX
AD₇  — 9    32 — RD
AD₆  — 10   31 — HOLD (RQ/GT₀)
AD₅  — 11   30 — HLDA (RQ/GT₁)
AD₄  — 12   29 — WR    (LOCK)
AD₃  — 13   28 — IO/M  (S₂)
AD₂  — 14   27 — DT/R  (S₁)
AD₁  — 15   26 — DEN   (S₀)
AD₀  — 16   25 — ALE   (QS₀)
NMI  — 17   24 — INTA  (QS₁)
INTR — 18   23 — TEST
CLK  — 19   22 — READY
GND  — 20   21 — RESET
            8086
```

图 10.6　8086 引脚分布图

8086 的引脚有两个特点。第一是分时复用。主要是地址线和数据线的分时复用:
$AD_0 \sim AD_{15}$ 就是地址线 $A_0 \sim A_{15}$ 和数据线 $D_0 \sim D_{15}$ 的复用。其他的分时复用引脚在图
10.6 中用"/"符号表示,如 A_{16}/S_3 就是地址线 A_{16} 和 S_3 的分时复用。

另一个特点是有些引脚的功能和 CPU 的工作模式有关。8086 有最大模式和最小模式
两种工作模式。在引脚图中写在"( )"中的是在最大模式中的名称,它的前面就是最小模式
的名称。如 25 号引脚,在最小模式下是"ALE"信号,在最大模式下就是"QS_0"信号了。

在最小模式下,8086 的引脚可以分为以下几组。

(1) 地址/数据线:包括 $AD_0 \sim AD_{15}$ 和 $A_{16}/S_3 \sim A_{19}/S_6$,共 20 条引脚。

(2) 数据读写信号,包括:

- ALE,地址锁存允许信号,高电平时,将 20 位地址存入外接地址锁存器;
- $\overline{DEN}$,数据允许信号,低电平时,允许数据总线上传送数据;
- DT/$\overline{R}$,数据收发控制,高电平为发送数据,低电平为接收数据;
- $\overline{WR}$,写控制信号,低电平时,将数据写到存储器或外设;
- $\overline{RD}$,读控制信号,低电平时,从存储器或外设读入数据。
- $\overline{IO}/M$,外设/存储器选择信号,低电平时,对外设进行读/写,高电平时,对存储器
  进行读/写,8088 的这个信号是 $\overline{M}/IO$,控制方式相反;

- $\overline{\text{BHE}}/S_7$，$\overline{\text{BHE}}$ 是数据高 8 位传输允许信号，低电平时，CPU 读写 16 位数据，高电平时，只读写 8 位数据，8088 没有这条控制线。

（3）中断控制信号，包括：

- INTR，屏蔽中断申请输入，高电平时，外设向 CPU 请求屏蔽中断；
- NMI，非屏蔽中断申请输入，高电平时，外设向 CPU 请求非屏蔽中断；
- $\overline{\text{INTA}}$，中断响应输出信号，低电平时，表示 CPU 同意响应屏蔽中断。

（4）总线控制信号，包括：

- HOLD，总线请求输入，高电平时，外设要求 CPU 放弃对总线的控制；
- HLDA，总线响应输出，高电平时，表示 CPU 同意总线请求，放弃对总线的控制。

（5）其他信号，包括：

- READY，数据传输准备好输入信号，高电平时，表示可以按时序读/写数据，低电平时，要求 CPU 推迟对于数据的读/写；
- RESET，复位信号，高电平延续 4 个时钟周期后，使 8086 复位，复位后，所有内部寄存器除 CS 段地址寄存器外全部清零，CS 寄存器置为全"1"，也就是说，复位后，8086 将从 FFFF0H 地址开始重新执行程序；
- MN/$\overline{\text{MX}}$，工作模式控制输入，高电平输入时，8086 为最小模式，低电平输入，8086 为最大模式；
- CLK，时钟输入，8086 需要外部产生时钟，从 CLK 端输入。

还有一些引脚，由于使用较少，就不再介绍了。

10.1.5　8086 的工作模式

8086 有最小模式和最大模式两种工作模式。两种工作模式的差别表现在 3 个方面。

第一是系统中处理器数目的不同。最小模式是单处理器系统，系统中只有一片 8086 微处理器。最大模式是多处理器系统，在最大模式下，系统中除了 8086 处理器外，还可以接入其他处理器（如 8087 数学运算协处理器等）来进一步提高整个系统的性能。

第二个不同是引脚功能的区别。8086 的 24～31 号引脚在最大模式和最小模式下具有不同的控制功能。因为在最大模式下，还需要管理不同处理器对于总线的使用问题，有些控制信号是最小模式下不具有的，从而导致了这些引脚功能的差别。

第三是最小模式和最大模式下构成 8086 微机系统的方式不同。无论是最小模式还是最大模式，都需要连接一些外部的集成电路才能构成完整的系统连接。在最大模式下的连接更加复杂一些。

控制 8086 处于哪种工作模式的是 MN/$\overline{\text{MX}}$ 输入信号：如果 MN/$\overline{\text{MX}}$ 接地，此时的 8086 是在最小模式，如果 MN/$\overline{\text{MX}}$ 接高电平，8086 就是在最大模式下工作。

8086 在最小模式下的系统连接见图 10.7。

由于地址和数据线是分时复用的，所以要用外接的地址锁存器来保存输出的地址，图中使用了锁存器 8282。20 条地址需要 3 片这样的芯片。数据线则是通过数据收发器

8286 连接到数据总线。8286 是一个双向数据缓冲器。当 $\overline{OE}$ 输入高电平时,缓冲器是高阻状态,不能传送数据。用 8086 的 $\overline{DEN}$ 信号来控制,需要传输数据的时候 $\overline{DEN}$ 信号就是低电平。另外用 $DT/\overline{R}$ 控制数据传输的方向。也就是说,要通过 8282 地址锁存器和 8286 数据收发器才能形成对外的数据总线和地址总线。这种连接方式和 8051 系统非常相似。

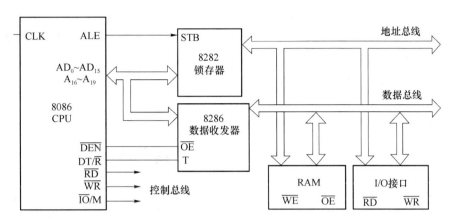

图 10.7　8086 最小模式下的系统连接

在最大模式下 8086 还需要使用总线控制器 8288 才能完成系统的连接。

8288 总线控制器使用 8086 的 3 条状态信号作为输入,产生系统所需要的控制信号。8288 的功能示意图见图 10.8。

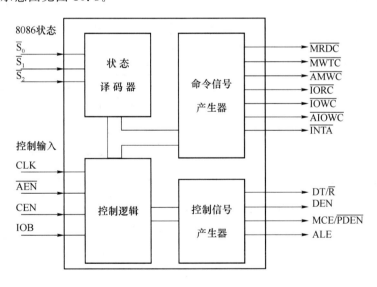

图 10.8　8288 总线控制器原理框图

8288 主要是使用 8086 的 3 个状态信号 $\overline{S_0}$、$\overline{S_1}$、$\overline{S_2}$,经过译码处理产生对外的各种命令信号和控制信号。

在最大模式下,由 8288 产生的读/写控制信号都是可以独立使用的,经常使用如下的读/写控制信号。

- $\overline{\text{MRDC}}$:读存储器控制信号。
- $\overline{\text{MWTC}}$:写存储器控制信号。
- $\overline{\text{IORC}}$:读外设接口控制信号。
- $\overline{\text{IOWC}}$:写外设接口控制信号。

而在最小模式下不论是读/写存储器还是读/写外设接口都是使用$\overline{\text{RD}}$和$\overline{\text{WR}}$信号,还必须同时使用$\overline{\text{IO}}/\text{M}$信号来区分读/写的对象;$\overline{\text{IO}}/\text{M}$为低电平是读/写外设;$\overline{\text{IO}}/\text{M}$是高电平则读/写存储器。

还有一点区别是8288产生的DEN信号是高电平有效,而8086产生的$\overline{\text{DEN}}$信号是低电平有效。这在系统连接时会有一点不同。

图10.9是8086最大模式下的系统连接图。

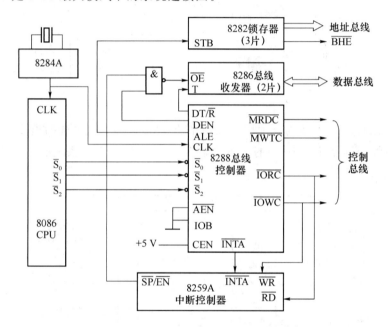

图 10.9　8086 最大模式下的系统连接图

地址总线仍然通过8282锁存器输出,数据总线也是由8286数据收发器来连接。控制总线的大多数控制线都是从8288总线控制器来提供。

图10.9中还画了一片中断控制器8259。图中表明,8259所需要的控制线也是由8288来提供的。

10.1.6　8086 的总线周期

8086的基本计时单元仍然是CPU的时钟周期。由4个时钟周期构成一个总线周期。所谓总线周期就是CPU可以访问一次总线所需要的时间。

最基本的总线周期是存储器/外设的读/写周期。这句话实际上包含了至少4种具体的总线周期:存储器读周期、存储器写周期、外设读周期、外设写周期。

一个总线周期分为 4 个 T 状态,每个 T 状态对应一个时钟周期。不同的总线周期使用不同的控制信号。由于最小模式和最大模式使用不同的控制信号,所以,存储器读周期还可以区分为最小模式下的存储器读周期和最大模式下的存储器读周期。

除了读/写周期外,经常使用的还有中断周期、复位周期等。

10.2　8086 系统扩展

图 10.7 和图 10.9 给出了 8086 系统的连接图。除了系统总线的形成是非常具体外,其他如对于存储器的连接、对于外设接口的连接等,还是不够具体的。这一节介绍 8086 和具体的存储器、外设连接中的一些问题。

10.2.1　8086 和存储器的连接

8086 有 20 条地址线,可以访问的存储器空间是 1 M。

对于 8086 的存储区,并没有明确划分哪个部分是程序 ROM 区,哪个部分是数据 RAM 区。但是,还是有一些基本的要求必须遵循。

在系统复位时,代码段地址寄存器 CS 置为全 1,指令指针 IP 全部置 0。初始程序指令所在的地址是 FFFF0H。所以,系统的程序 ROM 的地址必须覆盖 FFFF0H 这个地址。也就是说 8086 的程序存储器的地址应该安排在存储区的高端。

另外,在介绍 8086 的中断系统时将会提到:8086 系统有一个中断向量表,这个中断向量表的位置是固定在存储器的 00000H～003FFH 范围内,总共是 1 KB。中断向量表的内容是要根据需要改写的,即应该是数据 RAM 的地址区。所以,8086 的数据 RAM 的地址应该安排在存储区的低端,覆盖 00000H～003FFH 的区域。

例 10.1　8086 系统连接了一片 8 K×8 的数据 RAM-6264A,一片 8 K×8 的程序 ROM-2764A。请完成 8086 和这两片存储器芯片的连接。

解　8 K 存储单元需要 13 条地址线来寻址。8086 的地址线 A_0～A_{12} 可以直接连接到两片存储器芯片的地址端。8 条数据线也是直接连接到存储器的数据线。

读/写控制线的连接,在最小模式下,使用写控制信号 $\overline{WR}$ 连接到 RAM 芯片的 $\overline{WE}$ 输入;读控制信号 $\overline{RD}$ 连接到 RAM 和 ROM 的 $\overline{OE}$ 输入。地址范围的安排为:ROM 应该安排在高端地址,8 K 地址范围应该是 FE000H～FFFFFH。

数据 RAM 的地址应该安排在存储区的低端,8 K 地址的范围应该是 00000H～01FFFH。

地址译码的选择可以有许多种。在目前的地址分配的情况下,采用逻辑门电路实现全译码是比较简单的。

A_{13}～A_{19} 的高位地址经过一个或门产生 RAM 芯片 6264 的片选信号,当这些地址全部是 0 时,产生有效的片选信号,确定 6264 的高 7 位地址全部是 0。

$A_{13} \sim A_{19}$的高位地址经过一个与非门产生 ROM 芯片 2764 的片选信号,当这些地址全部是 1 时,产生有效的片选信号,确定 2764 的高 7 位地址全部是 1。

系统的连接如图 10.10 所示。

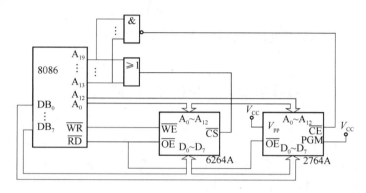

图 10.10　8086 和 RAM、ROM 的连接

以上连接中没有使用存储器/外设选择信号$\overline{\text{IO}}/\text{M}$,因为没有提到外设的连接。在实际的系统连接中,存储器和外设总是同时存在的,所以考虑$\overline{\text{IO}}/\text{M}$信号的使用是必须的。

现在请读者思考,如果在图 10.10 的连接中还要引入$\overline{\text{IO}}/\text{M}$信号,这条控制线应该连接到什么部件? 这个问题作为练习留给大家思考。

10.2.2　16 位数据的读/写

8086 是 16 位 CPU,可以进行 8 位数据操作,也可以进行 16 位数据操作。如果存储器是按字节存取的,是不是可以在一次读/写过程中完成对于 16 位数据的操作呢?

已知一个总线周期可以完成一次 8 位数据的读操作或者写操作,现在的问题就是要在一个总线周期中完成一次 16 位数据的读操作和写操作。

这个问题在 8 位 CPU 的情况下是不存在的。而这个问题的解决对于理解现在普遍使用的 32 位处理器的工作是有帮助的。

16 位数据在 8 位存储器中占用两个地址。要在一个总线周期中完成 16 位数据的读/写,首先要在一个总线周期中发出两个地址,然后,完成两个 8 位数据的读/写。

要完成这样的任务,要求 16 位数据在存储器中的存放是按规则进行的。这个规则就是低 8 位数据存放在偶地址,高 8 位数据存放在奇地址。如果要求在一个总线周期中发出两个地址,这两个地址的高 19 位一定是相同的,只有最低一位不同。只有按"规则"存放数据,才可能一次读/写 16 位数据。

将 1 M 地址空间分为两个存储体,每个存储体是 512 KB 的容量,分别称为偶地址存储体和奇地址存储体。这两个存储体的 19 位地址 $A_0 \sim A_{18}$ 连接到 8086CPU 的 $A_1 \sim A_{19}$。CPU 发出一个地址时,应该可以同时选中这两个存储体。如果一个存储体存放低 8 位数据,另一个存放高 8 位数据,同时读/写 16 位数据的要求就可以实现。

另外,还需要能够同时选中这两个存储体。存储器芯片都是由片选信号选择的。如果两个存储体的片选输入可以同时有效,就可以保证同时选择两个存储体。

16 位数据读/写的实现见图 10.11。

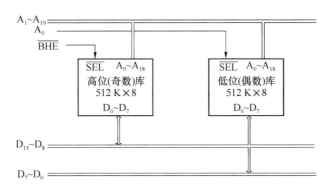

图 10.11　16 位数据读/写的实现

其中用低位地址 A_0 选择偶数地址存储体,用数据高 8 位传输允许信号$\overline{\text{BHF}}$选择奇地址存储体。因为在进行 16 位读/写操作时,$\overline{\text{BHE}}$一定是低电平有效,所以两个存储体可以同时选中。偶地址存储体的数据读入到数据线的低 8 位,奇地址存储体的数据读入到数据线的高 8 位,从而实现在一个总线周期中读/写 16 位数据。

如果在进行 16 位数据读/写时 CPU 发出的是奇数地址,也就是地址 A_0 等于 1。因为是 16 位操作,$\overline{\text{BHE}}$仍然有效,奇地址存储体可以选中,但是因为 $A_0=1$,偶地址存储体不能选中,只能读出奇地址存储体的 8 位数据。

10.2.3　现代微机存储系统的层次结构

随着 CPU 性能的快速提高,要求存储系统的性能也要迅速提高。对于现代微机的存储系统总的要求就是存储容量大,存取速度高,同时还要受计算机成本的限制。如果不计成本地提高存储器的容量和速度,也不是真正的解决问题的方法。

对大量典型程序运行情况的统计分析得出的结论是:CPU 对某些地址的访问在短时间间隔内出现集中分布的倾向。也就是说,在某一段时间内,CPU 频繁访问某一局部的存储器区域,而对此范围外的地址则较少访问。

这就是说,并不需要将全部存储器的存取速度都提高到和 CPU 速度相匹配,只要将一部分 CPU 经常访问的存储区域的速度充分改善,就可以提高整个存储系统的性能。

基于这样的分析,提出了现代存储系统的层次结构。

现代计算机存储系统分为 3 个层次,即高速缓存(Cache)、主存储器、虚拟存储器。

当然,再进一步划分的话,高速缓存还分一级 Cache(位于 CPU 内部)和二级 Cache(位于计算机主板)。

高速缓存的容量不大,主要是解决存储系统的速度问题。高速缓存中存放的是计算机经常访问的指令和数据。读/写存储器时,首先访问高速缓存,可以很快地完成读指令或者读/写数据。如果要访问的内容不在高速缓存中,再到主存储器中访问。

假如,访问 Cache 的次数是 N_c,读取 Cache 的时间是 T_c,访问主存储器的次数是 N_m,读取主存储器的时间是 T_m,可以求得:

Cache 的命中率 $\qquad\qquad H=N_c/(N_c+N_m)$

CPU 访存的平均时间 $\qquad T_a=HT_c+(1-H)T_m$

如果访问 Cache 的命中率比较高,CPU 访存的平均时间就主要由访问 Cache 的时间来决定。

实际的统计表明,当 Cache 的容量为 32 KB 时,命中率为 86%;64 KB 时,命中率为 92%;128 KB 时,命中率为 95%;256 KB 时,命中率为 98%。

由此可知,Cache 容量不是很大的情况下,Cache 的命中率可以达到 90%～98%。也就是说,使用高速缓存可以有效地提高计算机存储系统的访问速度。

一般使用静态 RAM 作为高速缓存。静态 RAM 的速度快,但是存储单元占用的芯片面积大,成本比较高。为了控制计算机成本,Cache 容量不会很大。

提高存储系统容量主要是通过虚拟存储器来解决的。

Intel 的 CPU 早就开始支持虚拟存储技术。所谓虚拟存储器就是用系统硬盘的一部分空间当做主存储器用。在主存储器中的内容并不是都处在活动状态时,可以将不在活动状态的指令和数据组织成文件存放到硬盘中,在需要使用的时候再从硬盘中调入主存储器。由于硬盘空间比存储器空间大很多,采取这样的措施,就相当于扩大了主存储器的容量。

现在的计算机操作系统都会提供高级选项,修改虚拟内存的大小,如图 10.12 所示。

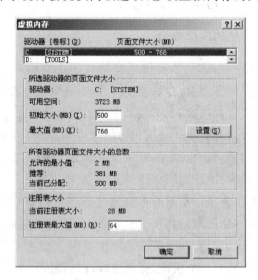

图 10.12　修改虚拟内存容量

也有的资料将计算机存储系统的层次划分为 5 层,即寄存器、高速缓存(Cache)、主存储器、虚拟内存、外存储器。其中作为在计算机工作过程中的核心部分,仍然是中间的 3 个层次。

10.2.4　现代微机的外存储器

外存储器用来存放需要长期保存的各种数据和程序,这些数据和程序以文件的形式在外存储器中保存。外存储器不能被 CPU 直接访问,其中的信息必须调入内存中才能为 CPU 所用。外存储器的特点是存储量大、速度慢、价格较低,而且在断电的情况下也可长期保存信息,所以又叫永久性存储器。

CPU 既可以将外存储器看成是输出设备,到外存储器保存文件;也可以将外存储器看成输入设备,从外存储器读入文件。

常用外存储器包括软盘、硬盘、光盘以及移动硬盘和 U 盘等。

1. 软盘

软盘是磁盘存储器的一种。软盘直径通常有 3.5 英寸和 5.25 英寸两种。5.25 英寸的软盘早就不用了,现在能看到的是 3.5 英寸的软盘,其容量为 1.44 MB。

软盘需要通过软盘驱动器才可以使用,软盘驱动器提供软盘读/写的功能。

由于 U 盘的迅速推广使用,现在软盘已经不常使用了。软盘被迅速更替是计算机技术发展的一个典型例子。

图 10.13 是 3.5 英寸软盘的外形图。软盘的一角有一个小方孔,称为"写保护口"。写保护口旁边有一个可移动的滑块。当移动滑块挡住写保护口时,软盘上的文件就只能读,不能写了,从而可以保护软盘上的文件不受破坏。

图 10.13　3.5 英寸软盘外形图

2. 硬盘

微机使用的硬盘从外观上看是一个密封的金属盒子,其中有若干片固定在同一个轴上、同样大小、同时高速旋转的金属圆盘片,每个盘片的两个表面都涂附了一层很薄的磁性材料,作为存储信息的介质。靠近每个盘片的两个表面各有一个读/写磁头,这些磁头全部固定在一起,可同时移到磁盘的某个磁道位置。硬盘片表面分为一个个同心圆磁道,每个磁道又分为若干扇区。硬盘的所有盘面上半径相同的磁道构成一个柱面,柱面由外向里顺序编号。图 10.14 是硬盘上磁道、柱面、扇区示意图。

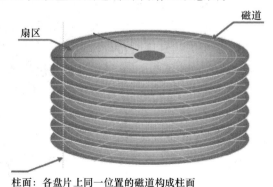

柱面:各盘片上同一位置的磁道构成柱面

图 10.14　硬盘上磁道、柱面、扇区示意图

硬盘容量可以按以下公式计算：

$$硬盘容量＝盘面数×柱面数×扇区数×扇区字节数$$

一般来说，一个盘面的两个面都会涂上磁性材料，都可以存储信息。所以一个盘片要算做两个盘面。

硬盘按接口分为：IDE、SATA、SCSI。按大小分 1.8 英寸、2.5 英寸、3.5 英寸、5.25英寸。按转速分为：4 500 转、5 400 转、7 200 转或更高。

常用的硬盘一般是 IDE 接口硬盘，这种接口规格是自 20 世纪 80 年代以来一直被应用在桌上型系统，作为主流的外部存储互连技术。IDE 接口是一种并行接口，传输速度不是很高，目前主流的 IDE 硬盘传输速率最高只能达到 100 MB/s 或 133 MB/s。

现在有一种新的 SATA 接口，实际上是一种串行接口，接线很少，使用方便，传输速度更高。SATA 1.0 规范规定的标准传输率可以达到 150 MB/s，而且支持热插拔。SATA 规格还在发展中，目前已经发布了 SATA 2.0 规范。图 10.15 是 IDE 硬盘和 SATA 硬盘的外形图。

SCSI 接口的硬盘在个人计算机中使用比较少，一般都是在服务器上使用。

图 10.15　IDE 硬盘(左)和 SATA 硬盘(右)的外形

硬盘在使用前要经过分区和格式化。分区是将硬盘空间划分为若干个逻辑磁盘，每个磁盘可以单独管理，单独格式化。这样如果一个逻辑磁盘出现问题就不会影响到其他逻辑盘。格式化是在硬盘上划分磁道、扇区，并建立存储文件的根目录。格式化时，原来盘上的文件都会被删除。因此应该先对有用的文件进行备份，再进行格式化。

3. 光盘

光盘包括只读光盘、只写一次光盘和可擦写光盘 3 种，前两种都是属于不可擦除的。无论是哪一种光盘，都是由塑料基片、记录层、铝反射层和保护层组成。不同种类的光盘的记录层使用不同的材料。

在光盘上存储信息，是通过激光或者其他方法，在记录层上形成凹凸不同的区域，来表示数字信号的 0 和 1，从而记录下数字化的音频或视频信息。如果记录层的成型是预先完成并且不可修改的，相应的光盘就是只读光盘；如果记录层的材料允许用户自己一次成型，就是一次可写的光盘；对于可擦写光盘，记录层必须使用特殊的材料，并且要有相应的方法，才可以使得记录层在成型以后还可以恢复原状，并且重新写入新的信息。

所有的光盘都需要通过光盘驱动器来读出。光盘驱动器产生一束激光，照射到光盘上，反射光由一个光检波器来接收，并且被解码成数字信号。光盘驱动器的一个主要指标是数据传输速率。规定将 150 KB/s 的传输速率的光驱称为单倍速光驱，40 倍速的光驱的传输速率可以达到 6 MB/s。

由于光盘具有存储容量大、可靠性高、信息保存时间长等特点，因此得到了广泛的应用。

　　光盘存储器按照物理格式可以分为 CD 光盘和 DVD 光盘。CD 是"Compact Disk"的简称，是最早出现的光存储器。DVD 原来是"Digital Video Disk"的缩写，也就是"数字视盘"的意思。而现在的 DVD 已经有了更广泛的用途，其含义也被扩展为"Digital Versatile Disk"，即"数字多用盘"。

　　CD 光盘的容量较小，为 650～700 MB 左右。DVD 光盘本身还分为不同的规格，目前最常见的是单面单层的 DVD 光盘，容量是 4.7 GB。提高光盘的容量，通常以提高位密度和道密度来实现。图 10.16 显示了 CD 光盘和 DVD 光盘的位密度和道密度的差别。

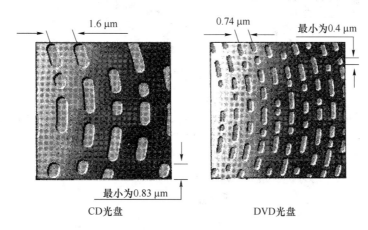

图 10.16　CD 光盘和 DVD 光盘的放大视图

　　DVD 光盘有多种不同的容量规格。表 10.1 列出了几种 DVD 光盘的规格。

表 10.1　不同的 DVD 光盘

名　称	DVD-5	DVD-9	DVD-10	DVD-18
特点	单面单层	单面双层	双面单层	双面双层
容量/GB	4.7	8.5	9.4	17

4. U 盘

　　U 盘上的芯片称为"Flash Memory"，即"闪存"，写上去的数据可以长期保存，断电后不会丢失，因此可以当成外存来使用。与软盘相比，U 盘的优点主要是：

- 容量很大，通常为 128 MB～1 GB，而普通 3.5 英寸软盘只有 1.44 MB；
- 速度很快，它靠芯片上集成的电子线路来存储数据的，不像磁盘那样要靠机械动作来寻址，读/写速度比软盘速度快几十倍；
- 性能可靠，不用担心因盘片磨损、霉变或被周围磁性物体磁化而造成数据破坏，使用寿命可长达 10 年以上；
- 支持即插即用，使用方便；
- 体积小，便于携带。

　　近年来 U 盘容量越来越大，价格越来越低。随着 U 盘性能价格比的提高，U 盘已经逐渐取代软盘成为主要的移动存储器。

10.2.5　8086 对外设的访问

8086 也需要通过 I/O 接口来访问外设。

8086 访问外设时的编址方式是外设端口单独编址。访问外设时使用 16 条地址线，最多可以使用的外设端口地址是从 0000H～FFFFH，如图 10.17 所示。

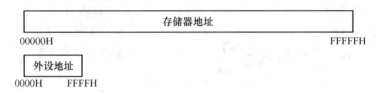

图 10.17　8086 的地址空间

采用外设端口单独编址时，端口的地址可以和存储器的地址重复。例如，端口和存储器都可以有 2000H 的地址。但是，地址总线是公共的，发送到存储器的地址也会发送到外设端口。为了区分是访问存储器还是访问外设端口，8086 需要有专门的访问外设的指令。

8086 共有 8 条访问外设端口的指令，它们是：

IN	AL,n	IN	AL, DX
IN	AX,n	IN	AX, DX
OUT	n, AL	OUT	DX, AL
OUT	n, AX	OUT	DX, AX

其中，n 是外设端口的 8 位地址，DX 中存放的是外设端口的 16 位地址。

8086 的指令系统并不是要求掌握的内容。这里给出 8086 的 I/O 操作指令的目的和存储器操作指令的执行过程作一个比较，以便进一步理解指令执行的实质。

功能相似的访问存储器的指令有许多，最简单的就是：

MOV　AL,[n]

其中，n 是直接地址。

如果要访问存储器 000FFH 单元，使用上述指令就是：

MOV　AL,[00FFH]

而要访问外设 0FFH 端口，使用的指令是：

IN　AL, 0FFH

从形式上看，两条指令完全不同。实质的问题是执行指令时的信号不同。表 10.2 列出了这两条指令执行时，总线信号的异同。

表 10.2　执行 MOV AL,[00FFH]和 IN AL, 0FFH 的异同

指令	发出地址(低 16 位)	读控制信号	$\overline{\text{IO}}/\text{M}$ 信号
MOV AL,[00FFH]	00FFH	$\overline{\text{RD}}=0$	$\overline{\text{IO}}/\text{M}=1$
IN AL, 0FFH	00FFH	$\overline{\text{RD}}=0$	$\overline{\text{IO}}/\text{M}=0$

所以,在最小模式下,访问存储器和访问外设端口主要的控制信号差别就是 $\overline{\text{IO}}/\text{M}$ 信号的不同。

在完成系统连接时,必须充分意识到这一点,以便正确地使用 $\overline{\text{IO}}/\text{M}$ 信号,以保证系统连接的正确。

10.2.6　8086 的中断系统和 8259 中断控制器

1. 8086 的中断源

8086 的中断源也是分为软中断和硬中断,软中断一般是通过指令:

INT　n

引发的中断。其中的 n 称为中断类型号,可以从 0～255。也就是最多(包括软中断和硬中断)可以接收 256 个中断源的中断申请。

硬中断分两种:屏蔽中断和非屏蔽中断。屏蔽中断申请从引脚 INTR 输入,CPU 可以不接受屏蔽中断申请。非屏蔽中断从引脚 NMI 引入,非屏蔽中断的请求是 CPU 一定要响应的。

非屏蔽中断分配一个固定中断类型号:"2"。

每个屏蔽中断源也要分配一个中断类型号。

系统规定了中断类型号 0～4 的专门用途。其余的中断类型号既可以分配给软中断使用,也可以分配给可屏蔽中断使用。

中断类型号 0～4 的用途见表 10.3。

表 10.3　8086 规定的特殊中断类型号及其用途

中断类型号	用　途	对应的指令	说　明
0	除法溢出	无	
1	单步中断	无	通过 TF=1 来启动
2	非屏蔽中断	无	
3	断点中断	INT3	单字节指令
4	溢出中断	INTO	单字节指令

(1) 除法溢出中断

使用除法指令 DIV 或者 IDIV 指令时,如果除数为 0,或者商的值超过了寄存器可以存放的范围,系统将自动启动除法溢出中断,占用的类型号是 0。相应的中断服务程序在系统中也已经准备好,它的功能是给出错误信息,并停止程序的执行。

(2) 单步中断

当标志 TF=1 时,进入单步中断。单步中断是调试程序的一个重要方法。单步中断占用中断类型号"1"。

(3) 非屏蔽中断

不论实际的非屏蔽中断源有几个,系统只分配一个中断类型号:"2"。也就是只能对应一个中断服务程序。如果确实有几个非屏蔽中断源,只能在中断服务程序中通过查询方式跳转到不同的程序段,为不同的中断源提供不同的服务。

（4）断点中断

在需要设置断点的指令位置，放一条"INT 3"指令，就可以在这个位置设置一个程序的断点。程序执行到这条指令就会停下来，以便用户检查程序运行的结果。

（5）溢出中断

利用溢出中断可以更好地处理运算溢出的问题。溢出中断通过指令"INTO"来启动。在需要检查溢出的位置，放一条这样的指令，如果有溢出存在，就会调用 4 号中断的服务程序，对溢出进行处理。

8086 内部中断源的优先级是固定的，从高到低的顺序是：

除法溢出中断→INT n →INTO →NMI→INTR →单步中断（最低）

8086 本身不处理外中断源的优先级问题。外中断源的优先级问题由中断接口电路来处理。

2. 向量中断和中断向量表

向量中断是获取中断服务程序入口地址的一种方法。使用时，要给每一个中断源分配一个中断类型号，CPU 根据这个中断类型号在中断向量表中查找中断向量，也就是中断服务程序的入口地址。

8086 的中断向量表位于存储器的 0～3FFH 地址，共 1 024 B。

8086 的中断向量表中存放的是中断向量，也就是中断服务程序的入口地址。1 024 B 用来存放 256 个中断服务程序的入口地址。每个中断号分配 4 B。

8086 在中断向量表中既要存放中断服务程序入口的偏移地址，也要存放中断服务程序入口的段地址。每个中断类型号分配的 4 B 中，低地址 2 B 是中断入口的 IP（偏移地址），高地址的 2 B 是中断入口的 CS（段地址）。

如果已经知道中断类型号 n，在地址是 $n \times 4$ 的 2 B 读出 n 号中断服务程序入口的偏移地址，在地址是 $n \times 4 + 2$ 的 2 B 读出 n 号中断服务程序入口的段地址。

注意在读取地址时，先读地址的低 8 位，后读地址的高 8 位。

中断向量表实际上是一个一维的表格，就是从 00000H 地址开始存放的一系列二进制数。图 10.18 就是看到的中断向量表的一部分。

```
C:\WINNT\system32\cmd.exe - debug
-d0:0
0000:0000  68 10 A7 00 8B 01 70 00-16 00 A2 03 8B 01 70 00
0000:0010  8B 01 70 00 B9 06 10 02-40 07 10 02 FF 03 10 02
0000:0020  46 07 10 02 0A 04 10 02-3A 00 A2 03 54 00 A2 03
0000:0030  6E 00 A2 03 88 00 A2 03-A2 00 A2 03 FF 03 10 02
0000:0040  A9 08 10 02 99 09 10 02-9F 09 10 02 5D 04 10 02
0000:0050  A5 09 10 02 0D 02 DE 02-B8 09 10 02 8B 05 10 02
0000:0060  02 0C 10 02 08 0C 10 02-13 0C 10 02 AD 06 10 02
0000:0070  AD 06 10 02 A4 F0 00 F0-37 05 10 02 E8 45 00 C0
```

图 10.18　中断向量表的一部分

从表中可以看出 0 号中断（除法溢出中断）服务程序入口的段地址是 00A7H，服务程序入口的偏移地址是 1068H。由此可以计算出 0 号中断服务程序的入口地址是：

$$00A70H + 1068H = 01AD8H$$

使用中断向量表的优点是灵活，中断服务程序的入口可以安排在程序 ROM 的任意位置。由于中断向量表的查找是由 CPU 自动进行的，不需要用户使用任何指令就可以进入中断服务程序。在 8051 系统中一般都需要一条转移指令才能跳转到中断服务程序的入口。

但是,中断向量表的内容,也就是中断向量是要用户用指令写入的。这个工作在中断的初始化程序中完成。也就是说是在程序开始执行后写入的。这就是为什么中断向量表要安排在数据 RAM 中的原因。

3. 8086 的中断过程

8086 的中断过程可以用图 10.19 来说明。

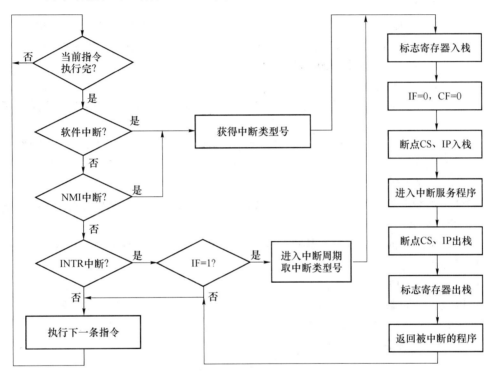

图 10.19　8086 的中断过程

在收到中断申请后(软中断或硬中断),8086 进行以下工作。

(1)中断判优,按照优先级的高低,选择准备响应的中断源。图 10.19 左面的判断框表示了这个过程。

(2)获取中断类型号。中断源不同,获取中断类型号的方法也不同,如果是软中断,或者非屏蔽中断,直接就可以知道中断类型号。如果是屏蔽中断,需要等待外设接口将中断类型号发送过来。

(3)响应中断。具体包括:

- 标志寄存器的值推入堆栈保护;
- 使得标志 IF 和 TF 清零,也就是,进入中断服务程序后,CPU 是处于关中断状态;
- 正在执行的程序的断点的 CS 和 IP 入堆栈保存;
- 根据中断类型号,查中断向量表,将中断服务程序入口地址写入 CS 和 IP;
- 开始执行中断服务程序。

（4）中断返回

在中断服务程序的最后，执行中断返回指令，完成中断服务，回到断点，继续执行原来的程序。

4. 8259 中断控制器

8259 中断控制器就是一种中断接口电路，用来接入屏蔽中断的请求。它将中断接口所需要的各种功能都集成在一块芯片之中，使用十分方便。

具体来说，8259 中断控制器具有以下的功能。

（1）中断源的接入

单片 8259 可以连接 8 个中断源，多片 8259 连接后，可以连接多达 64 个中断源。

8086 只有一个可屏蔽中断的引脚，而实际的中断源可以有很多。中断接口的一个基本功能就是可以存储多个中断源的中断申请，并按照一定的规则，交给 CPU 处理。

（2）中断类型号管理

可以设置中断源的中断类型号，在 CPU 应答中断后，能自动地向 CPU 发送中断类型号。

对于 8086 的可屏蔽中断，中断接口必须在 CPU 响应中断后向 8086 发送中断类型号。8259 的方便之处还在于可以较灵活地设置中断源的中断类型号。

（3）中断优先级管理

能管理中断源的优先级，并有固定优先级（自动嵌套方式）和循环优先级（相等优先级）两种管理方式。

可屏蔽中断源的排队是中断接口的工作。8259A 提供了多种中断排队的方式，给用户提供了多种选择性。

（4）设置中断申请方式

可以设置中断源的中断申请方式：电平方式或脉冲方式。8086 本身是只接收电平方式的请求。使用 8259 后，中断源的中断申请信号可以是电平，也可以是脉冲。

8259 中断控制器的引脚图如图 10.20 所示。

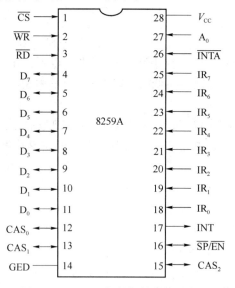

图 10.20　8259 中断控制器的引脚图

$IR_7 \sim IR_0$：外中断申请输入，可以接 8 个外部中断申请。

INT：输出，高电平有效，中断申请输出，向 CPU 请求中断，对于 8086CPU，连接到它的 INTR 输入引脚。

$\overline{INTA}$：输入，低电平有效，中断响应输入，连接 CPU 应答中断的应答信号，对于 8086CPU，连接到它的 $\overline{INTA}$ 引脚。

$\overline{CS}$：输入，低电平有效，片选信号。片选信号有效时，8259A 和 CPU 的数据线连通，可以和 CPU 交换信息。片选信号无效时，8259A 的数据线处于高阻抗状态。$\overline{CS}$ 应该连接到译码器的输出，决定 8259 的高位地址。

$\overline{RD}$：输入，低电平有效，读控制信号输入。和 CPU 的读控制输出相连。CPU 通过指令可以读取 8259A 的 IRR、IMR、ISR 寄存器的状态。

$\overline{WR}$：输入，低电平有效，写控制信号输入。和 CPU 的写控制输出相连，用来向 8259A 写入初始化命令和操作命令。

$D_7 \sim D_0$：数据线，双向三态。和 CPU 的数据总线相连，与 CPU 交换信息。

$CAS_2 \sim CAS_0$：多片 8259A 之间的级联信号线。在多片 8259A 级联时，同名的 CAS 线互连，用于多片级联的 8259A 之间交换信息。

$\overline{SP}/\overline{EN}$：双向，可以作为输入，或者作为输出。作为输出信号时，低电平有效，是缓冲允许信号 $\overline{EN}$，连接到外接的缓冲器，允许缓冲器工作。作为输入信号时，是主从定位信号 $\overline{SP}$，通过这个引脚上的输入电平，决定这一片 8259A 在级联时是主 8259（$\overline{SP}=1$），还是从 8259（$\overline{SP}=0$）。

A_0：输入，接 CPU 的地址线。用来对于 8259A 内部端口的寻址。$A_0=0$ 选择一个端口，$A_0=1$ 选择另一个端口。

8259 中断控制器和 8086CPU 的连接可以有两种方式：非缓冲方式和缓冲方式。一般采用非缓冲方式。

非缓冲方式下，8259 和 8086 最重要的信号连接就是将主 8259 的中断申请信号连接到 8086 的 INTR 输入端。将 8086 的中断响应信号 $\overline{INTA}$ 连接到主 8259 的 INTA 输入。另外，CPU 的读/写控制信号 $\overline{RD}$ 和 $\overline{WR}$ 都要连接到每一片 8259 的同名输入。8086 的地址信号 A_0 也要连接到每一片 8259 的 A_0 端。而 8259 的片选端，要连接到相应的译码电路的输出。

图 10.21 中还给出了 3 片 8259 互相连接的方式。其中一片是主 8259，连接到 8086CPU，另外两片是从 8259，和主 8259 相连。此时，最多可以接入 22 个外部中断申请。

8259A 是一种可编程中断控制器，它的工作都要通过软件命令进行设置。8259 虽然只有两个内部端口地址，却有 4 个初始化命令字和 3 个操作命令字。软件编程控制的方式比较复杂。

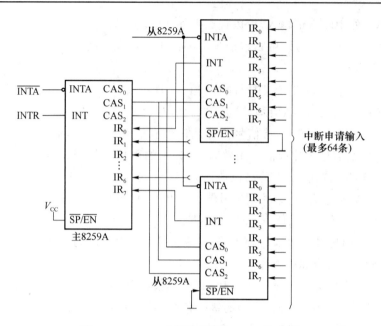

图 10.21　8259 中断控制器和 8086 的连接

10.2.7　DMA 过程和 8237DMA 控制器

DMA 是外设和存储器交换数据的一种方式,可以称为"存储器直接传送"方式。就是存储器和外设之间直接连接,脱离了 CPU 的管理,在 DMA 控制器的控制下,直接进行数据传送的方式。

即使在中断方式下,外设和 CPU(存储器)传送一次数据也要经过以下步骤:

- 中断申请和中断响应;
- 执行中断服务程序,而中断服务程序中至少也要 3 条以上的指令;
- 中断返回。

在 8086 环境下,完成这样一个过程,需要几十个时钟周期。

如果使用 DMA 方式,外设和存储器之间的数据传输可以在 3 个左右时钟周期内完成,也就是不到一个总线周期。

实现 DMA 过程需要一种专用的器件:DMA 控制器。在 DMA 过程中,DMA 控制器代替 CPU 来控制外设和存储器之间的数据传输。在 8086 环境中经常使用的是 8237A DMA 控制器。

1. 8237A 的主要功能

(1) 包含 4 个独立的 DMA 通道,每个通道可以为一个外设和存储器之间进行直接数据传送;

(2) 数据传输速率可达 1.5 MB/s;

(3) 每个通道一次传送的最大数据长度可达 64 KB;

(4) 可以通过级联增加 DMA 通道的数量;

(5) 允许外设到存储器的快速传送,也允许存储器到存储器的快速传送;

（6）DMA 请求信号 DREQ 和 DMA 应答信号 DACK 的有效电平可以设置，8086 的总线请求 HOLD（相当于 DMA 请求）和总线应答 HLDA（相当于 DMA 应答）都是高电平有效。

2. 8237A 的引脚

8237A 是 40 个引脚的芯片，引脚图见图 10.22。

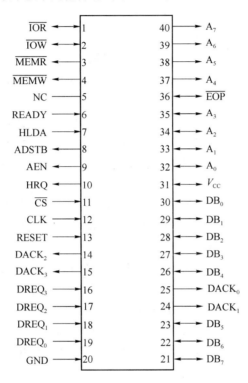

图 10.22　8237A 的引脚图

CLK：时钟输入端，8237A 的时钟频率为 4 MHz。

$DREQ_0 \sim DREQ_3$：DMA 请求输入，每个通道对应一个 DREQ 输入端。

$DACK_0 \sim DACK_3$：DMA 应答输出，这是 DMA 控制器送给 I/O 接口的应答信号，表示 CPU 是否同意 DMA 请求。

HRQ：8237A 收到 DMA 请求后，向 CPU 发出的总线请求信号。

HLDA：CPU 发送给 8237 的总线响应信号。8237A 收到这个信号后，开始控制总线和数据传输。

RESET：复位输入，高电平有效。

$DB_7 \sim DB_0$：8 位双向三态数据线，与系统总线相连。这组总线有多种用途。在 8086 对 8237A 初始化时，它是 8237A 和 CPU 之间的数据通道。在 8237A 控制 DMA 传送时，$DB_7 \sim DB_0$ 输出当前地址寄存器中的高 8 位地址，并通过信号 ADSTB 锁存到外部地址锁存器中，和 $A_7 \sim A_0$ 输出的低 8 位地址一起构成 16 位地址。

ADSTB：地址选通输出信号，高电平有效时，DMA 控制器把当前地址寄存器中的高 8 位地址（通过 DB0～DB7）锁存到外部锁存器中。

$\overline{CS}$:片选输入端,低电平有效。

AEN:地址允许输出信号,高电平有效。AEN 使外部地址锁存器中锁存的高 8 位地址送到地址总线上,AEN 信号也使与 CPU 相连的地址锁存器无效,这样,就保证了地址总线上的信号是来自 DMA 控制器,而不是来自 CPU。

$A_3 \sim A_0$:低 4 位地址线,它们是双向信号端。CPU 对 8237A 初始化时,它们是 8237A 内部端口的地址输入,4 个端口地址表明 8237A 内部有 16 个端口。在 8237A 控制 DMA 传输时,这 4 条线输出低 4 位地址。

$A_7 \sim A_4$:三态地址输出线。在 DMA 传送时输出 $A_7 \sim A_4$ 的 4 位地址。

$\overline{MEMR}$:存储器读信号,低电平有效时,所选中的存储器单元的内容被读到数据总线。

$\overline{MEMW}$:存储器写信号,低电平有效时,数据总线上的内容被写入选中的存储单元。

$\overline{IOR}$:读控制信号,双向,三态,低电平有效。在 CPU 初始化 DMA 控制器时,连接 CPU 的读控制信号;在 8237A 控制数据传输时,$\overline{IOR}$作为输出控制信号,连接到外设的读控制输入。

$\overline{IOW}$:写控制信号,双向,三态,低电平有效。在 CPU 初始化 DMA 控制器时,连接 CPU 的写控制信号;在 8237A 控制数据传输时,$\overline{IOW}$作为输出控制信号,连接到外设的写控制输入。

$\overline{EOP}$:DMA 传输过程结束信号,双向,低电平有效。当由外部往 DMA 控制器送一个 $\overline{EOP}$信号时,DMA 传输过程被强迫结束;另一方面,当 DMA 控制器的任一个通道中计数器结束时,会从 $\overline{EOP}$引脚输出一个有效电平,作为 DMA 传输结束信号。

READY:准备就绪信号输入端。当所用的存储器或 I/O 设备的速度比较慢时,8237A 一直等到 READY 线有效(高电平)才进入开始数据传送。

3. 8237A 的两种工作状态

8237A 和 CPU 的连接图见图 10.23。

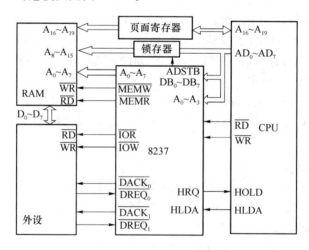

图 10.23　8237A 和 CPU 的连接图

在图 10.23 中,地址线 $A_0 \sim A_3$ 是重复画了,实际上 $A_0 \sim A_3$ 是不会重复的。但是

$A_0 \sim A_3$ 确实既要和 CPU 连接,也要和外设的地址线连接。这样的表示,画面会简洁一些。但是这个连接图不能很清楚地说明 8237A 的工作过程。

8237A 的工作可以分为两种状态:被动状态和主动状态。在被动状态下,它接受 CPU 的控制,CPU 可以通过指令对于 8237A 进行初始化。例如,规定数据传输的长度、存储器开始传输数据的地等。图 10.24(a)是在被动状态下 8237A 的工作示意图。

在被动状态下,8237A 接受 CPU 的控制。CPU 的连接和一般的接口连接方式相同:CPU 的数据线连接到 8237A 的数据线。8237A 的 4 位地址输入 $A_0 \sim A_3$ 也是连接到 CPU 的相应的地址线。读/写控制信号之间也是直接连接的。在这种状态下,CPU 可以通过写操作,向 8237A 发送初始化命令,也可以通过读操作,读取 8237A 的工作状况。

当然,在被动状态下,8237A 的 DREQ 还是和外设的接口连接的,随时准备接收外设的 DMA 请求。

在 8237A 接收到有效的总线应答信号后,8237A 就进入主动工作状态,控制和管理存储器和外设的数据传输。图 10.24(b)是主动状态下 8237A 的工作示意图。这时 8237A 的 8 条数据线输出存储器的高 8 位地址,这个高 8 位地址在 ADSTB 信号的控制下,存入外接的地址锁存器,再和 $A_0 \sim A_7$ 一起构成存储器的 16 位地址。$\overline{\text{MEMR}}$ 和 $\overline{\text{MEMW}}$ 是存储器的读、写控制信号,连接到存储器的相应输入端。$\overline{\text{IOR}}$ 和 $\overline{\text{IOW}}$ 是外设端口的读、写控制信号连接到外设。而外设和存储器的数据线是直接相连的。只要双方都准备好了数据的读/写,数据传输就可以直接进行。这就是"存储器直接传送"的真正含义。

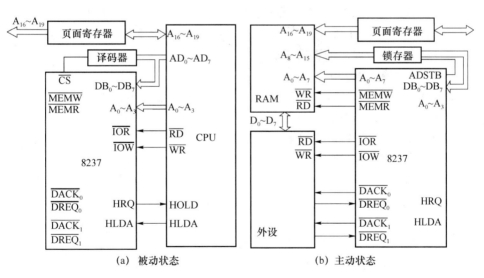

图 10.24　8237A 的被动状态和主动状态

4. 8237A 的工作模式

8237A 有 4 种工作模式。

(1) 单字节传送方式

在这种模式下,DMA 每次仅传送一个字节。传送之后,就释放总线,将总线控制权交还给 CPU。

单字节传送模式的特点是：一次传送一个字节，效率较低，但可保证在两次 DMA 传送之间 CPU 有机会重新获得总线控制权，至少执行一个 CPU 总线周期。

（2）块传送方式

在这种模式下，8237A 由 DREQ 启动后就连续传送数据，直到数据块外部传送完毕。

数据块传送模式的特点是：一次请求传送一个数据块，效率高，但整个 DMA 传送期间 CPU 长时间无法控制总线，此期间如果有中断申请到来，CPU 也不能响应。

（3）请求传送方式

类似于块传送，在传送过程中，8237A 可以连续传送数据，但出现以下 3 种情况之一时传送会停止：

- 字节计数器过零，发生 TC；
- 由外部输入一个有效的 $\overline{EOP}$ 信号；
- DREQ 信号变为无效（一般是外设准备好的数据已传送完）。

当由第 3 种情况使传送停下来时，8237A 释放总线，CPU 可继续工作。而 DMA 操作的地址和字节数的当前值仍保持在相应通道的当前地址寄存器和当前字节数计数器中，只要外设准备好了要传送的数据，由 DREQ 再次有效就可以使传送继续下去。因此，该模式的特点是，可由外设控制 DMA 传送的过程，使用起来比较灵活。

（4）级联方式

一片 8237A 提供 4 个 DMA 通道，当要使用的 DMA 通道数超过 4 个时，就需要将两片或多片 8237A 级联起来。级联模式用于 8237A 的级联。如果是两级级联，第二级芯片的 HRQ 和 HLDA 信号分别连接到第一级的 DREQ 和 DACK 上。也就是级联的芯片要占用一个通道。两级级联后的可用通道数是 7。

5. DMA 的传输过程

在 8237A 进行 DMA 传输以前，8086CPU 要先对传输过程进行设置，也称为 DMA 传输的初始化，主要工作包括：

- 设置存储器读/写数据的初始地址；
- 设置要传输数据块的长度（字节数）；
- 设置 8237ADMAC 的工作模式；
- 设置 8237ADMAC 的工作类型；
- 允许 8237A 进行 DMA 传输控制。

初始化工作做好以后，就可以等待外设的 DMA 请求，并开始进入 6237A 的主动状态，控制 DMA 过程的进行：

- 外设向 8237ADMAC 发送 DMA 全球 DREQ；
- 8237ADMAC 收到请求后，向 CPU 发送总线请求到 HOLD 输入；
- CPU 向 8237ADMAC 发出应答信号 HLDA，表示同意总线请求；
- 8237ADMAC 开始接管总线，向存储器发出地址信息；
- 8237ADMAC 向外设端口发出 I/O 读控制信号 $\overline{IOR}$，外设将数据读出到数据总线；

- 8237ADMAC 向存储器发出存储器写控制信号 $\overline{MEMW}$,数据从数据总线写入存储器单元,一次传送完成;
- 8237ADMAC 将地址值加 1,准备发送下一个存储器地址;
- 8237ADMAC 将字节计数器加 1,以便控制传输何时结束;
- 继续进行 DMA 传输过程,直到字节计数器等于 0,过程结束。

以上过程全部是在 8237ADMAC 控制下进行的,不执行任何指令。一般来说,发送地址、发送读控制信号、发送写控制信号各需要一个时钟周期。也就是说,总共需要 3 个时钟周期就可以完成一次存储器到外设的数据传送。

6. 页面寄存器的作用

图 10.23 中有一个页面寄存器。在组成 8237A 控制的 DMA 传输系统时,它是不可缺少的。

8237A 只有 16 条地址线(其中 8 条高 8 位地址是借用的 8 条数据线),只能向存储器发出 16 位地址。这也就是为什么 8237A 的 DMA 过程最多只能传送 64 KB 数据的原因。

但是 8086 本身是 20 条地址线,可以访问 1 M 地址空间,所以还需要 4 条高位地址线。页面寄存器就是提供高 4 位地址的寄存器。一般将 64 KB 作为一页,页面地址寄存器就是选择哪一页进行传输。

这样,在 8237A DMAC 的被动过程中,还需要增加一件事:CPU 将存储器的高 4 位地址写入页面地址寄存器。当然,页面寄存器也需要从译码器获得自己的端口地址。

如果 CPU 的地址线不止 20 条,页面地址寄存器的位数还要增加。例如,8237A DMAC 用于 80286 系统时,因为 80286 有 24 条地址线,页面地址寄存器的位数要增加到 8 位。

10.3　微型计算机总线的发展

微机总线是在计算机系统中,CPU 和其他模块、模块和模块之间传输某种信息的公共通道。微型计算机的总线有 3 种:数据总线、地址总线及控制总线。

10.3.1　不同层次的总线

微型计算机系统中,总线可以说是无所不在。图 10.25 显示了各种不同层次的总线。

1. 片内总线

连接微处理器,或者其他芯片内部各个部件的总线就是片内总线。片内总线一般不区分传输的是数据还是地址。各种信息都在片内总线上传输。

2. 片总线

各个芯片之间进行连接的总线。微型计算机的主板上,有 CPU(微处理器)、存储器芯片、其他的接口芯片等。连接这些芯片的总线称为片总线。

3. 系统总线

系统总线指微机系统内部,连接各个功能模块的总线。一般所说的总线,往往就是指系统总线。微型计算机中各种接口插件板,都是通过系统总线和主板相连,或者说是通过系统总线和 CPU 相连。

4. 外部总线

外部总线也称为通信总线,是连接微型计算机系统和其他的计算机系统或电子设备的总线,或者是直接将外设连接到计算机系统的总线。一台计算机的外总线可以不止一种。通过不同的外总线连接不同的外部系统,或者不同的外设。

一般的计算机用户,接触比较多的只是系统总线和外部总线。这里将主要讨论系统总线。

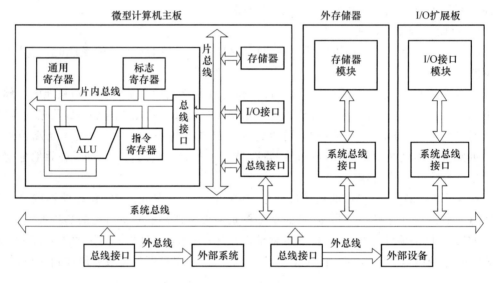

图 10.25 不同层次的总线

10.3.2 系统总线的主要性能指标

衡量系统总线性能的指标可以有很多,主要有以下几项。

1. 总线宽度

总线宽度指系统总线的数据线的数目。早期的系统总线宽度只有 8 位、16 位,现在有 32 位、64 位。总线宽度越宽,同时传输的数据就越多,吞吐量就越大。

2. 总线时钟频率

总线传输也是要在时钟控制下进行。时钟频率越高,每秒在每条数据线上传输的信息就越多。时钟频率的单位为 MHz。

3. 总线带宽

总线带宽是总线的所有数据线每秒可以传输的数据量,也就是最大传输率。单位为 MB/s。

这 3 个指标之间的关系为

$$总线带宽 = 总线宽度 \times 总线时钟频率 /8$$

4. 总线电源电压

早期的总线单元电压都是 5 V。现在随着总线性能的提高,单元电压趋于降低,已经出现使用 3.3 V,甚至是 2.2 V 的电源电压。

10.3.3　微型计算机系统总线的发展

微型计算机系统总线的发展,基本上是围绕着总线带宽来进行的。

1. PC 总线

最早的微型计算机标准总线是以 8088 为 CPU 的 IBM PC/XT 机所使用的总线,称为"PC 总线"。也称为"PC/XT 总线"。PC 总线的数据线只有 8 条,是一种 8 位宽度的总线。现在有一些微机原理课程的实验设备上仍然在使用 PC 总线。

3 年以后,1984 年,IBM 公司推出基于 Intel 80286 CPU 的 IBM PC/AT 个人计算机,所使用的总线是 16 位的 AT 总线。但是 IBM 没有发布 AT 总线的规格,所以 AT 总线不是一种通用的总线标准。

PC 总线共有 62 条信号线,有 A、B 两面插槽,A、B 两面各有 31 条信号线。这些信号线有如下分类。

- 地址线:20 条,$A_0 \sim A_{19}$,寻址空间是 1 MB。
- 数据线:8 条,$D_0 \sim D_7$。
- 读写控制线:

　$\overline{MEMW}$,存储器写控制信号;

　$\overline{MEMR}$,存储器读控制信号;

　$\overline{IOW}$,I/O 写控制信号;

　$\overline{IOR}$,I/O 读控制信号;

　I/O CH RDY,通道就绪信号,相当于 CPU 的 READY 信号,控制读/写周期的延长;

　ALE:地址锁存信号。

- 中断控制线:

　$IRQ_2 \sim IRQ_7$,中断申请信号,加到 8259A 的中断输入;

　$\overline{I/OCHCK}$,I/O 通道检测信号,可以用来申请 8088 的不可屏蔽中断(NMI)。

- DMA 控制线:

　$DRQ_1 \sim DRQ_3$,DMA 申请信号,共 3 个 DMA 通道可用;

　$\overline{DACD_0} \sim \overline{DACD_3}$,DMA 应答信号,可用的通道仍然是 3 个,$\overline{DACD_0}$ 只是反映 DMA 通道 0 的工作情况;

　AEN,地址允许信号,在进行 DMA 操作时,AEN 为高电平,只有在 AEN 是低电平时,才可以进行一般的 I/O 操作;

　T/C,终止 DMA 计数,标识一个通道 DMA 操作的结束。

- 其他控制线:如时钟输入、振荡器输出、复位驱动、电源和地等。

2. ISA 总线

为了便于开发与 PC 机兼容的外设,IEEE 委员会和 Intel 等公司,开始研究在 PC 总线基础上的新的总线标准,到 1987 年 IEEE 正式制定了 ISA(Industry Standard Architecture)总线标准。

ISA 总线采用 8 位和 16 位模式,它的最大数据传输率为 8 MB/s 和 16 MB/s,在当时完全可满足多个 CPU 共享系统资源的需要。ISA 总线在 Intel 286 和 Intel 386SX 时代得到了普遍的使用。直到今天，一些外设的接口还是使用的 ISA 标准。

ISA 总线的插槽分长、短两部分，长的是 62 引脚，和 PC 总线的引脚数相同，引脚的分布也是和 PC 总线基本相同，但是，也有少量的引脚不相同。短的部分是 36 引脚，是针对 IBM AT 机所增加的地址、数据和控制线。

36 引脚插槽上增加的信号主要如下。

SBHE，高位数据线有效。SBHE 信号是高电平时，表示进行 16 位数据传输。注意 8088CPU 引脚上的对应的信号是 $\overline{BHE}$，它是低电平有效。

$LA_{17} \sim LA_{23}$，高位地址线。新增加的地址线，可以最多访问 16 M 的地址空间，是 8088/8086CPU 的 16 倍。

$IRQ_{14} \sim IRQ_{15}$、$IRQ_{10} \sim IRQ_{12}$，中断申请线。新增加的中断申请线。

$DRQ_5 \sim DRQ_7$、DRQ_0，DMA 请求线。新增加的 DMA 请求线。

$\overline{DACK_5} \sim \overline{DACD_7}$、$\overline{DACD_0}$，DMA 应答。新增加的 DMA 应答线。

$SD_8 \sim SD_{15}$，高位数据线。新增加的高 8 位数据线，和原来的 8 条低 8 位数据线构成 16 位数据总线。

其他的一些控制信号，这里就不作介绍了。

3. EISA 总线

在 32 位 386 DX 处理器出现之后，16 位宽度的 ISA 总线就遇到问题。总线数据传输速度也不能满足新的 CPU 的需要。1988 年开始，康柏、惠普、AST、爱普生等 9 家厂商协同将 ISA 总线扩展到 32 位宽度，制定了 32 位总线标准 EISA（Extended Industry Standard Architecture，扩展工业标准架构）。

EISA 可以完全兼容之前的 8/16 位 ISA 总线。EISA 总线的工作频率是 8 MHz，由于总线宽度增加到 32 位，它的总线带宽提升到 32 MB/s。EISA 总线在个人计算机中使用了很长的时间，但 2000 年以后就很少使用了。

在这一时期，还出现过 IBM 公司专门为 PS/2 计算机开发的 MCA 总线。尽管性能良好，但是兼容性差，没有得到普遍使用。

此外，还出现过针对 Intel 486 CPU 设计的 VESA（Video Electronics Standard Association）局部总线，用于 CPU 和显示器之间局部的总线连接，提高关键部分的传输性能。

随着 PS/2 计算机和 80486 CPU 退出微型计算机的舞台，这些总线标准现在已经都不再使用了。

4. PCI 总线

1992 年 Intel 公司提出 32 位 PCI 总线的概念，并迅速获得认可成为了新的工业标准。

PCI 总线是一种连接外设的局部总线。它和 CPU 相对独立，不会因为 CPU 的更换而不能使用。显卡、声卡、网卡、硬盘控制器等外设或者外设的接口直接连接到 PCI 总线，再和 CPU 连接，也就是实现了一种新的总线连接方式。

PCI 总线的工作频率是 33 MHz，总线带宽达到 133 MB/s，在 20 世纪 90 年代时来说，性能相当好。

在 PCI 标准发布一年之后,Intel 公司又发布了 64 位的 PCI 总线,它的总线带宽达到了 266 MB/s。64 位 PCI 主要使用于服务器和工作站,为它们提供高性能的总线传输。后来,用于服务器的 PCI 总线的工作频率又提高到 66 MHz。

在 PCI 总线使用的同时,专门针对和显示器连接的 AGP(Accelerated Graphics Port,加速图形接口)总线也开始提出,并得到快速的发展。AGP3.0 规范可以提供 2.1 GB/s 的总线带宽。AGP 标准解决了对于传输要求最高的 CPU 和图形显示器的传输。PCI 总线用来作为其他一些外设的总线连接,性能还可以满足要求。

PCI 总线在目前的微型计算机中,仍然在普遍使用。

和 ISA 总线相比,PCI 总线具有以下特点。

(1) 高性能

PCI 总线宽度为 32 位,并可升级为 64 位,所以是一种 32 位/64 位总线。而 ISA 总线只是 8 位/16 位总线。

PCI 总线工作频率为 33 MHz,因而总线最大传输率为 $32 \times 33/8 = 132$ MB/s,升级为 64 位后可达 264 MB/s,可以满足一般的多媒体接口和网络接口对于传输速率的要求。例如,在多媒体视频图像显示中,设分辨率为 640×480,每秒 30 帧,显示彩色深度 24 位(真彩色),则多媒体显示卡的数据吞吐量为 $640 \times 480 \times 30 \times 24/8 = 27.648$ MB/s。也就是说,PCI 总线可以满足 4～5 个这样的高速接口的接入。其中,也包括 100 M 的网卡的接入(100 M 网卡要求 100 Mbit/s 的传输率,折合为字节只有 12.5 MB/s。)

PCI 标准支持一种称为线性突发的数据传送模式,可快速地连续传输数据。这种突发模式可以由一个地址开始读写大量数据,每次只需将地址自动加一,便可接收数据流内下一个字节的数据,而不需要重新进行寻址操作。

(2) 通用性好

PCI 总线是一种不依附于某个具体 CPU 的局部总线,不会因为 CPU 的更新换代而失效。一组 CPI 总线可以连接 10 台外设。如果需要,还可以通过多 PCI 总线,连接更多的设备。PCI 总线也支持总线主控技术,允许具有处理器能力的设备在需要时取得总线控制权,以加速数据传送。

(3) 低成本

一般印象中 PCI 的接口设备比 ISA 的同类设备贵。但是,成本是要相对性能而言的。PCI 总线设计时尽量考虑降低成本,通过使用专用的 PCI 组件,提高电路和器件的集成度,减少模块之间的连线,减少印刷电路板的大小,降低制造成本。

PCI 部件的部分引脚采用了分时复用技术。具体来说,地址总线和数据总线时复用引脚,这样就少了引脚的数量,优化了设计,也有利于降低成本。

(4) 使用方便

PCI 总线独立于 CPU 的结构,形成一种独特的中间缓冲器的设计,将 CPU 系统与外围设备分开,外设的接入,不会降低系统的性能和可靠性。通过缓冲器的设计,用户可以随意增添多种外围设备,也不用担心 CPU 的速度和外设速度不一致的时候引起的性能的下降。

PCI 总线能够自动配置参数,支持 PCI 总线扩展板和部件。PCI 部件内置有配置暂存器,系统启动时会利用常驻软件自动设定配置。安装扩展卡时,就不需要工人调整跨接线或者 DIP 开关。

5. 新的总线标准

新的总线标准还是离不开 PCI。新标准有两种基本的方式。

第一种新标准采用平滑升级的方式获得高性能,可以称为 PCI 技术的改良,主要用在服务器中;而另一种则是一种革命性的高速串行总线技术,主要用于 PC 系统中。

针对服务器/工作站领域的需求,20 世纪 90 年代末,由康柏、惠普和 IBM 3 家服务器厂商共同发起 PCI-X 总线标准,并提交给 PCI SIG(PCI 特别兴趣组)组织修订。最终在2000 年正式发布 PCI-X 1.0 版标准,PCI-X 宣告诞生。

PCI-X 总线仍然使用 64 位并行总线和共享架构,但将工作频率提升到了 133 MHz,由此获得高达 1.06 GB/s 的总带宽。PCI-X 可以完全兼容之前的 64 位 PCI 扩展设备,平滑过渡的方式让 PCI-X 在服务器/工作站领域获得了很大成功。新的 PCI-X 2.0 规范包含较低速的 PCI-X 266 及高速的 PCI-X 533 两套标准,分别将工作频率提升到 266 MHz和 533 MHz,从而获得更高的传输效能。PCI-X 266 标准可提供 2.1 GB/s 共享带宽,PCI-X 533 标准则更是达到 4.2 GB/s 的高水平。

另一个总线发展趋势就是 PCI Express 标准,它是 2001 年以后提出的。在工作原理上,PCI Express 与一般所说的 PCI 完全不同,它采用串行方式传输数据,而依靠高频率来获得高性能,因此 PCI Express 也被人称为"串行 PCI"。由于串行传输信号干扰比较小,总线频率提升比较容易,PCI Express 很顺利就达能到 2.5 GHz 的超高工作频率。其次,PCI Express 采用全双工运作模式,发送数据和接收数据可以同时进行。第三,PCIExpress 没有沿用传统的共享式结构,它采用点对点的工作模式,可以避免多个设备争抢带宽的情形发生。由于工作频率高达 2.5 GHz,单通道双工的 PCI Express 总线总带宽可达到 500 MB/s。如果增加通道数,总线带宽将进一步加大,性能更加良好。

总体来说,PC 总线是最早的微机总线标准,目前在一些教学环境中还有使用。ISA是 16 位总线标准,虽然性能较差,一些低档的外设仍然在使用这种接口。PCI 是一种 32位/64 位的总线,在目前微型计算机中使用较多,并且,还有新型的总线在不断发展。

10.3.4 USB 总线

USB 总线(Universal Serial Bus,通用串行总线)是一种外部总线,或者说是一种通信总线。通过串行通信的方式连接计算机和外设。

1. USB 总线规范的发展

1994 年,Intel 公司首先提出了 USB 的构想,此后迅速获得了 Digital EquipmentCorporation、IBM、NEC、Microsoft、Compaq、Northern Telcom 等多家公司的支持。在1995 年,"USB Implementer's Forum(USB 实现者论坛)"成立,联合进行新的接口总线标准的制定。

1994 年 11 月 11 日发布的 USB 0.7 版本,是 USB 的最早版本。

1995 年 11 月 13 日制定了 1.0 规格版本,规定 USB 具有两种传输速度:Low-speed(1.5 Mbit/s)和 Full-speed(12 Mbit/s)。

针对 1.0 版本中在兼容性及传输效率方面的问题,于 1998 年 9 月 23 日制定了 1.1 规格版本,速度不变。

1999 年 10 月 5 日发布了 2.0 版本的草案,提出了高速(Hi-speed)传输的要求。

正式的 2.0 版本于 2000 年 4 月 27 日由 Compaq、HP、Intel、Lucent、Microsoft、NEC、Philips 等联合制定,有 3 种传输速度:高速(Hi-speed)——480 Mbit/s,低速(Low-speed)——1.5 Mbit/s,全速(Full-speed)——12 Mbit/s。

2. USB 总线的基本特性

(1) 接口信号线

USB 总线只有 4 根线,如图 10.26 所示。其中 D+、D−为信号线,传送信号,是一对双绞线;V_{BUS} 和 GND 是电源线,提供电源。

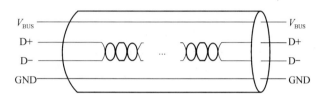

图 10.26　USB 接口线

连接器:由插头和插座构成,分为 A 系列和 B 系列两种。

A 系列连接器:用于与主机连接。连接 U 盘的插头、插座就是属于 A 系列连接器。

B 系列连接器:用于与设备连接。连接到移动硬盘的 USB 口所使用的插头、插座就是属于 B 系列连接器。

(2) 传输速度

可以支持高速传输是 USB 总线的突出特点之一。USB1.0 规范提供高速 12 Mbit/s 和低速 1.5 Mbit/s 两种传输速率;而 USB2.0 规范支持的最高传输速率可以达到 480 Mbit/s。即使是 12 Mbit/s 的速率也是远远的高于一般的串行接口的传输率,甚至也高于并行接口的传输率。

(3) 可扩展性

一台 USB 主设备最多可连接 127 个通过 USB 总线连接的设备。可以是直接连接,也可以是通过 USB 的接续装置(USB 集线器)来连接。各个直接连接的 USB 设备之间的连接距离不超过 5 m,可以通过 USB 集线器级联的方式来扩展连接距离,最大扩展连接距离可达 20 m。

(4) 即插即用

USB 接口支持热插拔,具有真正的"即插即用"特性。主机会自动检测到新连接的 USB 设备,依据外设的安装情况自动配置系统资源,安装相应的驱动程序,使得新连接的设备立即可以使用,而不需要用户的介入。用户无须关机即可进行 USB 外设的更换,这样的即插即用特性为用户带来了非常大的方便。

3. USB 系统的拓扑结构

一个 USB 系统包含 3 类硬件设备:USB 主机(USB Host)、USB 设备(USB Device)、USB 集线器(USB Hub)。

（1）USB 主机

在一个 USB 系统中,只一个 USB 主机。USB 主机有以下功能:

- 检测 USB 设备的加入和退出;
- 管理主机和 USB 设备间的通信;
- 读取和分析设备的配置信息,对 USB 设备进行配置操作;
- 对总线上的错误进行管理和恢复;
- 为加入的 USB 设备提供电源。

（2）USB 集线器

USB 集线器用于设备扩展连接,通过 USB 集线器可以连接更多的 USB 设备。所有 USB 设备都连接在 USB 集线器的端口上。一个 USB 主机总与一个根集线器（USB Root Hub)相连。

USB 集线器自身也是 USB 设备,它主要由信号中继器和控制器组成,中断器完成信号的整形、驱动,控制器理解协议并管理和控制数据的传输。

一般来说,USB 设备与 USB 集线器间的连线长度不超过 5 m,USB 系统的级联不能超过 5 级(包括根集线器)。

（3）USB 设备

USB 设备和 USB 集线器总数不能超过 127 个。USB 集线器也是当做一种 USB 设备来连接的。

USB 设备接收 USB 总线上的所有数据包,通过数据包内的目的地址来判断是不是发给自己的数据包:若地址不符,则简单地丢弃该数据包;若地址相符,则通过响应 USB 主机的数据包与 USB 设备进行数据传输。

从物理结构上,USB 系统是一个星形结构;但在逻辑结构上,每个 USB 逻辑设备都是与 USB 主机相连并直接进行数据传输的。

USB 总线的应用是计算机外部总线的重大变革。使用这种总线,通过一种连接器就可以连接多种不同的外设,并且提供高速的数据传输率。

实际的 USB 系统无论在速度上还是连接设备的数量上,都和规格中的描述还有差距。现在,USB 总线技术还在不断的发展之中。

10.4 微处理器技术的发展

10.4.1 Intel 微处理器的发展

Intel 公司在 1993 年 3 月 22 日正式发布了 32 位的奔腾(Pentium)处理器。初期发布的奔腾处理器集成了三百多万个晶体管,工作频率在 60～66 MHz,每秒可执行 1 亿条指令。奔腾处理器在发展过程中曾发生过一个插曲。1994 年 11 月,有人发现奔腾处理器在进行除法运算时会出现错误。后来这个问题被证实是存在的,Intel 公司的总裁亲自出来道歉,并同意根据用户的要求更换 CPU,导致了公司的重大损失。

但是,这个插曲并不能停止奔腾处理器的发展。1995 年 11 月 1 日,Intel 公司正式宣布推出后来称之为"高能奔腾"的新一代 Pentium Pro 处理器,其最高时钟频率达到了 200 MHz,内部集成有 550 万个晶体管,每秒可执行 4.4 亿次指令。

1997 年 1 月 9 日,Intel 推出了带有 MMX 技术的 Pentium 处理器。MMX(Multi-Media eXtension,多媒体扩展)增加了 57 条 MMX 指令,并采用了新的数据类型。这也是 Intel 公司对 X86 微处理器结构的一次重大扩充,它直接推动了计算机多媒体应用的发展。

1997 年 5 月 7 日,Intel 发布了 Pentium Ⅱ 处理器。业界评论家一致认为,这款芯片不是简单的升级,而是 Intel 自推出"奔腾"以来最重要的新品。Pentium Ⅱ 成功地实现了 $0.25\ \mu m$ 新工艺,它是基于 Intel 第 6 代 x86 架构,内置 MMX 功能,并采用了双重独立总线结构。Pentium Ⅱ 处理器的主频在 233～450 MHz。

1999 年 2 月 26 日,Intel 公司推出了 Pentium Ⅲ 处理器,Pentium Ⅲ 处理器采用的架构和 Pentium Ⅱ 相同,但是增加了一套数量为 70 条的 SSE〔Streaming SIMD(Single Instruction stream Multiple Data stream) Extensions〕指令集,SSE 指令集是对先前的 MMX 指令集做出的改进和扩展,以后 Intel 公司的产品中凡支持 SSE 的处理器就意味着同时支持 MMX,以增强 3D 和多媒体的处理能力。最初发布的时钟频率在 450 MHz 以上,总线速度在 100 MHz 以上,采用 $0.25\ \mu m$ 工艺制造,集成有 512 KB 或以上的二级缓存。到 2000 年 3 月,Intel 公司推出的 Pentium Ⅲ 处理器的主频达到了 1 GHz。

2000 年 11 月 20 日,Intel 正式推出了 Pentium4 处理器。该处理器采用全新的 Netburst 架构,属于 Intel 的第 7 代 x86 架构。总线频率达到了 400 MHz,并且它的 SSE 指令集已增加到 144 条指令,称为 SSE2 指令集,用于提高视频,音频等多媒体及 3D 图形处理能力。Pentium4 处理器的主频也是逐渐在提高,从 2.5 GHz、3.02 GHz、3.20 GHz,直到最高的 3.8 GHz。集成的晶体管数量也是一路上升到 5 500 万。

图 10.27 是 Intel 系列处理器集成的晶体管数量的变化图:从 4004 芯片的 2 300 个晶体管到 Pentium4 处理器 5 500 万晶体管。

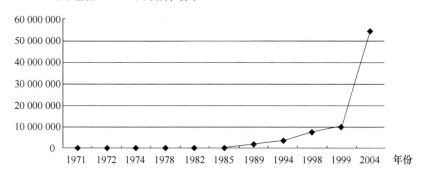

图 10.27　Intel 系列处理器集成的晶体管数量变化图

如果参照图 10.27 画出 Intel 系列处理器几十年来主频频率的提高,也可以得到非常相似的曲线。

第 5 代微处理器是以 64 位处理器和双核处理器为特征。其实,高档的 64 位微处理器在上一个世纪就已经生产,并在一些高档的工作站和小型机中使用。但是,在普通的微机中使用 64 位处理器还是近几年的事。

目前 64 位微处理器主要是 Intel 公司和 AMD 公司在进行竞争。目前主流 CPU 使用的 64 位技术主要有 AMD 公司的 AMD64 位技术、Intel 公司的 EM64T 技术和 Intel 公司的 IA-64 技术。其中 IA-64 是 Intel 开发的 64 位技术,不兼容现在的传统的 32 位计算机,仅用于 Itanium(安腾)以及后续产品 Itanium 2,一般只在服务器中使用。

与此同时,微软公司也推出了 64 位的 Windows XP 操作系统。使用 64 位处理器的笔记本电脑也已经投放市场。64 位微型计算机的时代已经开始。

双核技术简单地说,就是在一块 CPU 基板上集成两个处理器核心,并通过并行总线将各处理器核心连接起来,使它成为一个整体。

早在 2001 年的时候,IBM 就推出了它的第一款双核 Power 4 处理器,但是没有在微型计算机中使用。

Intel 在 2005 年的 4 月 11 日推出了它们的 Pentium 处理器"Pentium Extreme Edition 840"。AMD 公司是在 2005 年的 4 月 21 日正式推出了"AMD Opteron"处理器(用于服务器与工作站)和 AMD Athlon 64 X2 双核处理器(用于家庭和商业用户)。2006 年 7 月,英特尔公司面向家用和商用个人电脑与笔记本电脑,发布了 10 款全新英特尔酷睿 2(Core 2)双核处理器。

双核处理器推出后,价格下降很快,很快便应用到台式机和笔记本电脑。有人预测,从 2007 年开始,双核甚至多核处理器将会有更快的发展,如图 10.28 所示。

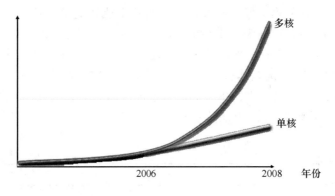

图 10.28 多核及单核处理器的发展

10.4.2 嵌入式系统微处理器的发展

嵌入式系统就是内部带有微处理器控制的各种应用系统。目前小至手机、数码相机,大至飞船、潜艇,都嵌入了微处理器控制系统。

嵌入式系统的发展当然和许多因素有关,首当其冲的就是嵌入式微处理器的发展。

嵌入式微处理器实际上就是一类 32 位的微处理器。但是,它不像 Intel x86 处理器那样是通用处理器,而是比较有针对性的处理器。其品种十分繁多,价格的范围也是非常之大。

1. 典型的嵌入式微处理器系列

生产嵌入式微处理器的公司非常多,目前主要的产品系列有以下几类。

(1) ARM 公司的 ARM RISC 架构微处理器

ARM 公司是一家提供 RISC 架构嵌入式系统微处理器的公司,成立于 1990 年 11 月,主要开发设计 16 位、32 位的嵌入式系统微处理器,并将它所开发的技术授权给其他的半导体制作公司生产 ARM 微处理器,ARM 公司本身并不生产芯片。ARM RISC 架构微处理器系列目前主要分为几个系列产品,分别为 ARM 7 Thumb 系列、ARM 9 Thumb 系列、ARM 10 Thumb 系列。根据市场调查 ARM 公司在 32 位的嵌入式系统微处理器占有率高达 76.8%。

所以,ARM 处理器只是一种嵌入式处理器的架构,具体的 ARM 芯片是由各个半导体厂家生产的,品种非常多。

(2) Intel 公司的 StrongARM 微处理器

StrongARM 系列处理器基于 ARMv4 体系结构。Intel 公司在 1997 年获得 Strong-ARM 核后,对其进行了大量的完善和升级,融入了 Intel 自身的许多先进设计技术,Intel StrongARM 处理器是便携式通信产品和消费类电子产品的理想选择,曾应用于多家公司的掌上电脑系列产品,但目前已停产。

(3) Intel 公司的 Xscale 架构微处理器

Xscale 系列处理器基于 ARM 第 5 代架构的处理器,是一款全性能、高性价比、低功耗的处理器。分为通用处理器、网络处理器和 I/O 处理器 3 类,其中通用处理器有 PXA25x、PXA26x、PXA27x 3 个系列,被广泛应用于智能手机、PDA 领域。目前 Xscale 处理器是 Intel 主要推广的一款 ARM 微处理器。

(4) 德州仪器公司的 TMS320 DSP 微处理器

由于嵌入式领域中通信与多媒体应用的兴起,DSP(Digital Signal Processor)逐渐占据了重要的地位。美国德州仪器公司(TI)则是生产 DSP 的佼佼者,其中 TMS320 系列数字信号处理器是其代表产品之一,自从 1983 年推出第一代产品以来,已经开发出第九代产品,它们分别为 TMS320 C1X、TMS320 C2X、TMS320 C2XX、TMS320 C3X、TMS320 C4X、TMS320 C5X、TMS320 C54X、TMS320 C6X、TMS320 C8X。这些产品都以开发成本低、低功耗和高性能而著称。

(5) 德州仪器公司的 OMAP 架构微处理器

随着手机与 PDA 相结合等应用的兴起,德州仪器公司所推出的 ARM 与 DSP 结合的处理器 OMAP(Open Multimedia Application Platform)也逐渐进入人们的视野,它是一个高度集成性片上系统(SoC)。OMAP 架构微处理器定位于实时的多媒体影音数据处理、语音识别系统、网络通信、无线通信与电子商务等应用。

(6) MIPS 公司的 MIPS RISC 架构微处理器

MIPS 公司像 ARM 公司一样,自己并不生产嵌入式系统微处理器,只开发 RISC 架构的嵌入式系统微处理器技术并提供或授权给厂商生产。一些厂商使用 MIPS 公司先进的 RISC 技术开发出不少知名的产品,例如用 MIPS 64 位的嵌入式系统微处理器核心开发出的 Vr4100 及 Vr4300 系列。还有 IDT、Toshiba、SONY 及一些厂商都采用 MIPS 公司的 RISC 微处理器架构。

2. ARM 处理器

ARM 处理器是一类 RISC(精简指令集计算机)处理器,具有 RISC 结构的一般特点,如:

- 大量使用寄存器,指令执行速度更快;
- 绝大多数操作都在寄存器中进行,通过 Load/Store 的体系结构在内存和寄存器之间传递数据;
- 寻址方式灵活简单,执行效率高;
- 采用固定长度的指令格式。

除此之外,ARM 处理器还采用了一些特别的技术,在保证高性能的同时尽量减小芯片体积,降低芯片的功耗。

目前 ARM 处理器的主要系列包括以下几类。

(1) ARM7 系列处理器

ARM7 系列处理器为低功耗的 32 位 RISC 处理器,主要面向低端领域的各种应用,该系列当前主要包括 ARM7TDMI、ARM7TDMI-S、ARM720T 和 ARM7EJ-S 共 4 种类型的核,前 3 种是基于 ARM 第 4 代体系结构,ARM7EJ-S 基于 ARM 第 5 代体系结构。

ARM7 系列处理器的主要应用领域为:工业控制、Internet 设备、网络和调制解调器设备、移动电话等多种多媒体和嵌入式应用。

(2) ARM9 系列处理器

ARM9 系列处理器在高性能和低功耗方面具有最佳的切入点。该系列当前主要包括 ARM920T、ARM940T 和 ARM922T 共 3 种类型的核,三者均基于 ARM 第 4 代体系结构。

ARM9 系列处理器主要应用于无线设备、仪器仪表、安全系统、机顶盒、高端打印机、数字照相机和数字摄像机等。

(3) ARM9E 系列处理器

ARM9E 系列处理器全部为可综合处理器,使用单一的处理器内核提供了微控制器、DSP、Java 应用系统的解决方案,极大地减少了芯片的面积和系统的复杂程度。ARM9E 系列处理器提供了增强的 DSP 处理能力,很适合于那些需要同时使用 DSP 和微控制器的应用场合。

ARM9E 系列处理器主要应用于下一代无线设备、数字消费品、成像设备、工业控制、存储设备和网络设备等领域。

(4) ARM10E 系列处理器

ARM10E 系列处理器具有高性能、低功耗的特点,它采用了两种先进的节能方式,使其功耗极低。

ARM10E 系列微处理器主要应用于下一代无线设备、数字消费品、成像设备、工业控制、通信和信息系统等领域。

(5) ARM11 系列处理器

ARM11 系列处理器基于 ARM 第 6 代体系结构,具有 v6 体系结构所提供的媒体扩展功能。ARM11 系列已经具有多核能力。目前的 ARM11 最多能集成 4 个核。

ARM11 系列处理器适用于对可靠性、低功耗有更高要求的下一代无线和消费类产品,包括 2.5G、3G 手机、各种多媒体无线设备、家庭消费类等产品,同时也可以应用于家庭网关以及构建网络的设备、先进操作系统、声频与视频的编解码等领域。

(6) SecurCore 系列处理器

SecurCore 系列处理器专为安全需要而设计,提供了完善的 32 位 RISC 技术的安全解决方案,因此,SecurCore 系列处理器除了具有 ARM 体系结构的低功耗、高性能的特点外,还具有其独特的优势,即提供了对安全解决方案的支持。该系列当前主要包括 SecurCore SC100、SecurCore SC110、SecurCore SC200 和 SecurCore SC210 共 4 种类型的核。

SecurCore 系列处理器主要应用于一些对安全性要求较高的应用产品及应用系统,如电子商务、电子政务、电子银行业务、网络和认证系统等领域。

也有人说,嵌入式处理器就是一种高级的单片机。因为在嵌入式芯片中,除了 CPU 外,也有一定数量的存储器、一定功能的接口。但是,一般来说,嵌入式系统的发展还需要嵌入式操作系统的支持。学习和使用嵌入式系统需要更全面的计算机软、硬件基础。

习题和思考题

10.1　8086 可以同时进行取指令和执行指令,所增加的最关键的部件是_____。
　　A. 地址形成器　　　　　　　　　B. 指令队列
　　C. 段地址寄存器　　　　　　　　D. 执行部分控制电路

10.2　8086 复位以后,开始执行程序的地址是_____。
　　A. 由用户任意设置　　　　　　　B. 00000H
　　C. FFFF0H　　　　　　　　　　　D. FFFFFH

10.3　8086 在响应中断时,要向堆栈压入_____数据,在堆栈中保存。
　　A. 2 B　　　　　　　　　　　　　B. 4 B
　　C. 6 B　　　　　　　　　　　　　D. 8 B

10.4　8086 的中断向量表中存放的是_____。
　　A. 中断类型号　　　　　　　　　B. 中断服务程序入口地址
　　C. 断点地址　　　　　　　　　　D. 中断向量地址

10.5　8086 中断向量表的范围是 RAM 地址的_____。
　　A. 00000H～003FFH　　　　　　　B. 00000H～007FFH
　　C. 00000H～00BFFH　　　　　　　D. 00000H～00FFFH

10.6　总线最大传输率等于_____。
　　A. 总线宽度乘以总线频率
　　B. 总线宽度乘以总线频率的1/2
　　C. 总线宽度乘以总线频率的1/4
　　D. 总线宽度乘以总线频率的1/8

10.7 总线宽度的意思是_____。

    A. 总线插槽的尺寸   B. 总线中数据线的数目

    C. 总线中所有信号线的数目   D. 总线插槽所有引脚的数目

10.8 PC 总线标准中不包括_____。

    A. DMA 申请和应答线   B. 硬中断申请线

    C. 和 CPU 连接的中断申请和应答线   D. 复位线

10.9 PCI 总线是一种_____总线。

    A. 8 位/16 位   B. 8 位/16 位

    C. 16 位/32 位   D. 32 位/64 位

10.10 请在图 10.10 的连接中加入 $\overline{IO}/M$ 控制线,保证对于存储器的访问和对外设的访问互不干涉。

10.11 图 10.10 的连接中,如果使用 2-4 译码器,通过部分译码的方法选择 RAM 和 ROM 芯片,译码器的输入使用地址 A_{19} 和 A_{18},请完成这种情况下的系统连接。采用这样的部分译码方案后,系统的数据存储器和程序存储器还能不能扩充容量? 如果可以扩充,RAM 和 ROM 分别能扩充多少? 地址范围是什么?

10.12 图 10.10 的连接中,是不是可以使用线选法来选择存储器芯片? 如果可以应该用什么地址线来进行选择? 画出连接图。采用这样的线选法方案后,系统的数据存储器和程序存储器还能不能扩充容量? 如果可以扩充,RAM 和 ROM 分别能扩充多少? 地址范围是什么? 如果不能,请说出理由。

附录 A 测试题

一、填空题(每空格 1 分,共 10 分)

1. MCS-51 布尔处理机的存储空间是:00H～7FH _____。

2. P2 口通常用做_____,也可以作通用的 I/O 口使用。

3. 若由程序设定 RS1、RS0=01,则工作寄存器 R0～R7 的直接地址为_____。

4. 8051 的堆栈区一般开辟在_____。

5. 所谓寻址,其实质就是_____。

6. 存储器映像是_____。

7. 定时器中断申请发生在_____。

8. 中断响应时间是指_____。

9. 通过 CPU 对 I/O 状态的测试,只有 I/O 已准备好时才能进行 I/O 传送,这种传送方式称为_____。

10. 在中断服务程序中现场保护和现场恢复期间,中断系统应处在_____状态。

二、单项选择题(在每小题的 4 个备选答案中,选出一个正确答案,并将正确答案的序号填在题干的括号内。每小题 1 分,共 10 分)

1. MCS-51 单片机复位操作的主要功能是把 PC 初始化为( )。
   A. 0100H B. 2080H C. 0000H D. 8000H

2. 若单片机的振荡频率为 6MHz,设定时器工作在方式 1 需要定时 1 ms,则定时器初值应为( )。
   A. 500 B. 1000 C. 216～500 D. 216～1000

3. 定时器 1 工作在计数方式时,其外加的计数脉冲信号应连接到( )引脚。
   A. P3.2 B. P3.3 C. P3.4 D. P3.5

4. 当外部中断申请的信号方式为脉冲方式时,要求中断申请信号的高电平状态和低电平状态都应至少维持( )。
   A. 1 个机器周期   B. 2 个机器周期
   C. 4 个机器周期   D. 10 个晶振周期

5. MCS-51 单片机在同一优先级的中断源同时申请中断时,CPU 首先响应( )。
   A. 外部中断 0   B. 外部中断 1
   C. 定时器 0 中断   D. 定时器 1 中断

6. 定时器若工作在循环定时或循环计数场合,应选用( )。
   A. 工作方式 0 B. 工作方式 1 C. 工作方式 2 D. 工作方式 3

7. MCS-51 单片机的外部中断 1 的中断申请标志是( )。
   A. ET1 B. TF1 C. IT1 D. IE1

8. 下列标号中,正确的标号是( )。

    A. 1BT: B. BE_OIC: C. ADD: D. STAB31:

9. 串行口每一次传送( )字符。

    A. 1 个   B. 1 串   C. 1 帧   D. 1 波特

10. 要想把数字送入 DAC0832 的输入缓冲器,其控制信号应满足( )。

    A. $ILE=1, \overline{CS}=1, \overline{WR_1}=0$

    B. $ILE=1, \overline{CS}=0, \overline{WR_1}=0$

    C. $ILE=0, \overline{CS}=1, \overline{WR_1}=0$

    D. $ILE=0, \overline{CS}=0, \overline{WR_1}=0$

三、简答题(每小题 4 分,共 20 分)

1. 如何正确使用 P3 口?

2. 简述累加器的 ACC 的作用。

3. 简述寄存器间接寻址方式及其寻址范围。

4. 简述 MCS-51 单片机的中断入口地址。

5. 简述串行数据传送的特点。

四、读程序题(每小题 4 分,共 20 分)

1. 执行下列程序段后,(P1)=_____。

```
MOV  P1,#5DH
CPL  P1.1
CPL  P1.2
CLR  P1.6
SETB P1.7
```

2. 执行下列程序段后,(A)=_____,(Cy)=_____。

```
MOV  A,#C5H
RL   A
```

3. 下列程序段执行后,(R0)=_____,(7EH)=_____,(7FH)=_____。

```
MOV  R0,#7EH
MOV  7EH,#0FFH
MOV  7FH,#40H
INC  @R0
INC  R0
INC  @R0
```

4. 已知(SP)=60H,子程序 SUBTRN 的首地址为 0345H,现执行位于 0123H 的 ACALL SUBTRN 双字节指令后,(PC)=_____,(61H)=_____,(62H)=_____。

5. 阅读下列程序,说明其功能。

```
MOV  R0,#data
MOV  A,@R0
RL   A
```

```
MOV   R1,A
RL    A
RL    A
ADD   A,R1
MOV   @R0,A
RET
```

五、编程题(每小题 4 分,共 20 分)

1. 已知在累加器 A 中存放一个 BCD 数(0~9),请编程实现一个查平方表的子程序。

2. 请使用位操作指令实现下列逻辑操作:

$$BIT = (\overline{\cup P1.0}) \cap (11H \cup CY)$$

3. 已知变量 X 存于 VAR 单元,函数值 Y 存于 FUNC 单元,按下式编程求 Y 值。

$$Y = \begin{cases} 1 & x > 0 \\ 0 & x = 0 \\ -1 & x < 0 \end{cases}$$

4. 已知在 R2 中存放一个压缩的 BCD 码,请将它拆成两个 BCD 字节,结果存于 SUM 开始的单元中(低位在前)。

5. 将存于外部 RAM 8000H 开始的 50H 数据传送 0010H 的区域,请编程实现。

参考答案

一、填空题(每小题 1 分,共 10 分)

1. 00H~7FH

2. 高 8 位地址线

3. 08H~0FH

4. 用户 RAM 区

5. 如何确定操作数的单元地址

6. 存储器在整个存储空间的地址范围

7. 定时时间到

8. 从查询中断申请标志位到转向中断区入口地址所需的机器周期数

9. 程序查询方式

10. 关中断

二、单项选择题(每小题 1 分,共 10 分)

1. C   2. C   3. D   4. A   5. A

6. C   7. D   8. D   9. A   10. B

三、简答题(每小题 4 分,共 20 分)

1. 要点:

(1) 说明 P3 口有第一功能和第二功能的使用。

(2) P3 口的第二功能各位线的含义。

(3) 使用时应先按需要选用第二功能信号,剩下的口线才作第一功能 I/O 线用。

(4) 读引脚数据时,必需先给锁存器输出"1"。

2. (1) 8 位专用寄存器。

(2) 运算时存放一个操作数。

(3) 运算后存放运算结果,所以称它为累加器。

3. (1) 寄存器中存放的是操作数的地址,操作数是通过寄存器间接得到,这种寻址方式称为寄存器间接寻址方式。

(2) 寻址范围:

① 内部 RAM 低 128 单位,形式@Ri(i=0,1)。

② 外部 RAM64K 使用 DPTR 作间址寄存器,形式为@DPTR。

4. 中断入口地址为中断响应后 PC 的内容即中断服务的入口地址。

它们是:外部中断 0 0003H

    定时器 T0 中断 000BH

    外部中断 1 0013H

    定时器 T1 中断 001BH

    串行口中断 0023H

5. (1) 传送按位顺序进行,速度慢。

(2) 传输线少,成本低。

(3) 传送距离远,可达几米到几千米。

四、读程序题(每小题 4 分,共 20 分)

1. (P1) = 9BH

2. (A) = 8BH(或 10001011B)

(CY) = 不影响

3. (R0) = 7FH

(7EH) = 00H

(7FH) = 41H

4. (PC) = 0345H

(61H) = 25H

(62H) = 01H

5. (data)×10 操作

五、编程题(每小题 4 分,共 20 分)

1. SQR:1NC A

MOVC A,@A + PC

RET

TAB:DB 0,1,4,9,16

DB 25,36,49,64,81

2. ORL C,11H

MOV 12H,C

MOV C,P1.0

ORL C,/10H

```
        ANL   C,12H
        MOV   BIT,C
        RET
3.  MOV A,VAR
        CJNE A,#0,COMP
        SJMP RES            ;X = 0,Y = 0
        COMP:JNC POSI       ;X>0,Y = 1
        MOV A,#0FFH         ;X<0,Y = -1
        SJMP RES
        POSI:MOV A,#01H
        RES:MOV FUNC,A
        RET
4.  MOV   R0,#SUM
        MOV   A,R2
        ANL   A,#0FH
        MOV   @R0,A                  ;存低字节 BCD
        MOV   A,R2
        ANL   A,#0F0H
        SWAP  A
        1NC   R0
        MOV   @R0,A                  ;存高字节 BCD
        RET
5.  MOV   DPTR,#8000H
        MOV   R0,#10H
        MOV   R2,#50H
        LOOP:MOVX A,@DPTR            ;取数
        MOVX @R0,A                   ;存数
        1NC   DPTR
        1NC   R0
        DJNZ R2,LOOP
        RET
```

附录 B MCS-51 系列单片机指令表

操作码	操作数	代码	字节数	机器周期
ACALL	addr11	&1 addr7−0（注）	2	2
ADD	A，Rn	28−2F	1	1
ADD	A，direct	25 direct	2	1
ADD	A，@Ri	26−27	1	1
ADD	A，#data	24 data	2	1
ADDC	A，Rn	38−3F	1	1
ADDC	A，direct	35 direct	2	1
ADDC	A，@Ri	36−37	1	1
ADDC	A，#data	34 data	2	1
AJMP	addr11	&0 addr7−0（注）	2	2
ANL	A，Rn	58−5F	1	1
ANL	A，direct	55 direct	2	1
ANL	A，@Ri	56−57	1	1
ANL	A，#data	54 data	2	1
ANL	direct，A	52 direct	2	1
ANL	direct，#data	53 direct data	3	2
ANL	C，bit	82 bit	2	2
ANL	C，/bit	B0 bit	2	2
CJNE	A，direct，rel	B5 direct rel	3	2
CJNE	A，#data，rel	B4 data rel	3	2
CJNE	Rn，#data，rel	B8−BF data rel	3	2
CJNE	@Ri，#data，rel	B6−B7 data rel	3	2
CLR	A	E4	1	1
CLR	C	C	3	1
CLR	bit	C2 bit	2	1
CPL	A	F4	1	1
CPL	C	B3	1	1

操作码	操作数	代码	字节数	机器周期
CPL	bit	B2 bit	2	1
DA	A	D4	1	1
DEC	A	14	1	1
DEC	Rn	18—1F	1	1
DEC	direct	15 direct	2	1
DEC	@Ri	16—17	1	1
DIV	AB	84	1	4
DJNZ	Rn, rel	D8—DF rel	2	2
DJNZ	direct, rel	D5 direct rel	3	2
INC	A	04	1	1
INC	Rn	08—0F	1	1
INC	direct	05 direct	2	1
INC	@Ri	06—07	1	1
INC	DPTR	A3	1	2
JB	bit, rel	20 bit rel	3	2
JBC	bit, rel	10 bit rel	3	2
JC	rel	40 rel	2	2
JMP	@A+DPTR	73	1	2
JNB	bit, rel	30 bit rel	3	2
JNC	rel	50 rel	2	2
JNZ	rel	70 rel	2	2
JZ	rel	60 rel	2	2
LCALL	addr16	12 addr15—8 addr7—0	3	2
LJMP	addr16	02 addr15—8 addr7—0	3	2
MOV	A, Rn	E8—EF	1	1
MOV	A, direct	E5 direct	2	1
MOV	A, @Ri	E6—E7	1	1
MOV	A, #data	74 data	2	1
MOV	Rn, A	F8—FF	1	1
MOV	Rn, direct	A8—AF direct	2	1
MOV	Rn, #data	78—7F data	2	1
MOV	direct, A	F5 direct	2	1
MOV	direct, Rn	88—8F direct	2	1
MOV	direct2, direct1	85 direct1 direct2	3	2
MOV	direct, @Ri	86—87 direct	2	2
MOV	direct, @data	75 direct data	3	2
MOV	@Ri, A	F6—F7	1	1

操作码	操作数	代码	字节数	机器周期
MOV	@Ri，direct	A6—A7 direct	2	2
MOV	@Ri，#data	76—77 data	2	1
MOV	C，bit	A2 bit	2	2
MOV	bit，C	92 bit	2	2
MOV	DPTR，#data16	90 data15—8 data7—0	3	2
MOVC	A，@A+DPTR	93	1	2
MOVC	A，@A+PC	83	1	2
MOVX	A，@Ri	E2—E3	1	2
MOVX	A，@DPTR	E0	1	2
MOVX	@Ri，A	F2—F3	1	1
MOVX	@DPTR，A	F0	1	2
MUL	AB	A4	1	4
NOP		00	1	1
ORL	A，Rn	48—4F	1	1
ORL	A，direct	45 direct	2	1
ORL	A，@Ri	46—47	1	1
ORL	A，#data	44 data	2	1
ORL	direct，A	42 direct	2	1
ORL	direct，#data	43 direct data	3	2
ORL	C，bit	72 bit	2	2
ORL	C，/bit	A0 bit	2	2
POP	direct	D0 direct	2	2
PUSH	direct	C0 direct	2	2
RET		22	1	2
RETI		32	1	1
RL	A	23	1	1
RLC	A	33	1	1
RR	A	03	1	1
RRC	A	13	1	1
SETB	C	D3	1	1
SETB	bit	D2 bit	2	1
SJMP	rel	80 rel	2	2
SUBB	A，Rn	98—9F	1	1
SUBB	A，direct	95 direct	2	1
SUBB	A，@Ri	96—97	1	1
SUBB	A，#data	94 data	2	1
SWAP	A，	C4	1	1

操作码	操作数	代码	字节数	机器周期
XCH	A，Rn	C8—CF	1	1
XCH	A，direct	C5 direct	2	1
XCH	A，@Ri	C6—C7	1	1
XCHD	A，@R；	D6—D7	1	1
XRL	A，Rn	68—6F	1	1
XRL	A，direct	65 direct	2	1
XRL	A，@Ri	66—67	1	1
XRL	A，♯data	64 data	2	1
XRL	direct，A	62 direct	2	1
XRL	direct，♯data	63 direct data	3	2

注：&1＝a10a9a810001

&0＝a10a9a800001

附表 B.2　按功能排列的指令表

数据传送类指令

MOV	A，Rn	E8—EF
MOV	A，direct	E5 direct
MOV	A，@Ri	E6—E7
MOV	A，♯data	74 data
MOV	Rn，A	F8—FF
MOV	Rn，direct	A8—AF direct
MOV	Rn，♯data	78—7F data
MOV	direct，A	F5 direct
MOV	direct，R	88—8F direct
MOV	direct2，direct，	85 direct1，direct2
MOV	direct，@Ri	86—87 direct
MOV	direct，♯data	75 direct data
MOV	@Ri，A	F6—F7
MOV	@Ri，direct	A6—A7 direct
MOV	@Ri，♯data	76—77 data
MOV	DPTR，♯data16	90 data15—8 data7—0

MOVC	A，#A＋DPTR	93
MOVC	A，#A＋PC	83
MOVX	A，@Ri	E2－E3
MOVX	A，@DPTR	E0
MOVX	@Ri，A	F2－F3
MOVX	@DPTR，A	F0
PUSH	direct	C0 direct
POP	direct	D0 direct
XCH	A，Rn	C8－CF
XCH	A，direct	C5 direct
XCH	A，@Ri	C6－C7
XCHD	A，@Ri	D6－D7
SWAP	A	C4

算术运算类指令

ADD	A，Rn	28－2F
ADD	A，direct	25 direct
ADD	A，@Ri	26－27
ADD	A，#data	24 data
ADDC	A，Rn	38－3F
ADDC	A，direct	35 direct
ADDC	A，@Ri	36－37
ADDC	A，#data	34 data
SUBB	A，Rn"	98－9F
SUBB	A，direct	95 direct
SUBB	A，@Ri	96－97
SUBB	A，#data	94，data
INC	A	04
INC	Rn	08－0F
INC	direct	05 direct
INC	@Ri	06－07
DEC	A	14
DEC	Rn	18－1F
DEC	direct	15 direct
DEC	@Ri	16－17
INC	DPTR	A3
MUL	AB	A4
DIV	AB	84

DA	A	D4

逻辑运算类指令

ANL	A，Rn	58－5F
ANL	A，direct	55 direct
ANL	A，@Ri	56－57
ANL	A，♯data	54 data
ANL	direct，A	52 direct
ANL	direct，♯data	53 direct data
ORL	A，Rn	48－4F
ORL	A，direct	45 direct
ORL	A，@Ri	46－47
ORL	A，♯data	44 data
ORL	direct，A	42 direct
ORL	direct，♯data	43 direct data
XRL	A，Rn	68－6F
XRL	A，direct	65 direct
XRL	A，@Ri	66－67
XRL	A，♯data	64 data
XRL	direct，A	62 direct
XRL	direct，♯data	63 direct data
CLR	A	E4
CPL	A	F4
RL	A	23
RLC	A	33
RR	A	03
RRC	A	13

程序控制类指令

ACALL	addr11	&1 addr7－0（注）
LCALL	addr16	12 addr15－8 addr7－0
RET		22
RETI		32
AJMP	addr11	&0 addr7－0（注）
LJMP	addr16	02 addr15－8 addr7－0
SJMP	rel	80 rel
JMP	@A＋DPTR	73
JZ	rel	60rel

JNZ	rel	70 rel
CJNE	A，direct，rel	B5 direct rel
CJNE	A，#data，rel	B4 data rel
CJNE	Rn，#data，rel	B8－BF data rel
CJNE	@Ri，#data，rel	B6－B7 data rel
DJNZ	Rn，rel	D8－DF rel
DJNZ	direct，rel	D5 direct rel
NOP		00

注：&1＝a10a9a810001
&0＝a10a0a800001

布尔操作类指令

CLR	C	C3
CLR	bit	C2 bit
SETB	C	D3
SETB	bit	D2 bit
CPL	C	B3
CPL	bit	B2 bit
ANL	C，bit	82 bit
ANL	C，/bit	B0 bit
ORL	C，bit	72 bit
ORL	C，/bit	A0 bit ，:
MOV	C，bit	A2 bit
MOV	bit，C	92 bit :
JC	rel	40 rel
JNC	rel	50 rel
JB	bit，rel	20 bit rel
JNB	bit，rel	30 bit rel
JBC	bit，rel	10 bit t01